普通高等教育"十四五"系列教材

水力机械流动理论与设计方法

主　编　史广泰

副主编　符　杰　吕文娟

中国水利水电出版社

www.waterpub.com.cn

·北京·

内 容 提 要

本书主要以水力机械转（叶）轮设计的一元理论、二元理论和三元理论为主线，较系统地介绍了水力机械转（叶）轮叶片的水力设计方法。全书共分8章，第1章为常见水力机械转（叶）轮叶片的水力设计方法概述，第2章和第3章为离心泵、混流泵和轴流泵叶轮的水力设计方法介绍，第4章和第5章为混流式水轮机和轴流式水轮机转轮的水力设计方法介绍，第6～8章为水力机械三元流动理论中的相关基本方程、基本理论和基本方法。本书通过以上这些转（叶）轮机械相关专业基础知识的介绍，充分论述了水力机械流动理论和设计方法。全书内容充实，结构清晰，各知识点还配有原理图、三维模型图和实物图，便于读者阅读和理解。

本书主要作为流体机械、动力机械以及其他能源动力类相关专业研究生和本科生教材，同时也可作为从事水力机械及工程等相关工作的工程技术人员的参考书。

图书在版编目（CIP）数据

水力机械流动理论与设计方法 / 史广泰主编. -- 北京：中国水利水电出版社，2023.11
普通高等教育"十四五"系列教材
ISBN 978-7-5226-1917-0

Ⅰ. ①水… Ⅱ. ①史… Ⅲ. ①水力机械－流动理论－高等学校－教材 Ⅳ. ①TV136

中国国家版本馆CIP数据核字(2023)第221132号

书　　名	普通高等教育"十四五"系列教材 **水力机械流动理论与设计方法** SHUILI JIXIE LIUDONG LILUN YU SHEJI FANGFA	
作　　者	主编　史广泰　副主编　符　杰　吕文娟	
出版发行	中国水利水电出版社 （北京市海淀区玉渊潭南路1号D座　100038） 网址：www.waterpub.com.cn E-mail：sales@mwr.gov.cn 电话：(010) 68545888（营销中心）	
经　　售	北京科水图书销售有限公司 电话：(010) 68545874、63202643 全国各地新华书店和相关出版物销售网点	
排　　版	中国水利水电出版社微机排版中心	
印　　刷	天津嘉恒印务有限公司	
规　　格	184mm×260mm　16开本　17.25印张　420千字	
版　　次	2023年11月第1版　2023年11月第1次印刷	
印　　数	0001—2000册	
定　　价	**59.00**元	

前　言

在水力机械转（叶）轮中，液流的实际流动非常复杂且具有三维特性，即液流运动参数不仅随着空间三个坐标而变化，同时对任一固定的空间点来说，液流的运动参数还随时间而改变。因此，在转（叶）轮的叶片设计中，为了能应用数学和流体力学的方法研究水流的运动，通常都根据具体情况再结合某些具体的假定来进行模拟，即用既较简单又近似，同时有一定规律的流动来代替转（叶）轮中实际的复杂流动。目前对于叶片式转（叶）轮中的水流运动，有三种不同的假设，故而有三种不同的转（叶）轮设计理论，即一元理论、二元理论和三元理论及其相应的设计方法。

本书主要以一元理论、二元理论和三元理论为主线，较系统地介绍水力机械转（叶）轮叶片的水力设计方法。主要以离心泵、混流泵、轴流泵、混流式水轮机和轴流式水轮机为例，系统介绍水力机械转（叶）轮叶片的常见设计理论。同时结合编者多年的教学经验，在查阅借鉴大量相关文献的基础上，主要从教材结构、内容以及适应现代教学的要求各个方面进行归纳总结，力求满足现代能源动力类专业的人才培养要求。

本书由西华大学的史广泰教授担任主编并负责统稿，符杰副教授、吕文娟讲师担任副主编。其中第 2 章、第 3 章、第 6～8 章由史广泰编写，第 4 章、第 5 章由符杰编写，第 1 章由吕文娟编写。另外，研究生钭江龙、黎斌燕等参与了部分章节的编写和图表处理工作。

我们的许多同事、朋友和研究生为本书的编写和出版提出了许多中肯的建议，花费了大量心血。本书的出版还得到了西华大学"能源与动力工程"国家一流本科专业、"动力工程及工程热物理"四川省一流学科和中央引导地方科技发展资金面上项目（2021ZYD0038）、西安泵阀总厂有限公司的资助，以及西华大学研究生院、能源与动力工程学院等的大力支持。在本书的编写过程中参阅并引用了不少文献与研究成果，编者在此一并致谢！

由于编者水平有限，书中疏漏不妥之处在所难免，恳切希望各兄弟院校教师和学生及广大读者在使用本书时给予关注，并将意见和建议及时反馈给我们，以便完善。

编者

2023 年 4 月

目 录

第1章 概　述

在水力机械中，实际流体的流动是具有三维特性的非常复杂的运动，即流体运动参数不仅随着空间三个坐标而变化，同时对任一固定的空间点来说，流体运动参数还随时间而改变，因此流动是不定常的。一般说来，对于任意流体的运动参数 v，都是空间三个坐标和时间的函数，即

$$v = f(x, y, z, t) \tag{1.1}$$

在水力机械内，流体运动的复杂性还在于其过流通道是由引流部件、导流部件、转轮或叶轮以及排流部件等按着顺序排列的几何形状各不相同的部件所组成，流体在这样的过流通道中流经每一个部件时的流动均有其特殊的规律。转（叶）轮性能的好坏，直接影响机组性能。如机组的水力性能（效率、过流能力、水头或扬程等）、空蚀性能、工作稳定性以及它们对变工况的适应能力等，在很大程度上取决于转（叶）轮性能的好坏。另外，水力机械的整体结构也与转（叶）轮的形状和尺寸密切相关。更重要的是，转（叶）轮是水力机械中直接进行能量转换的部件，是水力机械的心脏，是水力机械最关键的部件。因此，其性能的好坏，对整个机组有着极其重要的意义。

利用现代技术手段不断改进现有转（叶）轮的技术参数和性能指标，研制出性能良好的新转轮或叶轮，是流体机械工作者的一项重要任务和职责。因此，除了需要在生产过程中保证制造工艺的精度外，还要求设计者具备扎实的理论知识和丰富的设计经验，才能获得良好的机组性能。那么，如何确定什么样的转轮或叶轮才算性能良好，依据什么设计理论、采用怎样的设计方法才能使转（叶）轮具有良好的性能，就是本书所要介绍的主要内容。

1.1　水力机械转（叶）轮的设计要求和任务

为设计出性能良好的新转轮或叶轮，首先要从对转（叶）轮的设计要求和任务谈起。

1.1.1　转（叶）轮的设计要求

合理的设计能使转（叶）轮具有良好的性能，因此，转（叶）轮设计应满足下列要求。

（1）在一定的使用水头或扬程下，转（叶）轮应具有尽可能高的比转速，特别是较大的过水能力。

比转速是流体机械领域的特有名词和专用术语，它是用来描述不同种类、不同型式、不同形状和不同性能的流体机械的一个综合性指标和相似判别数，是流体机械中的一个重要参数，也是水力机械设计中的一个主要参考数据。在转（叶）轮设计中尽量提高它的数值，是有实际经济意义的。下面就以水轮机为例说明其经济意义所在。

目前大中型水轮机的运行效率均已达到 90% 以上，连混流式水轮机模型转轮的最优效率都达到了 93% 以上，最高都已接近甚至达到了 96%。因而再提高其效率较为困难，且潜力也不大了，故效率对比转速的影响不是很显著。

效率与比转速的关系表达式为

$$n_s = 3.13 n_{11} \sqrt{Q_{11} \eta} \tag{1.2}$$

式中　n_s——水轮机的比转速；

$\quad\quad n_{11}$——水轮机的单位转速；

$\quad\quad Q_{11}$——水轮机的单位流量；

$\quad\quad \eta$——水轮机的效率，常用百分数表示。

由式 (1.2) 可知，若提高水轮机的比转速，则意味着提高它的单位转速 n_{11} 和单位流量 Q_{11}。

水轮机的单位转速计算式为

$$n_{11} = \frac{n D_1}{\sqrt{H}} \tag{1.3}$$

式中　n——转轮旋转的速度。

将 n 用 ω 表示为 $n = \dfrac{60\omega}{2\pi}$，则式 (1.3) 可改写成

$$n_{11} = \frac{60\omega D_1}{2\pi \sqrt{H}} = \frac{60u}{\pi \sqrt{H}} = \frac{60 K_u \sqrt{2gH}}{\pi \sqrt{H}} = \frac{60}{\pi} \sqrt{2g}\, K_u = c K_u \tag{1.4}$$

式中　K_u——水轮机的圆周速度系数；

$\quad\quad c$——常数，$c = \dfrac{60}{\pi} \sqrt{2g}$；

$\quad\quad D_1$——转轮标称直径；

$\quad\quad H$——水轮机的设计水头；

$\quad\quad g$——重力加速度，取 $9.81 \mathrm{m/s^2}$；

$\quad\quad \omega$——旋转角速度；

$\quad\quad u$——圆周速度（牵连速度）；

其他符号意义同前。

另外，由水轮机基本方程式可推导出其最优的单位转速 n_{110}。

由速度三角形可知：

$$u_1 = v_{u1}(1 + \tan\alpha_1 \cot\beta_1)$$

所以

$$v_{u1} = \frac{u_1}{1 + \tan\alpha_1 \cot\beta_1} \tag{1.5}$$

式中　u_1——进口圆周速度；

$\quad\quad v_{u1}$——进口绝对速度在圆周方向的分量；

$\quad\quad \alpha_1$——进口绝对速度与圆周速度的夹角；

$\quad\quad \beta_1$——进口相对速度与圆周速度的夹角。

在流体流经转轮后，法向出口条件下，水轮机的基本方程式为

$$Hg\eta_s = u_1 v_{u1} = \frac{u_1^2}{1 + \tan\alpha_1 \cot\beta_1}$$

所以
$$u_1 = \sqrt{Hg\eta_s (1 + \tan\alpha_1 \cot\beta_1)}$$

又
$$n = \frac{60 u_1}{\pi D_{1p}}$$

$$n_{11} = \frac{n D_1}{H \eta_s} = \frac{60 D_1}{\pi D_{1p}} \frac{u_1}{\sqrt{H \eta_s}}$$

所以
$$n_{110} = \frac{60 D_1}{\pi D_{1p}} \sqrt{g(1 + \tan\alpha_1 \cot\beta_1)} \tag{1.6}$$

式中　D_{1p}——进口的平均直径；

　　　η_s——水轮机水力效率。

可见，最优单位转速 n_{110} 的大小只与转轮进口的几何参数有关，即取决于转轮的进口条件。

由式（1.4）可知，要提高水轮机的单位转速，就要提高它的圆周速度系数。合理的叶片绘型，正确地选择叶片进口安放角、进口边的位置和叶片数，以及改变转轮的结构，使之尽量减小过流通道中的阻力等，都可以使水轮机的圆周速度系数增大，从而提高其单位转速和比转速。

水轮机的单位流量计算式为

$$Q_{11} = \frac{Q}{D_1^2 \sqrt{H}} \tag{1.7}$$

可改写成

$$Q_{11} = \frac{Fv}{D_1^2 \sqrt{H}} = \frac{F K_v \sqrt{2gH}}{D_1^2 \sqrt{H}} = \frac{F}{D_1^2} K_v \sqrt{2g} = C' K_v F_1 \tag{1.8}$$

式中　F_1——直径为 1m 时的转轮过水断面面积，$F_1 = \dfrac{F}{D_1^2}$；

　　　K_v——通过转轮过水断面时水流的速度系数，即流速系数；

　　　C'——常数，$C' = \sqrt{2g}$；

　　　F——过水断面面积；

　　　v——绝对速度；

其他符号意义同前。

可见，要使转（叶）轮具有较大的过流能力，提高其单位流量 Q_{11}，可通过增大转轮过水断面面积 F_1 和流速系数 K_v 来实现。单位流量的大小，主要取决于转轮出口处的条件。

试验研究和实践经验表明，只要合理地选择流道形状，提高转轮流道过流断面面积的潜力是很大的。如采用更平的上冠曲线，适当地减少叶片数，增大导水机构及转轮叶片的高度；对中高比转速的混流式水轮机转（叶）轮，采用较大的下环锥角，增大转轮的出口半径 D_2（工艺上有时也有通过切割叶片出口边来实现加大 D_2 的，但这将使空蚀性能变差）等，都可或多或少地增加转轮流道的过流断面面积，尤其是转轮出口处的最小过流断面面积。

为提高流速系数 K_v，设计中则应尽量改进叶片绘型，使所设计的叶片形状更符合转轮中水流运动的实际情况，以减小水流在转轮中的阻力来加大流速系数。

若综合采取上述各种措施，可大大提高转轮的过流能力，增大其可通过的单位流量。

总之，通过上述的分析，可以找到提高水轮机比转速的途径如下：

1）合理地选择转轮的叶片数和过流通道，尽可能增大过流断面面积，提高水轮机的过流能力，使其具有较大可通过的单位流量。

2）采用合理的叶片绘型方法，使设计出的叶片光滑，尽量符合转轮中水流实际运动的情况，减小阻力，增大流速系数，从而提高单位转速和单位流量。当然，减小水流阻力，既可提高水轮机的效率，又有助于比转速的提高。

在一定的使用水头下提高水轮机比转数的意义在于：对相同转轮直径的水轮机，将获得更大的功率和更高的转速；或要发出同样多的电量，在相同水头下可使机组尺寸缩小。这从下式可见是必然的结果：

$$P = 9.81 Q_{11} D_1^2 H^{3/2} \eta \qquad (1.9)$$

式中　P——水轮机功率；

　　　Q_{11}——水轮机单位流量。

同样，对相同叶轮直径的泵而言，在相同扬程和介质的情况下可输送更多的流量，或输送相同的流量可减小泵的尺寸。从而，减少了（无论是水工建筑，还是机组制造、安装）材料消耗和造价以及运输成本，带来巨大的经济效益。

从水轮机的功率公式（1.7）来看，提高单位转速 n_{11} 对功率并没有直接的影响。但 n_{11} 的提高可使水轮机（或泵）与电机的转速提高，这就使电机的尺寸减小，从而降低机组重量和材料消耗，同样可降低机组的成本。

但应注意的是，当比转速 n_s 提高时，可能使空蚀性能变差。因为 n_s 增加，使 n_{11} 和 Q_{11} 均提高，这就使转（叶）轮内水流的各种速度都相应地加大，因而将使空蚀条件恶化，性能变坏。因此，比转速的提高受到空蚀条件的制约。

3）从式（1.9）还可看出，具有一定过流能力的水轮机，其功率与它的使用水头的 3/2 次方成正比。因此提高具有一定过流能力的水轮机的使用水头，即提高了其使用比转速，能更显著地获得上述的经济效益。可是水轮机的最大使用水头，主要是由它的强度、刚度和空蚀性能所决定的。因此，为了提高水轮机的使用水头必须设法降低它的空蚀系数，改善各主要零部件的受力条件，加强关键受力部件、受力部位的强度和刚度。这样，可提高转（叶）轮的使用比转速，即同样比转速的转（叶）轮可以用到更高的使用水头或扬程（压力）。

保证转轮内不发生翼型空蚀的条件为

$$H_s \leqslant 10 - \frac{\nabla}{900} - K_\sigma \sigma H \qquad (1.10)$$

式中　H_s——水轮机的吸出高度；

　　　∇——水轮机安装位置的海拔高程；

　　　K_σ——水轮机的空化安全系数；

σ——水轮机实际的空化系数；

H——水轮机水头，一般取为设计水头。

这就是说，要保证转轮内不发生翼型空蚀，水轮机的空蚀系数和使用水头决定了它的安装吸出高程。一个已确定的水电站，在不改变水轮机空蚀系数的条件下，要提高水轮机的使用水头，势必要降低水轮机的安装吸出高程，而这往往会加大水电站开挖量（这是传统习惯上的认识，但也应根据具体机组的空蚀性能及其具体情况来确定），增加了水电站的投资；且有时因地理、地质等条件的限制，降低安装高程是不可能的。所以，要想提高水轮机的使用水头，而又不致引起开挖量的增加，必须使所设计的转轮具有更小的空蚀系数。

为达到减小转轮空蚀系数的目的，最根本的办法是：①降低叶片两面的平均压差；②使叶片背面压力分布均匀；③提高背面最低压力点的压力值。

转轮背面压力大小及分布情况与水轮机的工作参数（H，n_{11}，Q_{11}）、流道形状、叶片总表面积及其几何形状等因素有关，所以，在转轮设计中要求采取下列具体措施：①合理地选择转轮过流通道的几何参数和形状，包括叶片数、叶片长度、叶片在流道中的位置，以及过流断面面积沿流道长度上的变化规律等（但从空蚀的角度出发，总希望降低叶片的两面平均压差和提高叶片最低压力点处的压力值）；②采用合理的绘型方法进行叶片绘型，包括选用合理的背面负荷沿翼型长度上的分配规律，使叶片背面得到均匀的压力分布，提高最低压力点的压力值，从而达到降低转轮空蚀系数的目的。

提高水轮机的使用水头受到强度和刚度方面的限制，主要表现在叶片上。因而，要提高水轮机的使用水头，必须设法加强叶片的强度和刚度。其主要办法是：①改善叶片受力条件，尽量减小作用在叶片上的实际应力；②采用高强度的材料提高叶片的许用应力（但不能使制造成本增加过多）。

反击型水轮机叶片上所受的应力主要是弯曲应力，它与作用在其上的弯曲力矩成正比，而与叶片断面模数成反比，即

$$\sigma = \frac{M}{W} \tag{1.11}$$

式中 M——叶片上的弯曲力矩；

W——叶片断面模数。

而作用在叶片上的弯曲力矩为

$$M \propto \frac{PB}{Z} \tag{1.12}$$

式中 B——转轮叶片翼展长（对混流式转轮，为叶片的高度；对轴流式转轮，为叶片的宽度）；

Z——转轮叶片数；

P——作用在叶片上水流的合力。

对一定直径的转轮，P 和使用水头 H、单位流量 Q_{11} 成正比，而与单位转速 n_{11} 成反比，即

$$P \propto \frac{HQ_{11}}{n_{11}} \tag{1.13}$$

因此有

$$M \propto \frac{HQ_{11}B}{Zn_{11}} \qquad\qquad (1.14)$$

水轮机叶片的断面模数与叶片长度、厚度成正比，即

$$W \propto L\delta^2 \qquad\qquad (1.15)$$

式中　W——叶片的断面模数；

　　　L——叶片长度（流面翼型的长度）；

　　　δ——叶片厚度。

因此，作用在叶片上的应力为

$$\sigma = K \frac{Q_{11}HB}{n_{11}ZL\delta^2} \qquad\qquad (1.16)$$

式中　Z——叶片数。

由式（1.16）可以看出，在保持水轮机具有一定单位流量和单位转速的条件下，当提高它的使用水头时，为了不增加叶片上所承受的应力值，就应该减小流道的高度 B（通常以降低导叶的高度来实现），加大叶片长度 L 和厚度 δ，加多叶片数 Z 来实现。应指出的是，无论是 L、Z 或者 δ 的不适当增加还是 B 的不适当减小，都会不同程度地减小转轮的过水断面面积，从而相应地减小了水轮机的过流能力。B 的减小和 δ 的增加还可能恶化转轮的空蚀性能。因此，在设计中选定这些参数时，必须全面、综合地考虑转轮的性能和经济效果。

综合以上的分析可看出，虽然由于强度，刚度和空蚀条件等的限制，对于一定比转速的水轮机只适用于一定的水头范围，但随着科学技术的发展和人们对水轮机工作机理认识的不断深入，在一定水头下提高水轮机的使用比转速是有可能的，而且潜力还很大。事实上，目前各国都有提高水轮机使用比转速的明显趋势。所以在新转轮的设计中，应尽量地提高其比转速，以获得它所带来的巨大经济效益。

（2）所设计出的转轮应具有较高的最大和平均水力效率。

通过水轮机的水流作用于转轮上的有效水头为

$$H_e = H\eta_s = \frac{u_1 v_{u1} - u_2 v_{u2}}{g} = \frac{\omega}{g}\frac{\Gamma_1 - \Gamma_2}{2\pi} \qquad\qquad (1.17)$$

式中　H_e——水轮机有效水头；

　　　Γ_1——转轮进口速度环量；

　　　Γ_2——转轮出口速度环量。

由此可见，要使通过水轮机的单位重量水流传递给转轮 H_e 这么大的能量，则水流必须在转轮中保持按式（1.17）所示的环量变化。但在能量转换过程中，伴随着环量的变化，必然产生能量损失。为使转轮获得较高的水力效率特别是较高的平均效率，就应该在转轮正常工作范围内的任何工况下都能使这部分能量损失降到最小。水流在转轮中的损失不外乎摩擦损失、撞击、漩涡或脱流损失。这就要求在水力设计中使叶片形状尽可能符合实际水流的流动情况，避免撞击和脱流，减小漩涡损失。摩擦损失的大小与水流和转轮流道接触面面积及表面粗糙度有关。因此，在设计中选择转轮流道时要求在尽可能增加过流

断面面积的同时，减小水流与转轮的摩擦面积。这里需要指出的是，减小摩擦面积和改善转轮的空蚀性能是有矛盾的，设计中一定要慎重，综合考虑这一对矛盾的两个方面。

（3）转轮应具有良好的空蚀性能、工作稳定性以及对变工况的适应能力。

改善转（叶）轮的空蚀性能，提高其运行稳定性对延长机组寿命、保证运行安全和降低水电站成本等都具有重要的实际意义。

工作稳定性也是水轮机和泵工作中的一项主要性能指标，并且与能量和空蚀性能同等重要。水轮机的工作稳定性，是指在水轮机运行中对机组的振动（尾水管、顶盖和电机机架等主要部件处的振幅与频率）、主轴的摆度、机组的出力和引水室压力（工作水头）的动荡，以及噪声和强度等状况的衡量尺度。特别是在非设计工况下的运行区内，衡量上述主要标志性指标的各项数值是否在允许范围内。工作稳定性不仅表明了转（叶）轮对变工况的适应能力，而且直接关系到机组能否正常、安全、稳定运行。因此，在水轮机和泵乃至整台机组的设计中必须保证具有良好的工作稳定性。影响机组稳定性的因素主要有三个：水力、电气和机械。那么，在水力设计中要提高转（叶）轮的工作稳定性，就只能先从水力上分析导致转（叶）轮产生工作不稳定的水力原因，然后在设计中采取相应的应对措施来改善液流的流动条件。至于电气与机械因素，应分别在电机及电气设计和机械（结构）设计中考虑。

水轮机对变工况的适应能力主要取决于转轮的空蚀和水力稳定性这两个方面的性能。有限叶片数的转（叶）轮，在工作中水流与叶片间的作用在空间任意一点上的作用力都是周期性变化的（这是因为水流进入转轮不能保证完全轴对称，叶片形状也绝非完全几何相似，而转轮又是以一定的转速做周期性的旋转），这对于叶片不能随工况变化而转动的定桨或混流式转轮来讲，当它们在非设计工况运行时，特别是在低负荷区运行时，因为叶片不能完全符合实际水流的运动情况，而迫使水流转向和速度发生改变，所以在叶片区可能产生空蚀，或在叶片后产生大大加强了的周期性变化的附加漩涡（即卡门涡列）。这常常是引起水轮机工作不稳定而使机组振动和对变工况适应能力差的主要因素之一，也是使叶片产生疲劳裂纹乃至断裂的主要水力因素之一。尤其是在转轮出口处的涡流，若形成了旋转的涡带，不仅在尾水管中造成空腔产生空腔空蚀，而且这种涡带还将周期性地冲刷尾水管边壁，引起尾水管周期性振动和水压脉动，并伴有噪声。这种情况的发生对机组来说最危险，其破坏性也最严重。为了避免和减轻这一水力不利因素，设计中应使叶片出口边在工艺允许的条件下尽可能的薄，并且将出口边背面倒圆，其倒圆半径 R 根据叶片的厚度和具体液流条件而定。这样，可避免或减轻液流在叶片出口处出流时卡门涡列的形成，也可调节卡门涡列的频率和振幅。另外，水流如果不是轴对称的，将产生非对称的径向力。尤其是在转轮出口处，水流不轴对称地出流将产生非对称性的径向力，而引起机组转动部分运行中的周期性摆动（反映在主轴摆度上），也是造成机组工作不稳定和振动的另一个重要水力原因。所以在设计和制造中，一定要使叶片在同一圆周上的开口均匀，开口偏差尽可能地小。

此外，叶片的形状对水轮机的工作稳定性也有较大的影响。对混流式水轮机来说，略具有反 S 形和 X 形的叶片形状，可使转轮的工作稳定性较好。这是由于具有反 S 形的叶片使出口水流速度减小，改善了空蚀性能，同时使开口偏差的相对不均匀度减小，从而使径向力趋于对称之故。而 X 形的叶片，则考虑了沿转轮不同高度上水流的不同进口角和翼型头部应在位置的差异。

（4）转轮过流通道应具有较好的几何形状、合理的结构以及良好的工艺性，使之便于准确地制造出来。

随着科学技术的发展，计算能力的提高，自 20 世纪 90 年代以来，研制出了混流式 X 形（即所谓现代型）的转轮叶片。这种叶片的混流式转轮，不仅能量性能优秀，而且空蚀性能和运行稳定性也较为优良。所以，在大中型混流式机组中正在取代传统形状的叶片，已成为当今国内外水电市场上主导型的叶片形状。但遗憾的是这种叶片在运行中存在着产生裂纹的隐患，严重地威胁着机组的正常、安全运行。可见 X 形叶片的设计思路和设计方法还存在着不足，有必要更新设计理念，进一步完善其设计方法。针对这一问题，国内外水电行业的专家和技术人员已从各个方面进行广泛、深入、细致的研究工作。虽目前还存在着不同学术观点的争论，但相信这一问题在不久的将来会得到圆满的解决。

1.1.2　转（叶）轮水力设计的关键和任务

1.1.2.1　转（叶）轮水力设计的关键

转（叶）轮的设计任务，就是要设计出性能良好的新转轮或叶轮。通过前述对它们的分析可以看出，完成这一任务并达到设计要求，转（叶）轮水力设计的关键在于以下两点：

（1）正确地选择设计参数（n_{11d}、Q_{11d}），合理地确定转（叶）轮流道的几何形状。也就是说，在转（叶）轮水力设计中首先应合理地确定出：①流道轴面投影的几何形状和尺寸；②叶片数；③叶片进、出口边的位置；④沿流道过流断面的面积变化规律等。

（2）从液流在转（叶）轮中的实际运动情况出发，合理地进行叶片绘型。

1.1.2.2　转（叶）轮水力设计的任务

1. 叶片绘型

叶片绘型的主要内容如下：

（1）按所选定的流道形状和几何参数，确定所要采用的液流在转（叶）轮中的运动规律（即确定流速场）。

（2）确定计算流面（包括个数和位置）。

（3）在各计算流面上求出无厚度叶片（即叶片骨线）形状。

（4）按强度和刚度要求使叶片具有一定的厚度（即在叶片骨线上加厚）。

（5）为了初步估计所设计的转（叶）轮水力性能和空蚀性能，要检查转（叶）轮中液流流速变化的均匀性和翼型表面的压力分布。

（6）为了使所设计的转（叶）轮能够准确地制造出来，最后要画出叶片的木模加工图，并检查其表面的光滑性和叶片间的开口值，分析其工作稳定性。

2. 上冠、下环或泵的前后盖板设计

水轮机转轮的上冠、下环或泵的前后盖板的过流表面必须严格保证确定的转（叶）轮流道的几何形状，其余部分按结构需要和强度、刚度要求进行设计。

除此之外，还必须计算出相关联设计环节所必需的液流方面的基本数据，如作用于叶片和导叶上的水力与水力矩、转（叶）轮的水推力，以便提供给结构、电机和运行控制等方面的设计者开展计算与设计工作。

1.2　水力机械转（叶）轮水力计算中的基本方程及假设

在水力机械转（叶）轮中，液流的实际流动是非常复杂、具有三维特性的运动，即液流运动参数不仅随着空间三个坐标而变化；同时对任一固定的空间点来说，液流的运动参数还随时间而改变。因此，流动是不定常的。

经过长期的运行实践和对水力机械各个过流部件中所发生的水力现象进行实验研究，人们积累了大量的实践经验和资料，也认识了一些流动规律并建立了水力机械的相应设计理论和流体动力学计算方法。但由于水力机械转（叶）轮中液流运动的复杂性，对有些流动现象产生的机理，特别是其内部的流体动力学的影响因素与规律还不能充分地认识，还理解不透，加之数学上的困难，以至于完全用数学分析的方法来描述或计算转（叶）轮中的液流实际运动，目前还是不可能的。因此，必须要抓住一些关键性的因素，忽略一些次要的因素，对转（叶）轮中的液流运动做一些必要的简化，并且使简化后的问题既可以用数学的方法来分析、描述，又能反映出实际流动的主要规律、特征和本质。

如对于水轮机而言，实验研究表明：在稳定工况下，水流在蜗壳、导水机构和尾水管中的绝对运动以及在转轮中（稳定工况）的相对运动随时间的变化都不大，因此都可以近似地认为是定常运动。其次，在流动不脱体的情况下，水流的黏性影响主要体现在附着于固体边壁的边界层中，在边界层以外的绝大部分区域中可以忽略水流黏性的影响。在水轮机中，除了尾水管以外的流道内水流的运动都是收缩的流动，在此条件下得到的边界层是非常薄的。所以，在研究水轮机流道内的速度分布、转轮中水流绕翼型的环量、叶片上的压力和速度分布等的计算，以及与此有关的空蚀等问题时，均可以在忽略黏性的条件下进行。但在水轮机水力损失的研究与计算中，必须运用边界层理论来分析问题，并要考虑黏性的影响。

根据上述分析，在计算水力机械转（叶）轮中的液流运动时，可做出如下的基本假设：①液流是无黏性的（理想流体）；②液流的运动是定常的。

由于对液流做了理想流体的基本假设，在进行转（叶）轮的水力计算时，就可以引用理想流体的任何运动都必须遵循的基本规律——欧拉运动微分方程。

为方便起见，对旋转的水力机械一般习惯于用圆柱坐标系 (r, θ, z)。由流体力学知，以圆柱坐标系 (r, θ, z) 表示的理想流体的运动微分方程式为

$$\begin{cases} \dfrac{\partial v_r}{\partial t} + v_r \dfrac{\partial v_r}{\partial r} + v_\theta \dfrac{\partial v_r}{r\partial \theta} + v_z \dfrac{\partial v_r}{\partial z} - \dfrac{v_\theta^2}{r} = F_r - \dfrac{1}{\rho}\dfrac{\partial p}{\partial r} \\[3mm] \dfrac{\partial v_\theta}{\partial t} + v_r \dfrac{\partial v_\theta}{\partial r} + v_\theta \dfrac{\partial v_\theta}{r\partial \theta} + v_z \dfrac{\partial v_\theta}{\partial z} + \dfrac{v_r v_\theta}{r} = F_\theta - \dfrac{1}{\rho}\dfrac{\partial p}{r\partial \theta} \\[3mm] \dfrac{\partial v_z}{\partial t} + v_r \dfrac{\partial v_z}{\partial r} + v_\theta \dfrac{\partial v_z}{r\partial \theta} + v_z \dfrac{\partial v_z}{\partial z} = F_z - \dfrac{1}{\rho}\dfrac{\partial p}{\partial z} \end{cases} \tag{1.18}$$

式中　　　　F_r、F_θ、F_z——作用在单位质量液体上的质量力在三个坐标方向上的分量；

$-\dfrac{1}{\rho}\dfrac{\partial p}{\partial r}$、$-\dfrac{1}{\rho}\dfrac{\partial p}{r\partial\theta}$、$-\dfrac{1}{\rho}\dfrac{\partial p}{\partial z}$——作用在单位质量液体上的法向表面力在三个坐标方向上的分量；

v_r、v_θ、v_z——绝对速度 v 在三个坐标方向上的分量。

由于水力机械在运行中转（叶）轮是转动的，因此在研究转（叶）轮中的液流运动时，将坐标系 (r,θ,z) 设在转（叶）轮上，可将相对运动转化成绝对运动，略去了牵连运动。这样又把问题进行了简化，且比较方便。此时运动微分方程式的形式变为

$$\begin{cases} \dfrac{\partial w_r}{\partial t}+w_r\dfrac{\partial w_r}{\partial r}+w_\theta\dfrac{\partial w_r}{r\partial\theta}+w_z\dfrac{\partial w_r}{\partial z}-\dfrac{w_\theta^2}{r}-\omega^2 r-2w_\theta\omega=F_r-\dfrac{1}{\rho}\dfrac{\partial p}{\partial r} \\[2mm] \dfrac{\partial w_\theta}{\partial t}+w_r\dfrac{\partial w_\theta}{\partial r}+w_\theta\dfrac{\partial w_\theta}{r\partial\theta}+w_z\dfrac{\partial w_\theta}{\partial z}+\dfrac{w_r w_\theta}{r}+2w_r\omega=F_\theta-\dfrac{1}{\rho}\dfrac{\partial p}{r\partial\theta} \\[2mm] \dfrac{\partial w_z}{\partial t}+w_r\dfrac{\partial w_z}{\partial r}+w_\theta\dfrac{\partial w_z}{r\partial\theta}+w_z\dfrac{\partial w_z}{\partial z}=F_z-\dfrac{1}{\rho}\dfrac{\partial p}{\partial z} \end{cases} \tag{1.19}$$

式（1.19）中各项的物理意义如下：等号右边的 F_i 和 $-\dfrac{1}{\rho}\nabla p$（矢量形式）分别为作用在单位质量液体上的质量力和表面力（总压力）；等号左边的 ω 为转（叶）轮的旋转角速度，$\omega^2 r$ 为牵连加速度，$2w_\theta\omega$ 和 $2w_r\omega$ 分别为哥氏加速度 $2\omega\sqrt{w_\theta^2+w_r^2}$ 在切向和径向的分量，其他各项分别为液流质点相对加速度在三个坐标轴 (r,θ,z) 方向上的分量。

若假设转（叶）轮中的相对运动为定常的，又因质点所流经转（叶）轮的高度差和水头（扬程或压力）相比很小，因此可忽略质量力（即 $F_i=0$），则式（1.19）可改写成

$$\begin{cases} \dfrac{1}{\rho}\dfrac{\partial p}{\partial r}=-\dfrac{\partial w_r}{\partial t}-w_r\dfrac{\partial w_r}{\partial r}-w_\theta\dfrac{\partial w_r}{r\partial\theta}-w_z\dfrac{\partial w_r}{\partial z}+\dfrac{w_\theta^2}{r}+\omega^2 r+2w_\theta\omega \\[2mm] \dfrac{1}{\rho}\dfrac{\partial p}{r\partial\theta}=-\dfrac{\partial w_\theta}{\partial t}-w_r\dfrac{\partial w_\theta}{\partial r}-w_\theta\dfrac{\partial w_\theta}{r\partial\theta}-w_z\dfrac{\partial w_\theta}{\partial z}-\dfrac{w_r w_\theta}{r}-2w_r\omega \\[2mm] \dfrac{1}{\rho}\dfrac{\partial p}{\partial z}=-\dfrac{\partial w_z}{\partial t}-w_r\dfrac{\partial w_z}{\partial r}-w_\theta\dfrac{\partial w_z}{r\partial\theta}-w_z\dfrac{\partial w_z}{\partial z} \end{cases} \tag{1.20}$$

同样，用圆柱坐标系表示的定常流动的连续性方程式可写为

$$\dfrac{\partial w_r}{\partial t}+\dfrac{\partial w_\theta}{r\partial\theta}+\dfrac{\partial w_z}{\partial z}+\dfrac{w_r}{r}=0 \tag{1.21}$$

由式（1.20）和式（1.21）可见，在一定的角速度 ω 和流量下，四个方程式有四个未知数 p、w_r、w_θ 和 w_z，因此方程组是封闭的。只要给出运动的初始条件和边界条件，从理论上就可求得转（叶）轮内液流运动的压力和速度：

$$\begin{cases} p=p(r,\theta,z) \\ w_r=w_r(r,\theta,z) \\ w_\theta=w_\theta(r,\theta,z) \\ w_z=w_z(r,\theta,z) \end{cases} \tag{1.22}$$

即得到流场的三维解。

但方程式（1.20）中的各式都是二次偏微分方程，即便是在对液流做了理想流体、流动为相对定常的，并忽略其质量力（即 $F=0$）等基本假设的条件下，流体的运动微分方

程中的各式依然都是二次的偏微分方程。而流体在转（叶）轮中流动的边界条件及初始条件极为复杂，难以准确给定，何况在实际流体、非定常和不可忽略质量力的情况下，就更困难。想运用已知的数学知识较准确地描述其流动都很困难，甚至是不可能的，更不要说是对其求解了。在实际计算时就不得不再依据流体力学的基本理论，针对某具体流体机械和不同的情况与问题，再提出一些具体的假设，做进一步的简化。因此，根据所提出的具体假设的不同，相应地就产生了水力机械转（叶）轮的不同设计理论和各种不同的水力设计计算方法，如一元、二元和三元的设计理论，以及升力法、保角变换法、奇点分布法和统计法等。

那么，进行了简化处理后的结果究竟如何呢？无疑，最后还得用试验（物理试验或数值试验）来验证这样处理和所采用计算方法的合理性与准确程度。

1.3 水力机械转（叶）轮叶片的水力设计方法

1.3.1 混流式或离心式转（叶）轮叶片的水力设计方法

为了合理地设计出满足前述各项要求、性能优良的新转轮或叶轮，必须了解流体质点在转（叶）轮中的运动情况。为此，要对流速场进行分析和必要的水力计算。现以水轮机为例来分析流体质点在转（叶）轮中的运动情况。

如图 1.1 所示，混流式水轮机的转轮位于流道从径向变为轴向的拐弯处，转轮中的流面是一个空间曲面（称喇叭面或花篮面）。其中的水流运动情况是很复杂的，而且各流层的厚度是变化的。

从轴面流动来看，在流道拐弯处，水流在有势流动的影响和离心力的作用下，靠近上冠处水流压力增加，轴面速度减小；而靠近下环处则相反。由此，致使轴面速度 v_m 值沿过水断面自上冠向下环增大，如图 1.2 中所示的 v_{ma}（v_{ma} 为流道拐弯引起的 v_m 分布）。另外，导叶出口的水流是绕水轮机轴线旋转着（即具有环量）而进入转轮的，其沿过水断面在圆周方向的分速度 v_u，自上冠向下环逐渐增大，并且其离心力也是从上冠向下环逐渐增大。因而由 v_u 产生的离心力将使轴面速度从上冠向下环逐渐减小，如图 1.2 中的 v_{mb}（v_{mb} 为导叶出口水流引起的 v_m 分布）。这正好与 v_{ma} 的分布规律相反。因此，混流式转轮的轴面速度分布规律不仅复杂，而且又因比转速的不同（轴面流道形状也就不同）而异。

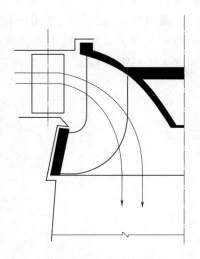

图 1.1 混流式转轮中的流面
及流层厚度变化示意图

从水流流过混流式转轮叶栅的情况来看，叶片工作面的压力高、速度低，而叶片背面则相反。在每两个叶片组成的流道内，从一个叶片工作面到另一个叶片背面之间的速度分布如图 1.3 所示。泵中的速度分布也是这样，即也是靠近工作面小，靠近叶片背面大；但因泵叶片的工作面刚好与水轮机的相反，所以其速度大小的分布也刚好与图中所画的变化方向相反。

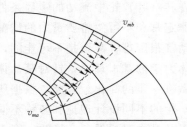

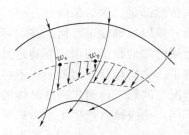

图 1.2　转轴中轴面速度的分析　　　　图 1.3　转轮叶片流道内的速度分布

由于液流在水力机械转（叶）轮中流动的复杂性，目前还不能完全用数学和流体力学的方法进行描述和计算。因此，在转（叶）轮的叶片设计中，为了能应用数学和流体力学的方法研究水流的运动，通常都根据具体情况再给予某些具体的假定来进行模拟，即用既较简单又近似，而且还有一定规律的流动来代替转（叶）轮中实际的复杂流动。于是，根据对流动情况的假设和简化的不同，其设计思路和设计出发点也就不同。目前对于叶片式转（叶）轮中的水流运动，有三种不同的假设，故而有三种不同的转轮设计理论，即一元理论、二元理论和三元理论及其相应的设计方法。

什么是流体机械转（叶）轮水力设计的一元理论、二元理论及三元理论呢？

由于转（叶）轮中液流质点的相对运动是空间运动，故其速度应由三个坐标来确定。为方便和使问题简化，三个坐标轴可以这样来选取：①以轴面流线 l_m 作为一个坐标轴；②以轴面液流过流断面与轴面的交线 m 作为一个坐标轴；③以圆周方向 $r\theta$ 作为一个坐标轴。

确定转轮内流体质点 A 的相对轴面速度所需的坐标如图 1.4 所示，由上述三个坐标轴即可决定转（叶）轮中液流质点相对速度的大小及方向。如果设计转（叶）轮时，认为速度大小只随坐标轴 l_m 上的位置而改变，而在 m 和 $r\theta$ 坐标轴方向上是均匀分布的，即

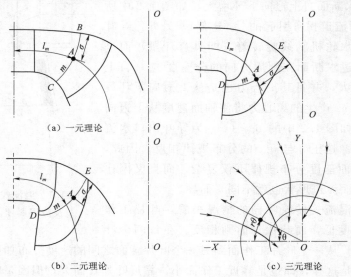

图 1.4　确定转轮内流体质点 A 的相对轴面速度所需的坐标

速度不随 m 和 $r\theta$ 而改变，根据这种对转轮中水流运动规律的认识为出发点的设计理论称为一元理论。如果认为水流质点的运动速度是由在 l_m 和 m 两个坐标轴上的位置来决定的，而与 $r\theta$ 无关（即在圆周上是均匀分布的），则称为二元理论。如果认为水流质点的运动速度是由其在三个坐标轴上的位置来决定的，则称为三元理论。可见，一元理论、二元理论就是轴对称流动的理论；此时转（叶）轮中液流的运动与叶片数无穷多时的相对运动一样。

一元理论的设计方法，其设计思路或出发点是，在转轮叶片数无穷多，液流的运动是轴对称的，轴面速度沿过水断面又是均匀分布的基础上进行转（叶）轮设计。在这样的假设条件下，可用任一轴面流线来表示转（叶）轮中所有的轴面运动，且转（叶）轮中的轴面速度只需要用一个表明质点所在过水断面位置的坐标即可确定。如在图 1.4（a）中，为确定轴面水流在 A 点的速度，只需用包含 A 点的过水断面母线 BC 所在的位置 l_m（l_m 为所求断面至起始断面的流线长度）即可确定。

一元理论设计方法的特点是：只保证了转（叶）轮叶片的进、出口角度，而叶片中间部分的形状任意性很大，理论上不够严格；但由于计算简单，被采用的历史较长，积累了丰富的经验。实际上，按这种方法设计出了很多性能优良的转（叶）轮。所以它仍然是一种有实用价值并沿用至今的设计方法。目前有些国家还依然以它作为低比转速混流式水轮机转轮、离心泵叶轮的主要设计方法。在此基础上，对于一般离心泵叶轮的水力设计广泛采用速度系数法，对于低比转速的离心泵还常采用加大流量设计法、无过载设计法等。

对于低比转速混流式水轮机，转轮轴面流道拐弯的曲率半径较大，而且叶片大部分位于拐弯前的径向流道内，拐弯对 v_m 的影响较小，沿过水断面 v_m 的分布比较均匀；低比转速离心泵虽叶轮流道拐弯的曲率半径较小，但其叶轮流道宽度却很窄。在这两种流体机械的转（叶）轮中，实际水流的运动情况接近于一元理论的假设，故一元理论多用于低比转速转（叶）轮的设计。

二元理论的设计方法，其设计思路或出发点是同样假设转轮叶片数无穷多，液流运动是轴对称的，但认为转（叶）轮流道中的轴面速度沿过水断面是按某种规律且不均匀分布的。有一种观点认为是按 $\omega_u = 0$ 的有势流动规律分布的；而另一种观点却认为是按 $\omega_u \neq 0$ 的非有势流动规律分布的。因此，轴面上任意一点的运动必须由确定该点所在的轴面位置及其在该轴面上位置的两个坐标来决定，如图 1.4（b）所示。所以，在该点处流体质点的运动参数也应由这两个坐标来决定。这两个坐标为包含 A 点的过水断面母线 DE 所在的位置 l_m 和 A 点在该过水断面上距上冠线的长度 σ，即 $v_{mA} = f(l_m, \sigma)$。中高比转速的混流式水轮机转轮轴面流道拐弯的曲率半径较小，拐弯对轴面流速的影响较大，在离心力的作用下使轴面速度沿过水断面自上冠向下环增大。这种实际流动情况与二元理论中假定轴面流动为有势流动的分布规律较接近。故二元理论（$\omega_u = 0$）的方法多用于中高比转速的混流式水轮机转轮、离心泵叶轮和混流泵叶轮的水力设计。在中高比转速离心泵叶轮的水力设计中，还常采用轴面液流为给定速度分布的二元理论（$\omega_u \neq 0$）叶片绘型法。

用二元理论的方法设计中高比转速的转（叶）轮，在理论上较一元理论严格，设计出来的转轮实际效果也较好，因而得到了广泛应用。

在二元理论的设计中，也有人认为液流是按非有势流动规律分布的，由此，则根据经验采用给定其轴面速度分布规律的办法（即 $\omega_u \neq 0$）进行设计。这在理论上更具合理性。因此对轴面速度分布规律按实验测定或研究结果给定，可使设计出来的转轮叶片形状较好地符合转轮中的实际水流情况。我国近年来采用这种方法进行了转轮的设计，并获得了一定成果。因而这种方法是一种很有前途的二元理论设计方法。但由于对流场测定资料依赖性大，而且尚未积累成熟的经验，因此在实际设计中还没有被普遍推广和广泛应用。

需要指出的是，无论是一元理论还是二元理论中，都假定液流是理想液体，并且进入转（叶）轮前的液流均是定常、轴对称的流动。也就是说，包围转（叶）轮的任何封闭围线上的速度环量是一个常数，即 $\Gamma_1 = \text{const}$。因此，在进入转（叶）轮前的空间任意一点，液流的速度矩必为常数。另外，由于假定流动是轴对称的，即叶片数无限多，那么翼型就需要无限薄。这样一来，同一圆周上各点速度的大小和方向均相同，因此，转（叶）轮内的液流运动只需用转（叶）轮的任一个轴面上的流动即可表征；同时，流经转（叶）轮的液流流线和翼型骨线完全重合。因此，一元理论和二元理论的转（叶）轮水力设计的实质，就是根据给定的流动规律，在简化的近似回转流面上求解出流线，然后将该流线作为翼型骨线按要求绘制翼型，再按某种规律串连成叶片。

三元理论设计方法的设计思路或出发点是：从有限叶片数转（叶）轮叶栅中的实际水流运动情况出发，认为水流不是轴对称的，不同轴面上的运动情况是各不相同的，在同一轴面上轴面速度的分布也是不均匀的，因此转轮中各点的轴面速度应由该点的三个坐标来决定。由此可见，三元理论在理论上更加严格，更加符合实际流体质点复杂的空间运动情况。三元理论设计的实质是把一个实际三维的复杂流动，简化为两个流动参数相关的 S_1 和 S_2 相对流面上的二元流动，在分别求解出这两个相对流面上的流场解后，再通过这两个流场的交互迭代，逐次逼近来得到三维流动的解。其在求解两个相对流面上的流场过程中的具体计算法很多，有流线曲率法、有限差分法、矩阵法、有限元法、边界元法、有限体积法、有限分析法和奇点分布法等，可根据要计算问题和方便或熟悉程度来进行选择。

三元理论设计方法的主要优点在于可对转轮内部的流动进行解析或数值计算，因而，可计算出不同工况下转（叶）轮叶片上的速度分布和压力分布。这不仅可对设计出的转（叶）轮进行性能预估，更重要的是可对所设计叶片上的速度分布和压力分布进行有效的控制，从而控制了转（叶）轮中的能量损失和空蚀性能。此外，这种采用三维解计算转（叶）轮内部流动的设计方法［即为计算流体力学（computational fluid dynamics，CFD）辅助设计法］，还有助于转（叶）轮工作过程的分析和设计方法的比较和选定，以及减少模型方案的试验。但由于这种设计方法出现得较晚，计算极为复杂，工作量大，经验不多，过去很少有人采用。目前，由于计算技术的提高及随着计算机的广泛应用和其功能增强，运算速度加快，存储容量加大，这种设计方法已越来越广泛地被采用，目前已成为最接近实际流动的设计方法。

除上述介绍的以理论分析计算为基础的设计方法外，还有一种以性能优良的已有转（叶）轮模型为基础的设计方法，即统计法（也称为类比法）。统计法的设计出发点是：根据对已有性能优良的转（叶）轮，统计分析出其叶片几何参数和形状与使用水头（扬程）和工作性能之间的关系，设计出符合性能要求的新转（叶）轮。具体设计过程中，首先是根据设计参数的要求，对比分析已有比转速相近的优良转（叶）轮流道、叶片参数和形状，对其做适当修改，初步设计出所需转（叶）轮方案；然后通过试验结果对比、分析，做进一步修改、完善；最后经试验验证达到了设计要求，即完成了设计。这种设计方法的突出特点是计算工作量小、快捷，能在较短的时间内设计出性能较优良的新转（叶）轮。它不仅适用于新转（叶）轮的设计，更适用于叶片的改型和修型；它不仅适用于混流式或离心式水力机械，也适用于轴流式与贯流式，乃至冲击式等所有水力机械的转（叶）轮设计。但它理论上不严密，依靠经验成分较大，且需要有大量已有性能较优良的转（叶）轮资料或数据库作为基础。

同样，还有某些特殊用途的泵（如无堵塞泵、自吸泵、隔膜泵、往复泵等），也均有其各自不同的设计方法。

1.3.2 轴流式转（叶）轮叶片的水力设计方法

液流在流体机械中特别是在转（叶）轮中的运动，是很复杂的三维空间流动。但任何一种复杂的空间运动，都可以认为是三个互相垂直运动分量的合成。为了方便，在研究液流在轴流式转（叶）轮中的运动时，通常选取柱坐标系，即 (r, θ, z) 坐标来进行分析。其中 z 轴与机组轴线重合，其方向对于水轮机与水流运动的方向相反，即向上为正；对于泵，则以与液流方向相同为正。r 轴与矢径同向。θ 为从某一起始轴面算起的幅角。这样，液流各质点的速度在所选定的坐标系中可分解为下列三个分速度：径向分速度 v_r、轴向分速度 v_z 和圆周分速度 v_u。

除此之外，还用 v_m 表示绝对速度 v 在 r、z 平面上的投影，即轴面速度。则

$$v_m = v_r + v_z \tag{1.23}$$

由流体力学知识可知，直接求解液流运动的基本方程式以获得三维解析解就目前的科技水平还是不可能的，即便是要求得较准确的近似解也是困难的。因此，到目前为止，水力机械转（叶）轮的水力计算与设计仍是在某些假定下，将复杂的三维流动简化成二维的平面流动来求解。前已述及，为使复杂、难以计算的问题简化成易于计算的问题，就要抓住反映问题实质的主要因素，忽略影响较小的次要因素，根据求解问题的实际情况做出近似而又不失去其真实性，且能反映出问题本质的一些假设。那么，在轴流式转（叶）轮的水力计算与设计中对液流的运动又做了哪些基本假设呢？下面仍以水轮机为例进行简单介绍。

1.3.2.1 转轮中水流运动的基本假设（圆柱层间无关性假设）

由于轴流式和混流式水轮机均采用径向式导水机构，因而水流在导水机构段过流通道中（转轮进口前）具有相同的流动特征和流动图像，即水流基本上都是在垂直于水轮机轴线方向上的平面运动；而在流出转轮后，则基本上又都是平行于水轮机轴线方向的运动。水流的这种流动方向的改变虽相同，但改变的过程却不相同。对于混流式水轮机，由于转轮位于流道的拐弯处，水流方向的改变是在转轮中完成的，即水流的方向是在转轮中由径向变为轴向的，所以混流式转轮中的水流流面呈如图 1.1 所示的喇叭面。而对于轴流式水轮机，水流的转向在其进入转轮前即已完成，水流在转轮区域基本上是轴向流进又轴向流出，所以水流的流面或流动图像基本上是如图 1.5 所示的圆柱面。当然，水流在轴流式水轮机中的运动也是一种复杂的空间运动，但其径向速度 v_r 很小，接近于 0。因此，为了在研究和设计转轮时更方便，假设水流在流经轴流式转轮叶片区域时是沿着与轴心线同心

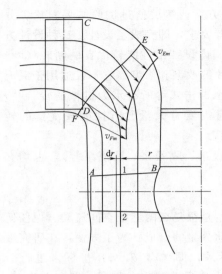

图 1.5 轴流式转轮的轴面流道及
水流运动分析

的圆柱面上流动的，各圆柱层流面上的水流质点之间不存在相互的作用和干扰，各圆柱层间无关。根据上述对水流在转轮区域中的流动图像的分析，在轴流式转轮的水力计算与设计中，除仍假定水流在转轮中的流动是定常的、轴对称的和在轴面上是有势的之外，还对水流做出了一条更重要的基本假设，即在水流质点流经转轮区域时各圆柱层流面上的水流运动互不干涉。这一假设简称为（流面）圆柱层间的无关性假设。

尽管实际上由于叶片表面上的压力分布不均、黏性力的作用、轮毂和转轮室成球形等因素的影响，水流在叶片区域内有些紊乱而不能完全按圆柱层流动，即圆柱层间水流质点的相互作用和交换是存在的，但实验证明，在计算工况及其附近，这种径向的运动和作用是很微小的。就其速度而言，径向速度约等于轴向速度的 $5\% \sim 6\%$，即 $v_r = (5\% \sim 6\%) v_z$，而其各层间的相互作用力就更小了，可忽略不计。为了保证水轮机有足够高的效率，通常总是希望机组运行在设计工况附近。因此，在设计计算转轮内的流动时可以忽略水流的径向相互作用和速度径向分量，这样做的结果与水流在转轮区内的实际流动具有足够的近似性。于是按照圆柱层间无关性的假设，就可以将转轮流道分成许多无限薄的圆柱层，而分别研究在每一流层上的水流运动。

如用半径为 r 和 $(r+dr)$ 的两个同轴圆柱面去截割转轮叶片，就可得到一个无限薄的圆柱层，将此圆柱层展开就得到一组与其他圆柱层无关的平面直列叶栅（图 1.6）。这样，圆柱层间无关性的假设就把轴流式转轮叶栅的计算简化成平面无限直列叶栅的计算了。

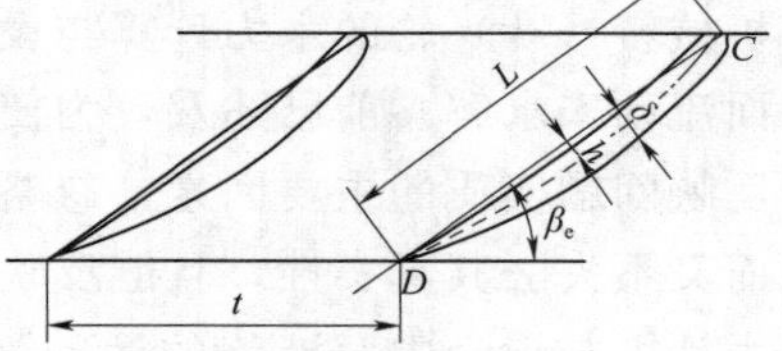

1.3.2.2 导叶出口至转轮进口之间的水流运动

水流流出导水机构后，在进入转轮前，再不受其他任何外力矩的作用，因此，在这一区域内水流做等速度矩运动。由于轴流式水轮机流道在导叶出口后到转轮进口前这一段的轴面投影正是由径向转 90°弯而变为轴向的，而导叶在径向开度或接近径向开度时，对水流没有周向作用力或作用很小的周向力，那么也就不存在或存在有很小的离心力，所以这段流道中的水流在轴面内可视为有势流动，水流运动的速度分布只取决于流道的形状。

于是，在转弯半径较小的 F 点轴面速度 v_{Fm} 比转弯半径大的 E 点的轴面速度 v_{Em} 大，如图 1.5 所示。由此，在转轮进口前，轮缘 A 处的轴面速度 v_{Am} 大于轮毂 B 处的轴面速度 v_{Bm}。也就是说，在转轮叶片进口前，水流的轴向速度沿半径方向的分布是不均匀的，而是由轮毂向轮缘逐渐增大，并且对一系列不同比转速轴流式转轮的测试表明，这种不均匀的程度还和导叶的开度有关。随着导叶开度的减小，轴向速度 v_{1z} 的分布不均匀程度将

图 1.6 由圆柱层展开的平面
无限直列叶栅

减小。在导叶相对开度 $\overline{a}_0 = 50\% \sim 55\%$ 时，v_{1z} 的分布趋于均匀；而在相对开度非常小时，轮毂处的轴向速度反而比轮缘处的大了（水流所受导叶周向力和离心力增大的结果）。如图 1.7 所示即是对一直径为 $D_1 = 460\mathrm{mm}$ 的轴流式水轮机模型转轮进行叶片进、出口前后速度场测量时的断面及测点布置。

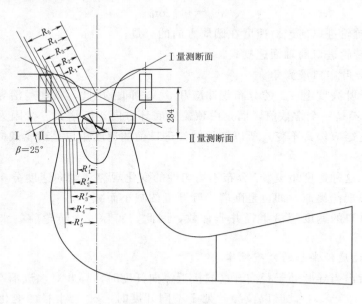

图 1.7 轴流式转轮速度场的测试示意图

轴向速度 v_{1z} 沿转轮进口的不均匀分布是水流进入转轮前的 90° 转弯所引起的。由于水流转弯时受离心力的影响，轮缘处的轴向速度增大，轮毂处的减小。此外，由于进入转轮前的水流具有一定的速度矩，这一旋转运动产生的离心力则使同一轴截面上的半径大处的压力增大、流速减小。上述两种离心力对轴向速度分布的影响是相反的。因此，水流的轴向速度 v_{1z} 沿转轮进口边的分布规律是很复杂的，它随着具体条件的不同而有较大的变化。

除了轴向速度 v_{1z} 不均匀分布外，在模型水轮机上进行速度场的实测表明，轴流式转轮进口的速度矩 $v_{1u}r_1$ 或环量 Γ_1 沿半径也是不均匀分布的，在各种工况下均由轮毂向轮缘方向增大。

如前面的流动图像分析中所述，采用径向导水机构时，导叶出口边不同高度上的水流方向相同，即都是在垂直于水轮机轴线方向的平面流动。于是在导叶出口 C、D 处（参见图 1.5）的速度三角形应如图 1.8 所示。由此可见，既然由轴面有势流动得出 $v_{Dm} > v_{Cm}$，则必有 $v_{Du} > v_{Cu}$，即导叶下部的环量 Γ_D 大于导叶上部的环量 Γ_C。因此，导叶出口处的环量不均匀性仍保持到转轮进口前，以致轮缘 A 处的环量 Γ_{A1} 大于轮毂处的环量 Γ_{B1}。这同模型试验和真机实测的结果是一致的。

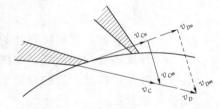

图 1.8 不同高度上导叶出口的速度三角形

对于这个问题，还可以这样来理解：转轮进口速度矩的不均匀分布是由于水流离开导叶后转弯而产生的离心力的影响。因为在这个离心力的作用下，导叶出口的水流轴面速度 v_{0m} 由顶盖向底环方向增大，而径向导水机构导叶出口角沿导叶高度是相等的，在不发生脱流的条件下，导叶出口的水流角 α_0 沿导叶高度也应相等。由公式：

$$v_{0u} = v_{0m} \cot\alpha_0 \tag{1.24}$$

式中　v_{0u}——转轮进口前绝对速度在圆周方向的分量；

　　　v_{0m}——转轮进口前轴面速度；

　　　α_0——导叶出口液流角。

可见，沿导叶高度上 v_{0u} 的分布规律应和 v_{0m} 相同。由此，就使得沿导叶出口高度上的速度矩 $v_{0u}r_0$ 不是一个常数值，而是由顶盖向底环方向逐渐增大。又因为在导叶和转轮之间水流的速度矩应保持不变，所以转轮叶片进口前的速度矩也是由轮毂向轮缘的方向逐渐增大。

试验表明，这种速度矩 $v_{1u}r_1$ 分布不均匀性的变化规律和轴向速度分布不均匀性随工况不同而变化的规律类似，即也是随着导叶开度的减小而减小。

由于转轮进口的速度矩沿半径并非常数，因此，实际进入转轮前的水流也并非有势流动。

1.3.2.3　轴向速度沿半径的分布规律

前文已分析出当导叶处于径向开度或接近径向开度时，导叶对水流不产生或产生很小的作用力，使 $v_{Az} > v_{Bz}$，此时以及导叶处于不同开度时，v_z 沿半径的变化规律需要由试验来确定。由于当导叶处于不同开度时，导叶对水流作用力的大小不同，对水流运动的影响程度也就不同，因而只能定性地说轴向速度 v_z 沿半径的分布规律与导叶的开度也有关。在不同的导叶开度下，有势流动和导叶作用力的大小对水流运动速度的影响，就不一定是谁起主导作用，所以轴向速度 v_z 的分布如何就不好下结论。经过对不同比转速的轴流式转轮进行的试验表明，轴向速度 v_{z1} 的沿半径分布规律，主要是由导叶相对开度 $\bar{a}_0$ 决定的，而受运行工况（n_{11} 和 φ）的影响与受导叶相对开度 $\bar{a}_0$ 的影响规律很相似，且影响较小，以致可忽略不计。而且对于不同的导叶开度，转轮进口前的轴向速度沿半径又都是按直线规律变化的，但其斜率却因开度的不同而异。这种分布规律可用下式表示：

$$v_{z1} = (a + b\bar{r})v_{zav} \tag{1.25}$$

其中

$$v_{zav} = \frac{4Q}{\pi(D_1^2 - d_B^2)} \tag{1.26}$$

式中　$\bar{r}$——被计算的圆柱断面的半径 r 与标称直径 D_1 之比，即被计算的圆柱面的相对

　　　　半径，$\bar{r} = \dfrac{r}{D_1}$；

　　a、b——两个系数，它们随导叶的开度不同而变化，由试验得出了它们随导叶的相对

　　　　开度而变化的曲线，如图 1.9 所示；

　　v_{zav}——叶片进口前水流的轴向平均速度；

　　　Q——流量；

　　　d_B——轮毂直径。

　　由图 1.9 可见，影响 v_{z1} 分布规律的斜率 b 是随导叶开度的增加而增加的。当 $\overline{a}_0 =$ 55% 左右时，$b=0$。说明这时的轴向速度 v_{z1} 的分布规律与半径无关，即轴向速度是沿半径均匀分布的。当 $\overline{a}_0 > 55\%$ 时，b 为大于 0 的数值，且 b 随 $\overline{a}_0$ 的增大而增加的速度比 a 随 $\overline{a}_0$ 的增大而减小的速度大；当 $\overline{a}_0 < 55\%$ 时，b 为负值，且 b 随 $\overline{a}_0$ 的减小而下降的速度比 a 随 $\overline{a}_0$ 的减小而增大的速度快。所以，$v_{Az1} < v_{Bz1}$。

　　系数 a、b 根据相对开度 $\overline{a}_0$ 确定。而 $\overline{a}_0$ 可按设计的单位流量 Q_{11} 及单位转速 n_{11} 确定，如图 1.10 所示。当然，也可以参考已有比转速相近的转（叶）轮的开度来确定。

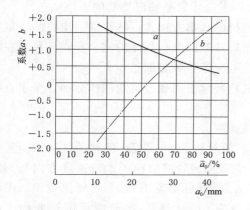

图 1.9　系数 a、b 与导叶相对开度 $\overline{a}$ 的
变化关系

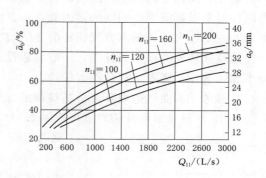

图 1.10　$d_B = 0.4$ 转轮的导叶开度
与流量的关系

　　也有人在设计轴流式水轮机时，假定轴向速度沿半径按直线规律变化，且在轮缘处比在轮毂处大平均值的 5%。据此，通过积分即可求得具有平均速度的直径 D_{av} 为：当 $d_B = 0.4$ 时，$D_{av} = 0.74D_1$；当 $d_B = 0.5$ 时，$D_{av} = 0.78D_1$。

　　再说明一点，由于轴流式转轮流道为圆柱形，故轴流式转轮出口处的轴向速度 v_{z2} 的分布规律可认为与进口轴向速度 v_{z1} 分布规律完全相同，如图 1.11 所示。

1.3.2.4　环量沿半径的分布规律

　　环量沿半径的分布也是不均匀的。无论是理论分析还是试验都证实了这一点。由试验测得的出口环量沿半径分布规律的变化关系曲线如图 1.12 所示。

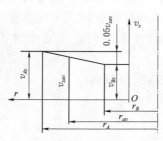

图 1.11　轴向速度沿半径的
分布规律

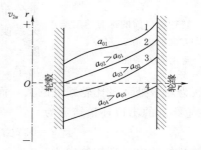

图 1.12　转轮出口速度矩分布随
导叶开度的变化规律

由图 1.12 可见，不论开度如何，其分布规律均是由轮毂向轮缘增加的。只不过是随开度的不同，数值上不一样而已，但也有一定的规律性。导叶开度越小，转轮出口处的正环量越大；随开度的增大出口环量逐渐减小，当导叶开度达到一定值时，轮毂处的出口环量等于 0；再增加导叶开度，轮毂处的出口环量变为负值，当导叶开度增大到一定数值时，轮缘处的出口环量也变为负值。这显然不是人们所希望的。从能量转换的水力效率及空蚀性能的角度来考虑，显然要采用图 1.12 中的曲线 2 或曲线 3 为宜。

由图 1.12 还可以看出，在导叶的各种开度下，转轮出口处的水流不可能全都是轴向流动的，只有某些开度下某个 $\Gamma=0$ 的圆柱面上的水流才只是轴向流动的。

为避免各圆柱层间引起附加漩涡，根据水轮机的基本方程式，转轮进、出口的环量差对各圆柱层来说都应该是相同的，因此，进、出口环量的分布规律应完全相同，只是在数值上相差一个由水轮机基本方程确定的 $\Delta\Gamma=\Gamma_1-\Gamma_2$ 的常数量而已。

在轴流式转轮的水力设计中，一般均假设进口环量沿半径按直线规律分布。至于直线的斜率如何选择，则有下列几种方法：

（1）参考试验曲线选取环量分布规律的直线斜率。

图 1.13 所示是对导叶相对高度 $\overline{b}_0=0.4D_1$、轮毂比 $\overline{b}_B=0.4D_1$ 的转轮进行试验所得

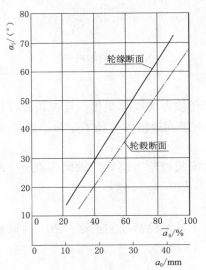

到的曲线。它表示转轮进口前的水流速度方向与圆周方向的夹角 α_1 随导叶相对开度 $\overline{a}_0$ 的变化规律。图中实线表示半径为 $r_A=0.5D_1$ 的轮缘处圆柱断面上的 α_1 值；点画线则表示 $r_B=0.2D_1$ 轮毂处圆柱断面上的 α_1 值。试验表明，对于不同导叶相对高度和轮毂比的水轮机，$\alpha_1=f(\overline{a}_0)$ 曲线的差异很小。因此，图 1.13 可适用于各种不同比转速的轴流式水轮机。

选取环量分布的方法是：先根据导叶的相对开度 $\overline{a}_0$ 值，由图 1.13 查出轮缘和轮毂处的 α_1 值，再按 $v_{u1}=v_{z1}\cot\alpha_1$ 求出轮缘与轮毂处的 v_{u1} 值，从而计算出速度矩 $v_{u1}r_1$ 和环量 Γ_1 值。根据假设，$v_{u1}r_1$ 环量沿半径按直线规律变化，则由两点式直线方程可计算出各圆柱面上的 $v_{u1}r_1$ 和 Γ_1 之值。同时根据进出口环量分布规律相同，由满足基本方程式 $\Delta\Gamma=\Gamma_1-\Gamma_2$ 的关系便可求得出口环量的分布。计算中所用的轴向速度 v_{z1} 的值，在前面求轴向速度分布规律时已经求出了。

图 1.13　转轮进口前的绝对速度与圆周方向的夹角 α_1 随 $\overline{a}_0$ 变化的关系曲线

（2）认为轮缘处环量比轮毂处的大，而直接给定直线的斜率。

1）在轮缘处的出口环量给定为

$$\Gamma_{A2}=0.2\Delta\Gamma=0.2(\Gamma_1-\Gamma_2) \qquad (1.27)$$

而在轮毂处的出口环量给定为

$$\Gamma_{B2}=-0.2\Delta\Gamma=-0.2(\Gamma_1-\Gamma_2) \qquad (1.28)$$

这样便可求得按直线变化规律的直线斜率和其他各圆柱面上进、出口环量，如图

1.14 所示。

2）按轮缘和轮毂处的环量差值为（0.3～0.35）$\Delta\Gamma$ 给定直线的斜率，如图 1.15 所示，但轮毂处的 Γ_{B2} 不一定为 0。

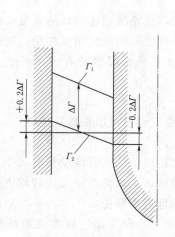
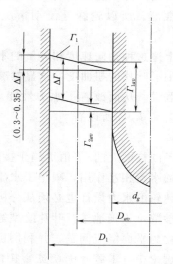

图 1.14　环量沿半径的
分布规律之一

图 1.15　环量沿半径的
分布规律之二

3）按 $\Gamma_{B2}=0$，而 $\Gamma_{A2}=m\Delta\Gamma$ 给定直线的斜率（具体方法可见文献 [1] ～ [3]）。

实践证明，按上述轴向速度和环量沿半径不均匀分布设计出的转轮，更接近试验结果，比认为它们均匀分布设计出的转轮有更好的技术经济指标和空蚀性能。其原因可解释如下：

首先，按速度不均匀分布，在计算时采用的转轮进出口速度的大小和方向更接近于水流的（真实）流动情况。

其次，按上述环量的不均匀分布，从速度三角形可以看出，增大轮缘处的进口环量，使轮缘处的相对速度减小，这就使得水力损失减小，同时使叶片进口安放角增大，如图 1.16（a）所示。

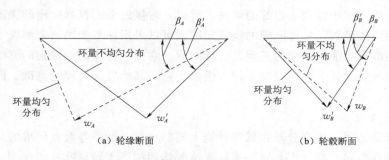

图 1.16　转轮进出口速度三角形

此种情况下，虽因轮毂处环量的减小而减小了叶片安放角，增加了相对速度，如图

1.16 （b）所示，而使损失增加，但轴流式转轮的主要过流区是靠近轮缘处（因此处不仅过流面积大，而且流速也大），而轮毂处过流面积小且流速本身也不大，过流量远小于轮缘处，故对转轮水力性能的影响也小。而轮缘处的流动情况对转轮性能的影响很大，更能决定转轮的性能。所以轮缘处流动情况的改善，就改善了整个转轮的水力性能和空蚀性能。

最后，上述这种轴向速度和环量的不均匀分布，使轮缘和轮毂处的翼型安放角差值减小了，即减小了叶片的扭曲度，这显然减小了各圆柱层间的水流相互作用，更接近于圆柱层间无关性假设，从而改善了水力性能。这从速度三角形很容易看出。因 $\beta_{1A} < \beta_{1B}$，而 $\beta'_{1A} > \beta_{1A}$、$\beta'_{1B} \leqslant \beta_{1B}$，所以有

$$\beta'_{1B} - \beta'_{1A} < \beta_{1B} - \beta_{1A} \tag{1.29}$$

这就使各圆柱面上的 v_u 值更趋于接近（由速度三角形可以很直观地看出），而减小了各圆柱层上的水流相互作用，减小了水流内部损失。

轴流式转轮的水力设计也必须从分析水流在水轮机中的实际流动情况入手，合理地选择流道几何参数，正确地进行叶片绘型等。但正如前述，水流在轴流式转轮内绕流叶片的流动，可转化为平面绕流问题，并利用机翼和叶栅理论来解决。

在叶栅理论中，求解叶栅绕流常用的设计方法有：升力法、保角变换法和奇点分布法。下面简述这几种设计方法的各自特点。

1.3.2.5　轴流式转轮叶栅的设计方法

1. 升力法

升力法是利用单个翼型的动力特性，并考虑组成叶栅后翼型间的相互影响来设计转（叶）轮叶片的方法。在积累了大量试验数据的情况下，这种方法能够方便而准确地设计出性能优良的转（叶）轮。它是一种半经验半理论的设计方法。同时这种方法建立得最早，积累了丰富而成熟的经验，计算工作量也小。所以它仍是目前轴流式水力机械转轮设计广泛采用的设计方法之一。

2. 保角变换法

保角变换法是将平面直列叶栅的绕流保角变换为一个已知的流动图像来对问题加以研究。在水轮机中，尤其是对轴流式转轮叶栅，在设计计算时，常将其保角地变换成计算平面上的单位圆的绕流问题来处理。这是因为：①单位圆的绕流问题最简单；②单位圆的绕流问题已在流体力学中得到了很好的解决。所以，对接近平面直列叶栅的绕流问题，只要能找到保角变换的函数，平面叶栅的绕流问题就可以采用保角变换法来解决了。它可以解决弯度不大的薄翼组成的叶栅的正问题、反问题。它是一种理论性较强的方法，计算工作量大，目前在转轮设计上，还很少采用。但由于它是其他方法的理论基础，因此是一种很有价值的方法。

3. 奇点分布法

奇点分布法是用一系列分布在翼型骨线上的涡和源（汇）等奇点形成的封闭曲线来代替叶片，认为这些涡、源（汇）对一平行水流的作用相当于转轮叶片的作用，从而设计出叶片。它的突出优点是能有目的地控制翼型表面各点的速度和压力分布，从而可设计出空蚀性能较好的转轮。它对试验资料的依赖性较小，但计算工作量是相当大的，致使其应用

曾受到了影响。但随着科学技术的不断发展，尤其是计算技术和计算工具的不断更新、机械性能的逐步提高，这种方法已得到了广泛的应用。因此，以前在轴流式转轮设计中只介绍采用这种方法进行的翼型设计，目前，多将其和升力法相结合进行叶片及转轮的水力设计。

以上三种设计方法将在后续章节中予以详细阐述。除这三种设计方法外，在轴流式转轮设计中也常采用 1.3.1 节所述的统计法。

这里还要指出的是，长期以来，国外一些单位曾利用水轮机模型试验台对各种比转速的轴流式转轮进行了系统的试验研究，测量了不同工况下导水机构出口和转轮进出口的速度和压力分布。这些研究成果虽然揭示了轴流式水轮机转轮内水流的主要运动规律和转轮几何参数与运行工况对水轮机性能的影响趋势，修正了一些计算假定，补充了轴流式转轮水力计算的理论和方法，但是较准确的定量关系还仍未找到。另外，为了使问题简化，在将复杂的三元流动简化为二元流动来求解的过程中又提出来一些假设。然而，做出这些假设后转轮中实际水流的运动规律与原图像已并不完全一致了，简化后的水流只是近似地反映出实际水流的主要运动规律和对叶栅性能的主要影响趋势，因而很难求得准确解。那么，据此而设计出的转轮性能如何，还必须经试验来验证。因此，为设计出高性能的轴流式转轮，还必须深入开展转轮设计过程的试验研究和理论探讨，其目的就是要揭示水轮机过流部件中水流运动的真实规律，为进一步完善设计理论，改进计算方法提供可靠的依据。

第2章　离心泵和混流泵叶轮的水力设计

叶轮是泵的核心元件，泵的流量、扬程、效率、抗汽蚀性能和特性曲线的形状等都与叶轮的水力设计好坏有重要联系。

2.1　泵主要参数的确定

2.1.1　设计参数和要求

离心泵和混流泵叶轮的设计需要的主要设计参数和要求有：流量、扬程、转速（或由设计者确定）、泵汽蚀余量或装置汽蚀余量（也可给出装置的使用条件）、效率（要求保证的效率）、介质属性（温度、重度、含杂质情况、腐蚀性等）、对特性曲线的要求（平坦、陡降、是否允许有驼峰或在全扬程范围内运行等）。

2.1.2　泵进、出口直径的确定

首先选定泵的结构形式和原动机的类型，进而结合下面的计算，经比较后做出最终决定。

1. 泵的进口直径 D_s

泵的进口直径又称为泵吸入口直径，是指泵吸入法兰处管的内径。吸入口径由合理的进口流速确定，泵的进口流速一般为 3m/s 左右。从制造经济性考虑，大型泵的流速取大些，以减小泵的体积，提高过流能力。常用泵的进口直径、流速和流量的关系见表2.1。进口直径 D_s 按下式确定：

$$D_s = K_s \sqrt[3]{\frac{Q}{n}} \qquad (K_s = 4 \sim 5) \tag{2.1}$$

式中　Q——流量，$\mathrm{m^3/s}$；

　　　n——转速，$\mathrm{r/min}$。

表 2.1　　　　　　　　　　　　泵进口直径、流速和流量的关系

泵进口直径/mm		40	50	65	80	100	150	200	250	300	400
单级	流速/(m/s)	1.38	1.77	2.1	2.76	3.53	2.83	2.53	2.83	—	—
	流量/(m³/h)	6.25	12.5	25	50	100	180	400	500	—	—
多级	流速/(m/s)	1.38	1.77	2.1	2.54	3.01	2.44	2.48	2.55	2.84	3.32
	流量/(m³/h)	6.25	12.5	25	45	85	155	280	450	720	1500

2. 泵的出口直径 D_d

泵的出口直径也叫泵排出口径，是指泵排出法兰处管的内径。一般按下式计算：

$$D_d = K_d \sqrt[3]{\frac{Q}{n}} \qquad (K_d = 3.5 \sim 4.5) \tag{2.2}$$

2.1.3 泵转速的确定

1. 确定转速

先通过考虑以下因素确定泵的转速：

（1）泵的转速越高，泵的体积越小，重量越轻，因此应选择尽量高的转速。

（2）转速和比转速有关，而比转速和效率有关，所以转速应和比转速结合起来确定。

（3）确定转速应考虑原动机的种类（电动机、内燃机、汽轮机等）和传动装置（皮带传动、齿轮传动、液力偶合器传动等）。通常优先选择电动机直接连接传动，异步电动机的同步转速见表 2.2。

表 2.2　　　　　　　　　　　　　异步电动机的同步转速

极　　数	2	4	6	8	10	12
同步转速 n_0/(r/min)	3000	1500	1000	750	600	500

电动机额定功率标准（单位：kW）为：0.18、0.25、0.37、0.55、0.75、1.1、1.5、2.2、3.0、4.0、5.5、7.5、11、15、18.5、22、30、37、45、55、75、90、110、132、160、185、200、220、250、280、315、355、400、450、560、630、710、800、900、1000、…

电动机带负荷后的转速小于同步转速，通常按 2% 左右的滑差率确定电动机的额定转速，即

$$n = n_0(1-s) \tag{2.3}$$

式中　s——滑差率；

　　　n——额定转速，r/min；

　　　n_0——同步转速，r/min。

（4）转速增高，过流部件的磨损加快，机组的振动、噪声变大。

（5）提高泵的转速受到汽蚀条件的限制。汽蚀比转速的计算公式为

$$C = \frac{5.62n\sqrt{Q}}{NPSH_r^{0.75}} \tag{2.4}$$

由式（2.4）可见，转速 n 和汽蚀基本参数 $NPSH_r$ 及 C 有确定的关系，如得不到满足，将发生汽蚀。对既定的泵汽蚀比转速 C 为定值，转速增加，则 $NPSH_r$ 增加。当该值大于装置汽蚀余量 $NPSH_a$ 时，泵将发生汽蚀，所以对于既定的泵，转速越低越不容易发生汽蚀。

按汽蚀条件确定泵转速的方法是：选择 C，给定装置汽蚀余量 $NPSH_a$，或根据给定的装置条件计算 $NPSH_a$。

吸上装置：

$$NPSH_a = \frac{p_c}{\rho g} - h_g - h_c - \frac{p_v}{\rho g} \qquad (2.5)$$

式中　p_c——吸入液面的压力，Pa；

　　　h_g——吸上高度，m；

　　　h_c——吸入装置的全部水力损失，m；

　　　p_v——汽化压力，Pa；

　　　ρ——密度，kg/m^3；

　　　g——重力加速度，m/s^2。

倒灌装置：

$$NPSH_a = \frac{p_c}{\rho g} + h_g - h_c - \frac{p_v}{\rho g} \qquad (2.6)$$

按 $NPSH_c \leqslant NPSH_r \leqslant [NPSH] \leqslant NPSH_a$ 的关系，根据 $NPSH_a$ 可确定 $NPSH_r$，然后按下式计算汽蚀条件允许的转速（所采用的转速应小于该允许的转速）：

$$n < \frac{C NPSH_r^{3/4}}{5.62\sqrt{Q}} \qquad (2.7)$$

2. 确定比转速

转速确定之后，再通过考虑下列因素确定泵的比转速。

（1）按照下式计算泵的比转速：

$$n_s = \frac{3.65n\sqrt{Q}}{H^{3/4}} \qquad (2.8)$$

（2）在 $n_s = 120 \sim 210$ 的区间，泵的效率最高；当 $n_s < 60$ 时，泵的效率显著下降。

（3）采用单吸式 n_s 过大时，可考虑采用双吸式；反之，采用双吸式 n_s 过小时，应改为单吸式。

（4）泵特性曲线的形状也和 n_s 大小有关。

（5）比转速和泵的级数有关，级数越多，n_s 越大。卧式泵一般不超过 10 级，立式深井泵和潜水泵级数多达几十级。

2.1.4　泵效率的估算

在设计泵时要用泵的效率，但泵尚未设计出来，故只能参考同类产品，或借助经验公式近似地确定泵的总效率和各种效率值，并设法在设计中达到确定的效率。

下面介绍确定泵效率的一些资料。

1. 总效率的估算

图 2.1 所示为根据美国 528 台泵的试验数据绘出的泵的总效率 η 和比转速 n_s 的关系曲线，并以流量为参变量，考虑了泵尺寸大小对泵效率的影响。该效率值可以作为泵设计师评价其设计质量的尺度。但是超过图示效率值是有可能的，这是因为该曲线没有把少数效率很高的泵考虑在内。

我国制定的标准泵效率见表 2.3～表 2.11。表中的效率是比转速 $n_s = 120 \sim 210$ 的效率，当 $n_s < 120$ 或 $n_s > 210$ 时，泵效率降低，实际泵效率应从表中查得效率中减去效率修正值 $\Delta\eta$。如果流量 Q 和比转速 n_s 不是表内数值时可按插值法进行确定。

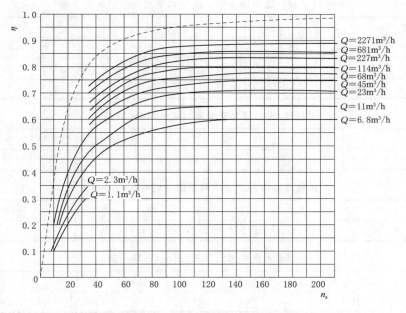

图 2.1 泵总效率 η 与比转速 n_s 和流量 Q 的关系

表 2.3 单级离心清水泵效率

$Q/(m^3/h)$	5	10	15	20	25	30	40	50	60	70	80
$\eta/\%$	58.0	64.0	67.2	69.4	70.9	72.0	73.8	74.9	75.8	76.5	77.0
$Q/(m^3/h)$	90	100	150	200	300	400	500	600	700	800	900
$\eta/\%$	77.6	78.0	79.8	80.8	82.0	83.0	83.7	84.2	84.7	85.0	85.3
$Q/(m^3/h)$	1000	1500	2000	3000	4000	5000	6000	7000	8000	9000	10000
$\eta/\%$	85.7	86.6	87.2	88.0	88.6	89.0	89.2	89.5	89.7	89.9	90.0

表 2.4 多级离心清水泵效率

$Q/(m^3/h)$	5	10	15	20	25	30	40	50	60	70	80	90	100
$\eta/\%$	55.4	59.4	61.8	63.5	64.8	65.9	67.5	68.9	69.9	70.9	71.5	72.3	72.9
$Q/(m^3/h)$	150	200	300	400	500	600	700	800	900	1000	1500	2000	3000
$\eta/\%$	73.5	76.9	79.2	80.6	81.5	82.2	82.8	83.1	83.5	83.9	84.8	85.1	85.5

表 2.5 离心油泵和离心耐腐蚀泵效率

$Q/(m^3/h)$	5	10	15	20	25	30	40	50	60	70	80	90	100
$\eta/\%$	50.0	56.1	59.5	61.9	63.8	65.0	67.1	68.8	70.0	71.0	71.8	72.5	73.0
$Q/(m^3/h)$	150	200	300	400	500	600	700	800	900	1000	1500	2000	3000
$\eta/\%$	75.0	76.4	78.2	79.4	80.2	80.9	81.4	81.9	82.2	82.5	83.6	85.0	89.2

表 2.6　　　　　　单级（多级）离心清水泵、油泵和耐腐蚀泵效率修正值

n_s	20	25	30	35	40	45	50	55	60	65	70	75	80	85
$\Delta\eta/\%$	32	25.5	24.6	17.3	14.7	12.5	10.5	9.0	7.5	6.0	5.0	4.0	3.2	2.5
n_s	90	95	100	110	210	220	230	240	250	260	270	280	290	300
$\Delta\eta/\%$	2.0	1.5	1.0	0.5	0	0.3	0.7	1.0	1.3	1.7	1.9	2.2	2.7	3.0

表 2.7　　　　　　长轴离心深井泵效率（$n_s=110\sim210$）

$Q/(\mathrm{m^3/h})$	5	10	18	30	50	80	130	160	210	340	550	900	1000	1500
$\eta/\%$	51.5	60.0	65.0	68.0	71.5	73.5	75.0	75.5	76.5	78.0	79.0	80.0	80.5	81.0

表 2.8　　　　　　长轴离心深井泵效率修正值（$n_s=210\sim300$）

n_s	210	220	230	240	250	260	270	280	290	300
$\Delta\eta/\%$	0	0.2	0.5	0.7	1.0	1.4	1.7	2.1	2.5	3.0

表 2.9　　　　　　小型潜水泵效率（下泵）（$n_s=120\sim210$）

$Q/(\mathrm{m^3/h})$	1.5	3	6	10	15	25	40	65	100	160
$\eta/\%$	42.5	53.0	61.0	66.0	69.0	72.5	75.0	77.0	78.5	80.0

表 2.10　　　　　　小型潜水泵效率（上泵）（$n_s=120\sim210$）

$Q/(\mathrm{m^3/h})$	6	10	15	25	40	65	100	160	250
$\eta/\%$	59.0	63.0	66.0	69.0	71.0	73.0	74.5	75.5	76.5

表 2.11　　　　　　小型潜水泵效率修正值

n_s	20	25	30	35	40	45	50	55	60	65	70	75	80
$\Delta\eta/\%$	25	22.5	20	17	14.3	12	10	8.5	7.2	6.0	5.0	4.0	3.2
n_s	90	100	110	220	230	240	250	260	270	280	290	300	320
$\Delta\eta/\%$	2.0	1.0	0.6	0	0.65	1.0	1.3	1.6	2.0	2.3	2.6	3.0	4.0

2. 水力效率、容积效率和机械效率的估算

（1）水力效率 η_h 按下式计算：

$$\eta_h = 1 + 0.0835 \lg \sqrt[3]{\frac{Q}{n}} \qquad (2.9)$$

式中　Q——泵流量，$\mathrm{m^3/s}$，双吸泵取 $Q/2$；

　　　　n——泵转速，$\mathrm{r/min}$。

（2）容积效率 η_v 可按下式计算：

$$\eta_v = \frac{1}{1 + 0.68 n_s^{-2/3}} \qquad (2.10)$$

该容积效率为只考虑叶轮前密封环泄漏的值，对于有平衡孔、级间泄漏和平衡盘泄漏等情况，容积效率还要相应降低。

图 2.2 给出了单级泵、多级泵和双吸泵容积效率 η_v 和比转速 n_s 的关系曲线，可供参考。

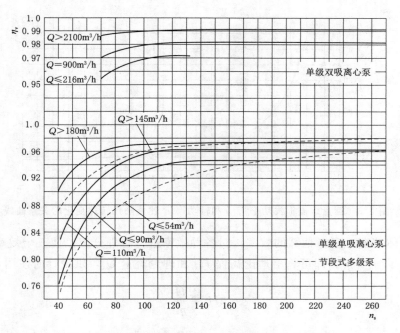

图 2.2　离心泵的容积效率 η_v 和比转速 n_s 的关系

（3）机械效率 η_m 可按下式计算：

$$\eta_m = 1 - \frac{P_m}{P} = \frac{P - P_{m1} - P_{m2} - P_{m3}}{P} = 1 - \frac{P_{m1}}{P} - \frac{P_{m2}}{P} - \frac{P_{m3}}{P} \qquad (2.11)$$

式中　P_m——机械损失功率；

　　　P_{m1}——轴承摩擦损失功率；

　　　P_{m2}——填料摩擦损失功率；

　　　P_{m3}——圆盘摩擦损失功率；

　　　P——输入功率。

轴承和填料损失一般不大，可根据具体情况参照下式估算：

$$P_{m1} + P_{m2} = (0.01 \sim 0.03)P \qquad (2.12)$$

功率大的泵取小值，功率小的泵取大值。

图 2.3 所示为圆盘摩擦损失功率和轴功率比值随比转速变化的关系曲线，设计时可供参考。

也可用下式估算只考虑圆盘摩擦损失的机械效率 η_m：

$$\eta_m = 1 - 0.07 \frac{1}{\left(\dfrac{n_s}{100}\right)^{7/6}} \qquad (2.13)$$

利用上述关系，可以估算出泵的机械效率，进而确定泵的总效率 η：

$$\eta = \eta_h \eta_v \eta_m \qquad (2.14)$$

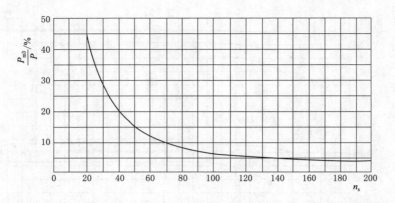

图 2.3　圆盘摩擦损失功率 P_{m3} 和轴功率 P 比值随比转速变化的关系曲线

根据具体情况，参考估算的效率，对各种效率进行合理分配，使三个效率之积等于总效率。确定了 η_h、η_v，即可算出理论扬程 H_t 和理论流量 Q_t，供设计时使用，即

$$H_t = \frac{H}{\eta_h} \tag{2.15}$$

$$Q_t = \frac{Q}{\eta_v} \tag{2.16}$$

2.1.5　泵功率的确定

（1）泵的轴功率按下式计算：

$$P = \frac{\varrho g Q H}{1000 \eta} \tag{2.17}$$

（2）原动机功率按下式计算：

$$P_g = \frac{k}{\eta_t} P \tag{2.18}$$

式中　k——余量系数，可按表 2.12 选择；

　　　η_t——传动效率，可按表 2.13 选择。

表 2.12　　　　　　　　　　　　　　离心泵功率余量系数 k

泵轴功率 P/kW	k	
	电动机	汽轮机
$P \leqslant 15$	1.25	1.10
$15 < P \leqslant 55$	1.15	1.10
$P > 55$	1.10	1.10

表 2.13　　　　　　　　　　　　　　泵装置传动效率 η_t

传动方式	直联传动	平皮带传动	三角皮带传动	齿轮传动	蜗杆传动
η_t	1.00	0.95	0.92	0.90~0.97	0.70~0.90

2.2 泵轴径和叶轮轮毂直径的初步计算

2.2.1 泵叶轮的主要几何参数

泵体叶轮的主要几何参数有：叶轮进口直径 D_j、叶片进口直径 D_1、叶轮轮毂直径 d_h、叶片进口宽度 b_1、叶片进口角 β_1、叶轮出口直径 D_2、叶轮出口宽度 b_2、叶片出口角 β_2、叶片数 Z、叶片包角 φ 等。叶轮进口的几何参数对汽蚀性能有重要影响，叶轮出口的几何参数对性能（H、Q）具有重要影响，两者对泵的效率均有影响。图 2.4 为叶轮几何形状和主要尺寸参数示意图。

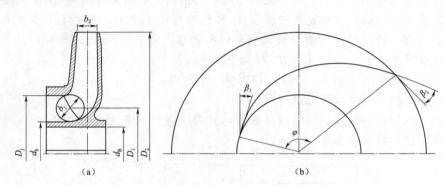

图 2.4　叶轮几何形状和主要尺寸参数示意图

2.2.2 轴径和轮毂直径

泵轴的直径（即轴径）应按其承受的外载荷（拉、压、弯、扭）和刚度及临界转速条件确定。因为扭矩是泵轴最主要的载荷，所以在开始设计时，可按扭矩确定泵轴的最小直径（通常是联轴器处的轴径）。同时应根据所设计泵的具体情况，考虑影响刚度和临界转速的可能因素，可对初算的轴径做适当的修改，并圆整到标准直径。待泵转子设计完成后，再对轴的强度、刚度和临界转速进行详细的校核。按扭矩计算泵轴直径的公式为

$$d = \sqrt[3]{\frac{M_n}{0.2[\tau]}} \tag{2.19}$$

其中

$$M_n = 9550 \frac{p_c}{n} \tag{2.20}$$

式中　d——泵轴直径；

M_n——扭矩，N·m；

p_c——计算功率，kW，可取 $p_c = 1.2p$；

$[\tau]$——材料的许用切应力，Pa，由表 2.14 查取。

$[\tau]$ 值的大小决定轴的粗细，轴细可以节省材料，提高叶轮水力和汽蚀性能；轴粗能增强泵的刚度，提高运行可靠性。

表 2.14 泵轴常用材料的许用切应力

材料	热处理要求	$[\tau]$/MPa	用途
35	正火处理	34.3～44.1	一般单级泵
45	调质处理 HB＝241～286	44.1～53.9	一般单级泵
40Cr	调质处理 HB＝241～302	63.7～73.5	大功率高压泵
3Cr13	调质处理 HB＝269～302	53.9～68.7	耐腐蚀泵
35CrMo	调质处理 HB＝241～285	68.9～78.5	高温泵（$T＝200～400℃$）

确定出泵轴的最小直径后，参考类似结构泵的泵轴，画出轴的结构草图。根据轴各段的结构和工艺要求，确定装叶轮处的轴径 d_i 和轮毂直径 d_h。叶轮轮毂直径必须保证轴孔在开键槽之后有一定的厚度，使轮毂具有足够的强度，通常 $d_h＝(1.2～1.4)d_i$。在满足轮毂结构强度的条件下，尽量减小 d_h 有利于改善流动条件。

在画泵轴结构草图（图 2.5）时，应注意以下几点：

（1）各段轴径应尽量取用标准直径。

（2）轴上的螺纹一般采用标准细牙螺纹，其内径应大于螺纹前轴段的直径。

（3）轴定位凸肩一般为 2～3mm。

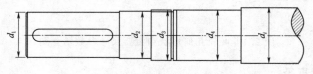

图 2.5 泵轴结构草图

2.3 叶轮主要尺寸的确定方法

2.3.1 相似换算法

2.3.1.1 设计步骤

相似换算法很简单，也很可靠，其做法是选一台与待设计泵相似的泵，对过流部分的全部尺寸进行放大或缩小。这里仅介绍叶轮部分主要尺寸的设计步骤。

（1）按设计泵的参数计算比转速 n_s：

$$n_s = \frac{3.65n\sqrt{Q}}{H^{3/4}}$$

（2）选择模型泵。对模型泵的要求如下：

1）模型泵的 n_s 与设计泵的 n_s 相等或相近。

2）模型泵的效率高（高效范围广），抗汽蚀性能好，特性曲线形状符合要求。

3）模型泵的技术资料齐全可靠。

4）为不失去相似性，希望实型泵和模型泵雷诺数之比 Re/Re_m 在 1.0～1.5 的范围内，实型泵的雷诺数 Re 为

$$Re = \frac{u_2 D_2}{\nu}$$

式中　D_2——叶轮出口直径，m；

　　　u_2——叶轮出口圆周速度，m/s；

　　　ν——输送液体的运动黏度，m^2/s。

（3）求尺寸系数。由相似定律，假定模型泵和实型泵的容积效率、水力效率相等，则有

$$\lambda = \frac{D}{D_M} = \sqrt[3]{\frac{Q}{Q_M} \frac{n_M}{n}}$$

$$\lambda = \frac{D}{D_M} = \frac{n_M}{n} \sqrt{\frac{H}{H_M}}$$

式中　D_M——模型叶轮出口直径，m；

　　　Q_M——模型泵流量，m^3/h；

　　　n_M——模型泵转速，r/min；

　　　H_M——模型泵扬程，m。

用以上两式计算的 λ 的值可能稍有不同，在此情况下可取较大的值或两者的平均值为换算用的值。

（4）计算设计泵的尺寸。把模型过流部分的各种尺寸乘以尺寸系数 λ，则得到设计泵过流部分的相应尺寸。设计泵的叶片角度应等于模型泵的相应角度，即

$$D = D_M \lambda \quad \beta = \beta_M$$

式中　β_M——模型泵叶轮叶片角度，（°）。

叶片厚度等，有时不能采用相似换算值，可根据具体情况确定。

（5）换算设计泵的性能曲线。在模型泵性能曲线上取若干个点，按相似条件换算成设计泵相应点的参数，即

$$\frac{Q}{Q_M} = \frac{n}{n_M} \left(\frac{D}{D_M} \right)^3$$

$$Q = \lambda^3 \frac{n}{n_M} Q_M$$

$$\frac{H}{H_M} = \left(\frac{n}{n_M} \right)^2 \left(\frac{D}{D_M} \right)^2$$

$$H = \lambda^2 \left(\frac{n}{n_M} \right)^2 H_M$$

$$\frac{P}{P_M} = \left(\frac{n}{n_M} \right)^3 \left(\frac{D}{D_M} \right)^5$$

$$P = \lambda^5 \left(\frac{n}{n_M} \right)^3 P_M$$

$$\eta = \frac{\rho g Q H}{1000 P}$$

式中　P_M——模型泵功率，kW。

按以上公式计算的参数可绘出相应的性能曲线。

（6）绘制设计泵的图纸。按换算得到的尺寸和角度，考虑具体情况对叶片厚度、密封间隙等做适当修改，绘出设计泵的图纸。叶片剪裁图也可在保证换算得到的主要尺寸下，重新绘制（详见叶片绘型部分）。

2.3.1.2　相似换泵法应注意的问题

1. 效率修正问题

通常，在相似设计中认为模型泵和实型泵的效率相等，实际上由于大泵和小泵（相似泵）流道的相对糙度、相对间隙和叶片相对厚度等不同，大泵的水力效率、容积效率比小泵高，机械效率也常稍高些。所以，当相似泵的尺寸相差较大时，应考虑尺寸效应的修正。

考虑尺寸效应的尺寸系数 λ' 可按下式计算：

$$\lambda' = \lambda \sqrt{\frac{\eta_{hM}}{\eta_h}} = \lambda \sqrt{\frac{f_M}{f}}$$

其中　　　　　　　　$f = \dfrac{1}{1+3.15/D_j^{1.6}}$　　$f_M = \dfrac{1}{1+3.15/D_{jM}^{1.6}}$

式中　　λ——未考虑尺寸效应的尺寸系数；

　　　　f——实型泵系数；

　　　　f_M——模型泵系数；

　D_{jM}、D_j——模型泵、实型泵叶轮入口直径，cm。

λ' 也可按下式计算：

$$\lambda' = \lambda \sqrt{\frac{1+0.0835 \lg \sqrt[3]{Q_M/n_M}}{1+0.0835 \lg \sqrt[3]{Q/n}}}$$

式中　Q——泵流量，m^3/s；

　　　n——泵转速，r/min。

2. 修改模型问题

如现有的模型很好，但与设计泵的 n_s 不同，当相差不多时，可以对模型泵加以修改，从而改变模型泵的性能参数，使模型泵的 n_s 与设计泵的 n_s 相等。然后按修改的模型尺寸和性能进行相似的换算。为此，可按下述两种情况对模型进行修改。

（1）保持 D_2 不变，改变流道宽度（图2.6）。保持 D_2 和叶片的形状不变，均匀移动前盖板的位置，当流道宽度变化时，假设流量变化后轴面速度 v_m 保持不变。因为当宽度增加时，进口直径增加，前盖板流线的进口速度三角形如图2.6所示，进口冲角和相对速度增加，即 $\Delta\beta_1' > \Delta\beta_1$，$w_1' > w_1$。因为 w_1 增加，抗汽蚀性能可能有所下降。假定 v_m 均匀分布，流量的变化为

$$\frac{Q'}{Q} = \frac{D_2 \pi v_{m2} b_2'}{D_2 \pi v_{m2} b_2} = \frac{b_2'}{b_2}$$

式中　Q'——改变流道宽度后的流量，m^3/h；

　　　b_2'——改变流道宽度后叶轮的出口宽度，m；

　　　b_2——改变流道宽度前叶轮的出口宽度，m。

因为 D_2、β_2、v_{m2} 不变，而扬程可写为 $H_t = \dfrac{u_2}{g}\left(\sigma u_2 - \dfrac{v_{m2}}{\tan\beta_2}\right)$，所以扬程保持不变，功率的变化为

$$P' = \frac{\rho g Q' H'}{1000\eta} = \frac{\rho g Q H}{1000\eta}\left(\frac{b_2'}{b_2}\right) = P\left(\frac{b_2'}{b_2}\right)$$

式中　H——改变流道宽度后的扬程。

比转速的变化为

$$n_s' = \frac{3.65n\sqrt{Q'}}{H'^{3/4}} = \frac{3.65n\sqrt{Q}\,(b_2'/b_2)^{1/2}}{H^{3/4}} = n_s\left(\frac{b_2'}{b_2}\right)^{1/2}$$

$$b_2' = \left(\frac{n_s'}{n_s}\right)^2 b_2$$

（2）改变出口直径 D_2（图 2.7）。改变 D_2 后认为 $b_2' = b_2$，$v_{m2}' = v_{m2}$，则有

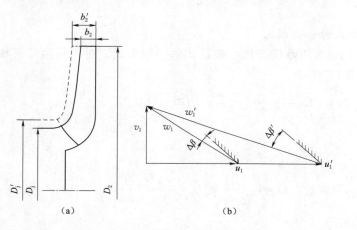

图 2.6　改变流道宽度

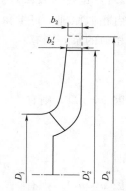

图 2.7　改变出口直径

$$\frac{H'}{H} = \frac{u_2' v_{u2}'}{u_2 v_{u2}} = \left(\frac{D_2'}{D_2}\right)^2$$

$$\frac{Q'}{Q} = \frac{D_2' \pi b_2' v_{m2}'}{D_2 \pi b_2 v_{m2}} = \frac{D_2'}{D_2}$$

$$n_s' = \frac{3.65n\sqrt{Q'}}{H'^{3/4}} = \frac{3.65n\sqrt{Q}\,\left(\dfrac{D_2'}{D_2}\right)^{1/2}}{H^{3/4}\left(\dfrac{D_2'}{D_2}\right)^{6/4}} = n_s\left(\frac{D_2}{D_2'}\right)$$

$$D_2' = D_2\frac{n_s}{n_s'}$$

2.3.1.3　关于汽蚀相似

两台泵相似，从理论上讲 C 或 σ 的值相等，由此可求得设计泵的汽蚀余量 $NPSH_r = \left(\dfrac{5.62n\sqrt{Q}}{C}\right)^{4/3}$。实际上，要做到泵的进口相似是很困难的，而且泵进口的几何参数对汽

蚀的影响十分敏感，所以当尺寸和转速相差较大时，换算汽蚀性能的误差增加。D_2 和 n 越大，实际的 C 值比换算值高。故小泵或转速低的泵换算为大泵或转速高的泵时，大泵或转速高的泵实际的抗汽蚀性能比换算的值高。反之，从大泵或转速高的泵，换算为小泵或转速低的泵，其抗汽蚀性能比换算值低，因而是不可靠的。

相似换算是以相似理论为基础的，本身是一种近似方法，从保证性能的角度来说，D_2、b_2、β_1、β_2、Z 这些参数是起主导作用的参数。因而相似设计有以下两种途径：

(1) 过流部分（包括剪裁图）完全按相似换算结果绘图。

(2) 保证主要参数相似，在绘型时对次要参数加以适当修改。

2.3.2 速度系数法

速度系数法实际上也是一种相似设计法，它和相似换算法在本质上是相同的，其差别在于相似换算是建立在一台相似模型基础上的设计，而速度系数法是建立在一系列相似泵基础上的设计。也就是说，速度系数法是按相似的原理，利用统计系数计算过流部件的各部分尺寸。

2.3.2.1 速度系数法计算公式的一般形式

由相似原理，可推得利用速度系数确定尺寸表达式的一般形式。对一系列几何相似、运动相似的泵，则有

$$\frac{Q}{n^2 D^2} = 常数 \quad D = k_1 \sqrt[3]{\frac{Q}{n}}$$

因 $v \propto nD$，则有

$$v = k_2 \sqrt[3]{Qn^2}$$

$$\frac{H}{n^2 D^2} = 常数 \quad D = k_3 \frac{\sqrt{H}}{n} \text{或} D = k_4 \frac{\sqrt{2gH}}{n}$$

因 $v \propto nD$，则有

$$v = k_5 \sqrt{2gH}$$

系数 k 称为速度（尺寸）系数，对相似泵来说这些系数（$k_1 \sim k_5$）相等，故这些系数分别为比转速 n_s 的函数，即

$$k = f(n_s)$$

利用 n_s 和速度系数的关系（公式、曲线、数据），求得系数 k，根据上述公式可以计算出各部分尺寸。

各国所用的公式的形式可能不一样，但其本质上是一样的。因系数是统计值，不同文献资料中介绍的值不一定完全相同，应用时应做具体分析。下面介绍一些常用的求速度系数的公式和曲线。

2.3.2.2 用速度系数法计算叶轮主要尺寸的公式

1. 叶轮进口直径 D_j 计算公式

因为有的叶轮有轮毂（穿轴叶轮），有的叶轮没有轮毂（悬臂式叶轮），为在研究问题中排除轮毂的影响，即考虑一般情况，引入叶轮进口当量直径 D_0 的概念。以 D_0 为直径的圆面积等于叶轮进口去掉轮毂的有效面积，即 $\frac{D_0^2 \pi}{4} = \frac{(D_j^2 - d_h^2)\pi}{4}$，$D_0$ 按下式确定：

$$D_0 = k_0 \sqrt[3]{\frac{Q}{n}} \qquad D_j = \sqrt{D_0^2 + d_h^2}$$

式中　Q——泵的流量，m^3/s，对双吸泵取 $Q/2$；

　　　n——泵转速，r/min；

　　　k_0——系数，根据统计资料选取；

　　　d_n——叶轮轮毂直径，m。

主要考虑效率时，取 $k_0 = 3.5 \sim 4.0$；兼顾效率和汽蚀时，取 $k_0 = 4.0 \sim 4.5$；主要考虑汽蚀时，取 $k_0 = 4.5 \sim 5.5$。

2. 叶轮出口直径 D_2 计算公式

D_2 的计算公式如下：

$$D_2 = k_D \sqrt[3]{\frac{Q}{n}} \qquad k_D = 9.35 k_{D2} \left(\frac{n_s}{100}\right)^{-1/2}$$

式中　k_{D2}——D_2 的修正系数。

3. 叶轮出口宽度 b_2 计算公式

b_2 的计算公式如下：

$$b_2 = k_b \sqrt[3]{\frac{Q}{n}} \qquad k_b = 0.64 k_{b2} \left(\frac{n_s}{100}\right)^{5/6}$$

式中　k_{b2}——b_2 的修正系数。

针对泵的不同形式，其 k_{D2}、k_{b2} 的修正系数不一样，具体见表 2.15~表 2.20 和图 2.8~图 2.10。

表 2.15　　　　　　　　　单级泵 k_{D2} 和比转速 n_s 的关系

n_s	30	40	50	60	70	80	90	100	110	120	130	140	150	160
k_{D2}	1.175	1.129	1.09	1.06	1.038	1.021	1.009	1	0.995	0.994	0.994	0.995	0.997	0.999
n_s	170	180	190	200	210	220	230	240	250	260	270	280	290	300
k_{D2}	1.001	1.002	1.004	1.006	1.007	1.009	1.011	1.012	1.014	1.016	1.017	1.019	1.02	1.022
n_s	350	400	450	500	550	600	650	700	750	800	850	900	950	1000
k_{D2}	1.03	1.038	1.046	1.056	1.067	1.079	1.092	1.107	1.123	1.14	1.16	1.181	1.203	1.226

表 2.16　　　　　　　　　单级泵 k_{b2} 和比转速 n_s 的关系

n_s	30	40	50	60	70	80	90	100	110	120	130	140	150	160
k_{b2}	1.946	1.566	1.39	1.3	1.236	1.183	1.139	1.1	1.067	1.037	1.011	0.987	0.965	0.946
n_s	170	180	190	200	210	220	230	240	250	260	270	280	290	300
k_{b2}	0.928	0.911	0.896	0.881	0.868	0.855	0.843	0.831	0.82	0.809	0.798	0.788	0.777	0.767
n_s	350	400	450	500	550	600	650	700	750	800	850	900	950	1000
k_{b2}	0.72	0.677	0.637	0.602	0.57	0.54	0.513	0.489	0.466	0.446	0.427	0.409	0.392	0.375

表 2.17　　　　　　　　　　多级泵 k_{D2} 和比转速 n_s 的关系

n	20	30	40	50	60	70	80	90	100	110	120	130	140
k_{D2}	1.145	1.112	1.085	1.065	1.052	1.04	1.032	1.025	1.022	1.022	1.022	1.022	1.022
n_s	150	160	170	180	190	200	210	220	230	240	250	260	
k_{D2}	1.024	1.027	1.029	1.032	0.038	1.047	1.058	1.074	1.093	1.117	1.146	1.182	

表 2.18　　　　　　　　　　多级泵 k_{b2} 和比转速 n_s 的关系

n_s	20	30	40	50	60	70	80	90	100	110	120	130	140
k_{b2}	2.6	2.315	2.033	1.765	1.556	1.41	1.31	1.246	1.2	1.161	1.128	1.101	1.078
n_s	150	160	170	180	190	200	210	220	230	240	250	260	
k_{b2}	1.055	1.03	1.003	0.976	0.95	0.924	0.898	0.87	0.842	0.814	0.787	0.76	

表 2.19　　　　　　　　　　双吸泵 k_{D2} 和比转速 n_s 的关系

n_s	30	40	50	60	70	80	90	100	110	120	130	140
k_{D2}	1.134	1.105	1.08	1.062	1.047	1.033	1.02	1.01	1.004	1.001	1	1
n_s	150	160	170	180	190	200	210	220	230	240	250	260
k_{D2}	1	1	1	1.001	1.003	1.005	1.007	1.01	1.013	1.016	1.021	1.025
n_s	270	280	290	300	310	320	330	340	350	360		
k_{D2}	1.03	1.036	1.043	1.05	1.058	1.067	1.077	1.089	1.102	1.117		

表 2.20　　　　　　　　　　双吸泵 k_{b2} 和比转速 n_s 的关系

n_s	30	40	50	60	70	80	90	100	110	120	130	140
k_{b2}	1.212	1.179	1.15	1.127	1.108	1.093	1.081	1.071	1.062	1.054	1.046	1.039
n_s	150	160	170	180	190	200	210	220	230	240	250	260
k_{b2}	1.032	1.025	1.018	1.01	1.003	0.996	0.983	0.98	0.972	0.963	0.954	0.945
n_s	270	280	290	300	310	320	330	340	350	360		
k_{b2}	0.937	0.927	0.917	0.907	0.898	0.889	0.88	0.87	0.86	0.85		

2.3.2.3　叶轮主要尺寸系数计算公式的推导

1. 叶轮进口直径 D_j 的计算

叶轮进口直径又称为叶轮吸入眼直径或叶轮颈部直径。叶轮进口速度和叶轮进口直径有关。从前限制 v_0 的方值一般在 3～4m/s 的范围内，认为进一步提高叶轮进口流速会降低泵的抗汽蚀性能和水力效率。实践证明，当泵在 v_0 很广的范围内运转时，能保持水力效率不变。所以如果所设计的泵对抗汽蚀性能要求不高，可选较小的 D_j，以减小叶轮密封环的泄漏量，提高容积效率。

决定叶轮内水力损失的因素是相对速度的大小和变化，所以在确定 D_j 时，应当考虑泵进口对相对速度的影响。通常在叶轮流道中相对速度是扩散的，即 $w_1 > w_2$。这样，从减小进口撞击损失和流道扩散损失考虑，都希望减小 w_1。下面从使 w_1 最小的角度，推导计算叶轮进口直径的公式。

设 $v_{u1} = 0$，由叶轮进口速度三角形（图 2.11）可得

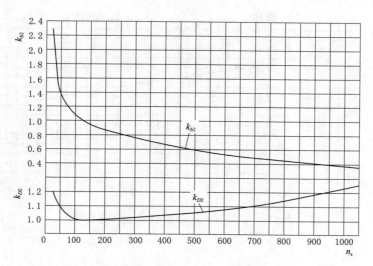

图 2.8 单级泵 k_{D2}、k_{b2} 和 n_s 的关系曲线

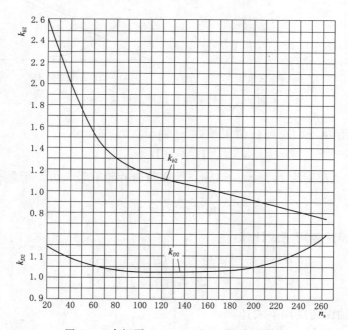

图 2.9 多级泵 k_{D2}、k_{b2} 和 n_s 的关系曲线

$$w_1^2 = v_{m1}^2 + u_1^2$$

随着 D_j 的增加，相应地 v_{m1} 减小，但 u_1 增加。故对 D_j 来说，必然有一个最佳值对应 w_1 最小。

叶片进口速度 u_1 用下式计算：

$$u_1 = \frac{\pi}{60} D_1 n$$

式中 D_1——叶轮叶片中间流线进口直径。

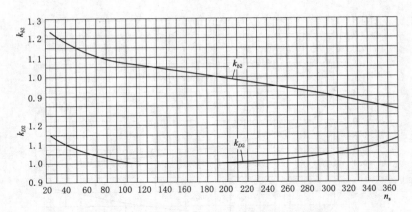

图 2.10　双吸泵 k_{D2}、k_{b2} 和 n_s 的关系曲线

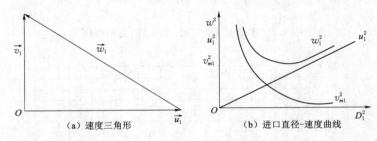

（a）速度三角形　　　　　　（b）进口直径-速度曲线

图 2.11　叶轮进口速度关系示意图

叶轮进口直径 D_j 和 D_1 的比值用系数 k_1 表示，即

$$D_1 = k_1 D_j$$

系数 k_1 的数值范围为 $k_1 = 0.7 \sim 1.0$，低比转速叶轮取最大值。于是有

$$u_1 = \frac{\pi}{60} k_1 D_j n$$

叶轮进口轴面速度用下式计算：

$$v_0 = \frac{Q}{\eta_v \dfrac{\pi}{4}(D_j^2 - d_h^2)}$$

叶片进口的轴面速度用下式计算：

$$v_{m1} = \frac{v_0 k_2}{\psi_1}$$

式中　k_2——修正叶轮进口和叶片进口过水断面和速度分布不同的系数，取值范围为 0.9
　　　　~ 1.0，低比转速时取其中较小的值；

　　　ψ_1——叶片进口排挤系数。

将 u_1 和 v_{m1} 的表达式代入前式，得

$$w_1^2 = \left(\frac{\pi}{60}\right)^2 k_1^2 D_j^2 n^2 + \frac{k_2^2 4^2 Q^2}{\psi_1^2 \eta_v^2 \pi^2 (D_j^2 - d_h^2)^2}$$

为求对应 w_1 最小的 D_j，对上式求导数，令 $\dfrac{\mathrm{d}w_1^2}{\mathrm{d}D_j^2}=0$，即

$$\frac{\mathrm{d}w_1^2}{\mathrm{d}D_j^2}=\left(\frac{\pi}{60}\right)^2 k_1^2 n^2 - 2\times\frac{k_2^2 4^2 Q^2}{\psi_1^2 \eta_v^2 \pi^2 (D_j^2-d_h^2)^3}=0$$

$$(D_j^2-d_h^2)^3=\left(\frac{4\times 60}{\pi^2}\right)^2\times 2\times\left(\frac{k_2}{\psi_1 \eta_v k_1}\right)^2\left(\frac{Q}{n}\right)^2$$

因 $D_0^2=D_j^2-d_h^2$，则有

$$D_0=\sqrt[3]{\frac{4\times 60}{\pi^2}\times\sqrt{2}\times\frac{k_2}{\psi_1 \eta_v k_1}}\sqrt[3]{\frac{Q}{n}}=k_0\sqrt[3]{\frac{Q}{n}}$$

式中　Q——泵的流量，m^3/s，对双吸泵取 $Q/2$。

　　k_0——系数，根据统计资料选取：对大多数泵为 $k_0=3.5\sim 4.0$。

进一步增加 k_0，会改善大流量下的工作条件，提高泵的抗汽蚀性能。考虑效率和汽蚀。

2. 叶轮出口直径 D_2 的计算

叶轮出口直径 D_2 和叶片出口角 β_2 等出口几何参数，是影响泵扬程的重要因素，另外影响扬程的几个参数之间又互为影响，因此必须在假定某些参数为定值的条件下，求解叶轮出口直径 D_2。下面推导叶轮出口直径的计算公式。

因为压水室的水力损失大致和叶轮出口的绝对速度的平方成正比，为了减小压水室的水力损失，应当减小叶轮出口的绝对速度。因此，把在满足设计参数下使叶轮出口绝对速度最小作为确定 D_2 的出发点。由叶轮出口速度三角形可得

$$v_2^2=v_{m2}^2+v_{u2}^2$$

叶轮出口轴面速度 v_{m2} 和圆周分速度 v_{u2} 均与叶轮出口直径有关，D_2 大则 v_{u2} 大，v_{m2} 减小，必有一个 D_2 对应的 v_2 为最小值，现将 v_2 表示为 $D_2(u_2)$ 的函数。由基本方程式

$$v_{u2}=\frac{gH}{u_2 \eta_h}$$

和出口速度三角形可得

$$v_{m2}=(u_2-v_{u2})\tan\beta_2$$

$$v_2^2=\left(u_2-\frac{gH}{u_2 \eta_h}\right)^2\tan^2\beta_2+\left(\frac{gH}{\eta_h u_2}\right)^2$$

经整理，得

$$v_2^2=\left(\frac{gH}{\eta_h u_2}\right)^2(1+\tan^2\beta_2)+u_2^2\tan^2\beta_2-\frac{2gH}{\eta_h}\tan^2\beta_2$$

在上式中，扬程 H 是给定的参数，β_2 和 η_h 的变化范围小，可以认为不随 v_2 而变化，作为常数来处理。这样，v_2 只是出口圆周速度 u_2 的函数，为求 v_2 最小时对应的 $u_2(D_2)$ 值，v_2 对 u_2 取导数，令 $\dfrac{\mathrm{d}v_2^2}{\mathrm{d}u_2^2}=0$，即

$$\frac{\mathrm{d}v_2^2}{\mathrm{d}u_2^2}=-\left(\frac{gH}{u_2^2 \eta_h}\right)^2(1+\tan^2\beta_2)+\tan^2\beta_2=0$$

则有

$$u_2^4 = \frac{(gH)^2(1+\tan^2\beta_2)}{\eta_h^2\tan^2\beta_2}$$

因为

$$\frac{1+\tan^2\beta_2}{\tan^2\beta_2} = \frac{1+\dfrac{\sin^2\beta_2}{\cos^2\beta_2}}{\dfrac{\sin^2\beta_2}{\cos^2\beta_2}} = \frac{1}{\sin^2\beta_2}$$

所以有

$$u_2^4 = (2gH)^2\frac{1}{(2\eta_h\sin\beta_2)^2}$$

$$u_2 = \sqrt{2gH}\frac{1}{\sqrt{2\eta_h}\sin\beta_2} \qquad (2.21)$$

将 $u_2 = \dfrac{D_2\pi n}{60}$ 代入式（2.21）得

$$D_2 = \frac{60}{\pi\sqrt{2\eta_h}\sin\beta_2}\frac{\sqrt{2gH}}{n} \text{ 或 } D_2 = k_D\frac{\sqrt{2gH}}{n} \qquad (2.22)$$

根据统计资料计算：

$$k_D = \frac{60}{\pi\sqrt{2\eta_h}\sin\beta_2} = 19.2\left(\frac{n_s}{100}\right)^{1/6}$$

如果用流量和转速求出 D_2，则有

$$k_D = 19.2\left(\frac{n_s}{100}\right)^{1/6}\frac{\sqrt{2gH}}{n}\sqrt[3]{\frac{n}{Q}} = 19.2\left(\frac{n_s}{100}\right)^{1/6}\sqrt{2g}\left(\frac{100}{3.65}\right)^{-4/6}\left(\frac{3.65n\sqrt{Q}}{100H^{3/4}}\right)^{-4/6}$$

即

$$D_2 = k_D\sqrt[3]{\frac{Q}{n}} \quad k_D = 9.35\left(\frac{n_s}{100}\right)^{-1/2}\text{（未考虑修正系数 }k_{D2}\text{）}$$

由以上的推导可知，计算 D_2 的系数是建立在统计资料的基础上的，是 n_s 的函数，所以所用公式实际上是经验公式。

3. 叶轮出口宽度 b_2 的计算和选择

叶轮出口宽度 b_2 可以表示为

$$b_2 = \frac{Q}{\eta_v D_2\pi\psi_2 v_{m2}} \qquad (2.23)$$

如果把上面求得的最佳叶轮出口直径 D_2 和最佳叶轮出口轴面速度 v_{m2} 代入式（2.23），算得的 b_2 也应当是最佳值。

由叶轮出口速度三角形可得

$$v_{m2} = (u_2 - v_{u2})\tan\beta_2$$

由基本方程式和最佳 u_2 的表达式（2.21），得

$$v_{m2} = \frac{gH}{\eta_h u_2} = \frac{gH}{\eta_h}\frac{\sqrt{2\eta_h}\sin\beta_2}{\sqrt{2gH}} = \sqrt{\frac{\sin\beta_2}{2\eta_h}}\sqrt{2gH}$$

这时，v_{m2} 可以写成

$$v_{m2} = \left(\frac{1}{\sqrt{2\eta_h \sin\beta_2}} - \sqrt{\frac{\sin\beta_2}{2\eta_h}} \right)\sqrt{2gH}\, \tan\beta_2 = \frac{1-\sin\beta_2}{\sqrt{2\eta_h \sin\beta_2}}\frac{\sin\beta_2}{\cos\beta_2}\sqrt{2gH}$$

$$= \frac{1-\sin\beta_2}{\cos\beta_2}\sqrt{\frac{\sin\beta_2}{2\eta_h}}\sqrt{2gH} \tag{2.24}$$

现将按压水室水力损失最小求得 D_2 的式（2.22）和式（2.24）代入式（2.23），即可求出最佳 b_2 的公式：

$$b_2 = \frac{Q}{\eta_v \pi \dfrac{60}{\pi\sqrt{2\eta_h \sin\beta_2}}\dfrac{\sqrt{2gH}}{n}\psi_2 \dfrac{1-\sin\beta_2}{\cos\beta_2}\sqrt{\dfrac{\sin\beta_2}{2\eta_h}}\sqrt{2gH}}$$

经整理，得

$$b_2 = \frac{2\eta_h \cos\beta_2}{\eta_v 60\psi_2(1-\sin\beta_2)2g}\frac{nQ}{H} \tag{2.25}$$

将比转速公式 $Q = \dfrac{n_s^2 H^{3/2}}{3.65^2 n^2}$ 代入式（2.25），并同时乘以、除以 $\sqrt{2g}$ 得

$$b_2 = \frac{2\eta_h \cos\beta_2 n_s^2}{\eta_v 60\psi_2(1-\sin\beta_2)(2g)^{3/2}\times 3.65^2}\frac{\sqrt{2gH}}{n}$$

令

$$k_b = \frac{2\eta_h \cos\beta_2 n_s^2}{\eta_v 60\psi_2(1-\sin\beta_2)(2g)^{3/2}\times 3.65^2}$$

则

$$b_2 = k_b \frac{\sqrt{2gH}}{n} \tag{2.26}$$

根据统计资料计算：

$$k_b = 1.3\left(\frac{n_s}{100}\right)^{3/2}$$

如果用流量和转速计算 b_2，则有

$$k_b = 1.3\left(\frac{n_s}{100}\right)^{3/2}\frac{\sqrt{2gH}}{n}\sqrt[3]{\frac{n}{Q}} = 1.3\left(\frac{n_s}{100}\right)^{3/2}\sqrt{2g}\left(\frac{3.65}{100}\right)^{2/3}\left(\frac{100H^{3/4}}{3.65 n\sqrt{Q}}\right)^{2/3}$$

即

$$b_2 = k_b\sqrt[3]{\frac{Q}{n}} \quad k_b = 0.64\left(\frac{n_s}{100}\right)^{5/6}$$

未考虑修正系数 k_{b2}。

2.3.2.4 用速度系数计算叶轮主要尺寸的曲线

用斯捷潘诺夫（Stepanoff）速度系数来计算叶轮主要设计尺寸，其关系如图 2.12 所示。

图 2.12 中，k_{us} 为关死点扬程的速度系数；D_m 为叶轮出口有效平均直径（均方根直

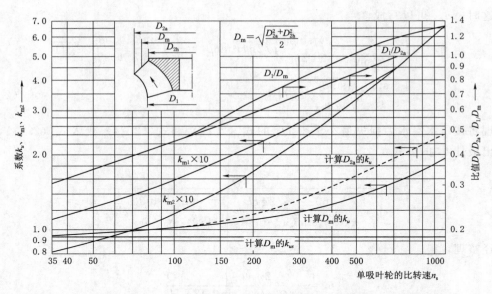

图 2.12　计算叶轮主要设计尺寸的系数（斯捷潘诺夫速度系数）关系曲线图

径），各系数关系及计算公式如下：

$$D_m = \sqrt{\frac{D_{2a}^2 + D_{2h}^2}{2}}$$

$$u_m = k_u \sqrt{2gH}$$

$$u_{2a} = k_{u2a} \sqrt{2gH}$$

$$v_{m1} = k_{m1} \sqrt{2gH}$$

$$b_1 = \frac{Q}{D_{1v} \pi v_{m1}}$$

$$v_{m2} = k_{m2} \sqrt{2gH}$$

$$b_2 = \frac{Q}{(D_{2v} \pi - Z s_{u2}) v_{m2}}$$

$$D_{2v} = \frac{D_{2a} + D_{2h}}{2}$$

$$D_{1v} = \frac{D_{1a} + D_h}{2}$$

式中　D_{1v}、D_{2v}——叶轮叶片进、出口平均直径，m；

　　　　s_{u2}——叶片出口圆周方向厚度，m；

　　　　D_h——叶轮轮毂直径，m。

2.3.3　利用基本方程计算

　　前面介绍了一些利用经验系数确定叶轮尺寸的方法，因为这些系数来源于实践，在一般情况下是比较可靠的。但速度系数多是按一般情况（如叶片出口角 $\beta_2 = 22.5°$ 等）得出的。设计泵时，在保证相同性能情况下，可以选用不同的几何参数组合，这样就增加了速度系数的近似性。因为叶轮出口直径 D_2 是主要尺寸，在按速度系数法算得叶轮出口直径 D_2 之后，最好以按此算得的叶轮出口直径 D_2 为基础进行理论计算。理论计算是以基本方程式为基础，从理论上讲是比较严格的，但是计算过程中用到的水力效率、有限叶片数修正系数等，也只能用经验公式估算，所以理论计算法实际上也是近似的。实践证明，理论计算结果基本上是可靠的。下面介绍叶轮出口直径 D_2 和叶片出口角 β_2 的精确计算方法。

由基本方程式可设

$$H_{t\infty} = \frac{u_2 v_{u2\infty} - u_1 v_{u1}}{g}$$

由速度三角形得

$$v_{u2\infty} = u_2 - \frac{v_{m2}}{\tan\beta_2}$$

所以

$$H_{t\infty} = \frac{u_2}{g}\left(u_2 - \frac{v_{m2}}{\tan\beta_2}\right) - \frac{u_1 v_{u1}}{g}$$

经整理，得

$$u_2^2 - \frac{v_{m2}}{\tan\beta_2}u_2 - u_1 v_{u1} - gH_{t\infty} = 0$$

解得

$$u_2 = \frac{v_{m2}}{2\tan\beta_2} + \sqrt{\left(\frac{v_{m2}}{2\tan\beta_2}\right)^2 + gH_{t\infty} + u_1 v_{u1}}$$

式中的 $H_{t\infty}$ 可用普夫莱德尔等方法求得。用斯托道拉滑移系数，可表示为

$$u_2 = \frac{v_{m2}}{2\sigma\tan\beta_2} + \sqrt{\left(\frac{v_{m2}}{2\sigma\tan\beta_2}\right)^2 + \frac{1}{\sigma}(gH_t + u_1 v_{u1})}$$

其中

$$\sigma = \frac{u_2 - \Delta v_{u2}}{u_2} = 1 - \frac{\pi}{Z}\sin\beta_2$$

由 u_2 求得

$$D_2 = \frac{60u_2}{\pi n}$$

用上式求叶轮出口直径 D_2 时，必须知道 v_{m2}，计算 v_{m2} 要用到 D_2 [$v_{m2} = Q/(\eta_v D_2 \pi b_2 \psi_2)$]，故必须先假定一个 D_2 值。为此，最好用相似换算法或速度系数法确定的 D_2 作为第一次近似值进行计算。如果算得的 D_2 与假定的 D_2 相同，说明假定的 D_2 即为准确的值；如果求得的 D_2 与假定的 D_2 不同，则同一个方程对应两个不同的 D_2，说明求得的 D_2 是建立在不正确的基础上的。这种情况下，需用求得的 D_2 或任何假定一个 D_2（此 D_2 值在求得的 D_2 和前次假定的 D_2 之间），按上述步骤，重新进行计算，直到求得的 D_2 与假定的 D_2 相同或相近为止。这种方法称为逐次逼近法。如果计算叶片出口角 β_2，也应先假定 β_2 进行逐次逼近计算。有关参数的计算如下：

（1）v_{m2}、ψ_2、s_{u2} 的计算：

$$v_{m2}=\frac{Q}{\eta_v D_2\pi b_2\psi_2}$$

$$\psi_2=1-\frac{Zs_{u2}}{D_2\pi}$$

$$s_{u2}=\delta_2\sqrt{1+\cot^2\beta_2/\sin^2\lambda_2}$$

式中　s_{u2}——叶片出口圆周厚度，mm；

　　　ψ_2——叶片出口排挤系数，在计算时可假定 $\psi_2=0.8\sim0.9$；

　　　λ_2——叶轮出口轴面截线与流线的夹角，（°），通常取 $\lambda_2=70°\sim90°$；

　　　δ_2——叶片出口真实厚度，mm。

（2）H_t 的计算：

$$H_t=\frac{H}{\eta_h}$$

（3）无限叶片数下的理论扬程 $H_{t\infty}$ 的计算。

（4）v_{u1} 和吸水室结构形式有关，直锥形吸水室，水沿周壁流入，无旋转，则有

$$v_{u1}=0$$

半螺旋吸水室，则有

$$v_{u1}=\frac{k_1}{R_1}\quad k_1=m\sqrt[3]{Q^2n}$$

式中　R_1——相应流线进口半径；

　　　m——系数，$m=0.055\sim0.08$，n_s 大者取大值；

　　　Q——流量，m^3/s；

　　　n——转速，r/min。

（5）装反导叶时，反导叶进出口角度示意如图 2.13 所示，其出口圆周分速度为

$$v_{u6}=v_6\cos\alpha_6$$

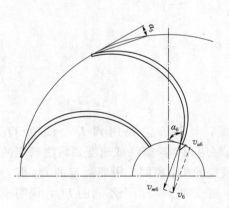

图 2.13　反导叶进出口角度示意图

式中　α_6——反导叶出口安放角，（°），一般取 $\alpha_6=$ 60°～90°；

　　　v_6——反导叶出口绝对速度，一般取 $v_6=$ (0.85～1.0)v_j；

　　　v_j——叶轮出口速度。

离心泵一般是选择 β_2，精算 D_2。混流泵和有的离心泵叶片出口边是倾斜的，各流线的外径不同，为了得到相同的扬程，D_2 小的流线应选用大的出口角 β_2。在这种情况下，可根据速度系数法算得的尺寸，画出出口边，然后按下式计算叶片各流线的出口角：

$$\tan\beta_2=\frac{u_2v_{m2}}{u_2-H_{t\infty}g-u_1v_{u1}}\text{或}\tan\beta_2=\frac{u_2v_{m2}}{\sigma u_2^2-H_tg-u_1v_{u1}}$$

2.4 叶片数的计算和选择

叶片数对泵的扬程、效率、汽蚀性能都有一定的影响。选择叶片数 Z，一方面要考虑尽量减少叶片的排挤和表面的摩擦，另一方面又要使叶道有足够的长度，以保证液流的稳定性和叶片对液体的充分作用。要满足上述要求，叶片的有效长度 L 和叶道宽度 a_m 应当有合适的比例，即 $\dfrac{L}{a_m}=c$（常数），下标 m 表示叶片的中间值。叶片数与流道形状的关系如图 2.14 所示，设叶片节距为 t_m，由图可得到以下关系：

$$a_m=t_m\sin\beta_m=\frac{2\pi R_m}{Z}\sin\beta_m$$

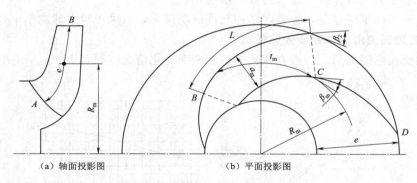

（a）轴面投影图　　　　（b）平面投影图

图 2.14　叶片数与流道形状的关系

如果去掉叶片间流道的进、出口部分 AB 和 CD，可近似认为叶片的有效长度 L 等于轴面流道长度，即 $L=e$。于是有

$$\frac{e}{\dfrac{2\pi R_m}{Z}\sin\beta_m}=c$$

$$Z=2\pi c\,\frac{R_m}{e}\sin\beta_m$$

用常数 K 表示常数 πc，则

$$Z=2K\,\frac{R_m}{e}\sin\beta_m$$

对于任意形状的叶片，e 可以认为是叶轮流道轴面投影内中线的展开长度，R_m 为该中线重心半径，β_m 为叶片进、出口角的平均值，即 $\beta_m=\dfrac{\beta_1+\beta_2}{2}$，$K$ 为经验系数，对一般铸造叶轮可取 $K=6.5$。因此有

$$Z=13\times\frac{R_m}{e}\sin\frac{\beta_1+\beta_2}{2}$$

对于低比转速离心式叶轮，$R_m=\dfrac{1}{2}(R_1+R_2)$，$e=R_2-R_1$，则有

$$Z = 6.5 \times \frac{R_2 + R_1}{R_2 - R_1} \sin \frac{\beta_1 + \beta_2}{2}$$

通常采用的叶片数 Z 为 5～7 个，叶片数少时，包角应适当加大。

2.5　叶轮轴面投影图的绘制与轴面流道过水断面的检查

2.5.1　轴面投影图的绘制

叶轮各部分的尺寸确定之后，可画出叶轮轴面投影图。画图时最好选择 n_s 相近、性能良好的叶轮图作为参考，考虑设计泵的具体情况加以改进。轴面投影图的形状十分关键，应反复修改，力求光滑通畅。同时应考虑到以下事项：

（1）前后盖板出口保持一段平行或对称变化。

（2）流道弯曲不应过急，在轴向结构允许的条件下，以采用较大的曲率半径为宜。

2.5.2　检查轴面流道过水断面变化情况

画好轴面投影图之后，应检查流道的过水断面变化情况（图 2.15）。

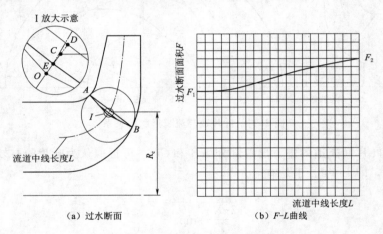

图 2.15　过水断面及其变化规律

图 2.15 中的曲线 AEB 与各轴面流线相垂直，是过水断面形成线，其作图方法如下：在轴面投影图内，作两流线的内切圆，切点为 A、B。将 A、B 与圆心 O 连成三角形 AOB，再把三角形高 OD 分为 OE、EC、CD 三等份。过 E 点且和轴面流线相垂直的曲线 AEB 即为过水断面的形成线。其长度 b 用软尺量得，也可近似按下式计算：

$$b = \frac{2}{3}(s + \rho)$$

式中　s——内切圆弦 AB 长度；

　　　ρ——内切圆半径。

过水断面形成线的重心可近似认为与三角形 AOB 的重心重合（C 点），重心半径为 R_c。因为轴面液流过水断面必须与轴面流线垂直，液体从叶轮四周流出，所以轴面液流过水断面是以过水断面形成线为母线绕轴线旋转一周所形成的抛物面。其面积 F 按下式计算：

$$F = 2\pi R_c b$$

值得说明的是，所得面积是形成线上各点轴面液流的过水断面面积，而不是重心或圆心处的面积。形成线在有的情况下是直线，这时 b 是直线长度，R_c 是圆心点的半径。如低比转速泵叶轮出口的过水断面面积为 $F_2 = 2\pi R_2 b_2$。

沿流道求出一系列过水断面面积之后，便可作出过水断面面积沿流道中线（内切圆圆心的连线）的变化曲线（图 2.15），该曲线应当是平直或光滑的线。考虑汽蚀性能，一般是进口部分凸起的曲线。曲线形状不良，应修改轴面投影形状，直到满足要求为止。是不同 n_s 的叶轮轴面投影形状如图 2.16 所示。

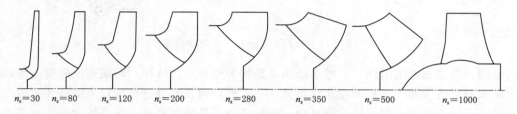

$n_s=30$ $n_s=80$ $n_s=120$ $n_s=200$ $n_s=280$ $n_s=350$ $n_s=500$ $n_s=1000$

图 2.16　不同 n_s 的叶轮轴面投影形状

2.6　叶片设计理论和型线微分方程

2.6.1　设计理论概述

设计叶片的任务，在于给出符合流动规律的叶片形状，为此，应首先研究液体在叶轮中的运动规律。为了研究液体在叶轮中的流动规律，把叶轮内的液流从前盖板到后盖板分成若干层，每层相当于一个流面。液体只沿着每层流动，层与层的液体不相互混杂。这样就把研究叶轮内的流动问题简化为研究几个流面上的流动问题。每个流面的流动可能不同，但处理问题的方法相同，这样又进一步把研究叶轮的流动问题简化为研究一个流面上的流动问题。流面上液体相对运动的轨迹和叶片表面形状一致，即叶片和流面的交线是相对运动流线。两叶片间有很多相对运动流线，假设流线是无穷多，这些流线的形状都相同，这时只研究每个流面上的一条流线就行了。这条流线就是叶片表面的一条型线。叶片表面和每个流面都有一条交线（相对运动的流线），若把几个流面和叶片的交线按一定规律（如进出口边在同一轴面上等）串起来，就成为一个叶片的表面，加上厚度则得叶片的两个表面。可见，设计叶片其实就是画相对运动流线。

相对运动流线和给定的叶轮内部流动规律有关，实际上叶轮内的流动是很复杂的。在设计中，对叶轮内的流动作了一系列假设，用具有不同规律的流动，代替叶轮内复杂的流动，这就是所谓一元、二元和三元理论设计叶片方法的基础。

为说明一元、二元和三元理论，取三个坐标轴：轴面流线方向 s，正交线（过水断面与轴面交线）方向 n，圆周方向 θ，如图 2.17 所示。

一元理论假设流动是轴对称的，即每个轴面上的流动均相同。在同一个过水断面上轴面速度均匀分布，因而轴面速度只随轴面流线这一个坐标变化。二元理论同样假设流动是

49

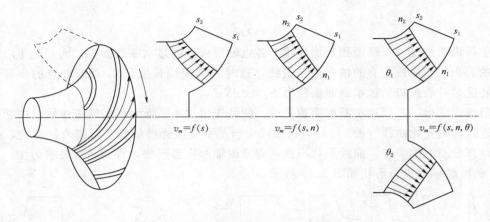

图 2.17　一元、二元和三元流动情况

轴对称的，但轴面速度沿同一个过水断面不是均匀分布的。这样，轴面速度随轴面流线和过水断面形成线这两个坐标而变化。可见，一元理论和二元理论都是以无限叶片数假设为基础。三元理论是以有限叶片数为基础，假设流动不是轴对称的，每个轴面的流动各不相同，且沿同一过水断面轴面速度也是不均匀分布的。这样，轴面速度随轴面、轴面流线和过水断面形成线这三个坐标而变化。

目前对于离心泵，大都按一元理论设计，但是研究叶轮中的运动规律，采用二元理论和三元理论的设计方法，是值得探讨的。本章主要介绍一元理论的设计方法，在最后一节中介绍二元理论设计方法概要。

2.6.2　一元理论轴面流线的绘制

轴面流线是流面和轴面的交线，也就是叶片和流面交线的轴面投影。一条轴面流线绕轴线旋转一周形成的回转面是一个流面，所以要分流面，也就是把流道分成几个小流道。每个小流道通过的流量相等，且通过各小流道的流量 ΔQ 从进口到出口不变。流量一定，其流道的宽窄（面积）与其中的速度分布有关。按一元理论，速度沿同一个过水断面均匀分布，这样只要把总的过水断面分成 3～5 个相等的小过水断面即可。

在具体分流线时，可先分进、出口。出口边一般平行轴线（如果出口边是倾斜的，可延长一部分流线使出口与轴线平行），只要大致等分出口边线段即可。对进口边流线，可适当延长使之与轴线平行，按每个圆环面积相等确定分点（图 2.18）。

假设分成 n 个小流道，每个小流道的断面面积为 $\dfrac{R_{\mathrm{j}}^2 - R_{\mathrm{h}}^2}{n}$，则有 $n+1$ 条流线，设 i 是从轴线侧算起欲求的流线序号（第 1 条流线为 0，第 2 条为 1，……），因此有

$$\frac{i(R_{\mathrm{j}}^2 - R_{\mathrm{h}}^2)}{n} = R_i^2 - R_{\mathrm{h}}^2$$

则进口分点半径 R_i 为

$$R_i = \sqrt{\frac{i(R_{\mathrm{j}}^2 - R_{\mathrm{h}}^2)}{n} + R_{\mathrm{h}}^2}$$

如果中间分一条流线，则中线半径 $R_{\mathrm{中}}$ 为

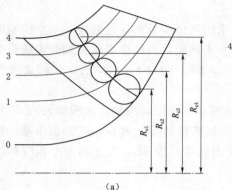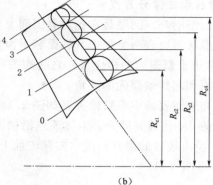

$$(a) \qquad\qquad\qquad (b)$$

图 2.18 轴面流线的绘制

$$R_{中} = \sqrt{\frac{R_j^2 + R_h^2}{2}} \tag{2.27}$$

式中 n——所分的流道数；

i——从轴线侧算起欲求的流线序号。

如图 2.18 所示，中间的流线序号为 $i=2$，所分的流道数 $n=4$。

有了进、出口分点，凭经验画出各条轴面流线。画流线时，应力求光滑准确，以减少修改的工作量。然后，沿整个流道取若干组过水断面，检查同一过水断面上的两流线间的小过水断面是否相等。如不相等则修改到全部相等或相差在 3‰ 之内为止。小过水断面的计算方法和前述的轴面液流过水断面计算方法相同，小过水断面按小内切圆过公切点依次作出。小过水断面的面积为

$$\Delta F_i = 2\pi R_{ci} b_i$$

沿同一过水断面应满足

$$R_{ci} b_i = \text{const}$$

分的流道较多时，可列表计算（表 2.21）。将同一过水断面上各小流道的过水断面相加，得 $\sum_{i=1}^{n}(R_{ci}b_i)$；$\sum_{i=1}^{n}(R_{ci}b_i)$ 除以流道数，得平均值 $(R_{ci}b_i)$；而后将平均值除以各小流道的半径 R_{ci} 得到各小流道较准确的宽度 b_i，以此修正流线。

表 2.21 分 轴 面 流 线 计 算 表

过水断面号	流道	b_i	R_{ci}	$R_{ci}b_i$	$\sum\limits_{i=1}^{n}(R_{ci}b_i)$	$R_{ci}b_i = \dfrac{\sum\limits_{i=1}^{n}(R_{ci}b_i)}{n}$	$b_i = \dfrac{R_{ci}b_i}{R_{ci}}$
1	0—1						
	1—2						
	2—3						
	3—4						
2							

2.6.3　叶片型线微分方程

叶片绘型的基本问题是在各计算流面上求出液体质点的运动轨迹——空间流线。流线在空间的形状需要有两个投影（轴面和平面）来确定，为此应当建立轴面流线长度 s 和轴面角 θ（等于平面图上的相应角）之间的关系，即 $s = f(\theta)$，式中的 θ 为轴面流线上某点所在的轴面和起始轴面间的夹角。

流面和平面投影中参数的关系如图 2.19 所示，图中，将轴面流线微元段 ds 用圆锥母线上相应的 dR 代替并展开。液体质点沿轴面流线移动 ds，相应地在锥面上移动的圆周长度为 du。设流线段的展开长度（实际流面上的长度）为 dL，在平面图上相应转过的轴面角为 $d\theta$，由图可得

$$\tan\beta = \frac{ds}{du}$$

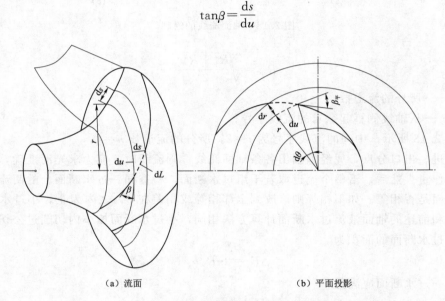

（a）流面　　　　　　　　　　　　　（b）平面投影

图 2.19　流面和平面投影中参数的关系

因为流面上的圆弧长度应等于平面图上相应的圆弧长度，即 $du = r\,d\theta$，因此有

$$\tan\beta = \frac{ds}{r\,d\theta}$$

由速度三角形可知

$$\tan\beta = \frac{v_m}{u - v_u}$$

所以有

$$\frac{ds}{r\,d\theta} = \frac{v_m}{u - v_u} \quad ds = \frac{v_m}{u - v_u}r\,d\theta$$

或

$$d\theta = \frac{u - v_u}{v_m r}ds = \frac{\omega r^2 - v_u r}{v_m r^2}ds = \frac{ds}{r\tan\beta} \tag{2.28}$$

式（2.28）表示液体质点在叶轮中运动时，沿轴面流线上的位移和平面角位移的关

系，称为液体质点运动微分方程式。积分此方程则可得到液体质点在叶轮中运动轨迹的空间形状，从而决定叶片的形状，所以又称其为叶片型线微分方程式。

对式（2.28）积分，必须给出 v_m 和 $v_u r$ 沿流线的变化规律，再以图解或数值积分求解，求得轴面流线 s 和 θ 的关系。因为相应 s 各点的半径 r 已知，则可作出流线的平面投影。

由图 2.19 可知 $\tan\beta = \dfrac{\Delta s}{\Delta u}$，$\tan\beta_{\text{平}} = \dfrac{\Delta r}{\Delta u}$，只有在轴面流线垂直轴线（即 $\Delta r = \Delta s$）时流面上的叶片角 β 才等于平面图上的叶片角 $\beta_{\text{平}}$；当轴面流线倾斜时 $\beta \neq \beta_{\text{平}}$。

2.7 叶片角度和厚度及其几何关系

2.7.1 叶片角度

2.7.1.1 角度之间的关系

与叶片有关的各种角度具有下面的关系：

$$\tan\varphi = \tan\beta\sin\lambda \quad \text{或} \quad \cot\beta = \cot\varphi\sin\lambda \tag{2.29}$$

$$\cot\gamma = \cot\lambda\cos\beta \quad \text{或} \quad \tan\lambda = \tan\gamma\cos\beta \tag{2.30}$$

$$\tan\beta_{\text{平}} = \tan\beta\cos\delta \quad \text{或} \quad \cot\beta = \cot\beta_{\text{平}}\cos\delta \tag{2.31}$$

式中　φ——垂直叶片的面与叶片的交线和圆周方向的夹角，（°）；

β——叶片安放角（叶片与流面的交线和圆周方向的夹角），（°）；

γ——叶片和流面（盖板表面）间的真实夹角，也就是垂直叶片和流面的面与两者交线间的夹角，（°）；

$\beta_{\text{平}}$——在平面投影图上流线和圆周方向的夹角，（°）；

δ——在轴面投影图中的流线切线和垂直于叶轮轴线的平面间的夹角。

下面近似地证明上述的三个关系。

叶片各种角度之间的关系说明如图 2.20 所示。

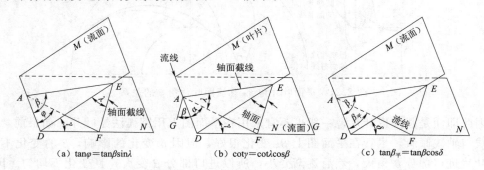

图 2.20　叶片各种角度之间的关系说明

（1）证明 $\tan\varphi = \tan\beta\sin\lambda$。假设在图 2.20（a）中 AEF 表示叶片，N 表示垂直叶片的面，DEF 表示轴面，AE 表示流面上的流线，DE 表示轴面流线。由图 2.20（a）得

$$\tan\varphi = \frac{DF}{AD} \quad \tan\beta = \frac{ED}{AD} \quad \sin\lambda = \frac{DF}{DE}$$

则
$$\tan\varphi = \tan\beta\sin\lambda$$

（2）证明 $\cot\gamma = \cot\lambda\cos\beta$。假设在图 2.20（b）中，$AF$ 表示轴面流线，AD 表示流面上的流线，AG 表示与轴面垂直的圆周方向，DEF 表示垂直叶片和流面的面。由图 2.20（b）得

$$\cot\lambda = \frac{AF}{EF} \quad \cot\gamma = \frac{DF}{EF} \quad \cos\beta = \cos(90° - \alpha) = \sin\alpha = \frac{DF}{AF}$$

则
$$\cot\gamma = \cot\lambda\cos\beta$$

（3）证明 $\tan\beta_平 = \tan\beta\cos\delta$。假设在图 2.20（c）中，$N$ 面表示垂直轴线的平面，AEF 表示叶片，DEF 表示轴面，AF 表示流线 AE 在平面 N 上的投影。由图 2.20（c）得

$$\tan\beta = \frac{ED}{AD} \quad \tan\beta_平 = \frac{DF}{AD} \quad \cos\delta = \frac{DF}{ED}$$

则
$$\tan\beta_平 = \tan\beta\cos\delta$$

2.7.1.2　角度关系在设计中的应用

（1）已知在平面图（叶片剪裁图）中流线与圆周方向的夹角 $\beta_平$，求叶片的实际安放角（在空间流面上流线与圆周方向的夹角）。

平面叶片角 $\beta_平$ 和流面叶片角 β 的关系如图 2.21 所示。无论是空间扭曲叶片还是圆柱叶片，只有在轴面流线与轴线相垂直（$\delta = 0°$）时，平面图中流线与圆周方向的夹角 $\beta_平$ 才等于实际安放角 β。在一般情况下，因 $\delta < 90°$，$\cos\delta < 1$，所以 $\beta_平 < \beta$。

在图 2.21 中，$\beta_平 = 20°$，$\delta = 45°$，实际上 A 点的叶片安放角 β_A 计算如下：

$$\cot\beta_A = \cot\beta_{平A}\cos\delta_A = \cot20°\cos45°$$
$$\beta_A = 27°14'$$

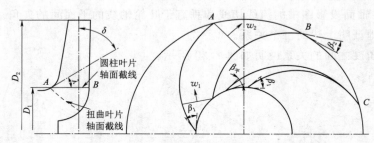

图 2.21　平面叶片角 $\beta_平$ 和流面叶片角 β 的关系

因此即使是圆柱形叶片，一般也不宜采用在平面图上用圆弧法绘叶片。如果前、后盖板流线与轴线倾斜，尽管在平面图上 $\beta_平$ 变化很好，但因 δ 变化的影响，β 的变化不会很好。叶片进口部分 δ 角大，然后逐渐变小，所以进口部分 β 变大，且变化不均匀。因此，盖板倾斜的叶轮，即使是圆柱形叶片，也应采用画扭曲叶片的方法进行绘型，否则必然要产生误差。

（2）求叶片表面和流面的真实夹角。一般希望叶片表面与盖板（流面）的夹角接近 90°，以满足大壁角的原则。如图 2.21 中，$\lambda = 45°$，在 A 点叶片和盖板的夹角 γ_A 计算如下：

$$\cot\gamma_A = \cot\lambda\cos\beta = \cot45°\cos27°14' = 0.889$$
$$\gamma_A = 48°21'$$

可见该 γ_A 角偏小。如采用圆柱叶片，因为轴面截线和轴线平行，AB 线不会改变，λ 角也不会改变，所以这一缺点是不能改变的。想要改变这一缺点必须采用扭曲叶片，使在 A 点处轴面截线和流线的夹角 λ 大致等于 $90°$。

如果进口设计成扭曲叶片，$\lambda = 80°$，则 $\lambda_A = 81°$。

2.7.2 叶片厚度

由于叶片表面是不规则的空间曲面，其厚度难以精确定义和证明，为了便于在设计中应用，这里近似地定义各种厚度，并利用近似几何关系加以证明。所谓近似性，就是以局部平面代替曲面、以直线代替曲线等。

图 2.22 所示为一流面，其上的影线部分表示叶片和流面的交面。如把流面的局部用锥面代替并展开成平面，其上叶片工作面和背面间的距离 AC 为流面厚度，用 s 表示；流面上叶片在圆周方向的长度 AB 为圆周厚度，用 s_u 表示。在流面的展开图上，可以同时表示流面厚度 s、轴面厚度 s_m 和圆周厚度 s_u。在轴面投影图中，叶片微段沿流线方向的切线长度（或近似地用流线长度表示）应等于轴面厚度 s_m，如图 2.23 所示。因为流面上的圆线在平面上的投影为相同的圆，所以圆周厚度在流面、流面展开面、平面投影上的值相等。

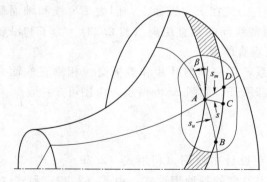

图 2.22 叶片在流面上的厚度

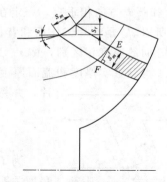

图 2.23 叶片在轴面上的厚度

叶片在平面图上的厚度和锥面在展开图上的厚度分别如图 2.24 和图 2.25 所示。图 2.22 中的 s_u 应等于图 2.24 和图 2.25 中的 s_u。由图 2.22 和图 2.23 可知：

$$s_u = \frac{s}{\sin\beta} \qquad s_m = \frac{s}{\cos\beta} \tag{2.32}$$

$$s_r = s_m\sin\varepsilon \tag{2.33}$$

式中 s_r——叶片径向厚度，mm，它等于图 2.24 中所示的径向厚度；

ε——轴面流线与水平方向的夹角，($°$)；

其他符号意义同前。

流面厚度直接反映对流动的影响情况，除了方格网保角变换绘型外，如用扭曲三角形法、锥面展开法等方法绘制叶片时，均可按给定的流面厚度变化规律在流面展开图上直接加厚，然后再返回到平面图和轴面图上。但是叶片是空间曲面，一般情况下并不和流面相

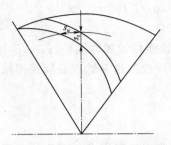

图 2.24　叶片在平面图上的厚度　　　　图 2.25　EF 锥面展开图上的厚度

垂直，流面截叶片所得的流面厚度不等于垂直叶片所截得的真实厚度。在考虑最小铸造允许厚度、强度时，应采用真实厚度。下面研究真实厚度 δ 和其他厚度之间的关系。

用一个垂直轴面截线的 EF 线（图 2.23）为母线的锥面去截叶片，并展开在平面上（图 2.25）。因为该面垂直叶片上的线（轴面截线），所以其上反映叶片的真实厚度 δ，并且此圆锥面上圆周方向的厚度应等于流面上的圆周厚度，由图 2.25 可知：

$$s_u = \frac{\delta}{\sin\varphi} \qquad s'_m = \frac{\delta}{\cos\varphi} \tag{2.34}$$

式中　φ——垂直叶片的面和叶片交线与圆周方向的夹角，（°）。

s'_m 和圆周方向相垂直，一定在轴面上，又在 EF 锥面上，因为 EF 线和轴面截线相垂直，所以 s'_m 是叶片工作面和背面轴面截线间的垂直距离（图 2.23）。为了和沿轴面流线切向方向的厚度相区别，称 s'_m 为轴面垂直厚度。

为了得到真实厚度和流面厚度的关系，用一个与叶片和盖板交线相垂直的面去截叶片，并将其局部展开，如图 2.26 所示。由图可知：

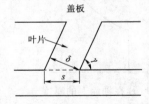

图 2.26　流面厚度和
真实厚度的关系

$$s = \frac{\delta}{\sin\gamma} \tag{2.35}$$

为了便于在设计中使用，利用式（2.29）～式（2.31）的角度关系，给出厚度的各种表达式。由式（2.32）和式（2.35）可得

$$s_u = \frac{s}{\sin\beta} = \frac{\delta}{\sin\beta\sin\gamma} \tag{2.36}$$

由式（2.33）、式（2.35）和图 2.24 可得

$$s_r = s_m \sin\varepsilon = \frac{s}{\cos\beta}\sin\varepsilon = \frac{\delta}{\cos\beta}\frac{\sin\varepsilon}{\sin\gamma} = s_u\tan\beta \tag{2.37}$$

由式（2.30）、式（2.35），考虑到三角关系 $\sin\gamma = \dfrac{1}{\sqrt{1+\cot^2\gamma}}$，可得

$$s = \frac{\delta}{\sin\gamma} = \delta\sqrt{1+\cot^2\lambda\cos^2\beta} \tag{2.38}$$

由式（2.32）、式（2.38）可得

$$s_u = \frac{s}{\sin\beta} = \delta\sqrt{\frac{\sin^2\beta + \cos^2\beta + \cot^2\lambda\cos^2\beta}{\sin^2\beta}} = \delta\sqrt{1 + \cot^2\beta\left(1 + \frac{\cos^2\lambda}{\sin^2\lambda}\right)}$$

$$= \delta\sqrt{1 + \cot^2\beta\left(\frac{\sin^2\lambda + \cos^2\lambda}{\sin^2\lambda}\right)} = \delta\sqrt{1 + \frac{\cot^2\beta}{\sin^2\lambda}} \tag{2.39}$$

由式（2.32）、式（2.38）可得

$$s_m = \frac{s}{\cos\beta} = \delta\sqrt{\frac{1 + \cot^2\lambda\cos^2\beta}{\cos^2\beta}} = \delta\sqrt{\frac{\sin^2\beta + \cos^2\beta + \cot^2\lambda\cos^2\beta}{\cos^2\beta}}$$

$$= \delta\sqrt{1 + \cot^2\lambda + \tan^2\beta} \tag{2.40}$$

现将各种厚度计算公式及其计算方法列于表 2.22。

表 2.22　　　　　　　　　　　**叶片各种厚度的计算公式及计算方法**

厚度	计算公式	计算方法
真实厚度	δ	给定其变化规律、计算出其他厚度
流面厚度	$s = \dfrac{\delta}{\sin\gamma} = \delta\sqrt{1 + \cot^2\lambda\cos^2\beta}$	在展开图上加厚叶片
圆周厚度	$s_u = \dfrac{s}{\sin\beta} = \dfrac{\delta}{\sin\varphi} = \delta\sqrt{1 + \cot^2\beta/\sin^2\lambda}$	在平面图上加厚叶片
轴面厚度	$s_m = \dfrac{s}{\cos\beta} = \delta\sqrt{1 + \cot^2\lambda + \tan^2\beta}$	在轴面图上加厚叶片
轴面垂直厚度	$s_m' = \dfrac{\delta}{\cos\varphi} = \delta\sqrt{1 + \tan^2\beta\sin^2\lambda}$	在轴面图上加厚叶片
径向厚度	$s_r = s_m\sin\varepsilon = \dfrac{s}{\cos\beta}\sin\varepsilon = \dfrac{\delta}{\cos\beta}\dfrac{\sin\varepsilon}{\sin\gamma} = \delta\sqrt{1 + \tan^2\beta + \cot^2\lambda}\,\sin\varepsilon$	在平面图和轴面图上加厚叶片

2.8　叶片进出口安放角的选择和计算

2.8.1　叶片进口冲角

2.8.1.1　叶片进口冲角和进口速度三角形

叶片进口处的冲角如图 2.27 所示。叶片进口冲角通常大于液流角，即 $\beta_1 > \beta_1'$。其正冲角为 $\Delta\beta = \beta_1 - \beta_1'$，冲角的范围通常为 $\Delta\beta = 3° \sim 15°$。采用正冲角能提高抗汽蚀性能，并且对效率影响不大，其原因可进行如下解释：

（1）采用正冲角能增大叶片进口角，减小叶片的弯曲，从而增加叶片进口过流面积，减小叶片的排挤，进而减小叶片进口的 v_1 和 w_1。

（2）在设计流量下采用正冲角，液体在叶片进口背面产生脱流。因为背面是叶道的低压侧，在这里形成的漩涡不易向高压侧扩散，所以漩涡是稳定的、局部的，对汽蚀的影响较小。反之，采用负冲角时，液体在叶片进口的工作面产生脱流。该处是叶道的高压侧，漩涡易于向低压侧扩散，因而漩涡是不稳定的，对汽蚀的影响较大。

（3）采用正冲角，能改善在大流量下的工作条件。若泵经常在大流量下运转，应选较大的冲角。

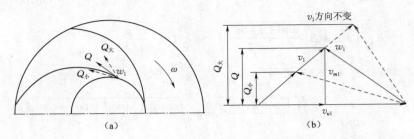

图 2.27　叶片进口处的冲角

2.8.1.2　叶片进口角的计算

在计算叶片进口角之前，应先画出叶片进口边，画进口边的原则如下：

（1）进口边和前后盖板流线大致成 90°（叶片进口边不放在同一轴面上的除外）。

（2）前后盖板流线长度不要相差很多。

（3）进口边适当向吸入口延伸。叶片向进口延伸，使液体提早受到叶片作用，可以减小叶轮出口直径，从而减少圆盘摩擦损失；增加叶片的重叠程度，减少流道的扩散；减小叶片进口的相对速度，从而减少进口的撞击损失。这些对于提高抗汽蚀性能和减小特性曲线的驼峰也是有利的。但是延伸程度应适当，否则容易造成堵塞。如果铸造质量不良，或是圆柱叶片，应少延伸为宜。

叶片进口边有时和过水断面形成线重合，有时不重合。重合时三点过水断面相同，不重合时进口边与三条流线的交点 a、b、c 三点的过水断面不同，如图 2.28 所示。图中的虚线是 a、b、c 三点过水断面的形成线。要计算某点的过水断面，过水断面的形成线应过该点。叶片液流角按下式计算：

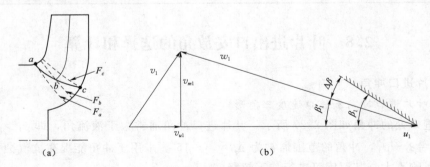

图 2.28　过水断面形成线和叶片进口边

$$\tan\beta_1' = \frac{v_{m1}}{u_1 - v_{u1}}$$

式中　u_1——计算点液体的圆周速度；

　　　v_{u1}——计算点液体绝对速度的圆周分速度；

v_{m1}——计算点液体绝对速度的轴面分速度。

v_{u1} 由吸入室（多级泵的反导叶出口角）结构确定。对于直锥形吸水室 $v_{u1}=0$；对于螺旋形吸水室，可按经验公式确定 v_uR，而后按 $v_uR=k$（常数），确定各流线的 v_u 值，经验公式为

$$K=v_uR=m\sqrt[3]{Q^2n}$$

式中　m——经验系数，$m=0.055\sim0.08$，n_s 小者取小值；

　　　Q——流量，m^3/s。

叶片进口轴面速度按下式确定：

$$v_{m1}=\frac{Q}{\eta_v F_1\psi_1}$$

其中

$$\psi_1=1-\frac{Zs_{u1}}{D_1\pi}=1-\frac{Zs_1}{D_1\pi\sin\beta_1}=1-\frac{\delta_1 Z}{D_1\pi}\sqrt{1+\left(\frac{\cot\beta_1}{\sin\lambda_1}\right)^2} \qquad (2.41)$$

式中　F_1——计算点的过水断面面积（过水断面形成线应过该点）；

　　　ψ_1——计算点的叶片排挤系数；

　　　Z——叶片数；

　　　D_1——计算点的直径；

　　　s_{u1}——计算点叶片的圆周厚度；

　　　s_1——计算点叶片的流面厚度；

　　　δ_1——计算点叶片的真实厚度；

　　　β_1——计算点叶片的进口角，（°）；

　　　λ_1——计算点轴面截线和轴面流线的夹角，（°），一般 $\lambda_1=60°\sim90°$。

算出各流线的液流角，加上冲角，则得相应的叶片进口角 β_1。但是要确定叶片的角度，首先得计算液流角，而计算液流角要用到叶片角以便计算排挤系数。因此，要预先假定 β_1 角或排挤系数，使最终确定的叶片角或排挤系数与假定的值相等或相近；否则重新假定，进行逐次逼近计算。考虑到加叶片进口冲角的范围较大，一般可不进行重复计算。

实践表明，加稍大的冲角为好。冲角的加法不一，常用的加冲角的方法有：①各流线加相同的冲角；②冲角从前盖板流线到后盖板流线递减或递增；③选定一条流线的冲角，确定 β 角之后，其他流线按"$\tan\beta R$ 为常数"确定。

2.8.2　叶片出口角

叶片的出口角 β_2 是叶轮的主要几何参数之一，对泵的性能参数、水力效率和特性曲线的形状有重要影响。常用的 β_2 取值范围为 $22°\sim30°$。

选择 β_2 应考虑下列因素：

（1）低比转速泵，选择大的 β_2 角以增加扬程，减小 D_2 从而减少圆盘摩擦损失，提高泵的效率。

（2）增大 β_2 角，在相同流量下叶轮出口速度 v_2 增加，压水室的水力损失增加，并且在小流量下冲击损失增加，容易使特性曲线出现驼峰。因此，为获得下降的特性曲线，不宜选过大的 β_2 角。

（3）由于 $w_1=\dfrac{v_{m1}}{\sin\beta_1}$、$w_2=\dfrac{v_{m2}}{\sin\beta_2}$、$\dfrac{w_2}{w_1}=\dfrac{v_{m2}}{\sin\beta_2}\dfrac{\sin\beta_1}{v_{m2}}$ 可知，泵中 $w_2<w_1$，相对液流是

扩散的，在一定流量下 β_2 越大，w_2 越小，流动扩散损失越严重。

（4）为获得平坦的（有极值）功率曲线，使泵在全扬程范围运行，β_2 可小于 15°。

（5）叶轮出口边平行轴线的叶轮，通常叶轮出口各流线选用相同的出口角。叶轮出口边倾斜时，为使叶轮出口的扬程相同，β_2 角从大直径向小直径递增，而且通常按自由漩涡理论（$v_u R =$ 常数）进行计算。也可以选择一条流线的出口角（如中间流线），其他流线的出口角按 $\tan\beta_{2i} D_i =$ 常数确定，如图 2.29 所示。

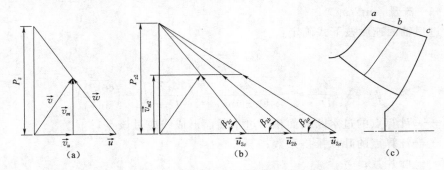

图 2.29　按 $\tan\beta_{2i} D_i =$ 常数确定叶片出口角

2.9　泵叶片绘型方法

离心泵、混流泵常见的叶片绘型方法有方格网保角变换法、扭曲三角形法和逐点计算法等，本节主要介绍利用这三种叶片绘型方法对离心泵和混流泵叶轮叶片进行绘型。

2.9.1　方格网保角变换法

所谓叶片绘型就是画叶片。在几个流面上画出叶片（叶片骨线），然后按一定的规律把这些骨线串起来，就是无厚度叶片。画叶片有作图法和解析法两种方法，因为解析法也要结合作图进行，所以先介绍作图法的原理和步骤。

流面是个空间曲面，直接在流面上画流线，不容易表示流线形状和角度的变化规律。因此，要设法把流面展开成平面，在展开的平面上画出流线，而后按预先做好的记号返回到相应的流面上。通常，这种作图是借助特征线利用插入法进行的。下面介绍方格网保角变换法绘型原理、步骤和例题。

2.9.1.1　绘型原理

图 2.30（a）为一流面，其上有一条流线，现用一组夹角为 $\Delta\theta$ 的轴面和一组垂直轴线的平面 1、2、…去截流面，使之在流面上构成小扇形格网，并且令小扇形的轴面流线长度 Δs 和圆周方向的长度 Δu 相等，即 $\Delta s = \Delta u$。当所分的这些小扇形足够小时，则可以把流面上的曲面扇形近似地看作是平面上的小正方形。尽管流面上的小扇形从进口到出口逐渐增大，但保角变换，顾名思义，就是保证空间流面上流线与圆周方向的角度不变的变换。在平面上的展开流线只要求其与圆周方向的夹角和空间流线的角度对应相等，展开流线的长度和形状可能不同。因为旨在相似，而不追求相等，所以可以设想把流面捏成圆柱面，如图 2.30（b）所示，然后将圆柱面沿母线切开，展成平面，如图 2.30（c）所示。

由图可见，空间流线穿过流面上的小扇形，将扇形两边截成两段相应的流线在平面方格网上也把正方形两边分别截出成比例的两段。由相似关系可知，对应的角度相等，即保持角度不变。设计叶片和上述过程相反，是把在平面展开图上绘制的流线，借助特征线，保持角度不变变换到流面（平面和轴面投影）上。因为所有绘型扭曲叶片的方法均适用于绘型圆柱叶片，故以扭曲叶片为例进行叙述。

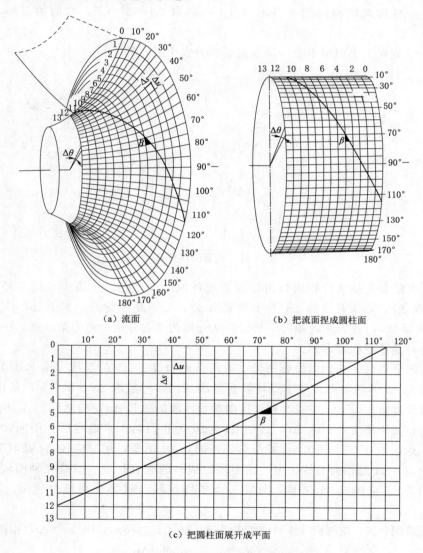

（a）流面　　　　　　　（b）把流面捏成圆柱面

（c）把圆柱面展开成平面

图 2.30　方格网保角变换法绘型原理

2.9.1.2　绘型步骤

1. 沿轴面流线分点

分点的实质就是在流面上画特征线，组成扇形格网。因为流面是轴面流线绕中心线旋转一周所得的曲面，一个流面上的全部轴面流线均相同，所以只要分相应的一条轴面流线，就等于在整个流面上绘出了方格网。

流线分点的方法很多，现介绍如下。

(1) 逐点计算法。由上述绘型原理，流面的每个扇形应近似为正方形，即 $\Delta s = \Delta u$，由图 2.31 可知：

$$\Delta u = \frac{\Delta \theta}{360°} 2\pi R \tag{2.42}$$

式中　$\Delta \theta$——任取两轴面间的夹角，（°），一般取 $\Delta \theta = 3° \sim 5°$，取的值越小，分的点越多；

　　　R——流面上小扇形中心（轴面流线两分点中间）的半径。

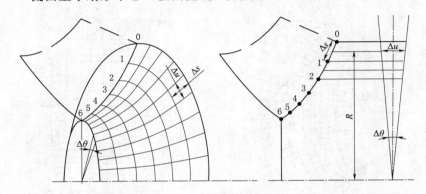

图 2.31　轴面流线分点

分点的方法首先是从叶轮出口沿轴面流线任取 Δs，量出 Δs 段中点的半径 R，按式 (2.42) 计算 Δu，如果算得的 Δu 等于预取的 Δs，分点是正确的；如果 Δu 不等 Δs，重新取 Δs，再算 Δu，直到两者相等。然后，从分得的点起分第 2 点、第 3 点、……这种方法的缺点是容易产生积累误差。

(2) 作图分点法。在轴面投影图旁，画两条夹角等于 $\Delta \theta$ 的射线（图 2.31），这两条射线表示夹角 $\Delta \theta$ 的两轴面。与逐点计算分点法相同，一般取 $\Delta \theta = 3° \sim 5°$，从出口开始，沿轴面试取长度 Δs，若 Δs 中点半径对应的两射线间的弧长 Δu，与试取的 Δs 相同，则分点是正确的；如果不等，另取 Δs，直到 $\Delta s = \Delta u$ 为止。第 1 点确定后，用同样的方法分别确定第 2 点、第 3 点、……当流线平行轴线时，Δu 不变，用对应的 Δs 截取等长即可。值得注意的是，Δs 是轴面流线长度，而不是射线间的垂直长度（只是在轴面流线垂直轴线时两者相等）。由图 2.31 可见，分完一条轴面流线，就等于在整个流面上画满了方格网。

(3) 图解积分法。图解积分法对轴面法线分点如图 2.32 所示，因 $\Delta u = \Delta s$，由图可知：

$$\Delta u = \frac{\Delta \theta}{360} 2\pi R \quad \Delta \theta = \frac{360}{2\pi} \frac{\Delta u}{R}$$

则

$$\theta = \int_0^\theta \Delta \theta = \frac{360}{2\pi} \int_0^s \frac{\mathrm{d}s}{R} \approx \frac{360}{2\pi} \sum \frac{\Delta S_i}{R_i}$$

以每条流线为始点，取一系列计算点，量出各点的半径 R_i 和各间隔的轴面流线长度 Δs_i。以 s 为横坐标，作出 $\theta = f(s)$ 曲线；用选定的 $\Delta \theta$，从出口开始截取纵坐标，过各

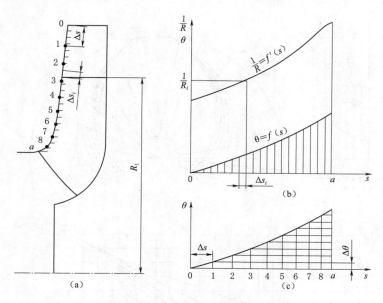

图 2.32　图解积分法对轴面流线分点

分点作水平线与 $\theta=f(s)$ 曲线相交，从各交点向横坐标引垂线，得 1、2、3 等各点；按各分点长度，在轴面流线上截取相应分点。

2. 画展开流面（平面方格网）并在其上绘制流线

画展开流面（平面方格网）并在其上绘制流线如图 2.33 所示。因为保角变换方格网法，是基于局部相似，而不是局部相等，所以几个流面可以用一个平面方格网绘流线，平面方格网方格的大小可任意选取。方格网竖线表示轴面流线相应分点，横线表示夹角等于所用 $\Delta\theta$ 的轴面。

画完方格网（或用方格纸）后，便可在其上绘制流线。通常先画中间流线，流线进出口在方格网上的位置应与轴面投影流线的分点对应，包角（$\Delta\theta$——栅格距离）可自行选取，首先过进出口点作角度等于计算的叶片进出口安放角的直线，然后作光滑曲线（用曲线尺、钢板尺、三角尺画曲线）与进出口角度线相切。有些情况下，可在保证进出口角的条件下随意画出型线。其他流线可用类似的方法绘出。型线应满足三点：①光滑平顺；②单向弯曲，不要出现 S 形状，以平直稍凸为好；③各型线有一定的对称性。

型线的形状极为重要，不理想时应坚决修改。必要时可以适当改变进口安放角、叶片进口边位置、叶片包角及叶片进出口边不布置在同一轴面上等，重新绘制。

3. 在轴面投影图中画轴面截线

方格网上画出的三条相对流线，就是叶片表面的三型线。用轴面（方格网中的竖线）截三条流线，相当于用轴面去截叶片，所得三点的连线是叶片的轴面截线。把方格网中每隔一定角度的竖线（表示轴面）和三条流线的交点，按相对应分点（编号 1、2、3 等）的位置用插入法，分别点到轴面投影图三条流线上，然后连成光滑曲线，即为叶片的轴面截线。轴面截线应光滑并有规律变化，尽量使轴面截线与轴面流线的交角 λ 接近 $90°$，一般不应小于 $60°$。λ 角太小，盖板和叶片的实际夹角过小，会带来排挤严重，且会造成铸造

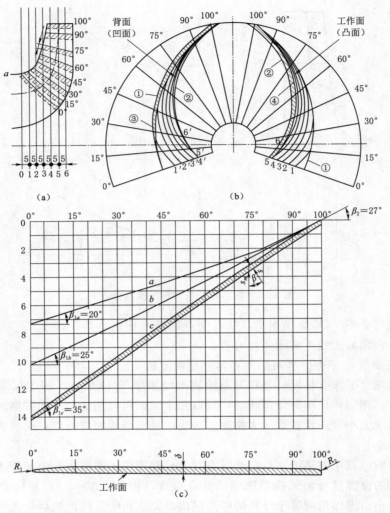

图 2.33　叶片绘型

困难、过水断面形状不良（湿周增加）等问题。

盖板和叶片实际夹角 γ 与 λ 的关系如下：

$$\cot\gamma = \cot\lambda \cos\beta$$

4. 叶片加厚

轴面截线表示无厚度的叶片，而实际叶片是有厚度的，所以必须进行叶片加厚。叶片可以在展开流面上、轴面图和平面图上加厚。这里先介绍平常使用较多的在轴面图上加厚方法，其他加厚方法留在后面介绍。

以保角变换得到的轴面截线为骨线向两边加厚，或者以此为工作面向背面加厚。轴面投影图上的轴面厚度（沿轴面流线方向）按下式计算：

$$s_m = s/\cos\beta = \delta\sqrt{1+\tan^2\beta+\cot^2\lambda}$$

式中 s——流面厚度；

δ——真实厚度；

其他符号意义同前。

叶片厚度可按流线长度（如轴面截线）给定（图 2.33），通常最大厚度在离进口为叶片全长 $1/3\sim1/2$ 处，进、出口部分应尽量减薄。一般小泵叶片进口流面厚度（或根据工艺允许的真实厚度算出流面厚度）约为 2mm，最大厚度为 $4\sim5$mm。

给定了真实厚度 δ（或流面厚度 s）之后，可以列表计算各点的轴面厚度 s_m。其中的 β 角从方格网展开图上的对应点量取，λ 角从轴面投影图上轴面截线对应点量取。其他流线厚度可以类似算出。

小泵各流线可以取相同的厚度，大泵应考虑拔模，从后盖板向前盖板厚度递减，因为叶片通常向后盖板方向拔模，厚度可按表 2.23 计算。

表 2.23 流面厚度计算

轴面/(°)		0	10	20	30	40	50	60	…
流面厚度 s/m									…
前流线	β								…
	$\cos\beta$								…
	$s_m = s/\cos\beta$								…

列表计算厚度，量角度的误差很大，而且麻烦。为了避免这一缺点，可以按给定的流面厚度 s，沿方格网展开图流线直接加厚。s 为垂直型线方向的流面厚度，在竖直方向量得的 s_m 就是轴面厚度，可将其直接加在轴面投影图相应点上（沿轴面流线方向加厚）。因为凸面是工作面，凹面是背面，所以背面轴面截线在工作面轴面截线下面，如图 2.33 所示。

应当指出，方格网上的流线是利用局部相似原理作出的，流线的长度并不等于真实流线的长度，沿此流线的厚度变化也和实际情况不同，但就各轴面处的厚度数值而言与列表计算结果相同，因而这种方法简单而且精确。

5. 画叶片剪裁图

如图 2.33 所示，用一组等距（或不等距）的轴垂面去截叶片，每一个截面和叶片有两条交线（工作面和背面），把各截面和叶片工作面与背面的交线分别画在平面图中，即为木模截线。其具体作图过程如下：

（1）画一组垂面，并编号 0、1、2、3、…

（2）在平面图中，画出相应轴面截线角度的轴面（一组射线）并按射线角度编号 0°、10°、20°、30°、…

（3）由于叶片向凸面（工作面）方向旋转，去掉后盖板（从后面看）能看见叶片工作面，从前面（去掉前盖板）能看见叶片凹面（背面），根据这两条原则决定工作面（背面）在侧视图中的位置。如在图 2.33（b）右侧，画出后盖板与叶片交面（后盖板进口半径小），即工作面的木模截线；左侧画出前盖板与叶片的交面（前盖板进口半径大），即背面的木模截线。该叶片从后面去看（工作面）为顺时针方向旋转，从前面去看（背面）为逆时针方向旋转。

（4）作叶片平面投影轮廓线。图 2.33（b）中曲线①为叶片工作面与前盖板的交线，它是把轴面投影图中各工作面截线和前盖板流线的交点，以相等的半径画到平面图相应轴面的射线上所得点的连线。同样可以作出：曲线②（叶片背面和后盖板的交线）；曲线③（叶片背面和前盖板的交线）、曲线④（叶片工作面和后盖板的交线）。

（5）画工作面、背面的木模截面。把木模截面（轴垂面）与工作面轴面截线（背面轴面截线）的交点，按相等半径移到平面图中相应的轴面射线上，并将所得的点连接，得工作面木模截线 1、2、3 等和背面木模截线 1′、2′、3′等。木模截面与前后盖板流线交点的半径（轴面图）应和平面图木模截线的始（终）点半径相等，从而确定了木模截线的始（终）点在圆周上的所在角度。木模截线应为光滑曲线。

木模截线是制作叶片的依据，为了避免描图引起型线变形，最好对每个截线与轴面的交点给出坐标，见表 2.24。

表 2.24　　　　　　　　　　　木模截线径向坐标（工作面或背面）

木模截线	轴　面/(°)								
	0	10	20	30	40	50	60	70	…
	径　向　坐　标								
前盖板流线									
0									
1									
2									
3									
…									
后盖板流线									

2.9.1.3　叶片绘型质量检查

1. 叶片间流道扩散情况检查

两叶片间流道面积变化情况，尤其是两叶片间流道有效部分出口面积 $F_{出}$ 和进口面积 $F_{进}$ 之比，对性能有非常重要的影响，推荐 $\dfrac{F_{出}}{F_{进}}=1.0\sim1.3$，除低比转速泵外，该比值一般不要大于 1.3，否则流道扩散严重，效率下降。

流道间的面积 F_i 按下式计算：

$$F_i = a_i b_i \tag{2.43}$$

式中　a_i——平面图两叶片间的宽度；

　　　b_i——轴面图叶片宽度。

（1）对于圆柱叶片，检查可按图 2.34 所示的方法进行。

（2）对于扭曲叶片，可按下列步骤进行检查（图 2.35）：

1）在平面图中画出两个相邻叶片的轮廓线和中间流线，从一个叶片进口边 A、B、C 向另一叶片对应流线引垂线交于 A'、B'、C' 三点。

2）将 A'、B'、C' 点投影到轴面投影图相应流线上并连线 A'、B'、C'。

3）将平面图上 $AA'(BB')$ 分成数等份，过等分点引垂线。在轴面图中引直线 OP（BP），把轴面图中的 $AA'(BB')$ 分成对应的等份，将等分点到 $OP(BP)$ 的距离移到平面图的相应垂线上,则得 $aa'(bb')$ 线。出口部分叶片如果是扭曲的,与进口作法相同;如果是圆柱叶片,与前述的圆柱叶片法相同。

轴面图中的 AB、$A'B'$ 和平面图的 aa'、bb' 四条线围成的面积为 $F_进$,在围成面积时,使 $A'B'$ 与 bb'、AB 与 aa' 的夹角大致等于相应处轴面截线与流线的夹角 λ。在本例中 $F_进/F_出=1.19$。

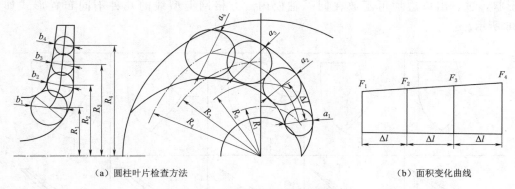

（a）圆柱叶片检查方法   （b）面积变化曲线

图 2.34   相邻叶片间流道面积检查

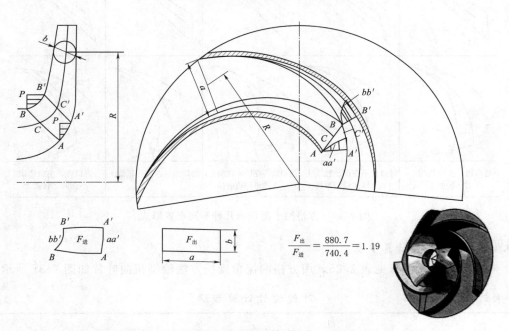

$$\frac{F_出}{F_进}=\frac{880.7}{740.4}=1.19$$

图 2.35   扭曲叶片相邻叶片间流道面积检查法和三维造型的进出口面积

前面介绍了两相邻叶片进口面积的求法。实际上用类似的方法可以求出相邻叶片间各处的面积,得出从进口到出口的面积变化规律。

用三维水力设计软件设计时,可直接给出此面积比,十分方便。

2. 速度变化情况检查

叶片设计完成之后,可以检查相对速度 w 和速度矩 v_uR 沿流线的变化规律。各流线可分别列表进行计算，其中 Δs 为轴面流线分段长度，从轴面流线上量取；β 角从方格网流线上量取；w 和 $v_u R$ 沿真实流线长度 L 应当光滑且有规律变化。

2.9.1.4　型线在方格网上的形式

方格网上各型线进口点位于同一条竖线上，表示叶片进口边在同一轴面上，在设计中叶片进口边和出口边都位于同一轴面上的情况较多，但是为了得到理想的型线和轴面截线的形状，进、出口边均可不放在同一轴面内。方格网上型线的几种不同布置形式如图 2.36 所示。

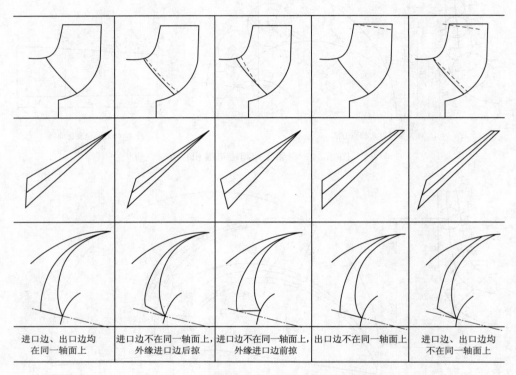

图 2.36　方格网上型线的几种不同布置形式

2.9.1.5　叶轮设计计算步骤

叶轮设计计算步骤见表 2.25，用方格网保角度换方法绘型扭曲叶片如图 2.37 所示。

表 2.25　　　　　　　　　　　　　叶 轮 设 计 计 算 步 骤

项　目		公　式
确定泵进出口直径	泵进口直径/mm	$D_s = K_s \sqrt[3]{\dfrac{Q}{n}}$
	泵出口直径/mm	$D_d = K_d \sqrt[3]{\dfrac{Q}{n}}$
	泵进口速度/(m/s)	$v_s = \dfrac{4Q}{D_s^2 \pi}$
	泵出口速度/(m/s)	$v_d = \dfrac{4Q}{D_d^2 \pi}$

项　　目		公　　式
汽蚀计算	泵安装高度/m	$h_g = \dfrac{p_a}{\rho g} - h_c - \dfrac{p_v}{\rho g} - NPSH_a$
	泵汽蚀余量/m	$NPSH_r = NPSH_a/1.3$
	汽蚀比转速	$C = \dfrac{5.62n\sqrt{Q}}{NPSH_r^{3/4}}$
比转速计算	比转速	$n_s = \dfrac{3.65n\sqrt{Q}}{H^{3/4}}$
确定效率	水力效率	$\eta_h = 1 + 0.08351\lg\sqrt[3]{\dfrac{Q}{n}}$
	容积效率	$\eta_v = \dfrac{1}{1 + 0.68n_s^{-2/3}}$
	圆盘损失效率	$\eta_m' = 1 - 0.07\dfrac{1}{(n_s/100)^{7/6}}$
	机械效率	$\eta_m = \eta_m' - \eta_{轴承、填料损失}$
	总效率	$\eta = \eta_m\eta_v\eta_h$
确定功率	轴功率/kW	$P = \dfrac{\rho gQH}{1000\eta}$
	电机功率/kW	$P_g = \dfrac{k}{\eta_t}P$
	扭矩/(N・m)	$M_n = 9550\dfrac{P_c}{n}$
	最小轴径/mm	$d = \sqrt[3]{\dfrac{M_n}{0.2[\tau]}}$
初步计算叶轮主要尺寸	进口当量直径/mm	$D_0 = k_0\sqrt[3]{\dfrac{Q}{n}}$
	进口直径/mm	$D_j = \sqrt{D_0^2 + d_h^2}$
	叶轮出口直径/mm	$k_D = 9.35k_{D2}\left(\dfrac{n_s}{100}\right)^{-1/2}$ $D_2 = k_D\sqrt[3]{\dfrac{Q}{n}}$
	出口宽度/mm	$k_b = 0.64k_{b2}\left(\dfrac{n_s}{100}\right)^{5/6}$ $b_2 = k_b\sqrt[3]{\dfrac{Q}{n}}$
	叶片出口角/(°)	β_2
	叶片数/个	$Z = 6.5\dfrac{D_2+D_1}{D_2-D_1}\sin\dfrac{\beta_1+\beta_2}{2}$
叶轮出口直径第一次精算	理论扬程/m	$H_t = \dfrac{H}{\eta_h}$
	修正系数	$\psi = \alpha\left(1 + \dfrac{\beta_2}{60}\right)$
	静距/m²	$s = \displaystyle\sum_{i=1}^{n}\Delta s_i R_i$
	有限叶片数修正系数	$P = \psi\dfrac{R_2^2}{Zs}$

项　目		公　式
叶轮出口直径第一次精算	无穷叶片数理论扬程/m	$H_{t\infty}=(1+P)H_t$
	叶片出口排挤系数	$\psi_2=1-\dfrac{Z\delta_2}{\pi D_2}\sqrt{1+\left(\dfrac{\cot\beta_2}{\sin\lambda_2}\right)^2}$
	出口轴面速度/(m/s)	$v_{m2}=\dfrac{Q}{\pi D_2 b_2 \psi_2 \eta_v}$
	出口圆周速度/(m/s)	$u_2=\dfrac{v_{m2}}{2\tan\beta_2}+\sqrt{\left(\dfrac{v_{m2}}{2\tan\beta_2}\right)^2+gH_{t\infty}}$
	出口直径/mm	$D_2=\dfrac{60u_2}{\pi n}$
叶轮出口直径第二次精算	叶片出口排挤系数	$\psi_2=1-\dfrac{Z\delta_2}{\pi D_2}\sqrt{1+\left(\dfrac{\cot\beta_2}{\sin\lambda_2}\right)^2}$
	出口轴面速度/(m/s)	$v_{m2}=\dfrac{Q}{\pi D_2 b_2 \psi_2 \eta_v}$
	出口圆周速度/(m/s)	$u_2=\dfrac{v_{m2}}{2\tan\beta_2}+\sqrt{\left(\dfrac{v_{m2}}{2\tan\beta_2}\right)^2+gH_{t\infty}}$
	出口直径/mm	$D_2=\dfrac{60u_2}{\pi n}$
叶轮出口速度计算	出口轴面速度（m/s）	$v_{m2}=\dfrac{Q}{\pi D_2 b_2 \psi_2 \eta_v}$
	出口圆周速度/(m/s)	$u_2=\dfrac{v_{m2}}{2\tan\beta_2}+\sqrt{\left(\dfrac{v_{m2}}{2\tan\beta_2}\right)^2+gH_{t\infty}}$
	出口圆周分速度/(m/s)	$v_{u2}=\dfrac{gH_t}{u_2}$
	无穷叶片数出口圆周分速度/(m/s)	$v_{u2\infty}=\dfrac{gH_{t\infty}}{u_2}$
叶轮进口轴面速度计算	叶轮进口圆周速度/（m/s）	$u_{1a}=\dfrac{\pi D_{1a} n}{60}$
		$u_{1b}=\dfrac{\pi D_{1b} n}{60}$
		$u_{1c}=\dfrac{\pi D_{1c} n}{60}$
		$u_{1d}=\dfrac{\pi D_{1d} n}{60}$
	叶片进口轴面液流过水断面面积/m²	$F_{1a}=2\pi R_a b_a$
		$F_{1b}=2\pi R_b b_b$
		$F_{1c}=2\pi R_c b_c$
		$F_{1d}=2\pi R_d b_d$
	C 流线叶片进口角	$v_{m1c}=\dfrac{Q}{\eta_v F_{1c}\psi_{1c}}$
		$\tan\beta'_{1c}=\dfrac{v_{m1c}}{u_{1c}}$
		$\beta_{1c}=\beta'_{1c}+\Delta\beta_{1c}$
	校核 ψ_{1c}	$\psi_{1c}=1-\dfrac{Z\delta_1}{\pi D_{1c}}\sqrt{1+\left(\dfrac{\cot\beta_{1c}}{\sin\lambda_{1c}}\right)^2}$

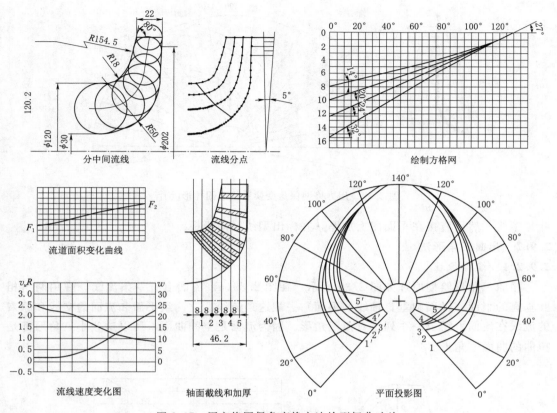

图 2.37　用方格网保角变换方法绘型扭曲叶片

2.9.1.6　由叶片剪裁图画方格网流线

有了叶片剪裁图就可以制作叶片，但是从剪裁图看不出叶片角度（速度）的变化情况。为此可以反向作图，由剪裁图求出方格网上叶片型线，从而可看出叶片角度变化，进而计算速度沿流线的变化。反向作图步骤如下：

（1）分中间流线。

（2）轴面流线分点。

（3）根据剪裁图木模截线作轴面截线。

（4）作方格网并根据轴面截线对应轴面流线分点的位置在方格网上画出各流线。

2.9.1.7　用方格网保角变换法绘型圆柱形叶片

用方格网保角变换法绘型圆柱形叶片（图 2.38），既简单又能保证角度的合理变化，是一种理想的绘型方法，其步骤如下：

（1）在轴面图上分一条中间流线（也可以不分中间流线）。

（2）中间流线分点，如果不分中间流线，就对后盖板流线分点。

（3）根据确定的进、出口角 β_1、β_2 在方格网上画出一条流线。

（4）作轴面截线，进而画平面流线。也可不作轴面截线，根据方格网型线和轴面（方格网竖线）交点，对应轴面流线分点的半径，在平面图射线上画出各点，光滑连接，即是

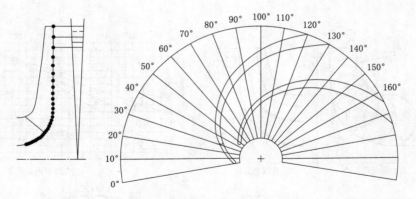

图 2.38 用方格网保角变换法绘型圆柱形叶片

叶片型线。然后直接在平面图上加厚，并标出型线径向坐标。

2.9.2 扭曲三角形法

2.9.2.1 绘型原理

扭曲三角形绘型原理如图 2.39 所示。在图 2.39(a) 流面上有一条流线，现用两组相互垂直的平面（轴面和垂直轴线的平面）去截这条流线。这两组平面和流面的交线和原来的流线在流面上组成一系列小直角三角形。因为流面是空间曲面，所以这些小三角形都是扭曲的曲面三角形。

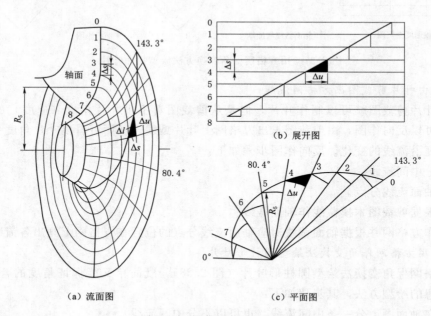

（a）流面图　　　　　　　　　（c）平面图

图 2.39 扭曲三角形绘型原理

当空间流线截成的单元长度 Δl 和相应的轴面流线长度（轴面与流面交线的长度）Δs、圆周弧长 Δu 构成的小三角形足够小时，则可近似地看作是平面小三角形。既然是平面小三角形，就可以在平面上画出。把这些小三角形首尾相接地画在平面上，并保持直角边相互平行，如图2.39(b)所示。这相当于把各小三角形剪下来，然后依次摆在平面上一样，显然平面上的小三角形和流面上的对应小三角形是近似全等的。这样，就把空间流面上的流线用局部全等的办法表示在平面上，实质是把空间流面展开成了平面，如图2.39(c)所示。在画叶片时，与上述过程相反，是在平面展开图上，根据设计要求画出流线，然后把所画的流线返回到流面（平面和轴面投影）上。展开图上的竖线段长度 Δs 等于轴面流线预先分段的展开长度。因为流面图、展开图和平面图上相应的圆弧长度 Δu 相等，轴面图和平面图各点的对应半径相等。据此，由展开图和轴面投影图可作出流线的平面投影。由几条流线的平面投影，可作出叶片的轴面截线，完成叶片的设计。

2.9.2.2 绘型步骤

扭曲三角形法叶片绘型示例如图2.40所示，其步骤如下：

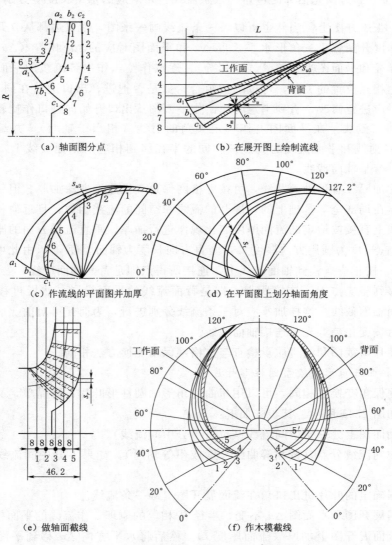

（a）轴面图分点　　　　　　　（b）在展开图上绘制流线

（c）作流线的平面图并加厚　　　（d）在平面图上划分轴面角度

（e）做轴面截线　　　　　　　（f）作木模截线

图2.40　扭曲三角形法叶片绘型示例

（1）作轴面投影图，分流线，初定叶片进口边。

（2）在轴面投影图上从各流线出口开始分点，得 0、1、2、…，为了作图方便，所分线段的曲线展开长度取为相等，这样三条流线可共用一个展开图。

（3）作平面展开图。相应流线分点，画间距等于轴面流线分点间曲线展开长度的平行线，并编号 0、1、2、…。

（4）在展开图上绘流线，所画流线进、出口点应和轴面流线位置相对应，进、出口角度和预先确定的值相对应。包角（水平方向的长度）可以灵活掌握。为了减少修改的工作量，可事先大致估算一下包角。其方法是以轴面流线离进口大约在 2/5 全长处的半径作圆，使中心角大致等于流线平面图的包角，使对应中心角的圆周长度等于展开流线的水平长度 $L=\dfrac{2\pi R}{360}\varphi$，$\varphi$ 为预先估算的包角（三条流线包角对应的水平长度应分别确定）。三条流线可画在一张展开图上，当然也可以每一条流线画一张图，出口边都从 0 开始。

（5）根据展开图各小三角形水平长度 Δu 和平面图对应的 Δu 相等（Δu 不变）和轴面流线分点半径和平面图半径相等（R 相等），逐点作圆，作出各流线的平面投影。各流线在平面图上相互位置的关系，可以酌情组合，如是否把进、出口边放在同一轴面上等。型线不理想时应进行修改，直到满意为止。作平面图从出口开始向进口作比较方便。

（6）作轴面截线。在平面图上作一定夹角的射线（相当于轴面），并编号 0°、20°、40°、…。把各射线和平面流线的交点按相同的半径移到相应的轴面流线上，光滑连接所得点的连线，就是轴面截线。

（7）叶片加厚。有了轴面截线，可按方格网保角变换绘型方法加厚。但是扭曲三角形法作图是建立在局部全等基础上的，展开的流线和空间的流线相似，且近似相等。因此可以在展开流线上直接按给定的流面厚度变化规律进行加厚。垂直流线方向的厚度为流面厚度 s，水平方向长度为圆周方向厚度 s_u，竖直方向长度为轴面厚度 s_m。由此可有两种加厚方法：①把 s_m 按相应点移到轴面流线上，连接所得点即是背面轴面截线；②把 s_u 沿平面图圆周方向移到相应点上，连接所得点即是背面流线的平面投影，然后再移到轴面截线上，得到背面轴面截线。这样加厚应对三条流线分别进行，为简便可对前、后盖板两条流线加厚，而后按变化趋势光滑连接轴面截线。

（8）作叶片剪裁图和绘型质量检查与方格网保角变换方法相同。

2.9.2.3　用扭曲三角形法绘型圆柱形叶片

与方格网保角变换法相同，可以用扭曲三角形画圆柱形叶片，既简单，又能保证型线合理变化，如图 2.41 所示。其步骤如下：

（1）在轴面图上分一条中间流线（也可不分中间流线）。

（2）对中间流线分点（按相等曲线长度或不等均可），如果不分中间流线，就对后盖板流线分点。

（3）根据确定的叶片进出口角在流面展开图上画一条流线。

（4）根据展开图和平面图 Δu 不变、半径 R 相等的原理，作流线的平面投影。

（5）在流面展开图上加厚（流面厚度 s），然后将水平方向 Δu 移到平面图相应圆弧上，连接所得点，得背面平面流线。为简便也可直接在平面图上加厚。

（6）在平面图上按一定角度给出叶片工作面、背面径向坐标。

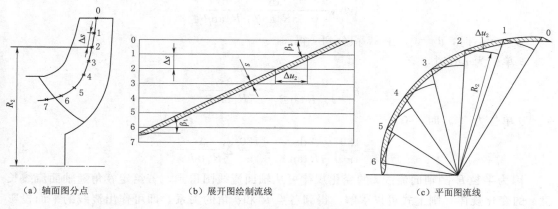

（a）轴面图分点　　　　　（b）展开图绘制流线　　　　　（c）平面图流线

图 2.41　扭曲三角形法绘型圆柱形叶片

根据设计的叶轮木模图，通过相应的三维造型软件即可生成叶片及叶轮的三维模型图，提供给后续的流场分析及结构强度计算。同时制造企业也根据木模图生产叶轮及进行叶轮维修后的质量检查。叶轮三维水力模型及流场计算如图 2.42 所示，叶轮三维实物模型及泵体结构如图 2-43 所示。

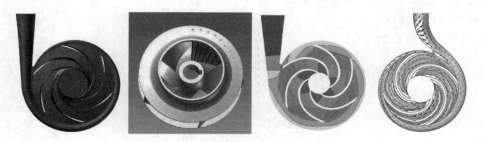

图 2.42　叶轮三维水力模型及流场计算

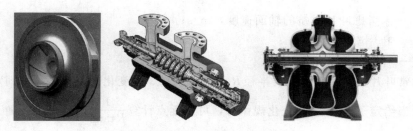

图 2.43　叶轮三维实物模型及泵体结构

2.9.3　逐点计算法

2.9.3.1　绘型原理

这种方法是利用叶片型线微分方程，按给定的速度（角度）变化规律，逐点计算出对应轴面角 $\Delta\theta$ 流线的半径 R，进而作出流线的平面投影。轴面流线各点对应的平面角度

dθ 为

$$d\theta = \frac{u - v_u}{v_m} \frac{ds}{R\tan\beta} = \frac{ds}{R\tan\beta}$$

设 $s = s_1$ 时，$\theta_1 = 0$，由 s_1 积分到 s 得

θ 单位为 rad 时，有

$$\theta = \int_{s_1}^{s} \frac{ds}{R\tan\beta} \approx \sum \frac{\Delta s_i}{R_i\tan\beta_i}$$

θ 单位为（°）时，有

$$\theta = \frac{180}{\pi} \int_{s_1}^{s} \frac{ds}{R\tan\beta} \approx \frac{180}{\pi} \sum \frac{\Delta s_i}{R_i\tan\beta_i} \tag{2.44}$$

因为半径 R 随轴面流线 s 的变化规律可从轴面流线图得到，若给定 β 角随轴面流线长度 s 的变化规律，则上式可以求解。得到各点 R 和 θ 角的关系，即可作出流线的平面投影（如果是扭曲叶片，每条流线分别求解）。其具体计算程序如下：

（1）由速度三角形可得

$$w = \frac{v_m}{\sin\beta} \quad \sin\beta = \frac{v_m}{w}$$

式中　β——叶片角，（°）；

　　　v_m——考虑叶片排挤的轴面速度，m/s；

　　　w——相对速度，m/s。

（2）引入排挤系数可得

$$w = \frac{v'_m}{\sin\beta\psi} = \frac{v'_m}{\sin\left(1 - \dfrac{Zs_u}{D\pi}\right)} = \frac{v'_m}{\sin\beta\left(1 - \dfrac{s}{t\sin\beta}\right)}$$

$$\sin\beta\left(1 - \frac{s}{t\sin\beta}\right) = \frac{v'_m}{w} \tag{2.45}$$

$$\sin\beta = \frac{v'_m}{w} + \frac{s}{t}$$

式中　v'_m——未考虑叶片排挤的轴面速度，m/s；

　　　s——叶片流面厚度，m；

　　　t——叶片节距，m。

（3）通常叶片角 β 和轴面流线半径 R 随轴面流线 s 的变化而变化，没有固定的解析函数式，但是当给定了 w、v'_m 的变化规律时，可以逐点计算 $\dfrac{1}{R\tan\beta}$，并画出其随 s 的变化曲线。这样，式（2.44）可以用图解积分或数值积分求解。

设

$$B = \frac{1}{R\tan\beta}$$

则

$$\Delta\theta_i = \frac{B_i + B_{i+1}}{2}$$

各 $\Delta\theta_i$ 之和为

$$\theta = \sum_{i=1}^{n} \frac{B_i + B_{i+1}}{2} \Delta s_i$$

式中 $\Delta\theta_i$——平面图中心角增量，(°)；

$\quad\quad$ Δs_i——轴面流线微段长度（在轴面流线上量得）（图 2.44），m；

B_i、B_{i+1}——轴面流线微段 Δs_i 始点和终点的 $\dfrac{1}{R\tan\beta}$ 值，m。

（4）求得 θ 角和 s（也就是半径 R）的关系，作出流线的平面投影。有了各流线的平面投影之后，作轴面截线、加厚、画剪截图等和前述绘型方法相同。

2.9.3.2　绘型步骤

（1）沿轴面流线分点，为方便 Δs_i 取相等的值。

（2）给定流面厚度 s 或排挤系数沿轴面的变化规律 $\psi = f(s)$，进、出口的 ψ 值可以根据进、出口参数计算。

（3）通过计算和选定的进、出口角，绘出 β 沿流线的变化规律曲线 $\beta = f(s)$，查出各点的 β 值。

（4）根据轴面投影图算出 v'_m，绘出 $v'_m = f(s)$ 曲线。

（5）由 $v'_m = f(s)$ 曲线得出相对速度变化规律 $w = f(s)$。

（6）计算 B，求得 θ 和 R 的关系。

图 2.44　轴面流线

对每条流线可列表计算（表 2.26）。

表 2.26　　　　　　　　　　　　**逐点计算叶片绘型计算表**

分点号	R	Δs	β	v_m	ψ	v'_m	w	$B = \dfrac{1}{R\tan\beta}$	$\Delta\theta = \dfrac{B_i + B_{i+1}}{2}\Delta s_i$	$\sum\Delta\theta$	$\theta = \dfrac{180}{\pi}\sum\Delta\theta$
1											
...											

（7）按照前面给出的方法绘制平面投影图，并对轴面截线加厚。平面图和加厚示例如图 2.45。

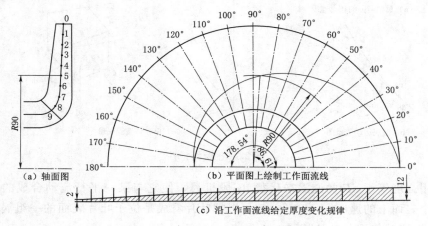

（a）轴面图　　　（b）平面图上绘制工作面流线

（c）沿工作面流线给定厚度变化规律

图 2.45（一）　绘制平面图和加厚示例

（d）5叶片流道平面图　　　　　　　　（e）4叶片流道平面图

图 2.45（二）　绘制平面图和加厚示例

2.10　二元理论泵叶片设计

二元理论方法认为轴面速度 v_m 沿过水断面是不均匀的，即轴面液流为二元流动。$\omega_u = 0$ 的二元理论认为轴面上的流动为有势流动。二元理论实际应用不多，但理论上比一元理论的方法完善，适合于设计高比转速混流泵叶片。

2.10.1　轴对称流动涡线方程及其特性

由流体力学理论可知，叶片对液流的作用，可以用分布在叶片翼型上的速度环量来代替。漩涡特性如图 2.46 所示，假定翼型两面的相对速度为 w' 和 w''，则机翼 ds 线段上的速度环量为

$$d\Gamma = (w'' - w')ds$$

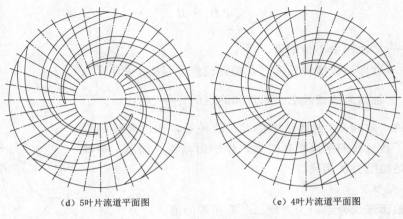

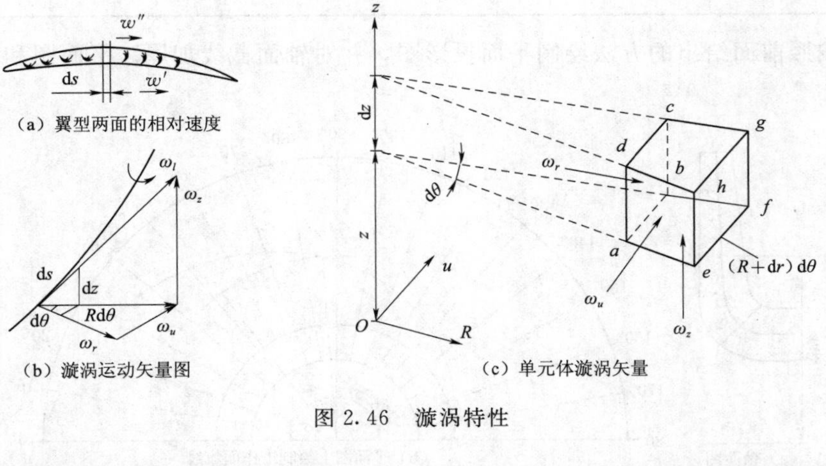

（a）翼型两面的相对速度

（b）漩涡运动矢量图　　　　　　　（c）单元体漩涡矢量

图 2.46　漩涡特性

如果用强度等于 $d\Gamma$ 的漩涡来代替 ds 段机翼，使它与某一平行流动合成的结果相同于机翼两个表面上的速度 w' 和 w''，就可以把叶片看成是位于叶片表面的一组涡带（漩涡面），它对液流的作用与叶片相同。

漩涡运动角速度矢量 $\bar{\omega}$ 和涡线相切，它在各坐标轴上的投影互成比例。由流体力学理论，若采用圆柱坐标 $f(z、R、u)$，则涡线的方程为

$$\frac{\mathrm{d}z}{\omega_z}=\frac{\mathrm{d}R}{\omega_r}=\frac{R\,\mathrm{d}\theta}{\omega_u} \tag{2.46}$$

式中　z、R——泵轴向和半径方向；

　　　　u——圆周方向；

ω_z、ω_r、ω_u——漩涡角速度在 z、R、u 方向的投影。

在液流中取单元体作为研究对象，如图 2.46（c）所示，计算各表面的面积和封闭围线的速度环量。由斯托克斯定理可得

$$\mathrm{d}\Gamma = 2\omega\,\mathrm{d}F$$

旋度 Ω 等于角速度的 2 倍，即 $\Omega = 2\omega$。现对单元体各表面封闭围线求旋度，在三个坐标上的分量分别为 Ω_r、Ω_u、Ω_z，为此先求单元体各表面的环量：

$$\begin{cases}
\operatorname{rot}_r v = \Omega_r = 2\omega_r = \dfrac{\displaystyle\int_{abcd} v\,\mathrm{d}s}{R\,\mathrm{d}\theta\,\mathrm{d}z} = \dfrac{\dfrac{\partial v_z}{R\partial\theta}R\,\mathrm{d}\theta\,\mathrm{d}z - \dfrac{\partial v_u}{\partial z}\mathrm{d}zR\,\mathrm{d}\theta}{R\,\mathrm{d}\theta\,\mathrm{d}z} = \dfrac{\partial v_z}{R\partial\theta} - \dfrac{\partial v_u}{\partial z} \\[4mm]
\operatorname{rot}_u v = \Omega_u = 2\omega_u = \dfrac{\displaystyle\int_{adhe} v\,\mathrm{d}s}{\mathrm{d}R\,\mathrm{d}z} = \dfrac{\dfrac{\partial v_r}{\partial z}\mathrm{d}R\,\mathrm{d}z - \dfrac{\partial v_z}{\partial R}\mathrm{d}z\,\mathrm{d}R}{\mathrm{d}R\,\mathrm{d}z} = \dfrac{\partial v_r}{\partial z} - \dfrac{\partial v_z}{\partial R} \\[4mm]
\operatorname{rot}_z v = \Omega_z = 2\omega_z = \dfrac{\displaystyle\int_{aefb} v\,\mathrm{d}s}{\mathrm{d}RR\,\mathrm{d}\theta} = \dfrac{\dfrac{\partial(Rv_u)}{R\partial R}R\,\mathrm{d}R\,\mathrm{d}\theta - \dfrac{\partial v_r}{R\partial\theta}R\,\mathrm{d}\theta\,\mathrm{d}R}{\mathrm{d}RR\,\mathrm{d}\theta} = \dfrac{\partial(Rv_u)}{R\partial R} - \dfrac{\partial v_r}{R\partial\theta}
\end{cases} \tag{2.47}$$

又有

$$\begin{cases}
\Gamma_{abcd} = v_u R\,\mathrm{d}\theta + \left(v_z + \dfrac{\partial v_z}{\partial\theta}\mathrm{d}\theta\right)\mathrm{d}z - \left(v_u + \dfrac{\partial v_u}{\partial z}\mathrm{d}z\right)R\,\mathrm{d}\theta - v_z\,\mathrm{d}z \\[4mm]
\Gamma_{adhe} = v_z\,\mathrm{d}z + \left(v_r + \dfrac{\partial v_r}{\partial z}\mathrm{d}z\right)\mathrm{d}R - \left(v_z + \dfrac{\partial v_z}{\partial R}\mathrm{d}R\right)\mathrm{d}z - v_r\,\mathrm{d}R \\[4mm]
\Gamma_{aefb} = v_r\,\mathrm{d}R + \left(v_u + \dfrac{\partial v_u}{\partial R}\mathrm{d}R\right)(R + \mathrm{d}R)\mathrm{d}\theta - \left(v_r + \dfrac{\partial v_r}{\partial\theta}\mathrm{d}\theta\right)\mathrm{d}R - v_u R\,\mathrm{d}\theta
\end{cases}$$

对于轴对称流动 $\dfrac{\partial v_r}{\partial\theta}=0,\dfrac{\partial v_z}{\partial\theta}=0$，则式（2.47）可写成

$$\begin{cases}
\Omega_r = 2\omega_r = -\dfrac{\partial v_u}{\partial z} = -\dfrac{\partial(v_u R)}{R\partial z} \\[4mm]
\Omega_u = 2\omega_u = \dfrac{\partial v_r}{\partial z} - \dfrac{\partial v_z}{\partial R} \\[4mm]
\Omega_z = 2\omega_z = \dfrac{\partial(Rv_u)}{R\partial R}
\end{cases} \tag{2.48}$$

在轴面内，涡线方程变为

$$\frac{\mathrm{d}z}{\omega_z}=\frac{\mathrm{d}R}{\omega_r}\quad \omega_z\,\mathrm{d}R - \omega_r\,\mathrm{d}z = 0 \tag{2.49}$$

将式 (2.48) 中的 ω_z 和 ω_r 代入式 (2.49)，得

$$\frac{\partial(Rv_u)}{R\partial R}\mathrm{d}R+\frac{\partial(v_uR)}{R\partial z}\mathrm{d}z=0$$

上式左边可以写成全微分的形式，即 $\mathrm{d}(v_uR)=0$，则 $v_uR=$ 常数。

由此可以得出结论，假设漩涡矢量在圆周方向的投影等于 $0(\omega_u=0)$，则轴面流动为有势流动，沿轴对称流动涡线上的速度矩保持常数。这就是二元理论假定 $\omega_u=0$ 设计方法中的重要性质。

2.10.2　轴面有势流动的特点

轴面有势流动具有如下特点：

(1) 涡线是平面曲线，而且在轴面上（因为 $\omega_u=0$），所以 $\omega=\omega_m=\omega_r+\omega_z$。

(2) 沿轴面涡线 $v_uR=$ 常数。

(3) 轴面涡线就是叶片轴面截线，因为假设叶片表面是由一系列涡线组成的涡面。所以涡面等于叶片表面，轴面和涡面的交线（轴面涡线）也就是轴面和叶片表面的交线——轴面截线。

(4) 在轴面涡线上 $v_uR=$ 常数，所以在同一轴面截线上 $v_uR=$ 常数。由此，给定一条流线的 v_uR 变化规律，即 $v_uR=f(s)$，则其他流线亦相应地被决定。

2.10.3　二元理论轴面流线的绘制

二元理论和一元理论分轴面流线，虽然都是按每个小单元流道通过一定不变的流量，但因假定轴面速度分布规律不同，所分出的流线形状不同。把整个流道分成几个通过相等流量的单元流道，那么，假定 v_m 大的地方，所分的流道就窄。

二元理论分流线，是把进、出口流线适当延长（各流线趋于平行），进、出口可按一元理论分好，并凭经验画出各中间流线，按轴面液流为有势流动的特点，作一系列与流线垂直的等势线（图 2.47）。由流体力学理论可知，有势流动必存在着势函数 φ，φ 对轴面流线的导数等于轴面流速 v_m，即

$$v_m=\frac{\mathrm{d}\varphi}{\mathrm{d}s}$$

实际应用时，以有限小增量代替微分。其处理方法是以原有的等势线（可按一元理论作出）为中线，在两侧作两条尽可能接近的等势线（图 2.47 中的虚线），三条等势线形成等势线组，中间的一条称为等势中线，两侧的等势线和轴面流线形成方格网。所以，上式可以写成

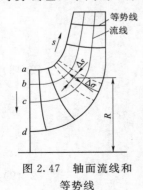

图 2.47　轴面流线和
　　　　　等势线

$$v_m=\frac{\Delta\varphi}{\Delta s}$$

式中　v_m——格网中点和轴面速度；

$\Delta\varphi$——格网两侧的两条等势线的势差；

Δs——两条等势线间轴面流线的长度。

根据通过每个小单元流道的流量相等，则通过两条相邻轴面流线间的流量为

$$\Delta Q=v_m2\pi R\,\Delta\sigma=\frac{Q}{n}=\mathrm{const}$$

或
$$\Delta Q = 2\pi R \frac{\Delta \varphi}{\Delta s} \Delta \sigma = 2\pi \left(\frac{R}{\Delta s}\right) \Delta \varphi \Delta \sigma = \text{const}$$

即
$$\left(\frac{R}{\Delta s}\right) \Delta \varphi \Delta \sigma = \text{const}$$

式中　n——流道数；

　　$\Delta \sigma$——两条轴面流线间的等势线长度。

因为势函数沿等势线为常数，所以两条相邻等势线的势差 $\Delta \varphi$ 也为常数，于是有

$$\left(\frac{R}{\Delta s}\right) \Delta \sigma = B \quad (B = \text{常数})$$

用上式沿各条等势线对每个格网逐个检查，直到算得的 B 值相等为止。否则应修改流线和等势线，重新检查。具体检查时，可对每条等势线算出 B 值的平均值：

$$\overline{B} = \frac{\sum B}{n}$$

按 $\overline{B}$ 计算各段较准确的 $\Delta \sigma$：

$$\Delta \sigma = \frac{\overline{B}}{\left(\dfrac{R}{\Delta s}\right)}$$

各段的修正值为

$$\delta(\Delta \sigma) = \frac{\overline{B} - B}{R / \Delta s}$$

这种修正应反复几次，分点误差应满足 $\dfrac{\delta(\Delta \sigma)}{\Delta \sigma} \times 100\% \leqslant 4\%$。

上述计算可列表进行，见表 2.27。

表 2.27　　　　　　　　　　　　　　**绘制轴面流线数据计算表**

等势线号	流线	R 量取	Δs 量取	$\dfrac{R}{\Delta s}$	$\Delta \sigma$ 量取	$B = \left(\dfrac{R}{\Delta s}\right) \Delta \sigma$	$\overline{B} = \dfrac{\sum B}{n}$	$\Delta \sigma = \overline{B} / \left(\dfrac{R}{\Delta s}\right)$	$\delta(\Delta \sigma)$	$\dfrac{\delta(\Delta \sigma)}{\Delta \sigma} / \%$
	a									
1	b									
	c									
	d									

通过叶轮的总流量为

$$Q = 2\pi \Delta \varphi \sum \left(\frac{R}{\Delta s}\right) \Delta \sigma$$

由此可得

$$\Delta \varphi = \frac{Q}{2\pi \sum \left(\dfrac{R}{\Delta s}\right) \Delta \sigma}$$

求得 $\Delta \varphi$ 之后，可计算流网各交点的轴面速度，即

$$v_m = \frac{\Delta \varphi}{\Delta s}$$

画出 v_m 沿各流线的变化曲线（4 条流线 a、b、c、d），如图 2.48 所示。

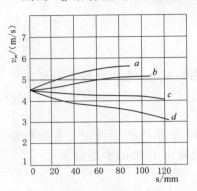

图 2.48　v_m 沿各流线的变化曲线

2.10.4　二元理论泵叶片绘型

分好轴面流线之后，便可着手叶片绘型。轴面有势流动二元理论叶片绘型是通过叶片型线微分方程进行数值积分完成的。主要步骤如下：

（1）计算第一条流线（可选中间流线）骨线形状 $\theta = f(s)$。叶片型线微分方程如下：

$$ds = \frac{v_m R^2}{\omega R^2 - v_u R} d\theta \qquad d\theta = \frac{\omega R^2 - v_u R}{v_m R^2} ds$$

v_m 沿流线的变化规律曲线 $v_m = f(s)$，在绘制轴面流线时已求出。给定 $v_u R$ 沿这条流线的变化规律曲线 $v_u R = f(s)$，于是可用上式，逐点计算得出对应 Δs 的 $\Delta \theta$。即得 $\theta = f(s)$。

（2）计算其他各条流线的骨线形状。$\omega_u = 0$ 的二元理论中，沿叶片轴面截线上速度矩 $v_u R = $ 常数。因此，在进行叶片绘型时只需要求出第一条流线的变化规律曲线 $v_u R = f(s)$。再求其他流面骨线时，应利用这一曲线，以保证同一轴面截线上 $v_u R = $ 常数的要求。

在求其他流面上叶片骨线形状 $\theta = f(s)$ 时，应采用逐次逼近方法进行。即先在出口取一小段 Δs 作第一次近似值，将这一小段中点 $\left(\frac{1}{2} \Delta s \right)$ 的 $R^2 \omega$、$v_m R^2$ 和第一条流线的 $\Delta \theta$、$v_u R$ 值代入上面方程，求出 Δs，直至求得的 Δs 和假定值相等或相近为止。继而求 2、3 等分点。各流线对应点的连线即是轴面截线。

在 $\omega_u = 0$ 的二元理论设计中，进出口边都应是轴面截线，即在同一截面上。由上面的讨论可知，按轴面有势流动 $\omega_u = 0$ 计算叶片的型线，从理论上来说较一元理论叶片绘型严格。但是，给定什么样的 $v_u R$ 变化规律，目前尚无成熟经验。

第 3 章　轴流泵叶轮水力设计

3.1　轴　流　泵　简　介

轴流泵是叶片泵的一种，它的叶片单元为一系列翼型，围绕轮毂构成圆柱叶栅。由于流过叶轮的流体微团的迹线理论上位于与转轴同心的圆柱面上，经过导叶消旋之后认为出流沿着轴向，所以这种泵称为轴流泵，也称为卡普兰（Kaplan）泵。轴流泵的流量较大，可达 $60\mathrm{m^3/s}$；单级扬程较低，通常为 $1\sim25\mathrm{m}$。因此，轴流泵的比转速较高，其常用范围在 $500\sim1600$ 之间。

轴流泵的优点是：①结构简单，在给定工作参数条件下，横截面积（垂直于转轴的平面）和重量较其他类型的叶片泵小；②不管是在停机状态还是运行状态，都可以通过改变叶片安放角而很容易地改变流量；③轴流泵通常都是立式结构，因此其占地面积小，另外还可以露天安装。

轴流泵的缺点是：①自吸能力有限；②单级扬程低；③效率曲线陡，高效区比较窄，如果没有叶轮叶片安放角的调节装置，在偏离设计工况运行时经济性差。

轴流泵广泛应用于灌溉、给排水、内河航道疏浚、动力工程以及其他需要输送大量的液体而扬程要求不高的领域，在核电工程、船舶推进领域也有应用。

与离心泵设计理论不同，现在轴流泵的设计理论多种多样，各有特点。本章对轴流泵设计中通常采用的基于单个翼型的升力法、基于无厚度叶栅理论的圆弧法以及在一元理论基础上发展而来的流线法予以重点介绍。

3.2　液体在叶轮中的运动分析

液体在轴流泵叶轮内的流动，是一种复杂的空间运动。任何一种空间运动都可以认为是三个互相垂直运动的合成。研究水流在轴流式叶轮中的运动时，为了方便起见，采用圆柱坐标系 $f(r,u,z)$，其中：r 为半径方向，u 为圆周方向，z 为泵的轴线方向。

下面研究轴流式叶轮中液体速度在三个坐标轴上的分量。通常在分析和设计轴流泵叶片时，提出圆柱层无关性假设。

3.2.1　圆柱层无关性假设

液体质点在以泵轴线为中心线的圆柱面上流动，且相邻各圆柱面上的液体质点的运动互不相关。即在叶轮的流域中，不存在径向分速度（$vr=0$）。显然，圆柱面即是流面。

根据圆柱层无关性假设，可以把叶轮内复杂的运动，简化为研究圆柱面上的流动。在叶轮内可以作出很多个这种圆柱流面，每个流面上的流动可能不同，但研究的方法是相同的，因而只要研究透彻一个流面的流动，其他流面的流动也就类似地得到解决。由于圆柱面沿母线割开后，可以展开在平面上，因此圆柱面和各叶片相交，其截面（翼型剖面或翼型）在平面上构成一组轴流泵叶栅（图 3.1）。

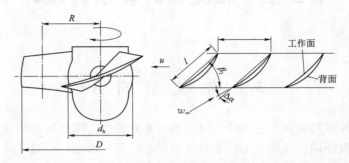

图 3.1　轴流泵叶片平面叶栅

由图 3.1 不难看出这组叶栅具有如下特点：

（1）可以展开在平面上，即属于平面叶栅。

（2）平面上叶栅列线（叶栅中翼型各相应点的连线）为直线，即属于直列叶栅。

（3）叶栅中各翼型的间距相等，液体绕流每个翼型的作用均相同，分不出边界翼型，即属于无限叶栅。

综上所述，这组叶栅是无限平面直列叶栅。绕流叶栅中一个翼型的流动就代表了整个叶栅的流动。于是把研究轴流泵叶轮内的流动，简化为研究对应几个圆柱流面的叶栅中翼型的流动。几个圆柱流面上的翼型组合起来，便得到轴流泵叶片。

叶轮叶栅的主要几何参数如下：D 为叶轮直径；l 为翼型弦长；d_h 为叶轮轮毂直径；β_l 为叶弦安放角；Z 为叶片数；t 为栅距，$t=\dfrac{2\pi R}{Z}$；R 为圆柱层流面半径；$\Delta\alpha$ 为冲角（无穷远来流方向与弦间的夹角）。

3.2.2　轴流泵叶轮的速度三角形

和离心泵一样，液体在轴流泵叶轮中圆柱流面上的流动是一种复合运动，$\vec{v}=\vec{w}+\vec{u}$。$\vec{v}$、$\vec{w}$、$\vec{u}$ 三个速度均与圆柱流面相切，也就是速度三角形组成的平面和圆柱面相切。圆周速度 $\vec{u}$ 沿着旋转的圆周方向；$\vec{w}$ 的方向和叶片翼型表面方向有关，如果假设叶片数无穷多，则 $\vec{w}$ 方向与翼型表面相切；绝对速度 $\vec{v}$ 按平行四边形法则确定。为研究方便起见，把绝对速度分解为两个互相垂直的分量 $\vec{v}_m$ 和 $\vec{v}_u$ 是沿圆周方向的分量，称为绝对速度的圆周分量，其值和泵的扬程的有关；$\vec{v}_m$ 是轴面上的分量，称为轴面速度，其值和泵的流量有关。$\vec{v}_m$ 是 $\vec{v}$ 的分量，也必然和圆柱流面相切，同时又在轴面上，所以 $\vec{v}_m$ 的方向沿着轴面和圆柱面交线方向，即轴向，又称为轴向速度，并用 $\vec{v}_z$ 表示。

实际中常用的是叶轮进、出口速度三角形，这两个三角形在给定充分的条件下均可作出。设计叶片时，通常按 $\vec{u}(n)$、$\vec{v}_m(Q)$、$\vec{v}_u(H)$ 作速度三角形，以确定相对速度的方向（叶片安放角）；分析问题时，通常按 $\vec{u}$、$\vec{w}$ 的方向和 $\vec{v}_m$ 或 $\vec{v}_u$ 画速度三角形（图 3.2）。

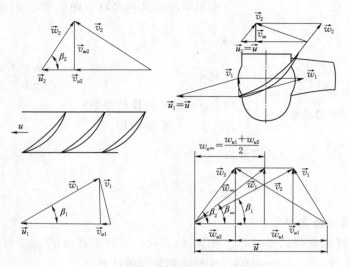

图 3.2 轴流泵进出口速度三角形

（下标 1 表示进口；下标 2 表示出口）

1. 进口速度三角形

圆周速度 $u_1 = \dfrac{D_1 \pi n}{60}$，进口前轴面速度为

$$v_{m0} = \frac{4Q}{\pi(D^2 - d_{\mathrm{h}}^2)\eta_{\mathrm{v}}} \tag{3.1}$$

式中　D_1——研究圆柱流面的直径；

　　　η_{v}——容积效率，取 $0.96 \sim 0.99$。

圆周分速度 v_{u1} 由吸入条件决定，通常 $v_{u1} = 0$。

2. 出口速度三角形

通常：

$$u_2 = u_1 = u \quad v_{m2} = v_{m1} = v_m \quad v_{u_2} = \frac{gH_T + uv_{u1}}{u} \tag{3.2}$$

　　由于轴流式叶轮叶栅的进、出口圆周速度 u 相等，可以把栅前和栅后的速度三角形重合在一起。栅前和栅后的相对速度的几何平均速度称为无穷远来流的相对速度，或相对速度的几何平均值，用 w_∞ 表示。由速度三角形可知：

$$w_\infty = \sqrt{v_m^2 + \left(\frac{w_{u2} + w_{u1}}{2}\right)^2} = \sqrt{v_m^2 + \left(u - \frac{v_{u2} + v_{u1}}{2}\right)^2} \tag{3.3}$$

当 $v_{u1} = 0$ 时，有

$$w_\infty = \sqrt{v_m^2 + \left(u - \frac{v_{u2}}{2}\right)^2} \tag{3.4}$$

w_∞ 的方向为 β_∞，则有

$$\tan\beta_\infty = \frac{v_m}{u - \dfrac{v_{u2}}{2}}$$

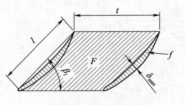

图 3.3　叶片排挤系数

如果考虑叶片的排挤（图 3.3），则轴面速度 v'_m 为

$$v'_m = \frac{v_m}{\varphi'} \tag{3.5}$$

其中

$$\varphi = \frac{F-f}{F} = \frac{tl\sin\beta_l - f}{tl\sin\beta_l} \tag{3.6}$$

式中　φ——叶片排挤系数；

　　　f——翼型面积。

通常近似取 $f = \frac{2}{3}\delta_{\max} l$，因此有

$$\varphi = 1 - \frac{2}{3}\left(\frac{\delta_{\max}}{t\sin\beta_l}\right) \tag{3.7}$$

式中　$\delta_{\max}$——翼型最大厚度。

考虑叶片轮缘到轮毂的厚度 $\delta_{\max}$ 和 β_l 的变化，不同直径处的 φ 应对每个流面单独计算，φ 取值范围一般是 $0.85 \sim 0.95$，从外缘到轮毂依次减小。

3.3　轴流泵设计基本理论

3.3.1　叶轮出口流动微分方程

对于轴流叶轮的进口和出口，根据能量守恒定理，不考虑叶片间的摩擦损失，则有

$$\frac{p_1}{\rho g} + \frac{v_1^2}{2g} + \frac{u_2 v_{u2}}{g} = \frac{p_2}{\rho g} + \frac{v_2^2}{2g} \tag{3.8}$$

由速度三角形，$v_1^2 = v_m^2$，$v_2^2 = v_{m2}^2 + v_{u2}^2$，代入式（3.8）可得

$$\frac{p_1}{\rho g} + \frac{v_{m1}^2}{2g} = \frac{p_2}{\rho g} + \frac{v_{m2}^2}{2g} - \frac{v_{u2}(2r_2\omega - v_{u2})}{2g} \tag{3.9}$$

将式（3.9）对 γ 微分，则有

$$0 = \frac{1}{\rho}\frac{\mathrm{d}p_2}{\mathrm{d}r_2} + v_{m2}\frac{\mathrm{d}v_{m2}}{\mathrm{d}r_2} - \omega v_{u2} - \frac{\mathrm{d}v_{m2}}{\mathrm{d}r_2}(r_2\omega - v_{u2}) \tag{3.10}$$

由叶轮出口液流的离心力和压力互相平衡可得

$$\frac{\mathrm{d}p_2}{\mathrm{d}r_2} = \frac{r}{g}\frac{v_{u2}^2}{r_2} \tag{3.11}$$

由式（3.10）和式（3.11）消去 p_2 后，则有

$$v_{m2}\frac{\mathrm{d}v_{m2}}{\mathrm{d}r_2} = \left(\frac{\mathrm{d}v_{u2}}{\mathrm{d}r_2} + \frac{v_{u2}}{r_2}\right)(r_2\omega - v_{u2}) \tag{3.12}$$

式（3.12）是泵出口流速的微分方程，如知道 v_{m2} 和 v_{u2} 的关系，则能求解。

3.3.2　自由漩涡和强制漩涡

（1）出口流动为自由漩涡形式时，有

$$v_{u2} r_2 = \text{const} \tag{3.13}$$

即式 (3.13) 两边对 r_2 进行微分后可得

$$\mathrm{d}v_{u2} r_2 + v_{u2} \mathrm{d}r_2 = 0$$

即

$$\frac{\mathrm{d}v_{u2}}{\mathrm{d}r_2} = -\frac{v_{u2}}{r_2} \tag{3.14}$$

将式 (3.14) 代入式 (3.12)，得

$$v_{m2} \frac{\mathrm{d}v_{m2}}{\mathrm{d}r_2} = \left(-\frac{v_{u2}}{r_2} + \frac{v_{u2}}{r_2} \right) (r_2 \omega - v_{u2}) \tag{3.15}$$

因为 $v_{m2} \neq 0$，则 $\dfrac{\mathrm{d}v_{m2}}{\mathrm{d}r_2} = 0$。可令

$$v_{m2} = \text{const} \tag{3.16}$$

又因为 $v_u r = \text{const}$，所以有

$$H_{\text{th}\infty} = \frac{u_2 v_{u2}}{g} = \frac{\omega v_{u2} r_2}{g} = \text{const} \tag{3.17}$$

可知，在自由漩涡的场合，欧拉扬程沿出口均匀分布，轴面速度相同。

(2) 出口流动为强制漩涡形式时，有

$$\frac{v_{u2}}{r_2} = \text{const} \tag{3.18}$$

式 (3.18) 对 r_2 微分后得

$$\frac{\mathrm{d}v_{u2}}{r_2} - \frac{v_{u2}}{r_2^2} \mathrm{d}r_2 = 0$$

即

$$\frac{\mathrm{d}v_{u2}}{\mathrm{d}r_2} - \frac{v_{u2}}{r_2^2} = \text{const} \tag{3.19}$$

将式 (3.19) 代入式 (3.12)，得

$$v_{m2} \frac{\mathrm{d}v_{m2}}{\mathrm{d}r_2} = 2C_1 (r_2 \omega - v_{u2}) = 2C_1 r_2 \left(\omega - \frac{v_{u2}}{4_2} \right) = C_2 r_2 \tag{3.20}$$

设 $2C_1 \left(\omega - \dfrac{v_{u2}}{r_2} \right) = C_2$，则有

$$\int v_{m2} \mathrm{d}v_{m2} = C_2 \int r_2 \mathrm{d}r_2 + C_3$$

$$\frac{v_{m2}^2}{2} = \frac{C_2}{2} r_2^2 + C_3$$

即

$$v_{m2} = \sqrt{C_2 r_2^2 + 2C_3} \tag{3.21}$$

因此有

$$H_{\text{th}\infty} = \frac{u_2 v_{u2}}{g} = \frac{\omega v_{u2} r_2}{g} = \frac{C_1 \omega r_2^2}{g} \tag{3.22}$$

可见，在强制漩涡场合，欧拉扬程沿出口宽度不是均匀分布的，而是与 r_2 的平方成正比，从轮毂到轮缘逐渐增加；轴面速度也随着 r_2 而增加，即轮毂侧小，外缘侧大。自

由漩涡的叶片和强制漩涡的叶片相比，轮毂侧的叶片角度大，轮缘侧的叶片角度小，整个叶片的扭曲变大。

3.3.3　用速度环量表示欧拉方程

由速度环量定义得

叶片出口速度环量为

$$\Gamma_2 = 2\pi v_{u2} R_2 \tag{3.23}$$

叶片进口速度环量为

$$\Gamma_1 = 2\pi v_{u1} R_2 \tag{3.24}$$

式中　R_2——叶轮出口半径，m。

由流体力学可知，绕叶轮出口和进口的环量之差，等于绕各叶片环量 Γ_z 之和（图 3.4），则有

$$\Gamma_2 - \Gamma_1 = Z\Gamma_z \tag{3.25}$$

泵的基本方程可以写成

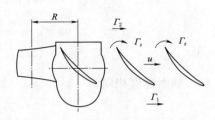

图 3.4　绕叶片的速度环量

$$H_t = \frac{u_2 v_{u_2} - u_1 v_{u1}}{g} = \frac{u}{g}(v_{u2} - v_{u1}) = \frac{\omega}{g}\frac{\Gamma_2 - \Gamma_1}{2\pi} = \frac{\omega}{g}\frac{Z\Gamma_z}{2\pi} \tag{3.26}$$

当 $\Gamma_1 = 0$ 时，则有

$$\Gamma_2 = \frac{2\pi g H_t}{\omega} \quad \Gamma_z = \frac{2\pi g H_t}{\zeta\omega} \tag{3.27}$$

式中　Γ_z——单翼（叶片）的环量；

　　　　Z——叶片数；

其他符号意义同前。

3.3.4　常见的轴流泵叶轮设计方法

根据圆柱层无关性假设对无限平面直列叶栅流动解析方法的不同，有不同的轴流泵设计方法。

第一种设计方法认为在叶轮叶栅中的流体流动接近于单个机翼的绕流，叶轮叶栅中翼型互相作用对绕流特性影响不大。据此把轴流式叶轮叶栅中的每一个翼型看作是孤立的，并应用在风洞中进行的单个翼型的试验结果来设计叶片。但是上述假定具有一定的近似性，为此在设计中，需要对流体绕流叶栅与单独机翼的差别进行修正。所以，这种方法在很大程度上依赖于试验数据，是一种半理论半经验的方法。这种方法又称为升力法。

第二种设计方法是将薄圆弧（即不考虑叶栅翼型厚度）组成的直列叶栅的研究结果，在考虑叶片冲角的条件下，修正到具有一定厚度叶片的直列叶栅。这种方法又称为圆弧法。

升力法和圆弧法都来自空气动力学理论，都需要在经验公式基础上进行修正，经验性很强。近年来又出现了第三种轴流泵设计方法，即流线法。该方法实际上是用于离心泵设计的传统一元设计理论在轴流泵领域的拓展，也就是根据进、出口速度三角形确定叶轮叶片进出口安放角，并不特别关心叶轮叶片从进口到出口的变化过程。这是流线法与前述两种空气动力学方法最大的不同之处。本章后续章节将分别讨论这三种设计方法。

3.4 轴流泵叶轮几何参数的确定

3.4.1 叶轮直径

依据流量相似公式，设 $nD = K$，则

$$\frac{Q}{Q_M} = \frac{n}{n_M} \left(\frac{D}{D_M}\right)^3 = \frac{nD}{n_M D_M} \left(\frac{D}{D_M}\right)^2 = \frac{K}{n_M D_M} \left(\frac{D}{D_M}\right)^2 \tag{3.28}$$

式中，带下标 M 的为模型泵，不带下标的为实型泵。

根据式（3.28）有

$$D = D_M \sqrt{\frac{n_M D_M Q}{K Q_M}} \tag{3.29}$$

通常模型泵的 $D_M = 0.3\text{m}$，$n_M = 1450\text{r/min}$，$Q_M = 0.35 \sim 0.38\text{m}^3/\text{s}$，则式（3.29）可近似写成

$$D = 10.5 \sqrt{\frac{Q}{K}} \tag{3.30}$$

式中 K———一般取 $350 \sim 415$。

由给定 K 算出叶轮直径后，再选择合适的电机转速，调整叶轮直径。

3.4.2 轮毂比

轮毂用来固定叶片，在结构和强度上应保证安装叶片和调节叶片的要求。从水力性能上讲，减小轮毂比 $\overline{d}$，可以减少水力摩擦损失；增加过流面积，有利于改善抗汽蚀性能。但是过分地减小轮毂比，会增加叶片的扭曲，当偏离设计工况时，会造成液体流动的紊乱，在叶轮出口形成二次回流，使泵的效率下降，高效范围变窄。其原因可简述如下：

轮毂比对叶轮内流动的影响如图 3.5 所示。设计时，因为 $u_c > u_b > u_a$，为使各截面得到相同的扬程，则 $v_{u2c} < v_{u2b} < v_{u2a}$，结果 $\beta_c < \beta_b < \beta_a$。可见轮毂比越小，各流线的角度差越大，叶片越扭曲。当流量小于设计流量时，轴面速度减小，即 $v_m' < v_m$。另外，当流量小到一定程度时，会出现 $v_{u2c}' < v_{u2b}' < v_{u2a}'$，与设计工况时的变化趋势正好相反，并且 $v_{u2c}' R_c \gg v_{u2b}' R_b \gg v_{u2a}' R_a$，破坏了 $v_u R$ 沿半径分布的规律。叶片出口部分的液流拥挤到外缘区域，轮毂出口部分液流不足，出现空位，使流出叶轮出口的液流向此处回流，形成叶片出口的二次回流。出口外缘处的液流拥挤，使得相应外缘进口的液流难以进入，加上冲角的变化，在叶片进口部分也产生二次回流。比转速越高，这种情况越严重。所以近年来 $n_s = 500$ 的轴流泵一般都设计成导叶式斜流泵；$n_s < 700$ 的轴流泵叶轮，轮毂带有一定的锥度，也可以改善上述流动情况。

采用江苏大学系列模型统计的轮毂比 $\overline{d}$ 与比转速 n_s 的关系如图 3.6 所示，可供参考。

3.4.3 叶栅稠密度

叶栅稠密度 l/t（l 为翼型弦长，t 为栅距）是轴流泵叶轮的重要几何参数，它直接影响泵的效率，也是决定汽蚀性能的重要参数。一方面，减小 l/t 表示叶轮叶片总面积减

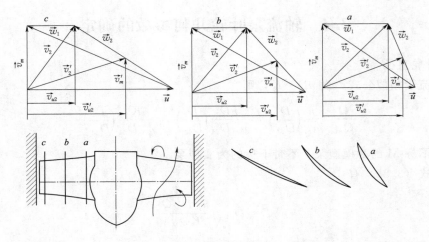

图 3.5　轮毂比对叶轮内流动的影响

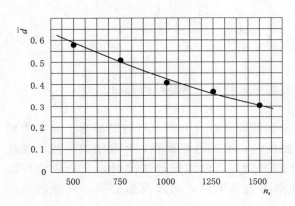

图 3.6　轮毂比 $\overline{d}$ 和比转速 n_s 的
关系统计结果

小，叶片两面的压差增加，将使汽蚀性能变坏。另一方面，摩擦面积减小，可以提高效率。因为叶轮内的水力损失与 w_∞ 成正比，外缘上的 w_∞ 大，过流量大，对泵的效率起到重要作用。另外，相对速度最大的外缘处，也是最容易发生汽蚀的部位。所以，对于轴流泵而言，重点是确定外缘的 l/t。

在选择 l/t 时，应考虑以下三点：

（1）从能量转换和汽蚀性能角度考虑，不论叶片数多少，叶片都应当有一定的长度，用以形成理想的通道，所以选择 l/t 还应当考虑叶片数的多少。根据试验研究，推荐以下几组外缘处的 l/t 值，供设计时参考：①$Z=3$，$l/t=0.65\sim0.75$；②$Z=4$，$l/t=0.75\sim0.85$；③$Z=5$，$l/t=0.84\sim0.94$。

（2）适当减小外缘侧的 l/t，增加轮毂侧的 l/t，以减少内外侧翼型的长度差，均衡叶片出口扬程。因为只有确保叶片出口 $v_u R$ 等于常数，才可能消除径向流动，减少损失，提高效率。但是，通常的轴流泵叶片根部很短，外缘长，相差大约 1.7 倍。一般文献推荐的轮毂翼型叶栅稠密度和轮缘叶栅稠密度的关系是$(l/t)_h=(1.20\sim1.25)(l/t)_0$。这样，叶片根部翼型本来工作条件不佳，加之很短，实际上保证不了和外缘翼型相同程度的能量转换，造成叶片出口扬程 $v_u R$ 不均，从而引起径向流动。因而推荐轮毂和轮缘之间各截面的 l/t 按直线规律变化，其值为$(l/t)_h=(1.3\sim1.4)(l/t)_0$。

采用江苏大学系列模型统计的叶栅稠密度 l/t 与比转速 n_s 的关系如图 3.7 所示，可供参考。

（3）修圆叶片进口外缘部分，以提高叶片的抗汽能。

泵汽蚀余量公式如下：

$$NPSH_r = \frac{v_0^2}{2g} + \lambda \frac{w_0^2}{2g}$$

式中　　v_0——进口绝对速度，m/s；

　　　　w_0——出口相对速度，m/s。

可知，相对速度 w_0 大的叶片外缘进口处是汽蚀危险区。闪频观测证明，汽泡总是在此部位首先发生。叶片外缘进口部分修圆以后，流进叶轮的液体，先与根部叶片接触，然后获得能量的液体的一部分向外缘流动，使外缘处正待流入叶片的液体旋转分量增加（w_0 减小），压力增大，从而推迟外缘汽泡的过早发生，提高叶片的抗汽蚀性能。修圆外缘和一般转轮叶片进出口边形状的比较如图 3.8 所示。为了减小轮毂和轮缘截面叶片长度之差，外缘出口处也应适当修圆。

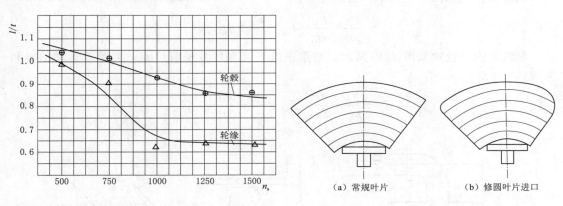

图 3.7　叶栅稠密度 l/t 和比转速 n_s 的关系　　　　　图 3.8　叶片进口边形状
　　　　　　　统计结果

3.4.4　叶片数

叶片数通常按比转速 n_s 选取，轴流泵系列模型使用的叶片数 Z 与比转速 n_s 的关系见表 3.1，供设计时参考。

表 3.1　　　　　　　　　　　　　叶片数 Z 和比转速 n_s 的关系

n_s	500	600	700	850	1000	1250	1500
Z/个	5	5	4	4	3	3	3

3.4.5　翼型厚度

轮毂处的翼型厚度按强度条件确定，通常按下式粗略估算：

$$\delta_{max} = (0.012 \sim 0.015) D \sqrt{H} \tag{3.31}$$

式中　　D——叶轮直径，m；

　　　　H——泵扬程，m。

厚度与弦长 l 有关，通常轮毂截面的相对厚度 $\overline{\delta_h}$ 为

91

$$\overline{\delta_h} = \frac{\delta}{l} = 10\% \sim 15\% \tag{3.32}$$

式中　δ——叶片厚度，m。

轮缘截面的厚度按工艺条件确定，通常轮缘截面的相对厚度 $\overline{\delta_0}$ 为

$$\overline{\delta_0} = \frac{\delta}{l} = 2\% \sim 5\% \tag{3.33}$$

几何参数对泵的性能有十分重要的影响，应参考性能优良的模型，根据具体条件，慎重确定。

3.5　轴流泵汽蚀及 nD 值

3.5.1　汽蚀基本方程

轴流泵汽蚀如图 3.9 所示，由图可知：

$$\frac{p_s}{\rho g} = \frac{p_c}{\rho g} - h_g - \frac{v_s^2}{2g} - h_{c-s} \tag{3.34}$$

轴流泵汽蚀位置如图 3.10 所示，对泵进口 S 点和叶片稍前 O 点，列绝对运动伯努利方程：

$$Z_s + \frac{p_s}{\rho g} + \frac{v_s^2}{2g} = Z_O + \frac{p_O}{\rho g} + \frac{v_O^2}{2g} + h_{O-s} \tag{3.35}$$

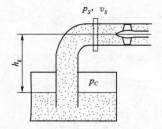
图 3.9　轴流泵安装位置

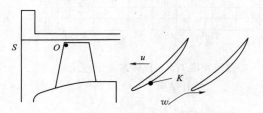
图 3.10　轴流泵汽蚀位置

对 O 点和 K 点，列相对运动伯努利方程：

$$Z_O + \frac{p_O}{\rho g} + \frac{w^2}{2g} - \frac{u_O^2}{2g} = Z_K + \frac{p_K}{\rho g} + \frac{w_K^2}{2g} - \frac{u_K^2}{2g} + h_{O-K} \tag{3.36}$$

由式（3.36）求得 $Z_O + \dfrac{P_O}{\rho g}$ 代入式（3.35），得

$$\frac{p_s}{\rho g} + \frac{u_s^2}{2g} - \frac{p_K}{2g} = (Z_K - Z_s) + \frac{v_O^2}{2g} + \frac{w_K^2 - w_O^2}{2g} - \frac{u_O^2 - u_K^2}{2g} + h_{s-K} \tag{3.37}$$

从泵进口 S 点到 K 点的压力降为

$$\frac{p_s - p_K}{\rho g} = (Z_K - Z_s) + \frac{v_O^2 - v_s^w}{2g} + \frac{w_O^2}{2g}\left[\left(\frac{w_K}{w_O}\right)^2 - 1\right] - \frac{u_O^2 - u_K^2}{2g} + h_{s-K} \tag{3.38}$$

令 $\lambda = \left(\dfrac{w_K}{w_O}\right)^2 - 1$，并称之为叶片进口绕流压降系数。

由此可知，从泵进口到最容易发生汽蚀的 K 点的压力降是由下列因素造成的：

（1）v_O 和 v_S 之差，如 v_O 大于 v_S 造成压力下降，反之则压力升高。

（2）叶片进口绕流引起压力降 $\lambda \dfrac{w_O^2}{2g}$。

（3）O 点与 K 点的圆周速度的不同，引起的压力变化，因相差很小，可忽略不计。

（4）泵进口 S 点到 K 点水力损失引起的压力降，因很小，通常不考虑。

设 K 点的液体开始发生汽蚀，即 $p_K = p_v$，则式（3.38）变为

$$\frac{p_S}{\rho g} + \frac{v_S^2}{2g} - \frac{p_v}{\rho g} = \frac{v_O^2}{2g} + \lambda \frac{w_O^2}{2g} \tag{3.39}$$

式（3.39）左边三项为汽蚀余量，用 $NPSH$ 表示，是单位重量液体在泵进口处能量超过汽化压力水头的剩余能量；右边两项称为泵的汽蚀余量，用 $NPSH_r$ 表示，即

$$NPSH_r = \frac{v_O^2}{2g} + \lambda \frac{w_O^2}{2g} \tag{3.40}$$

$NPSH_r$ 和泵内的流动情况有关，是由泵本身决定的，表明泵进口压力降的程度，压力下降越小，K 点的压力越高，不容易发生汽蚀，因而泵汽蚀余量越小，表示泵的抗汽蚀性能好。

3.5.2 nD 值和汽蚀的关系

汽蚀比转速公式如下：

$$C = \frac{5.62 n \sqrt{Q}}{NPSH_r^{3/4}} \tag{3.41}$$

对几何相似、运动相似的泵，有

$$\frac{Q}{nD^3} = K_Q \quad Q = K_Q n D^3 \tag{3.42}$$

将式（3.42）中 Q 的值代入式（3.41）中，并将 K_Q 中转速 n 的单位变成 r/s，则

$$C = \frac{5.62 n \sqrt{K_Q n D^2/60}}{NPSH_r^{3/4}} = \frac{5.62 (nD)^{3/2} \sqrt{K_Q}}{\sqrt{60} NPSH_r^{3/4}} \tag{3.43}$$

变换得

$$nD = \left(\frac{\sqrt{60}}{5.62}\right)^{2/3} \frac{C^{2/3} NPSH_r^{1/2}}{K_Q^{1/3}} = 1.24 \frac{\sqrt[3]{C^2} \sqrt{NPSH_r}}{\sqrt[3]{K_Q}}$$

由此可知，nD 值和泵的汽蚀比转速 C、$NPSH_r$ 和 K_Q 有关。

因为 C 和 $NPSH_r$ 对既定的泵是一定的，所以 nD 值和泵汽蚀与否密切相关。对一定流量系数 K_Q 的泵，若 nD 值大到超过 C 值和 $NPSH_r$ 的规定值，则泵要发生汽蚀。

通常 $v_0 = v_m$，因叶片外缘的相对液流角较小，所以 $w_0 \approx u_0$，则由式（3.40）得

$$NPSH_r = \frac{v_m^2}{2g} + \lambda \frac{u_0^2}{2g}$$

目前，我国轴流泵模型转轮直径和转速通常为：$D = 300\text{mm}$，$n = 1450\text{r/min}$，$nD = 435$。这时外缘的 $u_0 = \dfrac{\pi D n}{60} = 22.78\text{m/s}$，设模型的流量 $Q = 0.35\text{m}^3/\text{s}$，$v_0 = 5\text{m/s}$，$\lambda =$

0.26，汽蚀比转速 $C=1000$，则泵的汽蚀余量 $NPSH_r=8.14m$。

3.6　升力法设计轴流泵叶轮

3.6.1　翼型及其特性

升力法是最早用来设计轴流泵叶轮叶片的方法。升力法设计叶片的假定是：叶轮叶片数很少，在叶轮叶片栅中的流体绕流接近于绕单个机翼的绕流，因而叶轮叶片栅中翼型的互相作用对绕流特性影响不大。

根据上述假定，可以把轴流式叶轮叶片栅中的每一个翼型看作是孤立的，并应用在风洞中进行单个翼型的试验结果来设计叶片。但是上述假定具有一定的近似性，为此在设计中，需要对流体绕流叶栅与单独机翼的差别进行修正。

两者升力系数的差别，通常按平板直列翼型试验资料进行修正：

$$p_{yl}=\frac{p_y}{L} \tag{3.44}$$

式中　p_{yl}——单独机翼翼型的升力系数；

　　　p_y——栅中翼型的升力系数；

　　　L——修正系数。

在采用升力法设计叶片的过程中，要用到一些翼型的基本概念和流体动力特性，下面就此做介绍。

1. 翼型几何参数

翼型几何参数如图 3.11 所示，骨线为翼型上、下两边中点的连线；翼弦为通过翼型后端点 D 和翼型中线与前端交点 C 的连线，l 称为弦长；厚度为在垂直弦线方向翼型上下边间的距离，用 δ 表示，相对厚度用 $\bar{\delta}=\dfrac{\delta}{l}$ 表示，δ 通常指最大厚度；拱度为翼型骨线与弦线间的距离，用 h 表示，相对拱度用 $\bar{h}=\dfrac{h}{l}$ 表示，$\bar{h}$ 通常

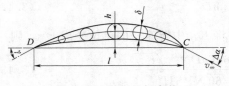

图 3.11　翼型几何参数

指最大相对拱度；冲角为无穷远来流（未受翼型扰动影响）方向与弦线间的夹角，用 $\Delta\alpha$ 表示；曲率角为翼型末端中线的切线与弦线间的夹角，用 γ 表示。

2. 翼型动力特性

当实际液体绕流单翼时，在翼型上产生作用力 R，将该力分解为两个互相垂直的力 P_y 和 P_x，如图 3.12 所示。P_y 为升力（垂直于来流方向），P_x 为阻力（平行于来流方向）。升力和阻力分别用下列公式计算：

$$P_y=C_{y1}\rho\frac{v_\infty^2}{2}F$$

$$P_x=C_{x1}\rho\frac{v_\infty^2}{2}F$$

式中　v_∞——无穷远来流速度（未受翼型扰动影响的速度）；

ρ——绕流翼型液体的密度；

F——机翼的最大投影面积（弦长与机翼宽度的乘积）；

C_{y1}——单翼的升力系数；

C_{x1}——单翼的阻力系数。

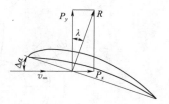

C_{y1}、C_{x1} 的大小和翼型几何参数、来流冲角及雷诺数有关。对每一种翼型，这些系数值可通过风洞试验确定，并将试验结果画成 C_{y1}、C_{x1} 与冲角的关系曲线，称之为翼型的动力特性曲线，每种翼型都带有本身的动力特性曲线。

有时将曲线 $C_{y1} = f(\Delta\alpha)$ 和 $C_{x1} = f(\Delta\alpha)$ 综合为一条线，这条曲线的纵坐标为升力系数 C_{y1}，横坐标为阻力系数 C_{x1}，称为翼型的极线图，每种翼型也都有本身的极线图。升

图 3.12　绕流液体对翼型
的作用力

力系数 C_{y1} 和阻力系数 C_{x1} 比值最大的区域称为最高质量区，设计时所选的冲角，最好位于最高质量区，以提高效率。合力与升力之间的夹角 λ（图 3.12）称为升力角或滑翔角，此角越小升力越大，阻力越小，翼型质量越高。

3.6.2 升力法设计轴流泵叶片的基本理论及步骤

3.6.2.1 基本理论

要保证能量转换，泵的性能参数 Q、H、n 应与叶片的几何参数之间有确定的关系。由于翼型的相互影响以及绕流单独翼型的特征不完全相同，绕流叶栅中翼型的升力、阻力和单翼类似，可用下列公式计算：

$$P_y = C_y \rho \, \frac{w_\infty^2}{2} F$$

$$P_x = C_x \rho \, \frac{w_\infty^2}{2} F$$

式中　w_∞——无穷远来流相对速度；

C_y——栅中翼型的升力系数；

C_x——栅中翼型的阻力系数；

其他符号意义同前。

叶栅受力分析如图 3.13 所示，将用 R 和 $R+\mathrm{d}R$ 圆柱面所截的流面层展开成厚度为 $\mathrm{d}R$ 的微元叶栅。在栅中翼型上作用的合力 R（液体对翼型的作用力）可分解为升力 P_y 和阻力 P_x。因为液体对翼型的作用力和翼型对液体的作用力大小相等、方向相反，因此可以用 R 来计算叶栅对液体所作的功率。

叶栅单位时间内对液体做的功应当等于流过叶栅的液体单位时间内所获得的能量。单位时间内厚 $\mathrm{d}R$ 的微元叶栅对液体所做的功为 $\mathrm{d}P = R_u u Z$，单位时间内流过微元叶栅的液体所获得的能量为 $\mathrm{d}P = \rho g H_t \mathrm{d}Q$。将两式合并，整理得

$$H_t = \frac{R_u u Z}{\rho g \, \mathrm{d}Q} \tag{3.45}$$

由图 3.13 可知，R_u 是合力 R 的圆周分量，即

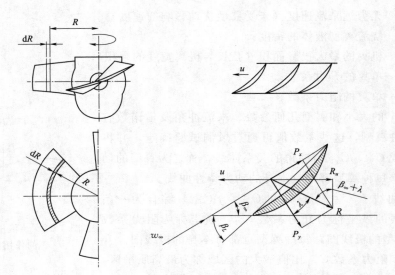

图 3.13　叶栅受力分析

$$R_u = R\cos(90° - \beta - \lambda) = R\sin(\beta_\infty + \lambda) \quad R = \frac{P_y}{\cos\lambda}$$

升力 P_y 对于微元叶栅可以写成

$$P_y = C_y \rho \frac{w_\infty^2}{2} l\, dR \quad F = l\, dR$$

由基本方程式

$$H_t \frac{u(v_{u2} - v_{u1})}{g} = \frac{u}{g}\Delta v_u \tag{3.46}$$

式中　H_t——理论扬程。

流过微元叶栅的流量 dQ 可以写成

$$dQ = 2\pi R\, dR v_m = v_m Z t\, dR \quad t = \frac{2\pi R}{Z}$$

将 R_u 和 dQ 表达式代入式（3.45）得

$$H_t = C_y \left(\frac{l}{t}\right)\left(\frac{u}{v_m}\right)\left(\frac{w_\infty^2}{2g}\right)\frac{\sin(\beta_\infty + \lambda)}{\cos\lambda}$$

或
$$C_y \left(\frac{l}{t}\right) = \frac{2gH_t}{w_\infty^2}\left(\frac{v_m}{u}\right)\frac{\cos\lambda}{\sin(\beta_\infty + \lambda)}$$

因 $v_m = w_\infty \sin\beta_\infty$，将式（3.46）代入上式可得

$$C_y \left(\frac{l}{t}\right) = \frac{2\Delta v_u}{w_\infty}\frac{\sin\beta_\infty \cos\lambda}{\sin(\beta_\infty + \lambda)} \text{或} C_y \left(\frac{l}{t}\right) = \frac{2\Delta v_u}{w_\infty}\frac{1}{1 + \frac{\tan\lambda}{\tan\beta_\infty}} \tag{3.47}$$

式（3.47）就称为升力法设计叶片的基本方程，它是根据能量转换关系而推得的。方程式表示叶栅特性 C_y、l/t、λ 等和液体运动参数 β_∞、w_∞、Δv_u 之间的关系。因为泵的性能

参数 Q、H、n 是泵内运动参数的外部表现形式，所以基本方程式的实质是泵性能参数和叶栅几何参数之间的关系式。

设计轴流泵叶轮叶片，必须满足此基本方程方能保证能量转换，但是可以用不同叶栅的参数组合来实现规定的性能，其组合的好坏直接影响叶片的效率和抗汽蚀性能。

3.6.2.2 设计步骤

升力法设计叶片的一般步骤如下：

（1）选择 l/t 代入基本方程算出 C_y，将其修正为单翼升力系数 C_{y1}（也可近似认为相等，而不修正）。

（2）选择翼型，再根据所选翼型的特性按算得的升力系数 C_{y1} 确定冲角 $\Delta\alpha$，叶片安放角为 $\beta_l=\beta_\infty+\Delta\alpha$。或者与上述相反，给定冲角 $\Delta\alpha$，按翼型特性确定 C_{y1}，并修正到 C_y（可不修正），代入基本方程计算 l/t。

两种方法都可以使用，最终只要满足基本方程式即可。

3.6.3 翼型族和翼型组

翼型可按族来排列，并可进一步细分为组。翼型族由一个基本翼型和由基本翼型的一个或几个参数变化而成的一系列翼型组成。翼型组的各个翼型形状相同，只是其相对厚度值各不相同。

著名的 NACA 翼型族对称翼型的综合性能发表于美国国家航空咨询委员会（National Advisory Committee for Aeronautics，NACA）报告第 460 号，综合性能曲线如图 3.14 所示。图 3.14（a）表示 l_s/l（l_s 为翼型最大厚度位置到翼型前端的距离）的值不同时 α_0 与 f/l 的关系，图 3.14（b）表示 $\partial C_l/\partial\alpha_n$ 与 $\tau_{\max}/l$ 的关系。α_0 为零升力时的冲角，α_n 为有限翼展机翼的冲角。$\tau_{\max}/l$ 的值不宜超过 0.18，否则会有发生汽蚀的可能。

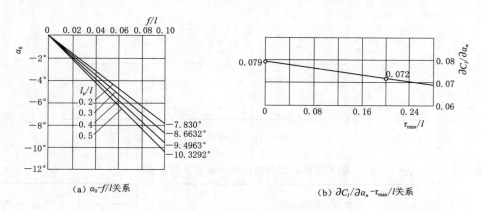

(a) α_0-f/l关系   (b) $\partial C_l/\partial\alpha_n$-$\tau_{\max}/l$关系

图 3.14 综合性能曲线

3.6.4 升力法设计叶片存在的问题

升力法设计轴流泵叶片是半经验、半理论的设计方法，现在看来存在如下一些问题：

（1）轴流泵叶轮叶片是一组叶栅，栅中翼型特性和单独机翼特性的差别，只能凭经验修正，存在误差。

（2）单个机翼特性是在风洞试验中测得的，空气流动和水流有很大的差别。

（3）航空动力翼型，为满足来流的变化，进口部位圆滑肥厚，不适宜用于来流方向变化不大的轴流泵叶片。

（4）按升力法计算的冲角，轮毂侧很大，越到轮缘侧越小，加大了叶片的扭曲，影响泵的效率。

综上所述，轴流泵叶片不宜按升力法进行设计。

3.7　圆弧法设计轴流泵叶轮

圆弧法就是用无限薄的圆弧翼型叶栅代替叶轮的叶片叶栅。借助绕流圆弧翼型叶栅积分方程的解来设计轴流泵叶片。也就是用积分方程对一系列不同几何参数（叶栅的过流能力 t/l、叶栅安放角 β_s 和圆弧弯曲角 κ）的叶栅进行计算，求得栅前、栅后的流动情况（几何平均相对速度 w_∞ 和绕单个翼型的环量 Γ），而后作出栅前、栅后流动情况和几何参数的关系图表。设计时，根据给定的性能参数算出流动参数，从图表中查出几何参数。但是计算栅前、栅后的流动，必须已知叶栅的几何参数，而后者正是设计所要求的。因此，这种方法需要用逐次逼近的方法进行。

3.7.1　圆弧叶栅参数及轴流泵叶轮设计所需要的数据图表

圆弧叶栅可单独地用下述三个参数确定，即 t/l、β_s 和 κ，如图 3.15 所示。图 3.16 所示为根据一系列圆弧叶栅的试验研究得到的量纲一的叶片系数 $\xi_P = \dfrac{\Gamma_P}{\kappa l w_\infty}$ 与 t/l 和 β_s 的关系。图 3.17 所示为 $t/l = 0.75 \sim 3$ 情况下冲角 α 与叶片弯曲角 κ 的关系。

轴流泵叶轮的圆弧法设计步骤及所需要的计算公式列于表 3.2 中，设计示例参见 3.7.2 节。

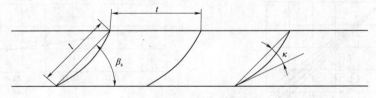

图 3.15　圆弧叶栅

表 3.2　　　　　　　　　　　轴流泵叶轮翼型流线设计步骤及计算公式

步骤序号	参数及计算公式	单位	流线		
			A_1A_2	B_1B_2	C_1C_2
1	r	mm	40	60	75
2	$u = 2n\pi r/60$	m/s	14.15	18.22	22.78
3	v_{u1}（取定）	m/s	0	0	0
4	$v_{u2} = \Delta v_u = \Gamma_z'/(2\pi r)$	m/s	6.28	4.19	3.35
5	$w_{u\infty} = u - \dfrac{\Delta v_u}{2}$	m/s	9.01	16.13	21.10

步骤序号	参数及计算公式	单位	流线		
			A_1A_2	B_1B_2	C_1C_2
6	$w_\infty = \sqrt{v_m^2 + w_{u\infty}^2}$	m/s	10.20	16.82	21.64
7	$\tan\beta_\infty = \dfrac{v_m}{w_{u\infty}}$		0.530	0.296	0.226
8	β_∞		27°56′	16°30′	12°45′
9	一级近似值 $\beta_1 = \beta_\infty$		27°56′	16°30′	12°45′
	β_1		21°28′	14°41′	11°51′
	β_2		39°8′	18°48′	13°49′
10	$\Delta\beta = \beta_2 - \beta_1$		17°41′	4°6′	1°58′
11	叶栅扩大系数		大	小	小
12	节距 $t = 2\pi r / Z$	mm	62.8	94.2	117.8
13	叶栅稠密度 $s = l/t$		1.01	0.82	/
14	轮缘叶栅稠密度（图 3.7）				0.71
15	弦长 $l = st$	mm	63.46	77.28	83.64
16	叶栅过流能力 $t/l = 1/s$		0.99	1.22	1.41
17	叶片系数 ζ_P（图 3.16）		1.83	2.08	2.05
18	$\kappa = \dfrac{\Gamma'_P}{\zeta_P w_\infty l}$	rad	0.333	0.146	0.106
			19°6′	8°22′	6°6′
19	冲角 α（图 3.17）		1.7°	0.2°	0°
20	要求的升力系数 C_l		1.066	0.467	0.340
21	最大叶片厚度 τ_{max}	mm	8	6	4
22	τ_{max}/l		0.126	0.078	0.048
23	$\dfrac{f}{l} = \dfrac{1}{2}\tan\dfrac{\kappa}{2} - \dfrac{1}{20}\sin\dfrac{\kappa}{5}$	%	7.58	3.29	2.40
24	冲角 α_0（图 3.14）（$l_s/l = 0.5$）		−7.83°	−3.40°	−2.47°
25	$\partial C_l / \partial \alpha_n$（图 3.14）		0.075	0.076	0.077
26	假定 $\alpha_n = 0$ 时可达到的升力系数 $C_l = \dfrac{\partial C_l}{\partial \alpha_n}(\alpha_n - \alpha_0)$		−0.584（太小）	−0.259（太小）	0.191（太小）
27	取定 $(\alpha_n)_{\Lambda=\infty}$		5°	2°	1°
28	诱导冲角 $\alpha_i = 3.04 C_l$（第20步）		3°15′	1°25′	1°2′
29	翼型冲角 $\alpha_n = (\alpha_n)_{\Lambda=\infty} + \alpha_i$		8°15′	3°25′	2°2′
30	可达到的升力系数 $C_l = \dfrac{\partial C_l}{\partial \alpha_n}(\alpha_n - \alpha_0)$		1.20	0.52	0.35
31	叶栅冲角 $\alpha_{np} = \alpha_n - \alpha_i + \alpha$		6°42′	2°12′	1°
32	储备角 $= 0.2\Delta\beta$（第10步）		3°32′	49′	24′
33	叶弦在叶栅中的倾角 $\beta_s = \beta_\infty + \alpha_{np} + 0.2\Delta\beta$		38°10′	19°31′	14°9′
34	叶弦投影 $l' = l\cos\beta_s$	mm	49.89	72.84	81.11

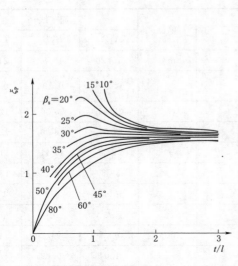

图 3.16　辅助曲线 $\xi_P = f(t/l, \beta_s)$

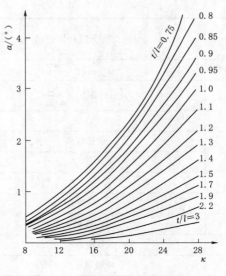

图 3.17　辅助曲线 $\alpha = f(t/l, \kappa)$

3.7.2　圆弧法设计轴流泵叶轮示例

轴流泵的设计参数为：$Q = 200\text{m}^3/\text{h}$，$H = 6\text{m}$，$n = 2900\text{r/min}$。

1. 初步计算

比转速 $n_s = \dfrac{3.65 \times 2900 \times \sqrt{200/3600}}{6^{0.75}} = 650.8$，假设容积效率 $\eta_v = 0.92$，得到叶轮理论流量为

$$Q_t = Q/\eta_v = 200/(3600 \times 0.92) = 0.06039(\text{m}^3/\text{s})$$

根据 $v_m = (0.06 \sim 0.08)\sqrt[3]{Qn^2}$，取 $v_m = 0.06\sqrt[3]{Qn^2}$ 计算轴面速度，得到

$$v_m = 0.06 \times \sqrt[3]{0.06039 \times 2900^2} = 4.787(\text{m/s})$$

则自由轴面的截面积为

$$A_m = Q_t/v_m = 12615.43\text{mm}^2$$

为了计算叶轮直径 D，应从图 3.6 所示的关系曲线中读取 $\overline{d}$，根据式 $u_2 = K_{u2}\sqrt{2gH}$（$K_{u2} = n_s/584 + 0.8$）计算扬程系数 $\psi = gH/u_2^2$ 中的 u_2，即

$$K_{u2} = \frac{n_s}{584} + 0.8 = 1.914$$

$$u_2 = 1.914 \times \sqrt{2 \times 9.81 \times 6.0} = 20.771(\text{m/s})$$

因此
$$D = \frac{60u_2}{2900\pi} = 136.8(\text{mm})$$

则可计算扬程系数为

$$\psi = gH/u_2^2 = 9.81 \times 6/20.771^2 = 0.1364$$

于是，根据图 3.6 得到 $\overline{d} = 0.5029$，然后就可以精确地计算 D。

由于叶轮自由过流断面的面积为

$$A_m = \frac{\pi}{4} \left[D^2 - (0.5029D)^2 \right] = 0.5868D^2 = 12615.43 (\text{mm}^2)$$

由此得到

$$D = 146.53 \text{mm}$$

修正并取 $D = 150 \text{mm}$，为了降低叶片扭曲并避免叶片表面脱流，取略大的 $\bar{d}$ 值，即取 $\bar{d} = 0.53$，因此 $d_h = 80 \text{mm}$。则 $A_m = 12645 \text{mm}^2$，$v_{m2} = 4.776 \text{m/s}$，$\psi = 0.113$。计算得到的轮毂处 $\Delta \beta_h = \beta_{2h} - \beta_{1h} = 17°41'$（参见表 3.2 第 10 步），叶片角变化仍然过大，不过由于 $\Delta \beta$ 值从轮毂向轮缘迅速下降，因此可以认为这里的值选取已经合理。另外，各流线处叶栅稠密度 s 的选取应尽量保证叶片进口边以及出口边大致位于径向位置（参见表 3.2 第 13 步）。

假设泵总效率 $\eta = 0.72$，则水力效率为

$$\eta_h = \sqrt{\eta} - 0.02 = 0.83$$

则理论扬程为

$$H_t = H / \eta_h = 7.07 (\text{m})$$

根据叶片数和比转速的关系（表 3.3）和叶片数及对应的最高扬程（表 3.4），暂取叶片数 $Z = 4$ 个。角速度 $\omega = 2n\pi/60 = 303.7 \text{rad/s}$。则根据泵基本方程式 $H_t = \dfrac{u_2(v_{u2} - v_{u1})}{g}$ $= \dfrac{\omega r \Delta v_u}{g} = \dfrac{\omega}{g} \dfrac{\Gamma_z}{2\pi}$ 可得到围绕所有叶片的环量为

$$\Gamma_z = \frac{2\pi g H_t}{\omega} = \frac{2\pi \times 9.81 \times 7.07}{303.7} = 1.435 (\text{m}^2/\text{s})$$

考虑水的黏度，环量为 $\Gamma_z' = 1.1\Gamma_z = 1.578 \text{m}^2/\text{s}$。则围绕一个叶片的环量为 $\Gamma_P' = 0.3946 \text{m}^2/\text{s}$。

表 3.3   **叶片数 Z 和比转速 n_s 的关系**

n_s	385	600	800	1000
Z/个	6	5	4	3

表 3.4   **叶片数 Z 及对应的最高扬程 H_{max}**

Z/个	2	2	4	5	6
H_{max}/m	3	6	10	15	22

2. 各性能的进一步计算

将叶轮过流断面分成两个面积相等的圆环，轮毂处为流线 A_1A_2，分割处为流线 B_1B_2，轮缘处为流线 C_1C_2。各性能的进一步计算见表 3.2。

NACA 翼型的标志由三组数字组成，第一组代表中弧线的拱度 h/l（%），第二组代表最大厚度 δ_{max} 到翼型进口端的距离（%），第三组代表 δ_{max}/l（%）。本例中采用 791 翼型加厚叶片，从轮毂到轮缘的三个 NACA 翼型分别为 7.58/50/12.6、3.29/50/7.8 和 2.40/50/4.8。叶片轴位于距离进口 $0.45l$ 处。水力模型如图 3.18 所示（图中省略了部分数据标注）。

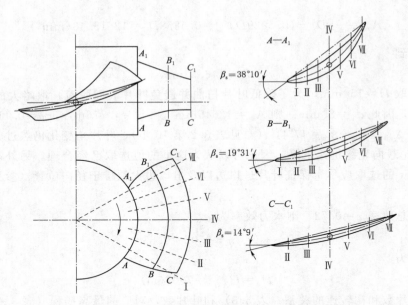

图 3.18   圆弧法设计轴流泵水力模型

3.8   环量修正和流线法设计轴流泵叶轮

3.8.1   两种漩涡模式

目前有两种设计轴流泵叶片的理论：叶片出口流动为自由漩涡模式，$v_u R =$ 常数；叶片出口流动为强制漩涡模式，$\dfrac{v_u}{R} =$ 常数。这两种方法都存在一定的问题。

1. 自由漩涡

按自由漩涡算得的相对液流角，轮缘侧小，越到轮毂侧越大，叶片的扭曲角 $\Delta\beta = \beta_h = \beta_0$ 很大，影响泵的效率，尤其在非设计工况下，泵的效率下降比较快，泵的高效范围窄。

2. 强制漩涡

按强制漩涡理论，叶片外缘的 v_u 大，轮毂侧的 v_u 小，并造成泵出口轴面速度 v_m 也是外缘侧大，轮毂侧小。这种不均匀分布的轴面速度，使泵很难得到好的性能。

鉴于两种漩涡模式均有缺点，基于对优秀模型几何参数的统计分析计算，提出了一种线性修正环量的分布规律，用流线法设计轴流泵叶片。

3.8.2   线性修正的环量分布规律的理论分析

（1）叶片外缘与转轮室、内缘与轮毂的间隙影响。叶片轮毂随叶片一起旋转，有带动液体一起旋转的作用，增加了轮毂侧液体的旋转分量，设计时有必要减小此区域的 v_u 值。

轮缘外壁是固定的，外缘间隙有减小液体旋转的作用。另外，经外缘间隙向进口的回流以及工作面向背面的回流，减小了叶片工作面和背面的压差，降低了出口扬程，由此，在设计叶片时需增加叶片轮缘侧出口的环量。

（2）通常外缘侧翼型薄、平直、拱度小，而且按通常的设计方法，此处冲角很小，有时是负冲角，可见其做功的本领不强，这种情况和外缘翼型所处的位置很不相适应。反之，轮毂侧翼型很厚、拱度大，按常规设计方法，又加很大的冲角，使得叶片的扭曲度非常大，在设计工况，性能尚可，一旦进入非设计工况，效率下降较快，高效范围很窄。

（3）轴流泵叶轮内的水力损失，由式 $\eta_h = 1 - \dfrac{0.42}{(\lg D - 0.172)^2}$ 和速度三角形可知，在相同流速 v_m 下，增加相应的液流角 β_∞ 可减小相对速度 w_∞。β_∞ 的增加和 w_∞ 的减小，均可提高水力效率，因为泵的大部分流量要从叶片外缘侧通过，所以增加外缘的 β_∞ 可提高效率。

（4）增加外缘翼型的安放角 β_l，是否会降低叶轮的汽蚀性能，从试验结果看，这种影响不明显，这是因为：①外缘进口预旋本身要求较大的叶片进口角与其相适应；②增加叶片进口角，增加了叶片的进口过流面积，减小了进口的轴面速度 v_{m1}；③增加外缘进口角，会降低叶片进口的相对速度 w_0。由汽蚀余量公式 $NPSH_r = \dfrac{v_0^2}{2g} + \lambda \dfrac{w_0^2}{2g}$ 可知，②、③两项因素均可改善抗汽蚀性能。

综上所述，根据不同比转速模型不同出口环量分布试验结果，经优化分析后，给出一种从轮缘到轮毂线性修正环量分布的规律。

这种环量分布以自由漩涡形式为基础，提高轮缘侧环量，减小轮毂侧环量，修正系数按线性变化，（图 3.19），可用下式表示：
$$v_{u2} = \xi \, v'_{u2}$$
式中　v'_{u2}——按 $v'_{u2} R = \text{const}$ 计算的旋转分速度；

　　　v_{u2}——修正后的旋转分速度；

　　　ξ——v'_{u2} 修正系数，$\xi = 0.9 \sim 1.1$。

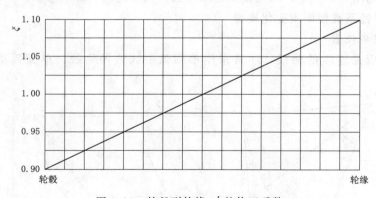

图 3.19　轮毂到轮缘 v'_{u2} 的修正系数

3.8.3　轴流泵叶片进口冲角

3.8.3.1　叶片进口的预旋

由试验测量可知，轴流泵叶片进口预旋十分明显。曾做过这样的试验：泵进口测压点靠近叶轮与离开一段距离相比，因靠近叶轮时测得的进口压力高，使泵扬程变小，泵效率下降了 3%。叶片进口的预旋是由叶片本身造成的，是叶片的作用使进口的液体沿旋转方

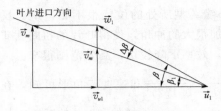

图 3.20　外缘处进口速度三角形

向旋转，其旋转的程度随半径的增大而增加，也就是说外缘部分有较大的旋转分量，它对泵进口的流动状态有影响。外缘处进口速度三角形如图 3.20 所示，有了 v_{u1} 之后，液体仍沿阻力最小的方向（叶片进口方向）进入，则 v_m 将减小到 v'_m。为了保持原 $v_m(Q)$ 和预旋 v_{u1} 不变，应使叶片角从 β_1 增加到 β，即增加冲角为 $\Delta\beta$。

叶片角等于液流角加上冲角，即 $\beta = \beta_1 + \Delta\beta$，泵的最终工作情况是由叶片角决定的，因而冲角的确定是非常重要的。

传统的设计方法中，按升力方法计算的冲角，从外缘到轮毂逐渐加大，轮毂处的冲角可达到 10°左右，使叶片过度扭曲，工作情况不好。按圆弧法计算冲角，也是从轮缘到轮毂增加，最大有 3°～4°，轮缘侧多是 0°冲角。

同一个参数，两种设计方法之间的差距如此之大，对这两种方法的准确性，应当提出质疑。轴流泵、混流泵和离心泵，虽然叶片形式有差别，但都属于叶片式泵。流线法已经设计出许多优良的离心泵和混流泵，应当说也可以用流线法的思路设计轴流泵，因此，提出用流线法设计轴流泵叶轮叶片。

3.8.3.2　冲角的选择原则

（1）改变自由漩涡和强制漩涡设计轴流泵叶片的不当之处，适当减小轮毂侧的叶片角，增加轮缘侧的叶片角。

（2）轮缘侧间隙的影响造成轮缘侧液流旋转不足（v_u 下降），因而增加轮缘侧的叶片角，加以补偿。

建议冲角选用为 0°～3°，从轮毂到轮缘增加，比转速大者取小值。

3.8.4　型线半径及翼型厚度变化规律

3.8.4.1　型线半径 R

叶片型线应是连续的曲线，通常采用单圆弧型线或抛物线。单圆弧型线如图 3.21 所示。

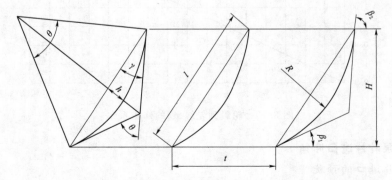

图 3.21　单圆弧型线

β_1、β_2—型线进、出口角；γ—型线曲率角；θ—型线中心角；
h—型线拱度；H—型线高度；R—型线半径

对于圆弧叶片，可知其各角度关系如下：

$$\beta_l = \beta_1 + \gamma \quad \beta_l = \beta_2 - \gamma \quad \gamma = \frac{\theta}{2} \quad \beta_l = \frac{\beta_1 + \beta_2}{2} \quad \beta_2 - \beta_1 = \theta$$

型线的高度为

$$H = l\sin\beta_l = l\sin\left(\frac{\beta_1 + \beta_2}{2}\right)$$

型线的拱度为

$$h = R - (R - h) = \frac{1}{2\sin\gamma} - \frac{l}{2\tan\gamma} = \frac{1}{2}\left(\frac{1 - \cos\gamma}{\sin\gamma}\right)$$

型线的半径为

$$R = \frac{l}{2\sin\dfrac{\theta}{2}} = \frac{l}{2\sin\left(\dfrac{\beta_2 - \beta_1}{2}\right)} = \frac{H}{\cos\beta_1 - \cos\beta_2} \tag{3.48}$$

由图 3.21 可知：

$$R^2 = \left(\frac{l}{2}\right)^2 + (R - h)^2 \quad R = \frac{1}{8}\left(\frac{l^2}{h}\right) + \frac{h}{2}$$

型线也可以在保证进、出口角的情况下，按任意光滑曲线画出。

3.8.4.2 翼型厚度变化规律

可以选择任何一种翼型厚度变化规律进行加厚，现以 791 翼型厚度变化规律为例进行介绍。研制 791 翼型时采用的厚度变化规律如图 3.22 和表 3.5 所示。加厚时，以型线为工作面向背面加厚。

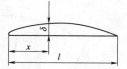

图 3.22 791 翼型的厚度变化规律示意图

表 3.5   791 翼型的厚度变化规律

x/l	0	0.05	0.075	0.1	0.2	0.3	0.4	0.5	0.6	0.7	0.8	0.9	0.95	1.0
δ/δ_{max}	0	0.296	0.405	0.489	0.778	0.92	0.978	1.0	0.883	0.756	0.544	0.356	0.2	0

3.9　轴流泵叶片绘型说明

（1）画翼型展开图按计算得到的各截面翼型安放角 β_l 作出弦线 l，按计算的型线半径画出翼型展开图（图 3.23）。

（2）翼型转动中心位置的确定方法如下：

1）先画外缘翼型型线。

2）在离进口为弦长的 $40\% \sim 50\%$ 处，画一条竖直线，表示叶片转动中心线在平面图

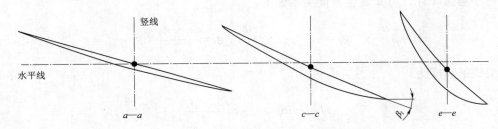

图 3.23　翼型转到中心位置展开图

上的投影线。

3）过型线（工作面）与竖直线交点（包括稍上或稍下）作水平线，此水平线表示轴面图上叶片的转动中心线。

其他翼型的画法与外缘相同（图 3.23），只是水平轴线与外缘翼型水平轴线相比，离型线和竖直线交点的距离按一定规律增加，使得叶片表面从外缘向轮毂侧倾斜，以减小径向流动。

（3）作叶片的平面投影图、轴面投影图。如图 3.24 所示，在平面图中作出轮毂、轮

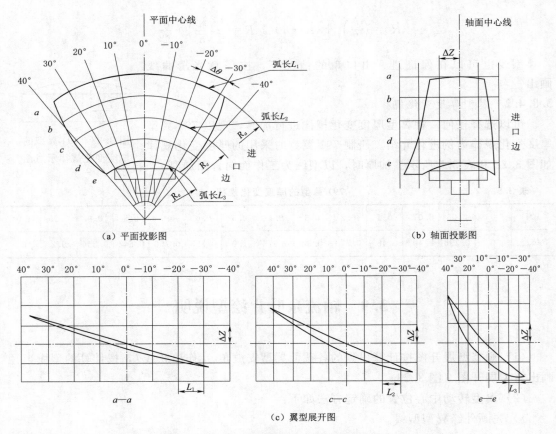

图 3.24　叶片平面投影图和轴面投影图的绘制

106

缘和各截面的弧线，并作出间隔角 $\Delta\theta$ 的射线，$\Delta\theta$ 通常取 $5°$ 或 $10°$。$\Delta\theta$ 角间对应的各截面弧长 $L = \dfrac{2\pi R}{360°}\Delta\theta$，在翼型展开图中沿竖线（平面轴心线）两侧画出若干条竖线，竖线间的距离等于弧长 L。在翼型展开图中沿水平线（轴面轴心线）上下作出若干条间距相等的横线，假设间距为 ΔZ。在轴面投影图的轴心线（竖线）两侧画出间距等于 ΔZ 的若干条竖线。

（4）在平面图和轴面图中画出进、出口边。将各截面翼型展开图中的进、出口端点，按所在的角度，点到平面图各截面相应角度的位置上各点连线为进、出口边，此线应光滑。将翼型展开图中各翼型进、出口端点离水平线（轴面轴心线）的距离，投影到轴面投影图相应的截面上，所得点的连线为进、出口边的轴面投影线，此线应光滑。如果平面投影图和轴面投影图中进、出口边不光滑，则应当调整翼型的弦长 l 或转动中心的位置等加以调整。

（5）检查叶片表面的光滑性。

1）水平截面。在翼型展开图〔图3.25（c）〕中各翼型的水平截面1、2、3、…分别和各自的工作面（背面）相交，将同一编号水平截面和各翼型工作面（背面）的交点，按所在的角度，投影到平面图相应的截面（弧线）的相应位置，连接各点，得到工作面（背面）所对应角度的截线，如图3.25（a）中的1—1、2—2、3—3截线。

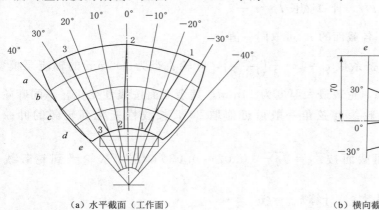

（a）水平截面（工作面）

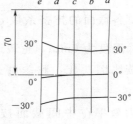

（b）横向截面（工作面）

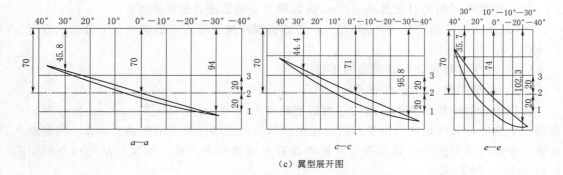

（c）翼型展开图

图 3.25　叶片水平截面和轴向截面的检查

2）轴向截面。展开图［图 3.25（c）］中各翼型的轴向截面（竖线）如 $-10°$、$0°$、$10°$、…分别和各自工作面（背面）相交，将同角度截面（如 $10°$）和各翼型工作面（背面）的交点所在的轴向位置，按假设的同一基准投影到轴面图相应截面上，所得各点连线为轴面截线，此线应光滑，如图 3.25（b）中的 $30°$、$0°$、$-30°$ 截线。

（6）旋转方向的判断。画叶片平面图，一般叶片在上方，叶片轴在下方。进口边在右侧，出口边在左侧，叶片左方出口边高，右方进口边低，从上面（出口）看到的是叶片工作面（凹面）。因为叶片对水流施加推动作用，所以叶片应当顺时针方向旋转，即此叶轮从出口方向看以顺时针方向旋转，从进口方向看以逆时针方向旋转。如果与上述相反布置，则叶轮从出口方向看为逆时针方向旋转。

3.10　轴流泵叶轮水力设计步骤

（1）按给定的设计参数确定转速（有时给定）和确定叶轮直径。

（2）分流面（一般分 5 个），流面间距一般相等，考虑到以后三维实体建模的准确性，轮毂、轮缘可作为 2 个流面。

（3）选择叶栅稠密度 l/t，计算弦长 $l_i = t\dfrac{l}{t}$。

（4）确定容积效率 η_v，各截面的 η_v 可取同一值。

（5）估算各截面的排挤系数 $\varphi = 1 - \dfrac{2}{3}\left(\dfrac{\delta_{max}}{t\sin\beta}\right)$，叶轮直径为 300mm 的轴流泵模型，叶片轮缘最大厚度为 6mm，轮毂最大厚度为 14mm，其余截面按线性变化。不同叶轮直径泵的厚度按比例变化，轮缘叶弦角一般可近似取 $20°$，按线性变化到轮毂的叶弦角取 $40°$。

（6）水力效率在中间截面按 $\eta_h = \sqrt{\eta} - (0.02 \sim 0.03)$ 确定，从轮缘到轮毂线性变化。

（7）选定 v_{u2}' 的修正系数 ξ，计算 $v_{u2} = \xi v_{u2}'$。

（8）计算各截面进口液流角 β_1'，选择冲角 $\Delta\beta_1$，确定叶片进口角 $\beta_1 = \beta_1' + \Delta\beta_1$。

（9）计算各截面出口液流角 β_2'，v_{m2}' 认为等于各截面进口轴面速度。

（10）确定叶片出口角 $\beta_2 = \beta_2' + \Delta\beta_2$，考虑有限叶片数等因素影响，$\Delta\beta_2$ 的选用范围为 $0° \sim 3°$。

（11）确定叶弦角 β_l，计算型线半径 R。

（12）绘型图例，如图 3.26 所示。

根据设计的叶轮木模图，通过三维造型软件 UG、Catia、Pro/Engineer、SolidWorks 等可以生成叶片及叶轮的三维模型图，提供给后续的流场分析及结构强度计算。同时制造企业也根据木模图生产叶轮及进行叶轮维修后的质量检查。其三维模型及实物分别如图 3.27 和图 3.28 所示。

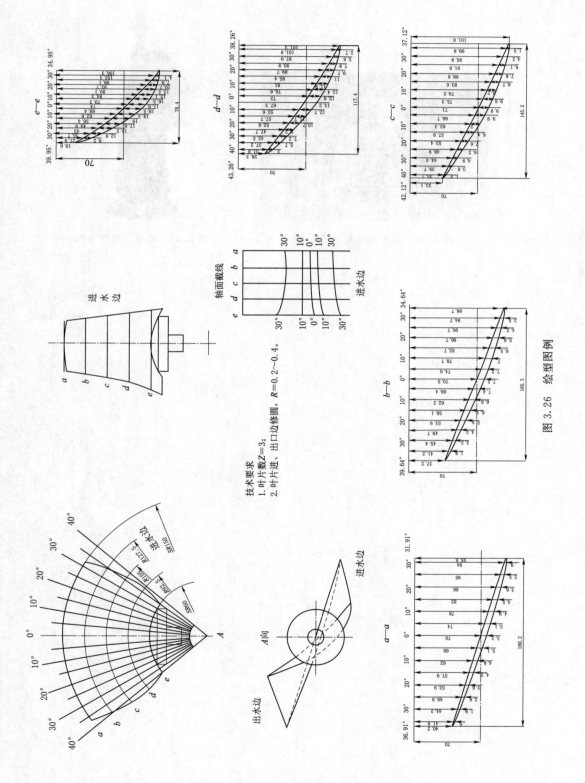

图 3.26 绘型图例

109

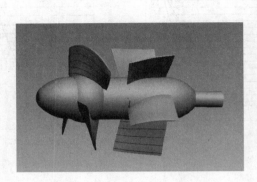

图 3.27　轴流泵叶轮三维模型

图 3.28　轴流泵叶轮实物

第4章 混流式水轮机转轮的水力设计

4.1 混流式水轮机转轮设计理论

4.1.1 混流式水轮机转轮的水力设计方法

混流式水轮机转轮位于流道从径向转为轴向的拐弯处，转轮中的实际液流运动很复杂，转轮中的流面为空间曲面，形如喇叭。为了能应用数学及现代流体力学的方法研究水流的运动，通常需对真实流体的实际流动进行简化并做出一些假设，以近似于实际的较简单而又有一定规律的流动来代替转轮中的实际流动。

根据对液流流动情况不同的假设和简化，混流式水轮机转轮的水力设计一般有三种方法，即一元理论、二元理论和三元理论设计方法，在这三种方法中都假设液流为理想流体。

传统的一元理论和二元理论的设计方法，除了假设水流为无黏性的理想流体外，还假设转轮是由无限多无限薄的叶片组成。这是因为实际中混流式转轮的叶片均有十几片之多、流道比较狭长，在圆周方向上从叶片的正面到相邻叶片的背面，水流参数（速度、压强）变化不是很大，因此可以做出叶片是无穷多的假设（轴流式水轮机中叶片数较少，叶栅的稠密度小，则不能做出叶片是无穷多的假设）。这时转轮内液流可看作是轴对称的，可用任意轴面的流动表示转轮中的液流运动。这样的假设就使混流式转轮内的复杂流动简化多了，贯穿转轮进出口的任何一根空间流线绕转轮轴面旋转得到的花篮形回转面上的参数都是轴对称的。叶片无穷多无限薄，流动空间既充满叶片，也充满液流，故而任何一根流线，必然也是叶片上的流线，许多这样的流线按一定的规律所组成的空间流面就是叶片表面。

但是，从另一方面观察，叶片数无穷多，参数轴对称，就会得出叶片正面和背面参数沿圆周方向都相同，即不产生旋转力矩，转轮发不出功率来，这似乎是一个矛盾的假设。正确的理解应该是，在圆周方向，叶片正、背面压差是无限小的，但由于叶片数目无限多，两者的乘积就可以是有限值了。当然，一元理论和二元理论是无法计算叶片正面和背面各自的参数的，这也是无限多叶片数假设的缺点。

下面简要介绍三种设计方法。

1. 一元理论设计方法

沿转轮过水断面上的轴面流速均匀分布，即水流在转轮中的轴面速度只需一个能表明质点所在过水断面位置的坐标即可确定。如图 4.1（a）所示，为确定轴面水流中 A 点的速度，只需确定包含 A 点的过水断面 BC 的位置 l_m 即可。低比转速混流式水轮机转轮轴面流道拐弯的曲率半径较大，且转轮叶片大部分位于拐弯前的径向流道内，流道的拐弯对

轴面速度 v_m 的影响较小，沿过水断面 v_m 的分布比较均匀，所以一元理论多用于设计低比转速混流式水轮机转轮。

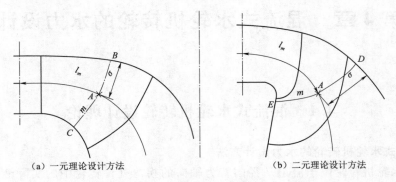

（a）一元理论设计方法　　　　　（b）二元理论设计方法

图 4.1　转轮内某质点 A 的轴面速度示意图

2．二元理论设计方法

假定转轮区域的轴面流动为有势流动，即沿过水断面轴面流速并不是均匀分布而是符合势流运动规律。和一元理论一样仍假设转轮叶片无限多、无限薄，转轮内流动轴对称，但转轮中任一点的轴面流速和该点在断面上的位置有关，即该点的流速要由确定这一点在轴面位置的两个坐标决定。在图 4.1（b）中，这两个坐标为过水断面的位置 l_m 和过水断面母线上 A 点距上冠的长度 σ，即 $v_m = f(l_m, \sigma)$。这种方法通常称为 $\omega_u = 0$ 的二元理论设计方法。中高比转速混流式水轮机转轮轴面流道拐弯的曲率半径较小，叶片大部分或全部位于流道的拐弯区，水流拐弯对轴面速度的影响比较大，即沿过水断面轴面速度自上冠向下环增大，这与二元理论中假定轴面有势流动的分布规律比较接近，故 $\omega_u = 0$ 的二元理论设计方法多用于设计中、高比转速的混流式水轮机转轮。这种方法在理论上比一元理论设计方法严格，设计出的转轮实际效果也较好，因而得到比较广泛的应用。

3．三元理论设计方法

传统的三元理论设计方法是从研究有限叶片数的转轮叶栅出发的，此时水流不是轴对称流动的，不同轴面上的流动各不相同。因此，转轮各点的轴面速度由该点的三个坐标来决定。三元理论的设计方法在理论上更加接近设计工况附近转轮内部流动状况，但由于不考虑流体黏性，越偏离设计工况，计算精度越差。近年来，随着计算机技术与数值模拟理论的发展，国内外对转轮内部流动开展了三维湍流数值模拟研究，获得了不少成果，极大地提高了转轮的设计水平。

4.1.2　轴面流线的绘制

无论是应用一元理论还是应用二元理论设计混流式水轮机转轮叶片，都需要确定计算流面。假定转轮叶片无限多和无限薄时，轴面流线绕水轮机轴线所得到的回转面可以看作是混流式水轮机转轮流道中的计算流面，转轮叶片绘型就将在这些计算流面上进行。计算流面的确定问题也就是确定轴面流线问题。转轮流道内各轴面流线是按照两个相邻流面间流量相等条件计算绘出的，根据水轮机比转速的高低和所采用的方法选取轴面流线的个数。用作图法绘制轴面流线时，通常包括转轮上冠和下环在内可取 5～9 条轴面流线。高比转速水轮机流道高度比低比转速水轮机大，轴面流线个数可取多些。一元理论和 $\omega_u = 0$ 的二元理论对轴面流速沿过水断面上的分布假定不同，轴面流线的绘制方法也不同。

1. 按轴面流速均匀分布绘制轴面流线

沿过水断面上的轴面流速均匀分布是一元理论设计方法的重要假设。在一元理论中，假定轴面水流的过水断面上 v_m 均匀分布，因此，为在转轮轴面流道内画出计算流面的位置，只需用流面的个数去等分各个过水断面的面积即可。如图 4.2 所示，在上冠 AC 和下环 BD 之间画出数条轴面流线，同时作若干条与流线垂直的母线，根据过水断面形成线和流线垂直的原则，此母线即为过水断面形成线。每一条过水断面母线均被流线分割为若干段。如果所划分的流面位置正确，则各段应符合下列要求：

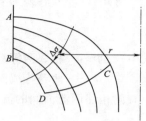

图 4.2 轴面流速均匀
分布时轴面流线的绘制

$$\Delta f = 2\pi r \Delta \sigma = \text{const} \tag{4.1}$$

即

$$r \Delta \sigma = \text{const} \tag{4.2}$$

式中　Δf——相邻两流线间过水断面面积；

　　　$\Delta \sigma$——相邻两流线间等势中线的长度；

　　　r——线段 $\Delta \sigma$ 的平均直径。

式（4.2）即为一元理论检查计算流线正确性的条件。如果该式得不到满足，就要调整流线间距离并修改形状，一直到该式满足为止。

2. 按轴面有势流动绘制轴面流线

前述二元理论设计转轮的方法中，轴面流动是有势的（$\omega_u = 0$）。这是一种常用且效果较好的方法。如轴面水流为有势流动，则流网可用互相垂直的流线 ψ 和等势线 Φ 表示。为了得到流网，只需在给定的边界条件下解出拉普拉斯方程即可。轴面有势流流网如图 4.3 所示，水流的边界条件是：①转轮流道边壁上的法向速度为 0；②轴面流道起始断面和出口断面距离流道弯段足够远处，也取在流道平直段，等势线就变成等速线，在该处轴面流速是均匀分布的。

在水轮机转轮水力计算中，轴面有势流动的流网绘制可用计算机程序进行图解分析。

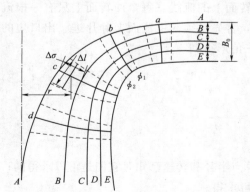

图 4.3 轴面有势流流网

轴面流网中任意两相邻流面间流量相等。检查流线的正确性可按下列原则进行：

（1）根据轴面流动有势的原则，流线应和等势线正交。根据这一特性，在作出初步计算流线（可以按照一元理论方法画出后，作为第一次近似）后，按等势线垂直于流线的性质，作出若干等势线，如图 4.3 所示的 a 线、b 线、c 线、d 线等。

由流体力学势流理论可知，势函数在任意方向的偏导数就等于速度在该方向的分量。因此轴面速度为

$$v_m = \frac{\partial \Phi}{\partial l} \tag{4.3}$$

式中　　Φ——速度势函数，$\Phi = f(r, z)$；

　　　　l——沿轴面流线的长度。

　　将式（4.3）转换为有限值时，则轴面速度为

$$v_m = \frac{\Delta \Phi}{\Delta l} \tag{4.4}$$

式中　　$\Delta \Phi$——相邻两等势线的势差，$\Delta \Phi = \Phi_2 - \Phi_1$。

　　　　Δl——两等势线间轴面流线的长度。

　　则相邻两流面间的流量为

$$\Delta Q = 2\pi r \Delta \sigma v_m \tag{4.5}$$

　　显然此处等势线与轴面水流过水断面相重合，因此过水断面母线长 $\Delta \sigma$ 也就是相邻两流线间等势线的长度（图 4.3）。把式（4.4）代入式（4.5）得通过两流线间的流量为

$$\Delta Q = 2\pi r \Delta \sigma \frac{\Delta \Phi}{\Delta l} = 2\pi \Delta \Phi \left(r \frac{\Delta \sigma}{\Delta l} \right)$$

　　由于同一组相邻两等势线的势差 $\Delta \Phi$ 为一常数 A，故

$$\Delta Q = 2\pi A \left(r \frac{\Delta \sigma}{\Delta l} \right) \tag{4.6}$$

　　（2）根据轴面计算流线绘制原则，任意两相邻流线间流量 ΔQ 要相等。因此同一组等势线和流线组成的不同小方格应满足下列条件：

$$r \frac{\Delta \sigma}{\Delta l} = \text{const} \tag{4.7}$$

　　式（4.7）即为有势流中检查流线绘制正确性的条件，如计算所得不能满足该式，则修改流线和相应的等势线，一直到误差小于规定值（约 3%～4%）为止。

4.1.3　一元理论转轮叶片设计

　　前面介绍了按轴面速度沿过水断面均匀分布绘制轴面流线的原则，划出了若干个流面，它们呈花篮形的回转面。叶片就是由这些回转面上的流线（每个回转面上只有一根流线，即叶片的骨线）所组成。在找出这些流线时，首先必须知道流面上叶片进、出口边的水流角 β_1 和 β_2，可以从叶片进、出口边的速度三角形得到

$$\tan\beta_1 = \frac{v_{1m}}{u_1 - v_{1u}} \quad \tan\beta_2 = \frac{v_{2m}}{u_2 - v_{2u}} \tag{4.8}$$

$$v_{2u} = \frac{\Gamma_2}{2\pi r_2} \quad v_{1u} = \frac{\Gamma_1}{2\pi r_1}$$

式中　　v_{1m}、v_{2m}——进出口边计算点的轴面速度；

　　　　u_1、u_2——进出口边的圆周速度，当计算点半径和转速已知时它们是可以求得的；

　　　　v_{2u}——当出口环量已知时，该值也可求得；

　　　　v_{1u}——可根据基本方程式及 Γ_2 值求得。

一般叶片骨线进口角 β_{1e} 比水流进口角 β_1 小一个冲角 α，这是为了改善非设计工况下转轮的水力性能。叶片骨线的出口角可以取水流出口角 β_2。

空间流面呈花篮状曲面，要将其上的流线（即叶片骨线）画在平面的图纸上是不可能的。这里可以利用保角变换原理来映射线段，即图解保角变换法。一般是将花篮形回转面分为许多正交的方形网格，同时与之对应地采用一个圆柱体，圆柱面上也划分同样数目的方形网格，这个圆柱面可以展开为平面的网格图，如图 4.4 所示。

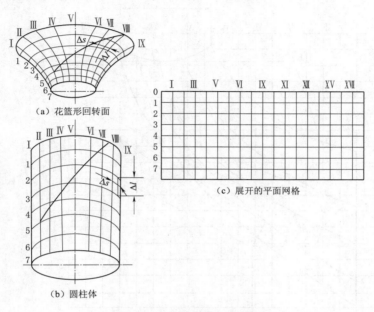

(a) 花篮形回转面

(b) 圆柱体

(c) 展开的平面网格

图 4.4 图解保角变换法

图 4.4 中大写罗马数字 I、II、…表示所分割的轴面，阿拉伯数字 1、2、…表示沿流线长度所作的微元段。这样，平面网络上任一点可以对应地映射到回转曲面的相应位置上。

由于所分的网格是正方形，沿流线各微元段将等于分割轴面角度 φ 乘以计算点所在的半径 r，就可以将所得到的回转曲面上的微元段标注到轴面上，如图 4.5 所示。

一元理论设计叶片的实质就是在平面展开图上，按进出口角画出各条骨线。图 4.6 是一个具体范例，出口边布置在同一轴面上的 b_2、c_2、d_2、e_2 各点可从图 4.5 中找出，至于进口边上的 a_1、b_1、c_1、d_1、e_1 各点，它们距基准线 0—0 的距离是已知的，但其所在轴面却是未知的。设计任务就是在保证进出口角 β_{1e} 和 β_{2e} 的前提下，还要保证各骨

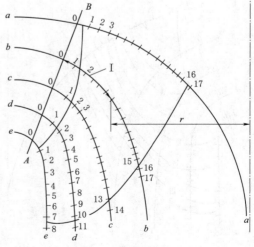

图 4.5 轴面流线微元段划分示意图

115

线是光滑平顺的曲线，这完全靠作图来保证，存在一定的任意性。当绘制完展开平面图上各骨线后，就可以根据各点的映射关系，将在同一轴面上的骨线截点画到轴面投影图上，如图 4.7 所示。绘得的各轴面截线应满足相邻两条曲线的间距有规律地变化，不应有波浪形的弯曲。因为只有这样才能保证所设计的叶片具有平滑的表面。若所得的轴面截线不满足上述要求，则应修改保角变换平面上的形状。

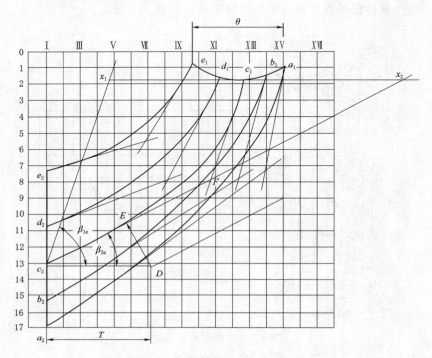

图 4.6　保角变换平面上叶片绘制

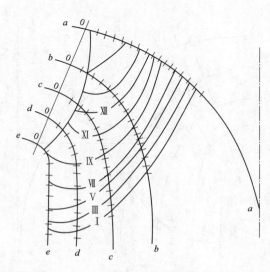

图 4.7　叶片的轴面截线

4.1.4　二元理论转轮叶片设计

根据前面所述，与一元理论不同，二元理论认为轴面流速沿过水断面不是均匀分布，轴面水流为二元流动且为有势（$\omega_u = 0$）流动，但水流还是轴对称的。基于这样的前提，根据流体力学理论，叶片对水流的作用可以用漩涡面来代替，即漩涡面所诱导出的流动和叶片在水中所形成的流场完全一样。转轮叶片可以看成是一组涡线组成的涡面，其作用等价于无厚度叶片对液流的作用，涡线必位于转轮叶片表面上。这里的涡线和流场中的流线一样均为矢量线，设漩涡运动的角速度为 $\vec{\omega}$，$\vec{\omega}$ 与涡线相切，其在空间三个坐标轴上的投影分别为 ω_z、ω_u 和 ω_r。

在圆柱坐标系中涡线方程为

$$\frac{d_z}{\omega_z} = \frac{d_r}{\omega_r} = \frac{rd_\varphi}{\omega_u} \tag{4.9}$$

由流体力学理论可知：

$$\begin{cases} \omega_z = \dfrac{1}{2r}\left(\dfrac{\partial v_u r}{\partial r} - \dfrac{\partial v_r}{\partial \varphi}\right) \\[2mm] \omega_u = \dfrac{1}{2}\left(\dfrac{\partial v_r}{\partial z} - \dfrac{\partial v_z}{\partial r}\right) \\[2mm] \omega_r = \dfrac{1}{2r}\left(\dfrac{\partial v_z}{\partial \varphi} - \dfrac{\partial v_u r}{\partial r}\right) \end{cases} \tag{4.10}$$

假定流动轴对称时 $\dfrac{\partial v_r}{\partial \varphi} = \dfrac{\partial v_z}{\partial \varphi} = 0$，则有

$$\begin{cases} \omega_z = \dfrac{1}{2r}\dfrac{\partial v_u r}{\partial r} \\[2mm] \omega_u = \dfrac{1}{2}\left(\dfrac{\partial v_r}{\partial z} - \dfrac{\partial r_z}{\partial r}\right) \\[2mm] \omega_r = \dfrac{1}{2r}\dfrac{\partial v_u r}{\partial z} \end{cases} \tag{4.11}$$

由方程式（4.9）得轴面涡线方程式为

$$\omega_r dz - \omega_r dr = 0 \tag{4.12}$$

将式（4.11）代入式（4.12）得

$$\frac{\partial v_u r}{r \partial z}dz + \frac{\partial v_u r}{v \partial z}dr = 0 \tag{4.13}$$

即 $\qquad\qquad\qquad d(v_u r) = 0 \qquad v_u r = \text{const} \tag{4.14}$

由此可得出，在轴对称有势流动中沿轴面涡线上的速度矩等于常数。

另外，假设流动有势时，漩涡向量 ω 位于 $r-z$ 平面上，即位于轴面上。由于任一点的漩涡向量切于涡线，所以涡线必位于轴面上。在 $\omega_u = 0$ 的二元理论叶片绘型中，每条涡线应分别位于不同的轴面上，每条涡线均为轴面涡线，整个叶片表面可看成是由一组轴面涡线组成，用任一轴面切割翼型所得的叶片轴面截线必为轴面涡线。所以轴面涡线就是转轮叶片的轴面截线，也是等速度矩线，即 $v_u r = \text{const}$。

由上所述，可得一重要结论：在 $\omega_u = 0$ 的二元理论中，沿叶片轴面截线上的速度矩为常数。因此，叶片上水流质点的速度矩仅是它所在轴截面坐标 φ 的函数，即

$$v_u r = f(\varphi) \tag{4.15}$$

上述特性明确后，流面上叶型骨线就可以绘制了。

现在来求流面上叶型骨线（也就是相对运动的流线）的方程式。

液流质点在转轮中的运动轨迹如图 4.8 所示。该质点相对运动的速度为 w，经过 dt 时间后，自 M_1 点运动至 M_2 点，则它在流面上的位移为 $\overline{M_1 M_2} = w dt$，则 $\overline{M_1 M_2}$ 在轴面上的投影（即质点在轴面流线上的位移）为

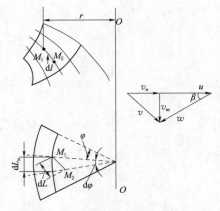

图 4.8　液流质点在转轮中的运动轨迹

$$\mathrm{d}l = w_m \mathrm{d}t = v_m \mathrm{d}t \qquad (4.16)$$

$\overline{M_1 M_2}$ 在圆周方向的投影（即质点在圆周方向的位移）为

$$\mathrm{d}L_u = w_u \mathrm{d}t = (u - v_w)\mathrm{d}t = r\mathrm{d}\varphi \qquad (4.17)$$

式中　$\mathrm{d}\varphi$——M_1 点和 M_2 点所在的轴向平面间的夹角；

$\mathrm{d}L_u$——流质点的空间位移在圆周方向的投影。

由式（4.17）可得

$$\mathrm{d}t = \frac{r\mathrm{d}\varphi}{u - v_u} \qquad (4.18)$$

将式（4.18）代入式（4.16），得

$$\mathrm{d}l = \frac{v_m r}{u - v_u}\mathrm{d}\varphi \qquad (4.19)$$

或

$$\mathrm{d}\varphi = \frac{u - v_u}{v_m r}\mathrm{d}l \qquad (4.20)$$

在上式右半部分子分母同时乘以 r，使其含函数 $v_u r$，又因 $u = \omega r$，则有

$$\mathrm{d}\varphi = \frac{\omega r^2 - v_u r}{v_m r^2}\mathrm{d}l \qquad (4.21)$$

式（4.21）建立了转轮流道内质点在轴面上的位移与角位移的关系，称为转轮中液体质点的运动微分方程。积分该式就可得到质点运动的空间轨迹，叶片形状就由它来决定，因而又称之为混流式水轮机转轮叶片的微分方程。

将式（4.21）沿流线积分得

$$\varphi = \int_0^l \frac{\omega r^2 - v_u r}{v_m r^2}\mathrm{d}l \qquad (4.22)$$

式中　φ——流线上任意点相对于进口点的角位移；

l——积分上限，任意点沿轴面流线到进口点的距离。

由式（4.22）可见，要进行积分必须知道 $v_u r$、ωr^2 和 $v_m r^2$ 沿轴面流线的变化规律。ωr^2 及 $v_m r^2$ 沿轴面流线的变化规律在计算流面确定后即已给定。因轴面流线任一点的轴面速度 v_m 及角速度 ω 均为已知，因此任一点的 $v_m r^2$ 及 ωr^2 和轴面流线的关系即可得到。叶片进出口速度矩 $v_u r$ 的值必须满足水轮机基本方程式，即

$$v_{u1} r_1 - v_{u2} r_2 = \frac{H \eta_s g}{\omega} \qquad (4.23)$$

根据实践经验，建议在最优工况时，低比转速混流式转轮出口环量 $\Gamma_2 = 2\pi v_{u2} r_2 = 0$；对中高比转速混流式转轮，出口环量取得略带正值，一般取 $\Gamma_2 = +0.05\Gamma_1$。出口环量确定后即可按基本方程式决定进口环量 Γ_1。

沿着每一条轴面流线，环量由叶片进口边的 Γ_1 变化至出口边的 Γ_2，在其中间环量的变化规律 $v_u r = f(l)$ 则是人为给定的环量沿轴面流线的分布如图 4.9 所示，图中给出了

三种不同规律的环量变化曲线。显然，为保证所设计翼型每小段均能将水能转变为机械能，$v_u r = f(l)$ 曲线应是单调下降，不应出现极大值和极小值。

这样，如果已知 $v_u r$ 随轴面流线长度的变化规律，积分方程式 (4.22) 就可以完成设计。一般只能用曲线或表格形式给出 $\omega r^2 = f(l)$、$v_m r^2 = f(l)$ 和 $v_u r = f(l)$ 的关系，所以只能用数值积分求解，即

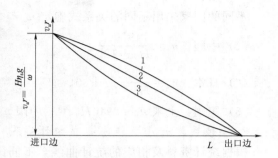

图 4.9　环量沿轴面流线的分布

$$\Delta \varphi = \frac{\omega r^2 - v_u r}{v_m r^2} \Delta l \tag{4.24}$$

将轴面流线分为若干个微段，各段长为 Δl_i，在找出 Δl_i 段中点处的 ωr^2、$v_u r$、$v_m r^2$ 值后，代入式 (4.24) 即可求出对应的 $\Delta \varphi_i$ 值。这种绘型方法称为逐点积分法。

混流式水轮机转轮叶片的各种设计方法中应用最为普遍的是一元理论和 $\omega_u = 0$ 的二元理论方法。这两种方法均假设转轮叶片无限多和无穷薄。所以式 (4.24) 既可用于二元理论，也可用于一元理论。应用一元理论设计混流式水轮机转轮叶片时，一直沿用保角变换法进行转轮叶片绘型。应用液体质点运动微分方程沿各计算流线进行逐点积分时，一元理论设计方法的计算工作量比 $\omega_u = 0$ 的二元理论设计方法大，所以一元理论很少采用这种叶片绘型方法。

4.2　混流式水轮机转轮基本设计参数的确定

4.2.1　混流式水轮机转轮的计算工况点

在进行转轮水力设计之前，首先要确定转轮的计算工况，作为计算的依据和努力的目标。一个良好的转轮设计应满足过流量大、单位转速高、汽蚀系数低、效率高、工作稳定以及强度和刚度等方面的要求。因此，决定计算工况参数时，应该进行必要的调查研究，了解在给定的设计水头范围内，国内外现有转轮的设计水平、存在的问题以及电站的具体要求等，以便确定出既先进而又不超越客观条件所许可的设计参数。

转轮的计算工况也就是设计转轮希望达到的最优工况（n_{110}、Q_{110}），在此工况下水轮机的效率最高。因此设计时首先由统计资料及其发展趋势确定转轮的设计水平，适当地选择所设计的水轮机比转速 n_s 及空蚀系数 σ_z。

1. 比转速 n_s 与设计水头 H_r 的统计关系

比转速 n_s 与设计水头 H_r 的统计关系及发展趋势见表 4.1。

表 4.1　　　　　　　　　　　　n_s 与 H_r 的统计关系及发展趋势

年份	n_s 与 H_r 的统计关系	年份	n_s 与 H_r 的统计关系
1960—1964	$n_s = 2959 H_r^{-0.625}$	1970—1985	$n_s = 3470 H_r^{-0.625}$
1965—1969	$n_s = 3250 H_r^{-0.625}$		

不同的国家采用不同的关系式确定 n_s 与 H_r（单位：m）的统计关系：

(1) 中国：$n_s = \dfrac{49500}{H_r + 125}$。

(2) 日本：$n_s = \dfrac{20000}{H_r + 20} + 30$。

(3) 美国：上限 $n_s = 2940 H_r^{-0.5}$；中限 $n_s = 2100 H_r^{-0.5}$；下限 $n_s = 1260 H_r^{-0.5}$。

2. 空蚀系数 σ_z 与比转速 n_s 的统计关系

根据统计资料及相应的统计曲线，不同国家在设计时 σ_z 和 n_s 的统计关系见表 4.2，通过该表即可合理确定所设计的水轮机空蚀系数 σ_z 及比转速 n_s。

表 4.2　　　　　　　　　　　　　　σ_z 和 n_s 的统计关系

使用范围	σ_z 和 n_s 的关系式	使用范围	σ_z 和 n_s 的关系式
常用	$\sigma_z = 7.54 \times 10^{-5} n_s^{1.41}$	日本	$\sigma_z = 3.46 \times 10^{-6} n_s^{2}$
中国	$\sigma_z = 4.56 \times 10^{-5} n_s^{1.54}$	美国	$\sigma_z = 2.56 \times 10^{-5} n_s^{1.64}$

由水轮机比转速的表达式可知，适当地选择单位转速 n_{11} 和单位流量 Q_{11}，或在与设计转轮相近的参考模型转轮单位参数基础上，由已确定的 n_s 来选择所设计转轮的单位参数大小。由比转速的表达式可以看出，n_s 的提高可分别提高 n_{11}、Q_{11} 或同时提高这两者来实现。从目前国内已有的转轮系列型谱中发现，在水头 $H < 125 \text{m}$ 的转轮中，与国外先进转轮相比，n_{11} 普遍较低；而在 $H > 125 \text{m}$ 的转轮中，单位流量 Q_{11} 又普遍偏低。所以，设计中当 $H < 125 \text{m}$ 时，以提高 n_{11} 为主，提高 Q_{11} 为辅；当 $H > 125 \text{m}$ 时，以提高 Q_{11} 为主，提高 n_{11} 为辅。当然，设计时还要结合水电站具体的条件来适当地调整 n_{11}、Q_{11}，从而达到 n_s 的设计水平要求。为了绘图、计算的方便，通常取模型转轮直径 $D_{1m} = 0.5 \text{m}$、模型水头 $H_m = 1 \text{m}$ 来进行转轮的水力计算和设计。

在上述确定的转轮计算工况的 n_{11j} 和 Q_{11j} 下，则模型转轮的单位流量、单位转速分别为

$$Q_{11m} = Q_{11j} D_{1m}^2 \sqrt{H_m} = 0.5^2 \times \sqrt{1.0}\, Q_{11j} = 0.25 Q_{11j} \tag{4.25}$$

$$n_{11m} = n_{11j} \sqrt{H_m} / D_{1m} = \sqrt{1.0}/0.5\, n_{11j} = 2 n_{11j} \tag{4.26}$$

4.2.2　混流式水轮机转轮基本参数的确定及轴面投影图

4.2.2.1　基本参数的确定

转轮流道的形状及几何参数不仅对水轮机的过流能力有很大的影响，而且还直接影响着水轮机的效率和空蚀性能。因此，正确地选择确定转轮过流通道的几何参数，是混流式水轮机转轮设计中的一项重要内容。

在转轮水力设计中，大多采用旋转投影。由此可见，转轮的轴面投影就是形成的转轮轴面流道，它与流道形状及叶片数有关。轴面投影图则由导叶的相对高度、上冠和下环的流面形状以及转轮叶片的进、出口边的位置和形状来确定。

1. 导叶相对高度

混流式水轮机转轮与导叶距离很近，导叶相对高度 $\overline{b}_0$ 直接决定了转轮流道进口断面面积的大小。$\overline{b}_0$ 增加，在转轮直径不变的情况下，将使转轮进口过流面积 A_0 增加，过流

量增加，机组出力增加；同时，导叶高度增加，导叶强度受到限制，流道高度加长，会使得转轮进口边加长，叶片本身的强度和刚度受到影响。所以在选择和确定 $\bar{b}_0$ 时还必须和 n_s 相适应，当导叶出流角 α_0（或者导叶开度 a_0）在 $30\%\sim70\%$ 内变化时，导水机构内的水力损失最小，此时导叶出流角 α_0 在 $26°\sim30°$ 之间。设计时应当让导叶高度 $\bar{b}_0$ 和出流角 α_0 的选择相互匹配，其相互关系满足下式：

$$\bar{b}_0 \tan\alpha_0 = \frac{Q_{11} n_{11}}{60 \eta_h g} \frac{k}{\alpha} \tag{4.27}$$

式中　η_h——水力效率；

　　　$\bar{b}_0$——导叶相对高度；

　　　α_0——导叶出流角；

　α、k——考虑导叶挤压、水流黏性及环量损失等的影响系数，通常 $k=1.07$，对于最优工况 $\alpha=1.15\sim1.20$，对于限制工况 $\alpha=0.95\sim1.0$。

所以 $\bar{b}_0$ 的选择及确定应综合考虑。通常可按表 4.3 或常用水轮机转轮模型主要参数表中推荐的参考值选择后，再由式（4.27）校验 α_0 的范围，否则重新确定 $\bar{b}_0$。

表 4.3　　　　　　　　　　　　　　$\bar{b}_0$ 与 H_{max} 的关系

H_{max}	45	65	105	160	220	250	320
$\bar{b}_0$	0.365	0.30	0.25	0.20	0.16	0.12	0.10

在确定好 $\bar{b}_0$ 后，则模型转轮（$D_1=0.5$m）的导叶高度为

$$b_0 = \bar{b}_0 D_1 = 0.5 \bar{b}_0 \tag{4.28}$$

2. 转轮上冠流线形状

混流式水轮机转轮上冠流线可以做成直线型和曲线型两种，如图 4.10 所示。直线型上冠具有较好的制造工艺性，但其效率，特别是在负荷超过最优工况时，低于曲线型上冠。此外采用曲线型上冠，虽然制造加工稍麻烦些，但可以增加转轮流道在出口附近的过水断面面积，有利于提高单位流量和水力效率。不同上冠曲线 1、2、3 的转轮的工作特性曲线 $\eta=f(Q_{11})$ 如图 4.10 所示，可见上冠曲线 3 具有较大的过流量。设计时向上抬的上冠曲线也不能太接近于水平位置，因为有可能在小流量范围内上冠区域出现二次回流，所以上冠形状在向上抬处的切线与水轮机中心线的夹角应控制在 $85°$ 左右。同时，保证上冠下部与泄水锥相接处流道的光滑性，不产生脱流和撞击，泄水锥与主轴中心夹角应控制在 $30°$ 以内。转轮轴面投影如图 4.11 所示。

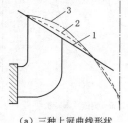

（a）三种上冠曲线形状

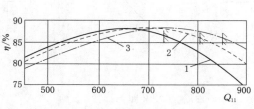

（b）工作特性曲线

图 4.10　混流式水轮机转轮上冠曲线形状及工作特性曲线

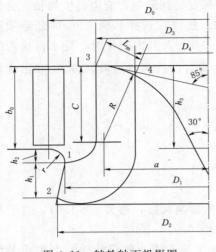

图 4.11　转轮轴面投影图

3. 下环锥角和转轮出口直径

下环形状及转轮出口直径 D_2 对转轮出口附近的过水断面面积影响很大，因而它影响转轮的过水能力及空化性能。

下环形状及下环锥角与水轮机的比转速有关。对于低 n_s 水轮机，为了使水流平顺地拐弯，不易产生脱流，采用了较大的曲率半径，其下环形状为曲线型，如图 4.12（a）所示。低比转速转轮的 $D_2/D_1 < 1$，叶片进口边的高度和导叶高度相同。这样的转轮单位过流量必然很小，强度和刚度均有充分的保证，但由于叶片比较长，叶片单位面上的负荷也就比较低，空化系数减小。实践表明，对 $n_s = 60 \sim 120$ 的低比转速转轮，$D_2/D_1 = 0.6 \sim 0.85$ 时将具有良好的空化空蚀性能和效率指标。

对于中高 n_s 的水轮机，下环形状为圆锥形或圆柱形，$D_2/D_1 \geqslant 1$，也就是下环具有一定的扩散锥角，这有助于增加转轮出口的过流断面面积，对提高过流量，降低转轮出口的水流速度，改善空化空蚀性能有利，但过大的下环锥角，将使下环曲线的曲率增大，脱流损失加大，从而导致水力效率下降。

高比转速转轮的下环通常采用具有锥角 α 的直线形，如图 4.12（b）所示。锥角越大出水截面积越大。可提高过流能力，但 α 过大会引起脱流，使水力损失增大效率下降。实践表明当锥角由 $3°$ 增加到 $6°$ 时，水轮机最高效率几乎没有变化，但转轮的过流能力 Q_{11} 却可增加 2.5%，出力可增加 2%左右；当锥角由 $6°$ 增加到 $13°$ 时虽然 Q_{11} 还继续增加，但最高效率却开始下降。因此，锥角 α 不宜过大，一般不大于 $13°$。同时 α 加大后增加了转轮出口附近的过水截面面积，降低了出口边附近的流速，使空化系数下降，可以改善空化性能。

通常设计时，可参考表 4.4 来选取或参考相关的设计资料确定锥角 α。

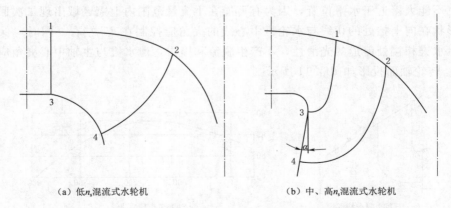

（a）低 n_s 混流式水轮机　　　　　　　（b）中、高 n_s 混流式水轮机

图 4.12　不同 n_s 混流式水轮机下环形状及叶片进出口边位置

表 4.4　　　　　　　　　　　**不同 n_s 混流式水轮机下环锥角 α 的取值**

n_s	60～80	120～180	180～200	200～250	250～300	350
$\alpha/(°)$	曲线型	3～6	6～10	6～13	10～13	13

4. 叶片进、出口边位置

转轮叶片进、出口边的位置可决定转轮过流通道工作段的长短、叶片进出口角的大小以及叶片的弯曲程度，故它对转轮的性能有较大的影响。如图 4.12 所示，设计时必须确定 1、2、3、4 各点位置及曲线 1—3 和 2—4 的形状。

为了比较，现取转轮直径为 1m，工作在 1m 水头下，按比转速不同的水轮机来讨论。在这种情况下，$D_3=D_1=1$m。由于水头是 1m，在设计工况下导叶开度是一定的，导叶出口流速 v_1 的大小和方向也就是定值。比转速越低，由进口速度三角形图 4.13 所示，则进口相对液流角 β_1 越大，甚至大于 90°。而 β_1 过大则会引起叶片厚度对流道的严重排挤。故若将点 1 稍向后移，减小 u_1 值使角度 β_1 保持在 90° 左右；比转速越高点 1 越往后移。反之对低比转速转轮，点 1 一直向前移到 $D_1=D_3$，此时角度 β_1 有可能小于 90°，当然也不希望太小，太小了一方面也会对流道产生排挤；另一方面在出口速度三角形 β_2 为定值（对所有水轮机的 β_2 值约为 14°～20°）的情况下，叶片沿流线弯曲严重，效率降低。目前混流式水轮机最低比转速为 60r/min 左右。

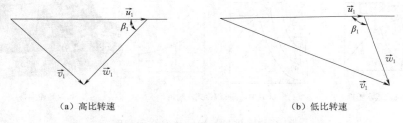

（a）高比转速　　　　　　　　　　　　　　（b）低比转速

图 4.13　不同 n_s 混流式水轮机转轮进口速度三角形

在图 4.12 中，点 1 到点 3 之间的进口边，对中比转速转轮为由点 1 引垂线向下，然后用圆弧与点 3 相连。对高比转速转轮则为由点 1 引略向外倾斜的直线然后用圆弧与点 3 相连。

出口边点 2 的位置可由出口速度三角形确定，设计时使 v_2 为法向出口 β_2 保持 14°～20° 来决定 v_2 值，从而求出 D_2 值。点 4 的位置，可使叶片上所有流线在轴面投影中长度大致相等的原则，即线段 3—4 和线段 1—2 长度相等而得出。点 2 和点 4 两点连线即为出口边。设计实践表明：缩小转轮进口边的直径是提高最优单位转速的重要手段之一。但为了提高单位转速，设计时过多地减小进口边平均直径，会影响叶片的强度，而过分减小 β_1 角，则会引起叶片对流道的严重排挤，使转轮能量及空化性能变坏，因此两者必须配合适当。

出口边往后移会使叶片加长，表面积增大，对转轮空化性能和叶片强度均有利，但会引起过流能力的降低和摩擦损失的增加。而出口边往前移，则增大了叶片间开口，使转轮的过流能力增大，但对空化和强度不利。因此在设计时往往参考相近比转速的优良转轮选择适宜的出水边位置。

5. 叶片数的确定

转轮叶片数 Z_1 不仅影响着水轮机的能量和空蚀性能，同时也对结构强度有很大的影响。当叶片减少时，叶片对水流的排挤作用减弱，过流量增加，摩擦损失减少，但叶片单位面积上受力增加，空蚀性能下降，强度受到影响；相反，当叶片增加时，摩擦损失增加，水流排挤作用增强，过流量减小，水力效率降低。混流式水轮机转轮一般有 13～19 个叶片，比转速越低，其转轮叶片数越多。大型转轮的叶片数还应考虑加工的工艺方式，如大型高水头水轮机转轮由于流道窄长，若采用铸焊结构，可选叶片较少的转轮。在确定转轮叶片数的同时，还须考虑其与导叶数的匹配问题，以避免两者的不匹配而产生机组振动。

为提高转轮的空蚀性能，也可以采用带长短叶片的转轮（图 4.14），短叶片夹在两个长叶片之间，短叶片的长度是长叶片长度的 2/3，叶片进口边均布，出水边略靠近前一长叶片的背面，迫使叶片正面的流速增加，进而使得叶片正、背面的流速趋于相等，以减少效率损失。长短叶片转轮的优点有：①增大了进口区域叶栅稠密度，水流绕流叶片时节距变狭窄，使水流更加均匀，减小了压力脉动；②叶片受压面积增加，降低了单位面积所受的压力，使叶片正面和背面的压力差减小，降低了发生空蚀的可能。

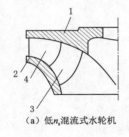 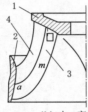 

（a）低 n_s 混流式水轮机　　　　（b）中、高 n_s 混流式水轮机　　　　（c）转轮实物

图 4.14　转轮长短叶片组合示意图
1—上冠；2—下环；3—长叶片；4—短叶片

根据实际资料，统计了转轮叶片数与比转速的关系，在初步设计时可参考，见表 4.5。

表 4.5　　　　　　　　　　不同的转轮叶片数 Z_1 与比转速 n_s 的关系

n_s	60～80	100～150	180～200	200～250	250～300	300～350
Z_1	21～19	19～17	17～15	15～14	14	14～9

在叶片厚度、长度不变条件下，增加叶片数会增加转轮的强度和刚度。因此在设计高水头混流式水轮机时，应适当增加转轮叶片数。但叶片的厚度在流道中又起排挤空间的作用，叶片数增加减小过水断面积，致使转轮的单位流量减小。试验表明，叶片数的改变不仅改变最优工况时的单位流量 Q_{11}，同时也改变出力限制线的位置，如图 4.15 所示。

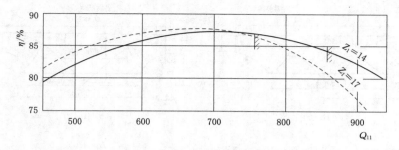

图 4.15 转轮叶片数不同时的 $\eta=f(Q_{11})$ 曲线

在确定转轮叶片数 Z_1 时，还要考虑叶片包角 θ 的大小。设计时叶片包角 θ 随比转速 n_s 的增大而减小，一般情况下，当 $n_s>150$ 时，$\theta=30°\sim40°$；当 $n_s\leqslant150$ 时，$\theta=40°\sim50°$。

4.2.2.2 轴面投影图

根据上述所确定的各项参数，可绘制出转轮的轴面流道。为了保证水流在转轮中不因脱流而造成很大的能量损失，转轮的流道应该是逐渐收缩的。对于中、高比转速混流式水轮机，由于其转轮出口附近的空化空蚀较为严重，故可使流道在该处略有扩散。检查流道过流面积变化规律常采用作内切圆的方法，近似计算轴面水流的过水断面面积，其方法同离心泵叶轮水力设计中检查叶轮流道面积的方法相同。

在轴面投影图上还须作出叶片进、出口边的位置，如图 4.11 所示。进水边位置由 D_1 和 D_3 确定，出水边位置由 D_2 和 D_4 确定，其中 D_1 的大小是已知的，D_3 的大小与上冠在该处的叶片进口角 β_1 和单位转速 n_{11} 有关。由进口速度三角形可知：β_1 较小时，相对速度 w_1 较大；β_1 较大，w_1 也大，同时叶片过分弯曲，易产生背面脱流。所以 $\beta_1=90°$ 为最好，但考虑到叶片厚度的影响及冲角变化，设计时以 β_1 在 $86°\sim88°$ 内为宜。

当 $\beta_1=90°$ 时

$$D_3=\frac{60D_1\sqrt{\eta_h g}}{\pi n_{11}}\tag{4.29}$$

在得到的轴面流场基础上，已知 u_1、v_{u1}、v_{m1}，可按式（4.27）校核 β_1 的大小是否在 $86°\sim88°$ 的范围内，否则应调整 D_3 的大小。则有

$$\beta_1=\arctan\frac{v_{m1}}{u_1-v_{u1}}\tag{4.30}$$

从点 3 作垂线，并采用一圆弧与点 1 光滑连接，即得到叶片进水边形状。结合设计要求，也可将进口边做成倾斜的。叶片出水边由点 2、点 4 确定。点 4 位置影响上冠叶片轴面长度 L_m 及叶片包角的大小，设计时，一般取 $L_m=(0.17\sim0.22)D_1$。通过调整其大小，满足叶片包角 $\theta=30°\sim40°$。至于叶片出水边的形状，由于它是在同一个轴截面内的 $v_u r=$ const 涡线，故可由积分积出。

常见的混流式水轮机转轮流道尺寸如图 4.16 所示。

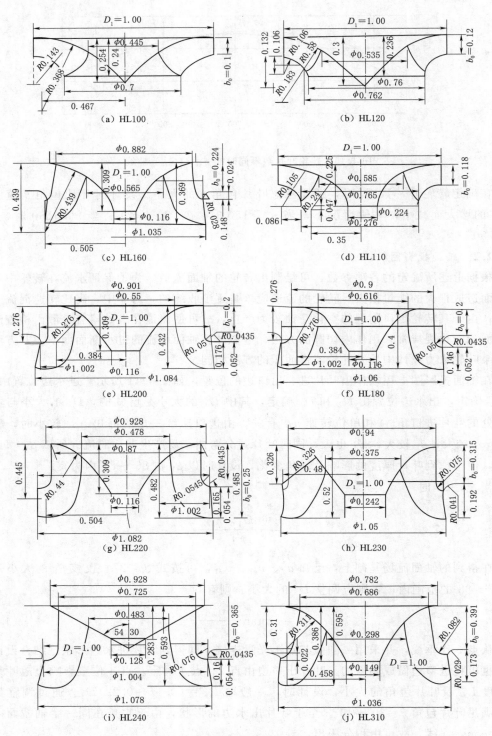

图 4.16　常见的混流式水轮机转轮流道尺寸（单位：m）

4.3　轴面流线的绘制及轴面速度的分布

4.3.1　轴面流线的绘制

本节介绍用 $\omega_u=0$ 的二元理论方法绘制混流式水轮机转轮轴面流线。轴面流线的绘制原则是：在轴面流道图上，选取包括上冠流线和下环流线在内的 5～7 条流线，并使两相邻流面间单元流道内的流量相等。又由于二元理论是假设轴面流动为有势流动，故在轴面内，流线与势线是正交的，按照上述条件即可得到精确的流网。

轴面流动为有势流动时轴面流线的绘制如图 4.17 所示。假定在流道转弯前足够远处（如 Ⅰ—Ⅰ 断面）及转弯后足够远处（如 Ⅱ—Ⅱ 断面），轴面流速是均匀分布的，按各单元流道流量相等的原则，即可用轴面流线来分割 Ⅰ—Ⅰ 及 Ⅱ—Ⅱ 断面。Ⅰ—Ⅰ 断面为圆柱面，若取 $n+1$ 条轴面流线（即有 n 个单元流道），则在 Ⅰ—Ⅰ 断面上各流线点为等分点，每等分段长度为 b_0/n。Ⅱ—Ⅱ 断面通常是圆形或圆环形断面，按轴面速度沿轴面出口断面均匀分布，对应等分成 n 个面积相等的圆环，其等分点半径由下式确定：

$$r_i=\sqrt{\frac{i-1}{n}(R^2-r_0^2)+r_0^2}\quad(i=1,2,\cdots,n+1)\tag{4.31}$$

式中　r_0——主轴半径，如主轴不从尾水管中伸出，则 $r_0=0$；

　　　　i——由转轮上冠至下环的轴面流线的序号，$i=0$、1、2、…；

　　　　r_i——转轮轴面流道出口 Ⅱ—Ⅱ 断面上各轴面流线的分点半径；

　　　　n——转轮轴面流道出口断面的圆环个数，轴面流线总数为 $n+1$ 条；

　　　　R——转轮轴面流道出口断面外半径。

这样就得到了 $n+1$ 条流线的起始、终止的位置（图 4.17）。在此基础上，根据流线与势线正交原则作出第一次近似的轴面流线及流网，然后按上述两原则进行计算及调整，直到满足精度要求为止。

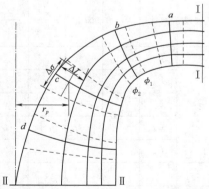

4.3.2　轴面速度沿轴面流线的分布

因为速度势函数 Φ 在某一方向的偏导数等于速度在该方向的分量，所以速度势函数 Φ 在轴面流线 L_m 上的方向导数就等于轴面速度 v_m，即

$$v_m=\frac{\partial\Phi}{\partial L_m}\tag{4.32}$$

图 4.17　轴面流动为有势流动时轴面流线的绘制

计算时可用很小的增量来代替微分，以原有的等势线为中线，在该中线两侧各做 1 条相近等势线（一般用虚线表示），这样 3 条等势线构成了一组等势线组，则式（4.32）变为

$$v_m=\frac{\Delta\Phi}{\Delta L_m}\tag{4.33}$$

式中　v_m——轴面流线与等势线中线交点处的轴面速度；

　　　$\Delta \Phi$——等势线组中两侧等势线的势差；

ΔL_m——两等势线间轴面流线的长度。

根据各单元流道的流量 ΔQ 相等的条件，每组等势线应满足：

$$\Delta Q = 2\pi r_p \Delta\sigma v_m = 2\pi r_p \Delta\sigma \frac{\Delta\Phi}{\Delta L_m} = 2\pi\Delta\sigma\Delta\Phi \frac{r_p}{\Delta L_m} = \frac{Q}{n} = \mathrm{const} \tag{4.34}$$

式 (4.34) 中各符号意义如图 4.17 所示，$\Delta\Phi$ 等于常数。因此有

$$\Delta\sigma \frac{r_p}{\Delta L_m} = \Delta F = \mathrm{const} \tag{4.35}$$

式 (4.35) 即为沿一组等势线检查和校核流网的条件，不同的等势线组，ΔF 值不同而已。计算时可列表计算，见表 4.6，要求 $\dfrac{\delta(\Delta\sigma)}{\Delta\sigma} = \dfrac{(\Delta F_p - \Delta F_i)/(r/\Delta L_m)}{\Delta\sigma} \leqslant 1\%$。

由此可得到轴面速度 v_m 的分布规律，而 $\Delta Q = 2\pi r_p \Delta\sigma v_m = 2\pi r_p \Delta\sigma \Delta\Phi / \Delta L_m = 2\pi\Delta\Phi\Delta F_i$，因此有 $Q = \sum\Delta Q = 2\pi\Delta\Phi \sum\limits_{i=1}^{n} \Delta F_i$，由此可得 $\Delta\Phi = \dfrac{Q}{2\pi \sum\limits_{i=1}^{n} \Delta F_i}$。从而导出 v_m：

$$v_m = \frac{\Delta\Phi}{\Delta L_m} = \frac{Q}{2\pi\Delta L_m \sum\limits_{i=1}^{n} \Delta F_i} \tag{4.36}$$

轴面速度可列表计算，见表 4.7。绘制出 $v_m = f(L_m)$ 曲线，如图 4.18 所示。

表 4.6　　　　　　　　　　　　　　轴 面 流 网 计 算 表

等势线	流线	r	ΔL_m	$\dfrac{r}{\Delta L_m}$	$\left(\dfrac{r}{\Delta L_m}\right)_p$	$\Delta\sigma$	$\Delta F_i = \Delta\sigma\left(\dfrac{r}{\Delta L_m}\right)_p$	$\sum\limits_{i=1}^{n}\Delta F_i$	$\Delta F_p = \dfrac{\sum\limits_{i=1}^{n}\Delta F_i}{n}$	$\dfrac{\delta(\Delta\sigma)}{\Delta\sigma}$
	L_1									
	L_2									
σ_1	L_3									
	L_4									
	L_5									
$\vdots$	$\vdots$	$\vdots$	$\vdots$	$\vdots$	$\vdots$	$\vdots$	$\vdots$	$\vdots$	$\vdots$	$\vdots$
	L_1									
	L_2									
σ_m	L_3									
	L_4									
	L_5									

表 4.7　　　　　　　　　　　　　　　　　　　　　　轴面速度计算表

等势线	$\sum_{i=1}^{n}\Delta F_i$	$\Delta\Phi$	流线	L_1	L_2	L_3	L_4	L_5
σ_1			ΔL_m					
			v_m					
⋮	⋮	⋮	⋮	⋮	⋮	⋮	⋮	⋮
σ_m			ΔL_m					
			v_m					

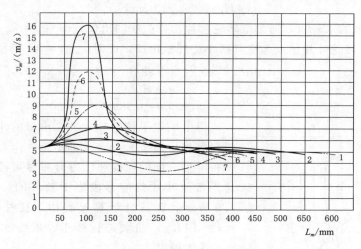

图 4.18　$v_m = f(L_m)$　曲线

4.4　轴面涡线的计算及叶片绘型

由前文所述，被绕流的叶片表面可以认为是一系列涡线所组成的涡面，求出这一系列的涡线，也就得到了叶片的表面。在轴对称有势流动下的涡线具有几个重要特征：①涡线是在轴截面上的平面曲线；②沿轴面涡线速度矩保持常数，即 $v_u r = \mathrm{const}$；③轴面涡线（$v_u r = \mathrm{const}$）就是叶片的轴面截线；④不同的轴面涡线位于不同辐角的轴面内。

同时，叶片的进、出口边上的 $v_u r$ 各为一定值（由水轮机基本方程式确定），在 $\omega_u = 0$ 二元理论方法中叶片的进、出口边分别位于不同的轴面上，且两轴面的夹角就是叶片的包角 θ。

4.4.1　混流式水轮机转轮叶片微分方程

水流质点在转轮中做相对运动时，描述其轴面流线上的位移 $\mathrm{d}L_m$ 与角位移 $\mathrm{d}\theta$ 之间的关系式为

$$\mathrm{d}\theta = \frac{\omega r^2 - v_u r}{v_m r^2}\mathrm{d}L_m \tag{4.37}$$

对式（4.37）积分，即可得到转轮叶型的骨线方程：

$$\theta = \int_0^L \left(\frac{\omega r^2 - v_u r}{v_m r^2} dL_m \right) \tag{4.38}$$

通常计算时，是将流线分成若干段进行的，即

$$\theta = \sum_{i=1}^{n} \left(\frac{\omega r^2 - v_u r}{v_m r^2} \right)_i \Delta L_{mi} \tag{4.39}$$

要对式（4.39）进行计算，还必须确定 $v_u r$ 的变化规律。

4.4.2　轴面涡线沿轴面流线的变化规律

水轮机基本方程式为

$$\eta_h g H = \omega (v_{u1} r_1 - v_{u2} r_2) \tag{4.40}$$

对于 n_s 较低的水轮机，通常取转轮叶片出口为法向出口，即 $v_{u2}=0$；对中、高 n_s 的水轮机，通常取转轮叶片出口为略具微小正环量出口，此时 $v_{u2} r_2 \neq 0$。通常取

$$v_{u2} r_2 = (0.02 \sim 0.05) v_{u1} r_1 \tag{4.41}$$

所以有

$$v_{u1} r_1 = \frac{\eta_h g H}{\omega(0.95 \sim 0.98)} \tag{4.42}$$

以上确定了转轮叶片进、出口的速度矩大小。从进口到出口的 $v_u r$ 分布［即 $v_u r = f(L_m)$ 曲线］，应使得叶型表面的速度和压力分布尽可能地合理，而且总是希望叶片的前半段集中较多的环量变化，如图 4.9 所示。在设计计算过程中，往往还要对预置的 $v_u r = f(L_m)$ 曲线进行修正，最终才能确定合理的 $v_u r$ 变化规律。

4.4.3　上冠轴面流线叶型骨线的计算

通常选取上冠流线作为第一条计算流线，如图 4.19 所示。初步给定第一条流线上转轮叶片进出口边的位置，即初步给定其轴面流线的长度，可按 $L_m = (0.17 \sim 0.22) D_1$ 取定，分成 8～12 小段，各小段的长度记为 ΔL_{mi}，设各小段中点半径为 r_i，将中点处的 $r_i^2 \omega$、$v_{ui} r_i$ 及 $v_m r_i^2$ 等值代入式（4.43），即可求出对应 ΔL_{mi} 段的辐角（轴面位移角）$\Delta \theta_i$（即该小段的轴面位移角）：

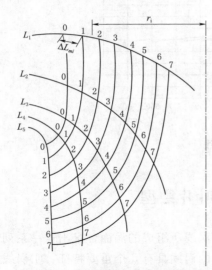

图 4.19　上冠流线及其余流线叶型骨线的计算简图

$$\Delta \theta_i = \left(\frac{\omega r^2 - v_u r}{v_m r^2} \right)_i \Delta L \tag{4.43}$$

为了设计方便，可列表 4.8 进行计算。

表 4.8　　　　　　　　　上冠流线的积分计算表

L_m	ΔL_m	$L_m + \Delta L_m/2$	r	$r^2 \omega$	$\overline{L_m}$	$v_u r$	$r^2 \omega - v_u r$	v_m	$v_m r^2$	$\Delta \theta$
0										
$\vdots$										

逐点计算各小段的长度 ΔL_{mi} 及相应的轴面位移角 $\Delta \theta_i$。第一条轴面流线上各小段的轴面位移角的总和即为叶片包角 θ：

$$\theta = \sum_{i=1}^{n} \Delta \theta_i \qquad (4.44)$$

计算所得的叶片包角 θ 应在适当的范围内，否则应调整 L_m 的长度或修改沿上冠流线速度矩的分布规律，再重新进行计算，直到满足条件为止。

一般情况下，对于 $n_s \leqslant 150$ 的低比转速水轮机，叶片包角一般取 $40° \sim 50°$；对于 $n_s > 150$ 的中高比转速水轮机，叶片包角一般取 $30° \sim 40°$，也可以使叶片包角 θ 与叶片数 Z 的乘积 $Z\theta$ 在某一范围内，以保证转轮叶片的抗空蚀性能。

4.4.4 其他轴面流线叶型骨线的计算

前已得出，用 $\omega_u = 0$ 二元理论方法进行叶片绘型时，沿同一轴面截线的轴面位移角相等，速度矩值相等。计算其他轴面流线上的叶型骨线时，就要找出位于同一轴面截线上与第一条轴面流线各计算点相应点的位置。应利用第一条轴面流线上的速度矩分布曲线，即使各小段的 $\Delta \theta_i$ 和 $v_u r$ 值分别等于第一条流线上相应各段的 $\Delta \theta_i$ 和 $v_u r$ 值，再由积分方程计算出其他轴面流线上 $\Delta \theta_i$ 和 $v_u r$ 值所对应的轴面流线长度 ΔL_{mi}。当然，由于 ΔL_{mi} 是未知的，其中点的 r_i 及 v_{mi} 无法确定，因此须先试取一小段，使其长度为 ΔL_{mi}，即可计算出 $\Delta L'_{mi}$。两者若吻合即可确定 ΔL_{mi} 的大小，否则应重新进行计算，直到满意为止。其计算过程可按表 4.9 进行。待所有流线均计算完后，将各流线上的同名点（即 $v_u r$ 值相等的点）连接成光滑曲线，即为叶片的轴面截线，如图 4.19 所示。

| 表 4.9 | | | 其他轴面流线叶型骨线计算表 | | | | | | | | | | |

流线	$\Delta \theta$	ΔL_m	$L_m + \Delta L_m/2$	r	$r^2 \omega$	$v_u r$	$r^2 \omega - v_u r$	v_m	$v_m r^2$	$\Delta L'_m$	$\Delta L'_m - \Delta L_m$	ΣL_m
L_2												
⋮	⋮	⋮	⋮	⋮	⋮	⋮	⋮	⋮	⋮	⋮	⋮	⋮
L_n												

注　$\Delta \theta$ 和 $v_u r$ 列与第一条轴面流线各小段的计算完全相等。

需要指出的是，只有对给定速度矩分布的那条轴面流线，可以任意给定叶片进出口边的位置，而其他各轴面流线只能给定转轮叶片进口或出口位置作为逐点递推的起始点，其终点则只能由计算确定。

在应用 $\omega_u = 0$ 二元理论叶片绘型时，转轮叶片进、出口边的速度矩为常数，所以以转轮叶片的进、出口边也都是轴面截线，而两轴面截线的夹角就是转轮叶片的包角。

4.4.5 叶片厚度对轴面速度的影响及涡线修正

以上设计是基于转轮叶片无穷多且无限薄的情况，但实际上叶片是有厚度的，叶片数目是有限的。叶片的厚度在流道中将对水流产生排挤，使得原有的轴面流场发生改变，所计算出的轴面速度 v_m 将大于叶片无穷多无限薄假设下的值，由此将引起轴面涡线向后（出口边）延伸，考虑叶片厚度时的轴面流速为

$$v_m' = \frac{v_m}{1 - \dfrac{Z\delta_u}{2\pi r}} = \frac{v_m}{\psi} = \alpha v_m \tag{4.45}$$

式中　ψ——叶片排挤系数，即 $\psi = \dfrac{1}{\alpha}$；

　　　Z——叶片数；

　　　δ_u——叶片圆周方向的厚度。

令 $K = \dfrac{Z\delta_u}{2\pi r}$，则有

$$\begin{cases} v_m' = \alpha v_m = \dfrac{1}{1-K^2}\left[v_m + K\sqrt{v_m^2 + (1-K^2)w_u^2}\right] \\[3mm] \alpha = \dfrac{1}{1-K^2}\left[1 + K\sqrt{1+(1-K^2)(w_u/v_m)^2}\right]\Delta L_m'' = \dfrac{v_m'r^2}{\omega r^2 - v_u r}\Delta\theta = k_i\Delta L_m \end{cases} \tag{4.46}$$

式中　w_u——相对速度在圆周上的分速度，m/s；

　　　k_i——考虑厚度后的修正系数；

　　　v_m'——考虑厚度后的轴面流速，m/s；

　　　$\Delta L_m''$——修正后的轴面流线长度，m。

按上述方式计算出各涡线向后延伸的系数 k_i，即可得到考虑厚度后的修正结果。

4.5　混流式水轮机转轮叶型骨线的展开加厚

应用一元理论或二元理论叶片绘型得到叶型骨线，按一定关系可将叶型骨线组合成无厚度叶片。为满足强度和刚度的要求，应使转轮叶片具有所需厚度，因此应进行叶型骨线的加厚，同时加厚后的叶型应呈流线型，以保证液流流过叶片时不造成漩涡和脱流，因此沿叶型长度方向的厚度变化应符合一定的规律。

4.5.1　转轮叶型的最大厚度

转轮叶片强度计算一般都是校核性质，所以在转轮叶片水力设计阶段，经常使用一些简便而又实用的公式初步估算转轮叶片的最大厚度。混流式水轮机叶片的最大应力出现在上冠流面处，因此该处的叶片最大厚度应由叶片强度和刚度要求来确定，初步设计时可按照下式确定：

$$\delta_{\max} = kD_1\sqrt{\frac{H_{\max}}{Z}} + 2 \tag{4.47}$$

式中　$\delta_{\max}$——转轮叶片的最大厚度，mm；

　　　k——系数，大小和水轮机比转速有关，$k = 5\sim10$，高比转速时取大值，低比转速时取小值；

D_1——转轮直径，m；

H_{max}——最大水头，m；

Z——转轮叶片数量。

式（4.47）只考虑了转轮叶片的弯曲应力，并未考虑叶型形状、转轮高度、载荷变化和材料性能等，是一个估算公式。还可参照相近水头的转轮叶片厚度来确定所设计转轮叶型的最大厚度。

在实际设计时，还可参考相近转轮的叶片厚度并考虑具体的工作条件、叶片形状及材料等因素进行综合分析比较，最终确定合理的最大厚度值。也可以按图4.20所示的最大厚度与比转速的关系曲线进行选择。同时，为使叶片应力分布均匀，不同计算流面上的叶型可以采用不同的最大厚度。应力试验和计算结果均表明，在正常工作条件下，最大应力多发生在转轮叶片和上冠或下环的连接处，但转轮上冠处的应力更高。所以转轮上冠的叶型最大厚度可取大些。为保证叶片表面光滑，从上冠到下环转轮叶片最大厚度应有规律地逐渐减薄，其最大厚度变化规律如图4.21所示。

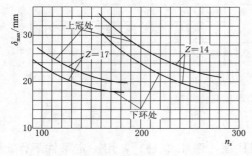 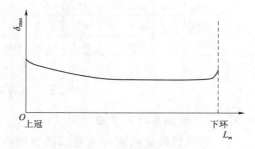

图 4.20 最大厚度 δ_{max} 与比转速 n_s 的关系曲线　　图 4.21 从上冠到下环的最大厚度变化规律

4.5.2 叶型厚度沿骨线的变化规律

沿叶型骨线的厚度变化可参考性能良好的空气动力翼型厚度规律，这样可得到沿叶型表面良好的速度和压力分布，保证转轮具有良好的能量和空蚀特性。通常情况下，按图4.22所示的叶型厚度变化规律进行加厚（这里给出了两种翼型厚度变化规律）。

图 4.22（a）说明：$R/\delta'_{max} = 0.1$，断面面积 $F = 0.74L\delta_{max}$，惯性矩 $J_{OC} = 0.0472L\delta_{max}^3$，重心位置 $\delta_C = 0.41\delta_{mx}$，$r/\delta_{max} = 0.08$。图 4.22（b）中，$\bar{x} = x/L$，$\bar{y} = \delta/\delta_{max}$，$\bar{h} = 2\bar{y}$。

4.5.3 叶型加厚

4.5.3.1 加厚方法

用几何投影法在近似的圆锥面或圆柱面上展开加厚，并以叶型厚度为工作面向翼型的背面加厚。

4.5.3.2 加厚的原理

将喇叭形空间曲面的计算流面，用一个圆锥面来近似代替，再将流面上的叶型骨线转换到该近似圆锥面上，然后在圆锥展开面上进行叶型加厚，最后将圆锥展开面上加厚的叶型转绘到转轮轴面投影图上即可。

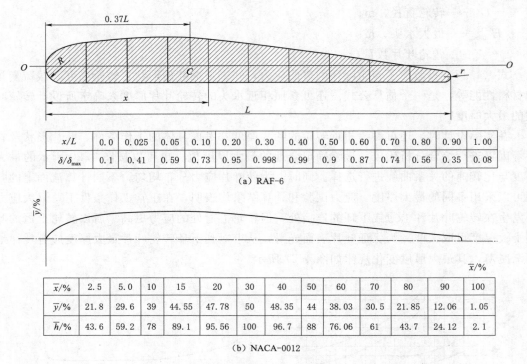

x/L	0.0	0.025	0.05	0.10	0.20	0.30	0.40	0.50	0.60	0.70	0.80	0.90	1.00
δ/δ_{max}	0.1	0.41	0.59	0.73	0.95	0.998	0.99	0.9	0.87	0.74	0.56	0.35	0.08

(a) RAF-6

$\bar{x}/\%$	2.5	5.0	10	15	20	30	40	50	60	70	80	90	100
$\bar{y}/\%$	21.8	29.6	39	44.55	47.78	50	48.35	44	38.03	30.5	21.85	12.06	1.05
$\bar{h}/\%$	43.6	59.2	78	89.1	95.56	100	96.7	88	76.06	61	43.7	24.12	2.1

(b) NACA-0012

图 4.22　两种翼型厚度变化规律

4.5.3.3　叶型加厚操作步骤

（1）选取代替空间流面的近似圆锥面或圆柱面 ［图 4.23(a)］，用一定条件下作出的圆锥面或圆柱面来代替实际的流面（花篮面），其圆锥面或圆柱面的形状应最接近于流面的形状。通常是使圆锥面的母线通过轴面流线和进水边的交点，与水轮机轴的夹角为 γ_i，要求该母线与轴面流线两侧的最大距离相等，即 $\Delta f_1 = \Delta f_2$，以该母线绕水轮机轴线旋转，即可形成一圆锥面。当 γ_i 很小，即圆锥面的母线几乎与水轮机轴线平行时，圆锥面即变成了圆柱面。

将近似代替轴面流线旋转所形成的实际空间流面的圆锥面（圆柱面）展开，在其展开面上，任意点的半径为 ρ_i，则

$$\rho_i = \frac{r_i}{\sin\gamma_i} \tag{4.48}$$

若转轮叶片包角为 θ，对应的各个圆锥展开面的扇形中心角为 Φ_i，则

$$\Phi_i = \theta\sin\gamma_i \tag{4.49}$$

各轴面涡线间相隔 $\Delta\theta_j$，那么各轴面涡线与圆锥面的交点在展开图上对应的中心角为

$$\Delta\Phi_{ij} = \Delta\theta_j\sin\gamma_i \tag{4.50}$$

对应点的弧长为

$$\Delta\delta_{ij} = \rho_i\Delta\Phi_{ij} = \frac{r_i}{\sin\gamma_i}\Delta\theta_j\sin\gamma_i = r_i\Delta\theta_j \tag{4.51}$$

这里，$\sum_j \Delta\Phi_{ij} = \Phi_i$，$\sum_j \Delta\theta_j = \theta$。

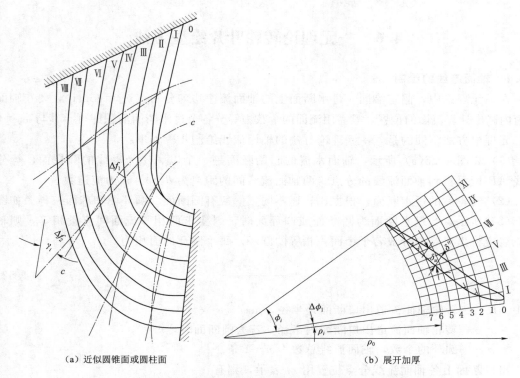

（a）近似圆锥面或圆柱面　　　　　（b）展开加厚

图 4.23　代替空间流面的近似圆锥面或圆柱面及其展开加厚示意图

这样，即可将轴面流线与各轴面涡线的交点垂直投影到圆锥面的母线上，再将该母线上的这些点转换到圆锥展开面上，并光滑连接这些点成光滑曲线，就得到了在圆锥展开面的叶型厚度形状，如图 4.23（b）所示。把圆柱面近似展开时，同样可以得到叶型厚度形状。

（2）圆锥（柱）展开面上加厚叶型。上面得到的是叶型厚度形状，在对其进行加厚时，通常是以骨线为工作面，向背面进行单边加厚。因此可在叶型厚度上选取若干个点，按选定的翼型厚度变化规律，得到该翼型下的各分点的厚度 δ，再以各分点为圆心，以相应的厚度为半径向背面方向作圆弧，作出各个圆弧的外包络线，即可得到单边加厚的叶型背面曲线。如要向叶型骨线两边加厚，可在叶型骨线的各分点上以该处厚度的一半为半径向两边作圆弧，并分别作两边圆弧的外包络线，即可得叶片叶型的工作面和背面曲线。

（3）将加厚的叶型转绘到轴面投影图上并检查其光滑性。将背面曲线与各射线的交点半径转绘到母线上，再作各点的母线垂线交于轴面流线，将各流线上的同一轴面涡线的点连成光滑曲线，该光滑连续曲线就是转轮叶片背面的轴面截线，如图 4.24 所示。

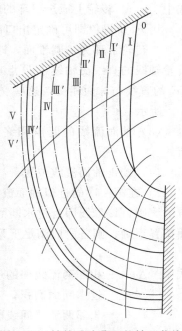

图 4.24　转轮叶片背面的轴面截线

135

4.6　一元理论转轮叶片绘型方法

4.6.1　轴面流线的绘制

在一元理论中，假定沿同一过水断面上的轴面流速均匀分布（$v_m = \text{const}$），要在轴面流道内画出计算流面的位置，只需用流面的个数去等分各个过水断面面积即可。其与 $\omega_u = 0$ 的二元理论方法不同的是，一元理论方法的轴面流线绘制步骤如下：

（1）如图 4.25(a) 所示，轴面水流的起始断面是一个以 AB 为母线的圆柱面，等分母线 AB 即可得到轴面流线的分点。两轴面流线间的距离为 b_0/n，n 为流道数。

（2）转轮后的过水断面，根据比转速不同，一般有圆断面、圆环面和球面三种。如图 4.25(b) 所示，当过水断面为圆断面或圆环面时，因要求两相邻流面间流量相等，则轴面流线应将出口断面分成若干个面积相等的圆环。每个圆环的面积为

$$A = \frac{\pi(R^2 - r^2)}{n} \tag{4.52}$$

式中　R——转轮轴面流道出口断面外半径，m；

$\quad\quad r$——转轮轴面流道出口断面内半径，若为圆断面时，$r = 0$；

$\quad\quad n$——圆环的个数，轴面流线总数为 $n+1$ 条。

出口断面上各轴面流线分点位置用 r_i 表示，则有

$$r_i = \sqrt{\frac{i}{n}(R^2 + r^2) + r^2} \tag{4.53}$$

式中　i——转轮上冠至下环的轴面流线序号，$i = 0, 1, 2, 3, \cdots$。

用 r_i 所得值即可确定出口断面上轴面流线各分点。

当转轮下环为一圆锥面，即转轮出口断面是半径为 R 的球面时，可过 C 点作垂直于转轮轴线的直线交轴线于 E 点，然后将线段 DE 等分成 n 段，通过这些等分点作平行于 CE 的直线与球面相交，这些交点就是转轮流道出口断面各轴面流线的分点。如图 4.25 (c) 所示。

（3）轴面流线的起点和终点确定后，即可在轴面流道内勾画出第一次的近似轴面流线。

（4）校正轴面流线位置。

1）在第一次的近似轴面流线上做若干个垂直于流线的母线，根据过水断面与流线垂直的原则，该母线即为过水断面。每一过水断面母线均被流线分割成若干段。如果计算流面位置正确，则各段应满足下列要求：

$$\Delta A = 2\pi r_m \Delta\sigma = \text{const} \tag{4.54}$$

式中　$\Delta\sigma$——相邻两流线间的母线长度，m；

$\quad\quad \Delta A$——过水断面面积；

$\quad\quad r_m$——相邻两流线间线段 $\Delta\sigma$ 的平均半径，m。

式（4.45）即为一元理论设计转轮叶片时检查轴面流线正确性的条件。

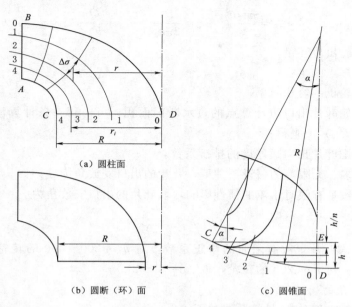

（a）圆柱面

（b）圆断（环）面　　　　（c）圆锥面

图 4.25　一元理论方法不同过水断面的轴面流线绘制

2）若每一过水断面被两相邻流线所各分段的 $r_m\Delta\sigma$ 不相等，则需对第一次近似轴面的位置进行校正。先计算过水断面的断面平均值 $(r_m\Delta\sigma)_{pj}$，即

$$(r_m\Delta\sigma)_{pj} = \frac{\sum_{m=1}^{n} r_m\Delta\sigma}{n} \tag{4.55}$$

然后用 $(r_m\Delta\sigma)_{pj}$ 来修正过水断面上各段轴面流线的位置。根据 $(r_m\Delta\sigma)_{pj}$ 值计算过水断面各段相应的 $\Delta\sigma'$ 值，即

$$\Delta\sigma' = \frac{(r_m\Delta\sigma)_{pj}}{r_m} \tag{4.56}$$

再用各自的 $\Delta\sigma'$ 校正过水断面上各段轴面流线的位置。

3）对每一过水断面均按上述方法修正，由此得到第二次的近似轴面流线。根据第二次的近似轴面流线位置，再修正过水断面母线。

4）重复上述过程直到每一过水断面各段的 $(r_m\Delta\sigma)$ 值与 $(r_m\Delta\sigma)_{pj}$ 的偏差符合要求为止。

（5）对每条轴面流线作出过水断面面积沿轴面流线的变化曲线 $F=f(L_m)$。

4.6.2　叶片进出口角及排挤系数的计算

在应用一元理论图解保角变换法设计叶片时，必须先计算各流面上叶片进、出口安放角 β_{1e} 和 β_{2e}。

1. 叶片出口角的确定

叶片出口边的水流角 β_2 计算公式如下：

其中

$$\tan\beta_2 = \frac{v_{2m}}{u_2 - v_{2u}} \tag{4.57}$$

$$u_2 = \frac{\pi r_2 n}{30} \quad v_{2u} = \frac{\Gamma_2}{2\pi r_2} \quad v_{2m} = \frac{Q\eta_v}{F_2 \psi_2} \qquad (4.58)$$

式中　Γ_2——转轮出口环量；

　　　r_2——计算点的半径；

　　　η_v——水轮机的容积效率；

　　　F_2——转轮叶片出口边计算点的过水断面面积，可由每一条计算流线的曲线 $F = f(L_m)$ 上查得；

　　　ψ_2——考虑叶片出口边厚度的排挤系数。

在叶片无限多、无限薄的假设条件下，叶片的出口安放角为 $\beta_{2e} = \beta_2$。

考虑到叶片数量有限时水流的惯性影响，取叶片的出口安放角为

$$\beta_{2e} = \beta_2 - \Delta\beta \qquad (4.59)$$

式中　$\Delta\beta$——考虑叶片量数有限时的修正系数，对 $n_s = 200 \sim 400$ 的转轮，取 $\Delta\beta = 2° \sim 4°$；对 $n_s < 200$ 的转轮，取 $\Delta\beta = 0° \sim 2°$。

2. 叶片进口角的确定

叶片进口边的水流角 β_1 计算公式如下：

　　　其中
$$\tan\beta_1 = \frac{v_{1m}}{u_1 - v_{1u}} \qquad (4.60)$$

$$u_1 = \frac{\pi r_1 n}{30} \quad v_{1u} = \frac{F_1}{2\pi r_1} \quad v_{1m} = \frac{Q\eta_v}{F_1 \psi_1} \qquad (4.61)$$

式中　η_v——水轮机的容积效率；

　　　F_1——转轮叶片进口边计算点的过水断面面积；

　　　ψ_1——考虑叶片进口边厚度的排挤系数。

为了改善非设计工况下转轮的水力性能，常取叶片的进口安放角为

$$\beta_{1e} = \beta_1 - \alpha \qquad (4.62)$$

式中　α——进口冲角，一般取 $\alpha = 3° \sim 10°$，对比转速比较低的转轮，α 取较大的数值。

3. 叶片排挤系数的计算

计算叶片进、出口的轴面速度 v_{1m} 和 v_{2m} 时，为考虑叶片厚度的影响，需确定叶片进出口的排挤系数 ψ_1 和 ψ_2。排挤系数的计算式如下：

$$\psi_i = 1 - \frac{Z_1 \delta_{iu}}{2\pi r_i} \qquad (4.63)$$

式中　r_i——计算点至水轮机轴线的距离；

　　　δ_u——叶片在圆周方向的厚度。

4. 流面上叶片厚度与真实厚度间关系的确定

当流面中叶片正背面之间的垂直厚度（真实厚度）用 δ 表示时，则叶片圆周方向的厚度 δ_u 可通过下式确定：

$$\delta_u = \frac{\delta}{\sin\beta_e} \qquad (4.64)$$

4.6.3 叶片绘型（图解保角变换法）

应用一元理论在转轮轴面流道内确定出计算流面后，即可进行叶片的绘型。叶片绘型是在各个计算流面上绘出叶型的骨线，然后用它的轴面截线表示出整个叶片的空间关系。

流面上叶片绘型的方法有逐点积分法（以叶片微分方程为基础的一种计算方法）和图解保角变换法两种。低比转速转轮叶片绘型广泛采用图解保角变换法。图解保角变换法是一种作图绘型法，它是根据叶片由进口角逐渐变化到出口角的原则，在流面上绘出叶型厚度。因为流面是一个空间曲面，在它上面进行叶片绘型非常困难，所以采用了图解保角变换法。这种方法是先将流面保角变化成圆柱面，然后将圆柱面沿着一条母线展开成平面，在平面上进行叶片绘型（画展开图上的流线）后，再用插入法转换回流面上去，如图4.4所示。

4.6.3.1 绘型步骤

在常用的扭曲叶片绘型方法中，图解保角变换法是一种应用非常广泛的方法。该方法理论严密适应性强，可用于各种比转速的径向式转轮叶片设计。其主要缺点是依赖于作图找点，致使精度较低，但也可以采用给出分点的数值计算原理，使不足之处得以弥补。叶片绘型的步骤如下：

（1）在流面上绘制方格网。图4.26表示了流面上的正方格网，这是由相隔等中心角 $\Delta\varphi$ 的各个轴向平面Ⅰ、Ⅱ、Ⅲ、…和以水轮机轴心为中心的同心圆1、2、3、…组成的。

方格网中的一些几何量应满足如下关系：

$$\Delta l = \Delta S = \frac{\Delta\varphi}{360}2\pi r \qquad (4.65)$$

式中　r——计算的正方格至水轮机轴线的平均半径；

Δl、ΔS——正方格微元尺寸；

$\Delta\varphi$——两轴面间的夹角，（°）。

因为流面是轴对称的，一个流面上的全部轴面流线均相同，所以只要分出相应的一条轴面流线，就等于在整个流面上绘出了方格网。

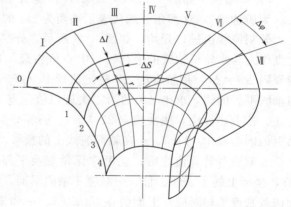

图4.26　流面上的正方格网

常用的轴面流线分割有图解积分法和作图法两种方法。

1）图解积分法。由式（4.65）可得

$$\varphi = \frac{360}{2\pi}\int_0^l \frac{dl}{r} \qquad (4.66)$$

式中　φ——叶片包角；

l——轴面流线。

首先，如图4.27（a）所示，在靠近叶片进口前任作一条直线 AB，作为流线分割的起始点。然后，在转轮的轴面投影图的计算流线上均匀地取一些点，量出这些点的半径 r 及

其到起始点的距离 l，并作出流线的 $\dfrac{1}{r}=f(l)$ 关系曲线。利用所得曲线可对式（4.66）进行图解积分，得到曲线 $\varphi=f(l)$。用所选的 $\Delta\varphi$ 截取纵坐标，通过这些分点作水平线与曲线相交，相交点的横坐标所对应的值即为所求轴面流线的分割点位置。根据对应的值就可在轴面流线上定出分割点 1、2、3、…如图 4.28 所示。

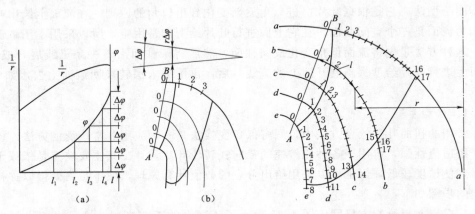

图 4.27　轴面流线的分割　　　　　图 4.28　轴面流线及其分点

2）作图法。如图 4.27（b）所示，在垂直于水轮机轴线旁作两条夹角为 $\Delta\varphi$ 的射线（$\Delta\varphi$ 为所选角），这两条射线代表了夹角为 $\Delta\varphi$ 的两个轴面。

分割流线由进口开始，如图 4.26 所示。分割上冠流线，先在 0 点附近取一点 ΔS，自此点作一与水轮机轴线的平行线与中心角相交。在中心角内量得 $\Delta S=r\Delta\varphi$。根据流线分割原则 $\Delta S=\Delta l$，用量得的 ΔS 确定流线上分点 1 的第一次近似值；再以线段 01 的中点引与轴线平行的线，求得 ΔS 的第二次近似值，直至在中心角内量得的 ΔS 与线段 01 相等为止。按上述方法，顺次确定 2、3、4、…各分点。各分点 1、2、3、4、…就相对应于流面上的同心圆 1、2、3、…在轴面流线上的投影。

分割完各计算流线后，就可作保角变换平面的方格网，横坐标对应于流面上的角度 $\Delta\varphi$，坐标上的 Ⅰ、Ⅱ、Ⅲ、…对应于轴向平面，间距相当于所选中心角 $\Delta\varphi$。纵坐标与轴面流线长度 l 相对应，上面的点 1、2、3、…和流面上的同心圆相对应。即在平面上的方格网中，每一小方格与流面上由同名线条围成的小方格相对应。

（2）在保角变换平面上进行叶片绘型。绘型通常是从叶片出口边开始的，即把轴面投影图上叶片的出口边（图 4.28）转换到平面上去。一般混流式水轮机的出口边都设计在同一轴平面内，便于制造时以出口边为基准，用叶型样板来检查叶片的型线是否符合要求。所以在保角变换平面内，出口边位于同一条直线 Ⅰ 上，如图 4.6 所示。出口边与轴面流线之交点位于流线分割点之间，按比例交换至保角变换平面中的水平线之间，并位于轴向平面内。用同样方法可将出口边与其他轴面流线的交点进行转换，在保角变换平面上得 d_2、c_2、b_2 和 a_2 各点，这些点位于同一轴向平面内，故均落在垂直线 Ⅰ 上。

转换叶片出口边后，就可绘制出流面上叶片的形状。一般先绘制中间流线 $c—c$，自 c_2 点作 $c—c$ 流面上叶片出口角 β_{2e}。

根据图 4.28 流线 c—c 的进口边位置在分点 1 和分点 2 之间，在转换平面上的分点 1 和分点 2 之间作直线 x_1x_2。如图 4.6 所示，在 c_2 点作直线 x_1c_2，它与 c_2 点的水平夹角为 c—c 流面上叶片的进口安放角 β_{1e}。为保证水流在流面上均匀地由 β_{1e} 变化到 β_{2e}，进口边 c_1 点必须位于 x_1 和 x_2 之间。

绘型时 c_1 点位置的确定原则为：①使转轮出口具有较好的导向性，以减小有限叶片数的影响，在叶片出口处的一定长度内（Ec_2）应保持相同的出口角 β_{2e}。其位置由相邻叶片出口边上 D 点引垂线交 c_2F 于 E 点得到，而点的位置根据出口点周距数 T 确定（$T=\dfrac{2\pi r}{Z_1}$，其中 r 为转轮出口半径；Z_1 为叶片数）。②流线由进口 β_{1e} 变化到出口角 β_{2e}，其中间的变化规律应考虑沿翼型长度上有较理想的负荷分布，使转轮具有良好能量和空化空蚀性能。

根据经验，过 c_1 点引 c_1F 平行于 c_2x_1，且线段 EF 与 c_1F 基本等长，即可确定 c—c 流面上进口边 c_1 的位置。

在保角变换平面上绘出了 c_1Fc_2 后（图 4.6），然后用平滑变化的曲线连接，曲线 c_1c_2 即是计算流面上翼型的骨线。而曲线的起始和终止的轴向平面间的角 φ 即为骨线的平面包角。

其他流线的绘制参照中间流线的画法进行。一般先绘下环流线，再绘上冠流线，最后绘其他流线。其他流线的绘制原则是使相邻流线间的距离有规律地变化，并保证叶片安放角沿流线长度平滑变化，使设计的叶片得到平滑的表面。

4.6.3.2　绘型结果分析

从绘制结果来看，各计算流面上的进口边往往不在同一轴截面内，但希望它们能连成光滑曲线。

进口边不在同一轴截面内时，叶片进口边呈倾斜状，倾斜的进口边与圆周方向的夹角 γ 不宜小于 $65°$，否则叶片在圆周方向的厚度会显著增大，对水流造成严重的排挤；另外，在叶片与上冠和下环的连接处容易产生金属堆积，使转轮制造质量不易保证。因此，设计时须检查 γ 角，γ 角可按如下经验公式求得

$$\tan\gamma=\frac{L_1}{R_1\theta} \tag{4.67}$$

式中　L_1——转轮叶片进口边的垂直高度；

　　　R_1——进口边的平均半径；

　　　θ——进口边的平面包角，可在保角变换平面内直接量得。

如果 $\gamma < 65°$，则应在叶片轴面投影图中改变进口边的形状和位置。

4.6.4　叶片轴面截线的绘制

上文已把不同流面上的流线绘在同一个保角变换平面上，以便看清不同流面上叶型厚度的相互关系，检查叶片表面是否会产生波浪形。在变换平面上绘型后，还需转换到流面上去。这通常是在叶片的轴面投影图上用一系列轴面截线（轴平面与叶片的交线）来表示。

绘制叶片轴面截线的方法为：将保角变换平面网格上的流线，叶型厚度 a_1a_2、b_1b_2

等与轴平面Ⅰ、Ⅱ等的各交点，用插入法转换到轴面投影图上，如图 4.6 和图 4.7 所示。例如，在保角变换平面内，轴平面Ⅲ与流线 e_1e 交于分点 6 与分点 7 之间，与流线 d_1d_2 交于分点 9 和分点 10 之间，与流线 c_1c_2 交于分点 12……把这些点画在叶片的轴面投影图（图 4.7）相应流线的对应分点上，然后用光滑曲线连接起来，即可得到轴平面Ⅲ上的轴面截线。按同样的方法，可以绘出一系列从轴面Ⅰ到轴面Ⅵ的叶片轴面截线。

应检查绘出的各轴面截线是否满足相邻两条曲线的间距是有规律变化的，不允许有波浪形的弯曲。如果所得的轴面截线不满足上述要求，则应修改保角变换平面上的形状。

这样就把在保角变换平面上绘得的叶片转换到了叶片的轴面投影图上，用一系列叶片的轴面截线清晰地表示出来。根据叶片的轴面截线，可以进行叶片加厚和木模图绘制。

4.7　混流式水轮机转轮叶片木模图的绘制与表面光滑性检查

转轮叶片的木模图是制造转轮叶片的基础，以该图制作木模并用于生产铸造，还可以用于制成叶片样板，检查其生产叶片的型线质量。

4.7.1　转轮叶片木模图的绘制

转轮叶片木模图是用叶片的水平截线表示的。为绘制转轮叶片木模图，可用一组如图 4.29（a）所示的水平截面 A、B、C、D、…截割叶片。在图 4.29（b）的平面图上做轴平面射线Ⅰ、Ⅱ、Ⅲ、…（两轴平面射线的夹角为 $\Delta\theta$），并与轴面投影图上的轴面截线编号一一对应。将水平截面与各轴面截线（工作面及背面）的交点，按其所在轴平面和交点距水轮机轴线的半径转绘在平面图上。在平面图上将位于同一等高线上与轴面截线的各交点用光滑曲线连接起来，从而得到转轮叶片的水平截线。叶片正面用实线表示，叶片背面用虚线表示。一般将出水边放置水平，先作出叶片的上冠、下环、进水边及出水边的水平投影。

现以水平截面 H 为例说明具体做法。H 截面与各轴面截线交于 a、b、c、d、…点。在水平图的对应轴面截线上，按 a、b、c、d、…各点的半径确定其相应的位置，然后用光滑曲线将它们连接起来，即是水平截面 H 的截面形状线。同样按与背面截线的交点为 a'、b'、c'、d'、…可作出背面水平截面线 H'，如图 4.29（b）所示。

用同样方法可得其他水平截线，各水平截线的曲线应光滑且有规律的变化。此外，在水平投影图上还可作出转轮叶片进口边、转轮叶片出口边以及转轮叶片与上冠和下环交线的水平投影。转轮叶片与上冠和下环交线的水平投影实际上是上冠和下环两个流面上叶型在平面图上的投影。为此可通过转轮上冠和下环轴面流线与各轴面截线的交点作图得到。

为提高精度，还可在平面图上作出各轴面流线的水平投影。为此可将轴面流线与水平面的交点投影到平面图上作为绘制叶片水平截线的辅助点。图 4.29（a）的水平面数目可根据水轮机比转速的高低来确定，其间距的大小则视具体情况而定，叶片形状沿高度变化大的地方间距可小些，反之则大些。通常水平面取 10~13 个。各水平面间距一般取为常数，但是高、中比转速混流式水轮机转轮下环附近叶片扭曲较大，这一区域的水平面高度可取小些，可取其间距的一半。

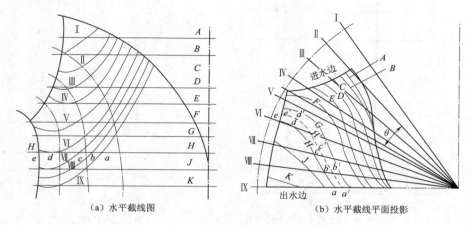

（a）水平截线图　　　　　　　（b）水平截线平面投影

图 4.29　叶片水平截面及工作面、背面的绘制

中、高比转速混流式水轮机转轮叶片木模图如图 4.30 所示。为制作方便，一般将各水平截面图形单独绘出，并按相同的基准标注尺寸。

在制作转轮叶片木模时，可将木模图上的叶片工作面（或背面）的水平截线按尺寸画到木板上，木板的厚度等于两水平截面间的高度。根据每一木板上的叶片截线形状，锯出叶片水平截面外形，然后将各层木板粘接起来修整光滑即可。很显然水平截面取得越多，制作后的叶片木模也就越精确。

4.7.2　转轮叶片表面光滑性检查

为了使水流在转轮中有良好的工作条件，减少其水力损失，要求转轮叶片表面必须光滑连续，也就是说要求叶片在任意方向上的截面都应是光滑连续的曲线图形，同时还应对该设计转轮的过流能力及空蚀性能等有所估计，这就是所谓的设计质量检查，即光滑性检查。通过对设计成果的质量检查，进一步修正叶片的型线，以保证其具有良好的性能。通常光滑性检查可用下列三组截面来截割叶片进行：①水平面组，即前面的木模水平截面组；②平行于叶片出水边的平面组；③平行于叶片出口边的平面组如图 4.30 中木模截面上的平面组 A、B、C 等，这些平面在木模截面（水平面）上的投影为直线。

现以其中一个截面 $F—F$ 为例说明叶片光滑性的检查。将直线 FF 与木模截面上各个叶片水平截线（1、1′、2、2′、…）的交点反映到相应的等高线上，如图 4.31 所示，得到一系列点，连接这些点即可得到 $F—F$ 截面上叶片的形状。设计时应保证工作面和背面的叶片外形曲线为平滑变化的曲线。

在截取各个平面（A、B、C、…）与叶片水平截线交点的距离时，可以用某一垂直面为基准面，此垂直面在水平面的投影为直线，见图 4.30 的 OO'。在图 4.30 中再量出此基准线距轴心的距离。有了基准线则各交点的距离均可量得，从而完成平行平面组上的叶片截面形状的光滑性检查。

以水轮机轴线为中心线的圆柱面检查。

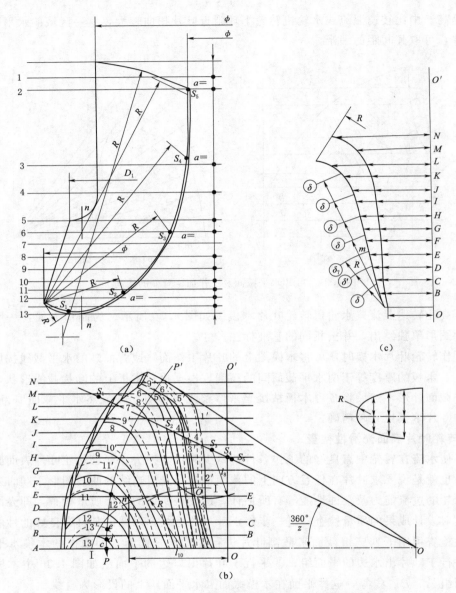

图 4.30　中、高比转速混流式水轮机转轮叶片木模图

以水轮机轴线为中心线的圆柱面组，如图 4.30 中的 n—n 圆柱面，它在轴平面图上为直线 nn。

这样的检查面通常只检查中、高比转速水轮机的转轮，因为它们在靠近下环处的叶片扭曲较大。检查时可在靠近下环处取 1~2 个圆柱面，这些圆柱面在木模水平截面上的投影为以水轮机轴为圆心的圆弧，将圆弧和各水平截面线的交点按圆弧长度展开（和上一步相同），再将各交点反映到相应的等高线上，即可绘出圆柱面所截取的叶片形状，如图 4.32 所示。

被检查面上的叶片外形均应是光滑的，如有不合要求的地方则要相应地修改叶片的轴面截线图和水平截线图。

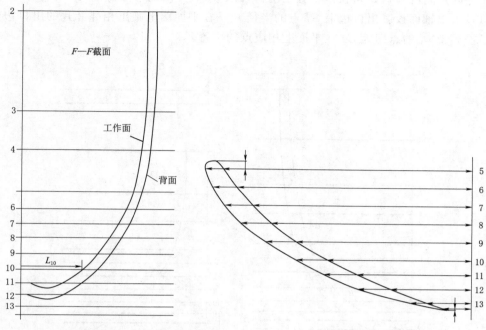

图 4.31　叶片工作面和背面的光滑性检查　　　图 4.32　n—n 圆柱剖面展开图

4.7.3　转轮叶片的真实厚度

实际叶片制造后，必须检查其厚度是否满足设计要求。由于叶片形状的复杂性，根据木模图各水平截面标注的尺寸很难进行准确的测量检查。比较简便可行的方法是测量实际叶片各指定点的真实厚度。因此，设计时需要在木模图上给出叶片上各指定点的真实厚度值（图 4.30）。

叶片是个空间的曲面体，其真实厚度必反映在与其表面相垂直的截面内。而与一曲面体表面上任意的线条相垂直的截面必在该处垂直于曲面体表面。因此，可在叶片平面投影图上作一系列和叶片水平截线相垂直的曲线，如图 4.30 中的曲线 Ⅰ—Ⅰ。这一曲线表示了和叶片表面相垂直的曲面的迹线。在曲线 Ⅰ—Ⅰ 上任选一点 0 作为基准点，将该曲面展开，则基准点 0 变成基准线 0—0（图 4.33）。根据叶片各水平截线与曲面迹线 Ⅰ—Ⅰ 的交点至基准点的弧长距离，以及水平截面的序号，便可绘出这一垂直于叶片的曲面所截取的叶片形状（图 4.33），叶片真实厚度必在此截面内。

4.7.4　相邻叶片间的开口检查

在木模图上还应给出叶片出口边上几个选定点的开口值。叶片的开口 a 是指叶片出口边上某一点到相邻叶片背面的最短距离。因叶片出口边附近通常是水轮机流道中最小的过水断面，因此开口 a 的大小在很大程度上反映出水轮机的过流能力。在绘制木模图时，一般在叶片轴面投影图出口边上均匀取 5～6 个点，即 S_1、S_2、S_3、⋯ ［如图 4.30（a）所示］，求出它们的开口值。在制造转轮时这些点的开口必须保证，并把它用作叶片间相对位置的定位和检查。

相邻叶片间的开口 a 可按以下方法求得（以 S_3 点开度的求法为例）：

（1）求出轴面投影出口边上 S_3 点的半径 r_3，在平面图上画出相邻叶片的出口边，在其上半径等于 r_3 的点即为 S_3 在平面上相应点的位置。

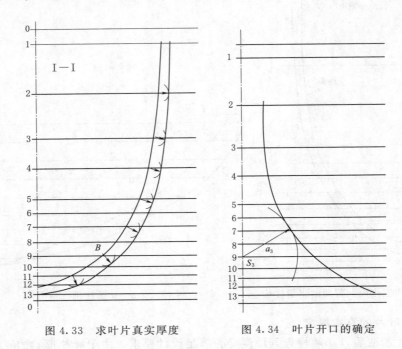

图 4.33　求叶片真实厚度　　　　图 4.34　叶片开口的确定

（2）在平面图上通过该点，量出它到不同高度的叶片水平截面上背面的最短距离 l_1、l_2、…。在图 4.30(b) 中只表示了由 S_3 点的水平投影到叶片水平面截线 $8'$ 的最短距离。

（3）将 l_1、l_2、…分别画在轴面投影图上相应的水平面上，并连接点 l_1、l_2、…，得到的曲线即为从所求点到相邻叶片的最短距离线，如图 4.34 所示。所求点到该曲线的最短距离，就是转轮叶片在该处的开口 a。

（4）求出各点开度值后将它们标注在叶片轴面投影图上出口边的相应点上。

根据设计的转轮叶片木模图，通过三维造型软件 UG、Catia、Pro/Engineer、Solid-Works 等可以生成叶片及转轮的三维模型图，提供给后续的流场分析及结构强度计算。同时，制造企业也根据木模图生产转轮，或进行转轮维修后的质量检查。其三维模型及实物结构如图 4.35 和图 4.36 所示。

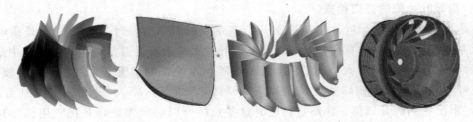

图 4.35　混流式水轮机转轮叶片三维模型及实物结构

图 4.36   混流式水轮机转轮三维模型及实物

第 5 章　轴流式水轮机转轮的水力设计

5.1　轴流式水轮机转轮设计理论

轴流式转轮的设计过程分为两步，首先通过实践经验选择某些参数和转轮前后速度的分布规律，绘出转轮的轴面流道和转轮进出口的速度三角形；再依据圆柱层无关性假设，把转轮叶片的设计简化为 5~6 个平面直列叶栅的绕流来计算。转轮叶片设计是叶栅绕流计算的反问题，在已知每个圆柱截面上叶片进、出口水流速度三角形及叶栅应产生的出力的条件下，求出各圆柱截面上翼型的形状、几何尺寸及其在叶栅中的安放位置，由计算得到各圆柱面上的翼型后，再按一定的关系组合成叶片。

轴流式转轮叶片的水力计算方法有升力法、奇点分布法、统计法和保角变换法。

1. 升力法

升力法是一种半经验半理论的方法，它把单个翼型的动力特性应用于叶栅，并考虑到组成叶栅后翼型之间的相互影响而加以修正。

升力法的缺点是无法求出叶栅表面各点的速度和压力，对水轮机的空化性能只能进行粗略的估计。但是，在积累有丰富的试验资料及设计经验的条件下，由于计算工作量小，它又是一种既方便又准确的设计方法。

2. 奇点分布法

奇点分布法的基本出发点是用一系列分布在叶型厚度上的奇点来代替叶栅中的翼型对水流的作用，这些奇点是一系列的源、汇或漩涡，原来翼型围线的位置是流线。只要恰当地选择奇点的分布规律，就可使奇点和来流所造成的流场与原来叶栅绕流的流场完全相同。因此，叶栅绕流的计算可转化为基本势流的叠加计算，从而得到叶片表面各点的速度和压力。

奇点分布法的最大优点是可以有目的地控制翼型表面的速度和压力分布，因而能事先考虑空化性能的要求，这对转轮设计有很大意义。

3. 统计法

统计法是将现有转轮的性能，过流通道的形状尺寸及叶栅几何参数进行综合统计，并作出充分的分析研究，根据几何参数对转轮性能的影响规律进行设计。实践证明，这种方法可以较快设计出转轮。

4. 保角变换法

保角变换法是一种经典的流体力学方法，该方法是将平面直列叶栅的绕流保角变换为已知的绕流图像来研究分析。

保角变换法可以用来求解由弯度不大的薄翼或理论翼型组成的平面叶栅的绕流正反问

题，但目前在轴流式水轮机设计中较少采用此法。

5.2 轴流式水轮机转轮中的水流运动规律

对轴流式转轮中的水流运动规律，采用圆柱层无关性假设，并通过大量的模型试验和研究得出转轮进出口的水流速度分布规律。

在轴流式转轮中，水流实际上也是空间运动。试验研究认为水流的转向是在转轮之前完成的，因此，可以认为水流是轴向流进又轴向流出轴流式转轮的。假定水流在轴流式转轮区域内沿着与主轴同心的圆柱面上流动，水流绝对速度在半径方向的分量 $v_r = 0$，即在各圆柱层之间水流质点没有相互作用，这就是圆柱层无关性假设。

图 5.1 表示直径为 D 的圆柱面可展开或平面直列叶栅。栅前、栅后（转轮叶片进出口边）的速度三角形如图 5.1（c）所示；轴流式水轮机转轮进、出口直径相等，故转轮机叶片进、出口边的速度三角形如图 5.1（d）所示。

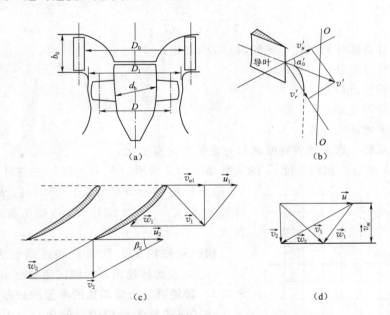

图 5.1　轴流式水轮机转轮叶片进、出口速度三角形

通过一系列模型试验，在最优工况及相近工况下，测得的径向速度 v_r 在转轮进、出口都比较小，而且分布比较均匀，v_r 只有轴向速度 v_m 的 5%～6%。通常情况下，为了保证水轮机运行效率高，总在靠近设计工况的正域运行，常取 $v_r = 0$，与实际流动有足够的近似性。

根据圆柱层无关性假设，可以将轴流式转轮分解成许多个无限薄圆柱层，再分别对每个圆柱层进行研究。展开这些圆柱层便得到许多互不相关的平面和相对运动为势流绕流的直列叶栅（图 5.1），这样就将轴流式转轮内复杂的三元流动问题求解，简化为对平面无限直列叶栅绕流问题的求解。

5.2.1　转轮进、出口轴向速度沿半径的分布规律

在轴流式水轮机内，水流在导叶与叶轮之间做 90°的转弯，在转弯产生的离心力作用下，使得靠近底环处轴向速度 v_m 增加，导致转轮进口轴向速度 v_{m1} 沿半径分布不均匀，使轮缘处 v_{m1} 增大、轮毂处 v_{m1} 减小。此外，水流速度矩 $v_u r$ 的作用，使得水流绕水轮机轴线做旋转运动，在旋转运动产生的离心力作用下，又使得转轮进口轮缘处的压力升高、速度降低。上述两种离心力对 v_m 分布的影响是相反的：大开度时，导叶出口速度矩很小，以轴面转弯的影响为主，轮缘处速度比轮毂处大；小开度时，导叶出口速度矩大，速度矩的影响占主导地位，轮缘处速度比轮毂处小；在导叶相对开度 $\overline{a}_0 = 50\% \sim 55\%$ 时，轴向速度 v_m 沿半径分布趋向均匀。根据上述分析和实测资料，轴向速度分布的规律主要与导叶开度有关，可以用下式表示：

$$v_m = (a + b\overline{r})\overline{v}_m \tag{5.1}$$

其中

$$\overline{r} = \frac{r}{D_1} \tag{5.2}$$

$$\overline{v}_m = \frac{4Q}{\pi(D_1^2 - d_h^2)} \tag{5.3}$$

式中　　$\overline{r}$——计算圆柱面半径与转轮直径 D_1 之比；

　　　　r——计算圆柱面半径；

　　　　D_1——转轮进口直径；

　　　　d_h——轮毂直径；

　　　　$\overline{v}_m$——平均轴向速度；

　　a、b——系数，数值随着导叶相对开度的变化而变化。

系数 a、b 和导叶相对开度 $\overline{a}_0$ 的关系如图 5.2 所示。当 $\overline{a}_0 = 55\%$ 左右时，$b = 0$ 表示 v_m 沿半径均匀分布；当 $\overline{a}_0 > 55\%$ 时，$b > 0$ 表示轮缘处速度大；$\overline{a}_0 < 55\%$ 时，$b < 0$ 表示轮毂处速度大。

根据圆柱层无关性假设和连续性方程，$v_{m1} = v_{m2} = v_m$，因此转轮出口的轴向速度分布规律相同。

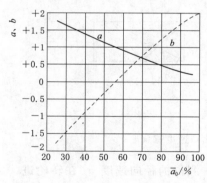

图 5.2　系数 a、b 与导叶相对开度 $\overline{a}_0$ 的关系

5.2.2　转轮进、出口环量沿半径的分布规律

在径向式导水机构的导叶出口，由于水流转弯产生的离心力，轴面速度沿着导叶高度从顶盖向底环增大。导叶出口角沿导叶高度是相等的，在不发生脱流的条件下，导叶的出口角 α_0 沿导叶高度也相等。由于导叶出口圆周分速度 $v_{u0} = v_{m0} \cot\alpha_0$，所以 v_{u0} 的分布规律与轴面流速 v_{m0} 相同。因此，沿导叶高度速度矩 $v_{u0} r_0$ 的分布是不均匀的，靠近底环处 $v_{u0} r_0$ 最大。由于从导叶出口到转轮进口这段流道水流不受任何外力矩作用，水流做等速度矩运动，因此沿转轮进口不同半径上环量 $2\pi r_1 v_{u1}$ 从轮毂向轮缘增加。试验结果证明其分布规律接近于直线，如图 5.3 所示。

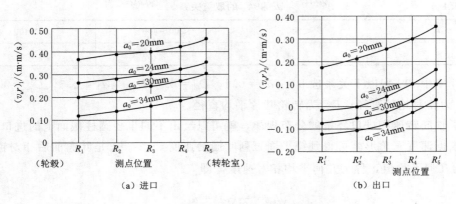

图 5.3 转轮进、出口速度矩分布

为了避免圆柱层之间引起附加漩涡，要求转轮进、出口的环量差对不同圆柱层保持常数。因此转轮进、出口环量沿半径的分布规律应相同，转轮进口环量 $\Gamma_1 = \Gamma_2 + \Delta\Gamma$。

设计水轮机时，一般是选择转轮出口环量，在试验资料的基础上，建议采用下列出口环量的分布规律：

（1）轮毂处出口环量 $\Gamma_2 = 0$，轮缘处出口环量 $\Gamma_2 = m(\Gamma_1 - \Gamma_2)$，如图 5.4（a）所示。其中 $\Gamma_1 - \Gamma_2 = \Delta\Gamma$，由水轮机基本方程确定，我国机械工程手册建议 m 值可在 $0.3 \sim 0.5$ 范围内选取。

（2）假定轮缘处 $\Gamma_2 = +0.2(\Gamma_1 - \Gamma_2)$，假定轮毂处 $\Gamma_2 = -0.2(\Gamma_1 - \Gamma_2)$，中间各截面按直线规律选取，如图 5.4（b）所示。

（3）假定转轮进口环量在轮缘和轮毂处之差为 $(0.3 \sim 0.35)(\Gamma_1 - \Gamma_2) = (0.3 \sim 0.35)\dfrac{2\pi H g \eta_h}{\omega}$，如图 5.4（c）所示。平均环量 Γ_{2pj} 按下式计算：

$$\Gamma_{2pj} = k_2 \frac{Q}{D_2} \tag{5.4}$$

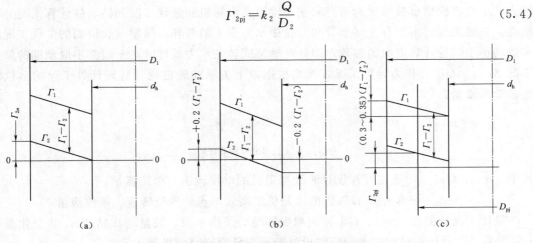

图 5.4 轴流式水轮机转轮出口环量的分布规律

系数 k_2 按表 5.1 选取。

表 5.1	n_s 和 k_2 的取值关系		
n_s	<200	200~400	>400
k_2	0	0.3~0.6	0.3~0.7

图 5.4 中 D_{pj} 按以下关系选取：$\overline{d}_h=0.4$，$D_{pj}=0.74D_1$；$\overline{d}_h=0.5$，$D_{pj}=0.78D_1$。其中 d_h 为相对轮毂直径；D_{pj} 为转轮叶片平均直径。

有了轴向转速和进口环量的分布规律，就可以绘出不同半径圆柱截面上的进口速度三角形，根据速度三角形就可得到绕平面直列叶栅的速度 $\vec{w}_\infty$。$\vec{w}_\infty$ 是叶栅前后相对速度 $\vec{w}_1$ 和 $\vec{w}_2$ 的几何平均值，称为几何平均相对速度，即

$$\vec{w}_\infty = \frac{1}{2}(\vec{w}_1 + \vec{w}_2) \tag{5.5}$$

5.3　轴流式水轮机转轮基本参数的确定

在转轮水力计算时，很大程度上决定转轮的过流能力、效率和汽蚀性能的结构参数和水力参数在水力设计之前必须合理选定。这些参数具体包括：转轮的各种工作水头（最大、最小及计算）及相应的出力；水轮机过流部分的外形，包括导叶相对高度 $\overline{b}_0$ 和转轮轮毂比 $\overline{d}_h$；转轮叶片数 Z_1 以及轮缘（或轮毂）圆柱截面的叶栅稠密度 l/t；设计转轮的最优单位转速 n_{110} 和最优单位流量 Q_{110}；对转轮汽蚀性能的要求等。

5.3.1　计算工况点

转轮设计的原始数据为水电站的水头和流量。根据水头和流量选择合理的设计参数（n_{11r}、Q_{11r}）是转轮设计首先要解决的问题。人们总是希望设计出的新转轮能达到预期的效果，即将新转轮进行试验而得到的最优工况作为所设计转轮的设计工况。对各种比转速轴流式水轮机模型试验结果的研究表明，轴流式水轮机的最优工况和转轮的计算工况并不相符。一般来说，由于存在尾水管和转轮中水力损失的差异，模型试验得到的最优工况的参数均小于转轮计算工况的参数。因此在轴流式转轮水力设计时，一般并不取预期的最优工况（n_{110}、Q_{110}）作为计算工况，而是根据以下关系式确定设计转轮计算工况的单位转速、单位流量：

$$\begin{cases} n_{11r}=(1.2\sim1.4)n_{110} \\ Q_{11r}=(1.35\sim1.6)Q_{110} \end{cases} \tag{5.6}$$

式中　n_{11r}、Q_{11r}——转轮叶片设计时计算工况的单位转速、单位流量；

n_{110}、Q_{110}——模型试验得到的水轮机最高效率点的单位转速、单位流量。

最优工况的参数（n_{110}、Q_{110}）应根据转轮的工作水头、流量与比转速 n_s 和空化系数 σ 的关系，以及当前轴流式水轮机的设计经验与科学研究成果等确定。

在计算时，需要给出计算工况的水轮机效率。根据不同比转速水轮机的统计，它和最优工况效率的比值见表 5.2，设计时可参照选定。

表 5.2 计算工况的水轮机效率 η 和最佳工况效率 η_{max} 的比值

n_s	320	400～500	550	870
η/η_{max}	0.94	0.95～0.98	0.93	0.86

5.3.2 流道主要几何参数

流道的几何形状和尺寸，直接影响着水轮机的过流能力及水力性能。不同比转速的水轮机应具有不同的流道形状和尺寸。设计转轮时，应根据理论分析并参照现有的比转速相接近的转轮来确定流道的形状和尺寸。

1. 导叶相对高度

导叶相对高度为 $\bar{b}_0 = \dfrac{b_0}{D_1}$，$\bar{b}_0$ 的大小对轴流式水轮机的过流能力影响也很大。轴流式水轮机的 $\bar{b}_0$ 主要根据保证水力损失最小时的导叶相对开度 $\bar{a}_0$ 来选取。

为了有效地转换能量，转轮对进口环量有一定的要求，根据水轮机基本方程，令出口环量 $\Gamma_2 = 0$，则进口环量为

$$\Gamma_1 = \frac{2\pi}{\omega} H \eta_h g \tag{5.7}$$

因为转轮进口环量 Γ_1 由导水机构形成，所以 Γ_1 又可按下式计算：

$$\Gamma_1 = 2\pi v_{u1} r_1 = 2\pi r_1 \frac{Q}{2\pi r_1 b_0} \cot\alpha_0 = \frac{Q}{b_0}\cot\alpha_0 \tag{5.8}$$

式中 b_0——导叶高度；

α_0——导叶出流角。

式（5.7）和式（5.8）应相等，则得到

$$\bar{b}_0 \tan\alpha_0 = \frac{Q_{11} n_{11}}{60 \eta_h g} \tag{5.9}$$

式（5.7）和式（5.8）说明，当 Q_{11} 和 n_{11} 越大时，比转速 n_s 也越高，要求 $\bar{b}_0$ 和 α_0（$\bar{a}_0$）越大。

另外，试验和分析结果证明，只有当导叶相对开度 $\bar{a}_0 = 30\% \sim 70\%$ 时，水力损失最小，如图 5.5 所示。

根据以上分析，b_0 可按表 5.3 选用。

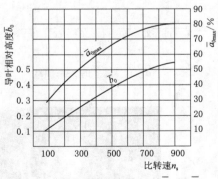

图 5.5 不同比转速水轮机的 $\bar{b}_0$ 和 $\bar{a}_{0max}$

表 5.3 轴流式水轮机 $\bar{b}_0$ 和 H_{max}（最大水头）的关系

H_{max}/m	15	30	40	75
$\bar{b}_0$	0.45	0.4	0.375	0.35

2. 转轮体形状和轮毂比

转轮体是轴流式水轮机的一个重要部件，轴流转桨式水轮机的转轮体内布置着转叶机构和油压操作机构。轴流式转轮使用水头越高，转轮叶片数越多，要求的转轮体也就越大。

转轮体的外形可分为圆柱形和球形两种。采用球形转轮体时，转轮叶片的内表面和转轮体之间配合较好，间隙也小，在不同转角时的间隙可保持不变，这适用于转桨式水轮机；在定桨式水轮机中，转轮体一般都采用圆柱形。

轮毂直径 d_h 和转轮直径 D_1 的比值称为轮毂比（记为 $\overline{d_h}$），即 $\overline{d_h} = \dfrac{d_h}{D_1}$。转轮的轮毂比是轴流式水轮机转轮设计的一个重要参数，直接决定着转轮过流断面的宽度和面积，影响着水轮机的过流能力。为了有效地转换能量和改善转轮的空化空蚀条件，应尽量增大转轮的过水断面面积，希望采用较小的轮毂比。所以，在转桨机构布置和转轮体强度允许的情况下要尽量减小轮毂比 $\overline{d_h}$。另外，从水力设计的角度来说，轮毂比过小又会使叶片相对扭曲度增大或使轮毂处翼型的冲角过大。

如果采用较小的 $\overline{d_h}$，意味着 $(D_2^2 - d_h^2)$ 值增加，即转轮的过流面积增大，过流能力提高。同时，过流面积的增大降低了水流的速度，改善了水轮机的空化性能。但是，$\overline{d_h}$ 值的大小与水头存在密切关系，当水头增高时，叶片上作用的轴向水推力和力矩也随之增大，同时也增加了叶片支点的摩擦力矩。此外，水头增大时，叶片数也将增多。对轴流转桨式水轮机还要求增大叶片调节机构的强度，相应地该机构的体积也要随之增大。因此，为了保证叶片和叶片调节机构的布置空间，必须要有足够大的轮毂直径。

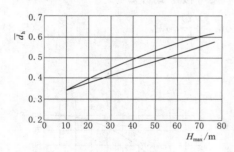

图 5.6　$\overline{d_h}$ 和 H_{max} 的关系曲线

当水头增高时，如果轮毂直径过小，还会使轮毂处和轮缘处的叶片安放角相差太大，引起叶片扭曲，造成水力损失增加，水轮机效率下降。

在设计转轮时，应在满足结构和强度要求的前提下尽量选用较小的轮毂比。轮毂直径主要由水头的大小决定，选择时可根据统计资料绘出轮毂比 $\overline{d_h}$ 与最大水头 H_{max} 的关系曲线来确定，如图 5.6 所示。不同水头的轴流式水轮机转轮结构如图 5.7 所示。

（a）低水头

（b）高水头

图 5.7　不同水头的轴流式水轮机转轮结构图

3. 转轮泄水锥的形状和尺寸

泄水锥位于转轮体下，呈流线型。通常泄水锥长度指转轮叶片转动轴线到泄水锥底部的高度。泄水锥的长度与水力效率以及液流作用在转轮上的力有关，通常长度较短的泄水锥可以减少摩擦损失，受到的周期作用力也比较小。但是泄水锥太短会引起脱流，还会使转轮中的液流与圆柱无关性假设相差太大。

一般情况下，轴流式水轮机转轮泄水锥的形状和尺寸按结构要求确定。

4. 转轮室形状

轴流式水轮机转轮室有圆柱形、球形和半球形三种。轴流定桨式水轮机由于转轮叶片不转动，其转轮室和轮毂体一般都做成圆柱形，达到减小轮毂直径 d_h 的目的。轴流转桨式水轮机为了满足工况调节时叶片与导叶开度进行协联调节，多采用球形和半球形转轮室。当叶片转动时，转轮室和转轮叶片之间的间隙是变化的。许多研究成果表明，在大多数情况下采用圆柱形转轮室的水轮机的能量性能和空化空蚀性能都变差。当采用球形转轮室时，转轮进口液流条件受到破坏，还增加了间隙空蚀的破坏作用。目前将转轮叶片的转动轴线以下部分做成球面，而其上部为圆柱面的半球形转轮室得到广泛的应用。这种半球形转轮室不仅性能良好，而且便于转轮叶片的安装和检修。

5. 喉部直径

半球形转轮室的球形部分向下延伸到大致以叶片在最大转角时所具有的长度位置时，构成转轮室直径最小的部位，常被称作喉部位置，其喉部直径 D_2（图 5.8）是转轮室的一个特征尺寸。有研究表明，将喉部直径从 $0.945D_1$ 增加到 $0.973D_1$，可使效率有所提高。当喉部直径增加到 $1.0D_1$ 时，转轮叶片外缘和转轮室的间隙加大，漏水损失增加，效率下降。

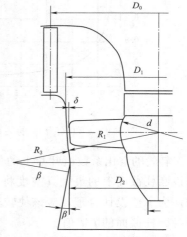

图 5.8　半球形转轮室

同时，转轮室形状和喉部直径对空蚀性能的影响很大，其影响程度与水轮机及尾水管高度有关。随着尾水管高度的增加，喉部直径对空蚀性能影响将减弱。

通常情况下，轴流式水轮机采用的喉部直径为 $(0.955\sim0.985)D_1$。

6. 叶栅稠密度

叶栅稠密度指转轮叶栅翼型的弦长 l 与栅距 t 之比值 l/t，是轴流式转轮设计中的重要参数，它的大小不仅直接影响水轮机的过流能力和转速，而且也是决定转轮空化空蚀性能的重要因素。

设计时，当转轮轮毂比一定时，l/t 的大小表征了叶片总面积的大小。l/t 大的叶栅，其叶片总面积大，在一定水头下作用在叶片正、背两面的压差小，叶片表面单位负荷就小。所以从改善空蚀性能角度出发希望增大叶栅稠密度 l/t，这可以在叶片数不变的情况下，采用增加叶片弦长来增大 l/t 值。但是 l/t 过大将引起叶片尺寸变大而导致转轮结构不合理。一般当 $l/t>1.1$ 时要用增加叶片数来增大 l/t，但这将会降低单位流量和增加液流与转轮叶片间的摩擦损失。因此，只有合理选择叶栅稠密度才能使所设计的转轮具有良好的综合性能。

转轮各圆柱截面的叶栅稠密度大小不相等，通常用叶栅稠密度的平均值 $(l/t)_{pj}$ 表征整个转轮叶栅稠密度。

转轮轮毂处叶栅稠密度的选择原则是使它与轮缘处具有相近似的空蚀性能。由于轮毂处的圆柱截面半径小而受力大，因此轮毂处翼型的厚度和冲角均较大，这将会使轮毂处的空蚀性能恶化。为使轮缘处的空蚀性能与轮缘处相近，应将轮毂处叶栅稠密度取得大些。

轮缘截面的叶栅稠密度为 $(l/t)_A = (0.85 \sim 0.95)(l/t)_{pj}$，轮毂截面的叶栅稠密度为 $(l/t)_B = (1.1 \sim 1.2)(l/t)_{pj}$，中间各截面的叶栅稠密度可按直线或下凹的曲线规律确定。

图 5.9 中的曲线表示转轮叶栅平均稠密度 $(l/t)_{pj}$ 对水轮机空化系数 σ 的影响。从图中可以看出，随着 l/t 的增加，σ 开始下降很快，但是在 $l/t > 1.1$ 以后曲线下降比较平缓。这是因为随着 l/t 的增加，叶片的体积也随着增大，使得转轮流道排挤量增大，造成流道中的水流速度上升，空化条件恶化。另外，l/t 的增大会减小叶片间的开口，使单位流量减小。同时，叶片面积增加还会引起水流与叶片的摩擦损失增加，使水轮机效率下降，如图 5.10 所示。因此只有合理地选择转轮的叶栅稠密度才能保证良好的综合性能。

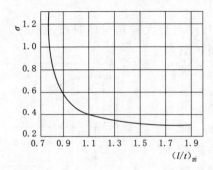

图 5.9　σ 和 $(l/t)_{pj}$ 的关系曲线

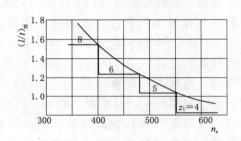

图 5.10　$(l/t)_{pj}$ 和 n_s 的关系曲线

转轮的空化系数由叶片上的最大真空度决定。如果转轮某一圆柱截面上有过小的 l/t，则该圆柱截面上的最大真空度将比其他截面上的大得多，这将使整个转轮的空化系数偏高。为了使设计合理，应该使转轮区域内各圆柱截面上的最大真空度近似相等，据此来选择各圆柱截面的 l/t 值。

由于轮毂处半径最小，而该处叶片受力最大，因此要求轮毂截面上的翼型厚度及弯度均较大，这将使空化性能恶化。所以，一般轮毂截面上的叶栅稠密度 $(l/t)_b$ 应取得大一些，它与轮缘截面上的叶栅稠密度 $(l/t)_n$ 的关系大致为

$$(l/t)_b = (1.2 \sim 1.25)(l/t)_n \tag{5.10}$$

中间各圆柱截面上的 l/t 则按线性关系选取。

7. 转轮叶片数

轴流式水轮机叶片数 Z_1 确定的原则是转轮叶片不应太长，叶片包角不要太大。叶片包角 θ 是叶片进口边最前点的轴截面与叶片出口边最后点的轴截面之间的夹角，包角越大则叶片越长，叶片包角通常取 $70° \sim 90°$。据统计，叶片数与叶栅稠密度 l/t 的关系见表 5.4。

表 5.4 叶片数与稠密度的关系

Z_1	3	4	5	6	7	8
l/t	0.6~0.75	0.78~1.0	1.0~1.25	1.2~1.50	1.36~1.75	1.56~2.0

设计时，当叶栅稠密度 l/t 选定后，叶片数 Z_1 与 l/t 和 θ 的关系可用下式近似表示：

$$Z_1 = \frac{360}{\theta} \frac{l}{t} \tag{5.11}$$

由式（5.11）可知，包角 θ 越大，叶片数 Z_1 越小。轴流式转轮叶片数确定的原则是不使叶片太长和包角 θ 太大，否则会使叶片不易转动或者转动后叶片与轮毂及转轮室之间的间隙很大，使泄漏损失增加，容积效率降低。如果包角 θ 太小，则会使转轮叶片数增加，给机组结构布置带来困难。

8. 轴流式水轮机流道的几何形状

在确定上述参数后并选定几何参数后，便可绘制转轮流道的轴面图。型谱中的转轮流道尺寸见表 5.5 和图 5.11。转轮室的流道尺寸见图 5.12 和表 5.6。

表 5.5 轴流式水轮机转轮的流道尺寸

转 轮 型 号		ZZ360	ZZ440	ZZ460	ZZ560	ZZ600
转轮流道尺寸/m	D_1（球）	1.0	1.0	1.0	1.0	1.0
	Z_1	8	6	5	4	4
	D_0	1.16	1.16	1.255	1.16	1.255
	Z_2	24	32	20	24	20
	b_0	0.35	0.375	0.382	0.4	0.488
	d_B（球）	0.55	0.5	0.5	0.4	0.333
	R_1	0.25	0.275	0.236	0.23	0.236
	R_2	0.93	0.67	0.938	0.65	0.944
	r	0.062	0.09			
	d_1					0.5
	d_2	0.5	0.45	0.467	0.4	0.292
	d_3	0.5	0.45	0.435	0.35	0.292
	d_4	0.46	0.45	0.435	0.35	0.2775
	d_5				0.0105	
	h_1	0.2085	0.2085	0.245	0.2085	0.239
	h_2			0.123		0.092
	h_3	0.3085	0.3095	0.298	0.4	0.108
	h_4				0.48	
	h_5	0.6647	0.374			

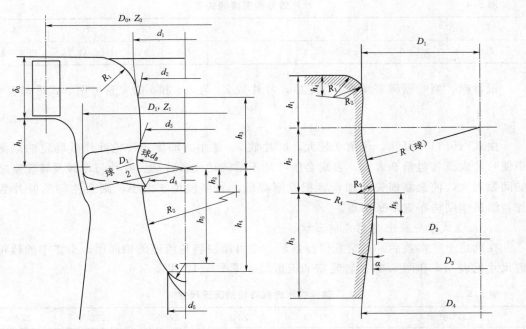

图 5.11　轴流式水轮机转轮的流道尺寸　　　　图 5.12　转轮室的流道尺寸

表 5.6　　　　　　　　　　　　　转 轮 室 的 流 道 尺 寸

转 轮 型 号		ZZ360、ZZ440、ZZ560	ZZ460	ZZ600
流道尺寸/m	D_1	1.0	1.0	1.0
	D_2	0.973	0.944	0.944
	D_3	0.981		
	D_4		1.3	1.18
	R_1	0.05	0.075	0.075
	R_2	0.19	0.123	0.123
	R_3		0.262	0.262
	R_4	0.385	0.944	0.944
	R（球）	0.5	0.5	0.5
	h_1	0.2085	0.245	0.239
	h_2	0.154	0.213	0.211
	h_3		0.995	0.708
	h_4	0.081	0.104	0.194
	h_5	0.052		
	$\alpha/(°)$	8	11	11

5.4 升力法设计轴流式转轮叶片

5.4.1 计算原理

当液流以来流速度 w_∞ 绕流叶栅时，则在每一个翼型上作用有升力 R_y 和迎面阻力 R_x，如图 5.13 所示。升力 R_y 是垂直于速度 w_∞ 的，迎面阻力 R_x 是平行于 w_∞ 的。升力 R_y 和迎面阻力 R_x 可以用以下公式求得

$$R_y = C_{yp}\rho \frac{w_\infty^2}{2} F \tag{5.12}$$

$$R_x = C_{xp}\rho \frac{w_\infty^2}{2} F \tag{5.13}$$

其中

$$F = l\,\mathrm{d}r \tag{5.14}$$

式中 C_{yp}——叶栅中翼型的升力系数；

C_{xp}——叶栅中翼型的阻力系数；

w_∞——叶栅的特征流速，是叶栅前后相对运动速度的几何半均值；

F——叶栅中翼型的最大投影面积；

l——翼型的弦长；

$\mathrm{d}r$——圆柱层的厚度。

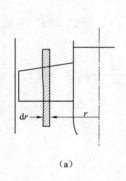
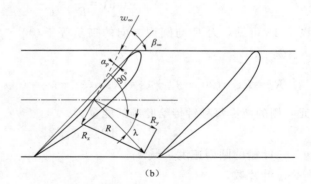

(a)　　　　　　　　　　　　　(b)

图 5.13　轴流式水轮机转轮叶栅

为了决定 w_∞ 的值，需要作出转轮叶栅进口处和出口处液流的速度三角形（图 5.14），平分 CD 线得到 E 点，连接 EB 即得到速度 w_∞。

在流体力学中已知，系数 C_{yp} 和 C_{xp} 与机翼的形状、翼型和冲角 α_p、雷诺数 Re 有关，C_{yp} 和 C_{xp} 可以通过在风洞中进行空气动力学试验求得。一般将系数 C_{yp} 和 C_{xp} 随冲角 α_p 的变化曲线 $C_{yp} = f(\alpha_p)$ 和 $C_{xp} = f(\alpha_p)$ 称为叶栅的动力特性曲线。

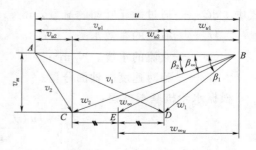

图 5.14　直列叶栅的速度三角形

若缺可供设计参考的叶栅动力特性资料，则需假定平面直列叶栅为稀疏叶栅，即叶栅稠密度 l/t 较小，其特性接近于单个翼型的绕流，计算时利用单个翼型的资料并进行一定的修正。

因此升力法在很大程度上依赖机翼的试验资料，是一种半经验半理论的方法。但是相对来讲它的计算工作量小，方法简单，适用于叶栅稠密度不大的轴流式转轮叶片的设计。

5.4.2 基本方程

为了使所设计的转轮能够满足对能量转换的要求，在一定的工作条件下，翼型和叶栅的几何参数之间、动力特性与液流的运动参数之间必须遵循一定的关系。本节讨论的基本方程，即反映了这种关系。

根据圆柱层无关性假设，可用半径等于 r 和 $r+dr$ 的两个同心圆柱面在转轮上切下一微元叶栅，并将其展开成平面无限直列叶栅（图 5.13）。该叶栅的微元叶片的面积为

$$dF = l\,dr \tag{5.15}$$

当液流绕流过该微元叶栅时，作用在翼型上的力 R 为

$$R = \frac{R_{yp}}{\cos\lambda} = C_{yp}\rho\frac{w_\infty^2}{2}\frac{l\,dr}{\cos\lambda} \tag{5.16}$$

式中 λ——力 R 与 R_{yp} 之间的夹角，$(°)$；

其他符号意义同前。

故

$$\tan\lambda = \frac{R_x}{R_y} = \frac{C_{xp}}{C_{yp}} \tag{5.17}$$

由图 5.13 可见，力 R 与圆周方向的夹角等于 $(90° - \beta_\infty + \lambda)$，所以力 R 在圆周方向的分量 R_u 为

$$R_u = R\cos(90° - \beta_\infty + \lambda) = R\sin(\beta_\infty - \lambda) = C_{ys}\rho\frac{W_\infty^2}{2}\frac{l\,dr}{\cos\lambda}\sin(\beta_\infty - \lambda) \tag{5.18}$$

微元叶栅的液流每秒钟传给叶栅的能量为

$$dP_e = R_u u Z_1 \tag{5.19}$$

式中 u——叶栅的圆周速度，m/s；

Z_1——叶片数。

通过微元叶栅液流发出的有效出力为

$$dP_e = \rho g\,dQH_e \tag{5.20}$$

其中

$$dQ = v_m Z_1 t\,dr \tag{5.21}$$

式中 dQ——通过微元叶栅的流量，m/s；

H_e——液流的有效水头，m；

ρg——液流的重度，N/m³；

v_m——绝对速度的轴面分量。

根据水轮机基本方程：

$$H_e = \frac{u(v_{u1} - v_{u2})}{g} = \frac{u(\Delta v)}{g}$$

由于 $R_u v Z_1 = \rho g\,dQH_e$，整理得

$$C_{y\rho}\rho\,\frac{w_\infty^2}{2}\frac{l\,\mathrm{d}r}{\cos\lambda}\sin(\beta_\infty-\lambda)uZ_1=v_mZ_1t\,\mathrm{d}r\rho g\,\frac{u(\Delta v_u)}{g} \tag{5.22}$$

故而有

$$C_{y\rho}\,\frac{l}{t}=\frac{2v_m\Delta v_u}{w_\infty^2}\frac{\cos\lambda}{\sin(\beta_\infty-\lambda)} \tag{5.23}$$

由速度三角形可知:

$$v_m=w_\infty\sin\beta_\infty \tag{5.24}$$

代入式 (5.23) 可得

$$C_{y\rho}\,\frac{l}{t}=\frac{2\Delta v_u}{w_\infty^2}\frac{1}{1-\dfrac{\tan\lambda}{\tan\beta_\infty}} \tag{5.25}$$

式 (5.25) 称为用升力法设计轴流式转轮叶栅的基本方程。它的物理意义是指为了使流过水轮机的液流所付出的有效能量与转轮叶栅所承受的能量相平衡,叶栅与液流参数之间应该满足的关系。

液流的速度决定于设计时给出的水头 H_r、出力 P 和转速 n,基本方程式 (5.25) 中的 Δv_u、w_∞ 和 β_∞ 已在圆柱截面的速度三角形计算中求得,而 $\tan\lambda$ 与 $C_{y\rho}$ 有关,所以基本方程中只有两个基本未知数 $C_{y\rho}$ 和 l/t,一般是给定一个然后用式 (5.25) 求另一个。

水流方向与翼型弦的夹角 α 称为冲角,在利用单个翼型的动力特性设计轴流式转轮叶片时,可先给出一个冲角 α_p,然后在所选择的动力特性曲线 (图 5.15) 上查出升力系数 $C_{y\rho}$,再代入基本方程,求出叶栅稠密度 $(l/t)'$,将它与按比转速 n_s 或空化系数 σ 选择的叶栅稠密度 l/t 相比较,若差别大就要重新选取 α。

设计时,如果先给出叶栅的升力系数 $C_{y\rho}$ 则可求出叶栅稠密度 l/t。为给出升力系数 $C_{y\rho}$,可从翼型手册中选择性能良好的机翼,在所选机翼的动力特性曲线上确定翼型工作最有利的区域。如图 5.15 为所选机翼的动力特性可知,选择大的冲角则升力系数 C_y 大,可使翼型尺寸减小,但阻力系数 C_x 亦大,影响叶栅的水力效率。为了保证高效率,翼型应选择在 C_x 小而 C_y 大的区域工作。通常称 $\cot\lambda=C_y/C_x$ 为翼型的质量,比值 C_y/C_x 最大的区域就是最高质量区,如图 5.15 (b) 的 $C_y=f(C_x)$ 关系曲线。显然,过坐标原点作 $C_y=f(C_x)$ 曲线的切线,则切点附近应为最高质量区。设计时,翼型应选择在此区工作,由此确定冲角 α 和 C_y、C_x 值。

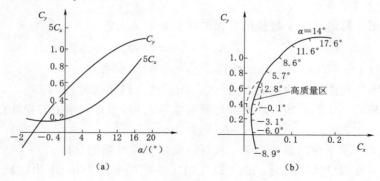

图 5.15 翼型的动力特性

另外，也可以将选出的叶栅稠密度代入基本方程计算出 C_{yp}，然后在翼型动力特性图（图 5.15）中查出冲角 α。当 α 与预先给定的冲角 α' 相差太大时，也要进行校正计算。

5.4.3 系数修正

1. 升力系数的修正

叶栅的升力系数 C_{yp} 和机翼升力系数 C_y 的关系可表示为

$$C_{yp}=C_y L \tag{5.26}$$

式中　L——叶栅修正系数，其与翼型形状、安放角及叶栅稠密度有关。

目前，只有平板叶栅的修正系数可以用理论方法求得。图 5.16 为平板叶栅的修正系数 L_n 与叶栅的安放角及稠密度的关系曲线。

在水轮机（水泵）中转轮叶栅是由空气动力翼型组成的，为了求得它的修正系数 L，一般采用近似的方法：先将翼型转化为等价的平板翼型，求出平板叶栅的修正系数 L_n 后再进行翼型叶栅的修正。计算公式如下：

$$L=L_n m \tag{5.27}$$

式中　m——校正系数。

因为用上述方法得到的修正系数 L 与翼型的实际修正系数是有差异的，所以建议采用校正系数 m。

对于稠密度 $l/t=0.86\sim0.95$ 的叶栅，校正系数为

$$m=0.042\bar{\delta}+0.71 \tag{5.28}$$

式中　$\bar{\delta}$——翼型相对厚度。

当 $l/t\geqslant1.1$ 时，取 $m=1+0.75(l/t)^2$；当 $l/t<1.1$ 时，取 $m=2$。

等价平板的画法如图 5.17 所示，过翼型的后缘点 A 和翼型骨线中点 C 作一条直线 AB，再由翼型的前缘点 D 作翼弦 AD 的垂线 DB，与直线 AB 相交于 B 点，则线段 AB 即为等价平板翼型的长度 L_n，其安放角为 β_{en}。由该等价平板组成的叶栅称为等价平板叶栅。求出等价平板的稠密度 $(l/t)_n$ 和安放角 β_{en} 后，可在图 5.16 中查得平板叶栅的修正系数 L_n，由 L_n 及 m 可得到空气动力翼型的修正值 L。

2. 阻力系数的修正

翼型是选在最高质量区工作的，该区域 C_x 值很小，对叶栅的设计无显著的影响，因此对叶栅中翼型的迎面阻力系数一般不作修正，近似认为 $C_x\approx C_{xp}$。

3. 冲角的修正

可按下式把单翼的冲角 α 转换成叶栅的冲角 α_p：

$$\alpha_p=\alpha+\Delta\alpha \tag{5.29}$$

对于稠密度 $l/t=0.86\sim0.95$ 的叶栅，$\Delta\alpha=-0.28\bar{\delta}+1.3$。

将单翼动力特性曲线上选定的 C_y、α 及 $\tan\lambda$ 值，修正为叶栅的 C_{yp}、α_p 及 $\tan\lambda$ 后，再利用基本方程式（5.25）即可求得叶栅稠密度 l/t。翼型在叶栅中的安放角 β_{en} 为

$$\beta_{en}=\beta_\infty-\alpha_p \tag{5.30}$$

有了 β_{en}、l/t 及所选的翼型形状，就可以完成平面叶栅的设计。

在应用基本方程设计叶栅时，也可以先给定叶栅稠密度 l/t，求出叶栅升力系数 C_{yp} 后，再根据 C_{yp} 去选择合适的翼型，从而确定冲角 α_p，设计出叶栅。

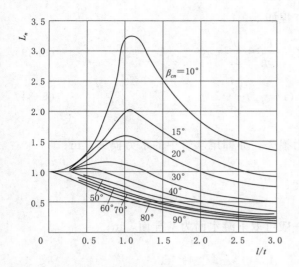

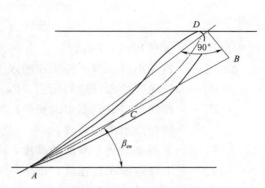

图 5.16 平板叶栅的修正系数L_n与安放角
及稠密度的关系曲线

图 5.17 等价平板画法示意图

5.4.4 叶栅空化性能的检查和估算

叶栅设计除了保证能量转换和高的效率外，还应有良好的空化空蚀性能，因此必须进行空蚀性能的检查。

轴流式转轮的空蚀性能与翼型的升力系数有密切的关系。升力系数越大，效率越高，能量转换越充分。但升力系数越大，意味着翼型两面的压差越大，背面最低压力点的压力越低，也就越容易发生空蚀。故设计时采用的升力系数是受空化空蚀条件限制的。液流绕流翼型时，在翼型的背面会造成一个不均匀分布的压力场（图 5.18），压力最低值一般靠近翼型出口。若最低点的压力 P_{min} 低于该液流温度下的汽化压力 P_V，则会产生空化空蚀现象。

叶栅上翼型压力最低点的 m 和叶栅出口边点 2 的相对运动伯努利方程如下：

$$Z_m + \frac{P_{min}}{\rho g} + \frac{w_{max}^2}{2g} - \frac{u_m^2}{2g}$$

$$= Z_2 + \frac{P_2}{\rho g} + \frac{w_2^2}{2g} - \frac{u_2^2}{2g} + \Delta h_{m-2}$$

(5.31)

因为 $u_m = u_2$、$Z_m \approx Z_2$，若忽略水力损失 Δh_{m-2}，则由式（5.31）可得

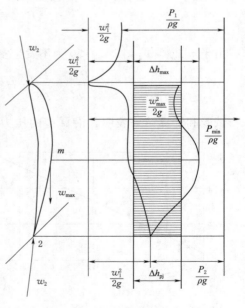

图 5.18 翼型表面的压力分布

$$\frac{P_{min}}{\rho g} = \frac{P_2}{\rho g} - \frac{w_{max}^2 - w_2^2}{2g}$$

(5.32)

转轮出口点和下游水面点 a 的伯努利方程如下:

$$Z_2 + \frac{P_2}{\rho g} + \frac{v_2^2}{2g} = Z_a + \frac{P_a}{\rho g} + \frac{v_a^2}{2g} + \Delta h_{2-a} \tag{5.33}$$

其中
$$\Delta h_{2-a} = (1 - \eta_w)\frac{v_2^2}{2g} \tag{5.34}$$

式中　P_a——大气压强，Pa；

　　Δh_{2-a}——转轮出口点至下游水面的水力损失，亦即尾水管中的水力损失，m；

　　P_2——转轮叶片出口边的压强，Pa；

　　Z_2——转轮出口点到基本准面的高度；

　　v_2——转轮点水流的速度；

　　Z_a——下游水面到基准面的高度，一般可取下游水面为基准面，m；

　　v_a——下游水面水流速度，m/s。

又因 $Z_2 - Z_a = H_s$，所以有

$$\frac{P_2}{\rho g} = \frac{P_a}{\rho g} - H_s - \eta_w \frac{v_2^2}{2g} \tag{5.35}$$

公式变形得

$$\frac{P_{\min}}{\rho g} = \frac{P_a}{\rho g} - H_s - \eta_w \frac{v_2^2}{2g} + \frac{w_2^2 - w_{\max}^2}{2g} \tag{5.36}$$

令最低压力系数为

$$\overline{P}_{\min}^* = 1 - \left(\frac{w_{\max}}{w_2}\right)^2 \tag{5.37}$$

由于 $w_{\max} > w_2$，$\overline{P}_{\min}^* < 0$ 为不发生空蚀，$\overline{P}_{\min}^*$ 越接近于 0 越好，则有

$$\frac{P_{\min}}{\rho g} = \frac{P_a}{\rho g} - H_s - \eta_w \frac{v_2^2}{2g} - |\overline{P}_{\min}^*|\frac{w_2^2}{2g} \tag{5.38}$$

试验和计算结果表明，沿翼型的压力分布与翼型的升力系数 C_y 及叶栅稠密度 $\frac{l}{t}$ 有

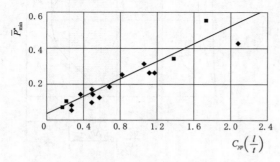

图 5.19　$\overline{P}_{\min}^*$ 与 $C_{yp}\left(\dfrac{l}{t}\right)$ 的关系曲线

关。由试验结果绘出 $\overline{P}_{\min}^*$ 与 $C_{yp}\left(\dfrac{l}{t}\right)$ 的关系曲线，如图 5.19 所示。由图可看出，对不同的叶栅此曲线为一条直线，其方程式为

$$|\overline{P}_{\min}^*| = 0.25 C_{yp}\left(\frac{l}{t}\right) + 0.01(\bar{\delta} - 3)\left(\frac{l}{t}\right) \tag{5.39}$$

式中　$\bar{\delta}$——叶栅翼型的相对厚度，$\bar{\delta} = \dfrac{\delta_{\max}}{l}$。

综上可得

$$\frac{P_{\min}}{\rho g}=\frac{P_a}{\rho g}-H_s-\eta_w\frac{v_2^2}{2g}-\left[0.25C_{yp}\left(\frac{l}{t}\right)+0.01(\bar{\delta}-3)\left(\frac{l}{t}\right)\right]\frac{w_2^2}{2g} \qquad (5.40)$$

式中 $P_{\min}$——叶栅翼型压力最低点的压强，Pa；

   H_s——转轮出口到下游水面的高差；

其他符号意义同前。

由式（5.40）知，升力系数 C_{yp} 越大，$P_{\min}$ 就越小，因此增大升力系数 C_{yp} 要受空化空蚀条件限制。计算时，通常按以下公式取值：

$$\frac{P_{\min}}{\rho g}=\frac{P_V}{\rho g}+\Delta H \qquad (5.41)$$

式中 P_V——汽化压力，Pa；

   ΔH——汽化安全余量，m，一般取 $\Delta H=0.5\sim1.0$m。

将式（5.40）变换为

$$\frac{P_a}{\rho g}-H_s-\frac{P_{\min}}{\rho g}=\eta_w\frac{v_2^2}{2g}-|\overline{P}_{\min}^*|\frac{w_2^2}{2g} \qquad (5.42)$$

再将式（5.42）两边同时除以水头 H，可得到空化空蚀系数 σ 的估算公式：

$$\sigma=\eta_w\frac{v_2^2}{2gH}-|\overline{P}_{\min}^*|\frac{w_2^2}{2gH} \qquad (5.43)$$

由于升力法不能计算出沿翼型表面的速度和压力分布，在估算空化系数 σ 时，$\overline{P}_{\min}^*$ 可用式（5.39）计算得到。另外，计算得到的 C_{yp} 值只能在设计时作近似估算用，转轮的空化性能必须通过模型试验来验证。

计算时应使各计算截面具有相同的空化空蚀性能，如性能相差太大应调整 l/t 值进行修正。在计算过程中，应在保证效率和空化空蚀性能的前提条件下，选取较大的升力系数，以期获得较小的转轮叶栅尺寸，提高转轮的过流能力和效率。

5.4.5 转轮水力效率的估算

由前所述，液流绕流叶栅时，液流对叶栅所做的功为

$$\mathrm{d}P_e=R_u u Z_1 \qquad (5.44)$$

而液流克服迎面阻力消耗的功率为

$$\mathrm{d}P_x=R_x w_\infty Z_1 \qquad (5.45)$$

式中 R_x——作用在翼型上的合力在 x 方向的投影；

   w_∞——几何平均相对速度。

则水力效率为

$$\eta_c=\frac{\mathrm{d}p_e}{\mathrm{d}p_e+\mathrm{d}p_x}=\frac{R_u u Z_1}{R_u u Z_1+R_x w_\infty Z_1}=\frac{1}{1+\dfrac{R_x w_\infty}{R_u u}} \qquad (5.46)$$

又由于 $R_x=R\sin\lambda$，$R_u=\sin(\beta_\infty-\lambda)$，则叶栅水力效率为

$$\eta_c=\frac{1}{1+\dfrac{w_\infty}{u}\dfrac{\sin\lambda}{\sin(\beta_\infty-\lambda)}} \qquad (5.47)$$

由式（5.47）可见，角 λ 越小，叶栅效率越高。为了保证转轮的水力效率，翼型应选在最高质量区工作。

当每一计算圆柱截面栅的叶栅确定以后，即可按式（5.47）算出转轮的水力效率 η_h：

$$\eta_h = \frac{2\pi \int_{r_b}^{R_1} \eta_c r v_z \, \mathrm{d}r}{q_v} \tag{5.48}$$

式中　r_b——转轮轮毂处半径；

$\quad\quad R_1$——转轮轮缘处半径；

$\quad\quad q_v$——流体通过转轮的体积流量。

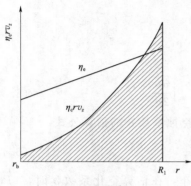

图 5.20　图解积分法求解 η_h

式（5.48）还可用图解积分法求解，如图 5.20 所示，作出不同计算截面的半径 r 与 $(\eta_c v_z r)$ 的关系曲线，由 $\eta_c v_z r = f(r)$ 下的面积 F 即可求得转轮的水力效率 η_h，即

$$\eta_h = \frac{2\pi F}{q_v}$$

由上述计算可知，计算截面的半径越大，叶栅效率 η_c 对转轮水力效率 η_h 的影响越大。所以靠近轮缘处的翼型应选用最高质量区的冲角，而在轮毂处的翼型冲角可取大些，但不大于 $8°\sim10°$。

必须指出，转轮水力效率 η_h 的计算只能作为估计或比较不同计算方案时运用。

5.4.6　设计转轮叶片的基本步骤

（1）确定转轮的设计工况 Q_{11r} 和 n_{11r}。

（2）绘制转轮的轴面流道图。

（3）确定转轮计算圆柱截面，进行进、出口速度三角形的计算。一般在轮毂与轮缘之间取 5～6 个圆柱截面，各计算截面之间的距离相等。

（4）选择翼型。从空气动力翼型的图册中选择翼型的系列，在选择翼型时应注意以下事项：

1）若设计的转轮比转速 n_s 较低，则转轮进出口处绝对速度的圆周分量的差值 Δv_u 较大，因而相对速度 w_1 和 w_2 间的夹角越大。为保证冲角不越出最优质量区，应选择相对弯度即 $\overline{f}$ 较大的翼型。

2）所选翼型应满足效率高、工作稳定和空化空蚀性能良好等要求。因此，在保证强度的条件下，应选择翼型尾端尽可能薄、翼型的最大厚度距头部的距离 l_1 较小的翼型。试验表明，$\dfrac{l_1}{t}$ 越小则空蚀系数越小。但对转桨式水轮机的转轮，为使在转动叶片时克服的水力矩最小，叶片的转动中心一般取在翼型的中心部位。若最大厚度过于偏前，则会减小叶片与法兰连接处的断面面积，减弱叶片强度。建议采用 $\dfrac{l_1}{t} = \dfrac{1}{3} \sim \dfrac{2}{5}$ 的翼型。

3）为保证叶片表面光滑，各计算截面最好选用同一系列翼型。

（5）确定各计算截面上叶栅稠密度 l/t 和翼型的相对厚度 $\delta=\delta_{\max}/l$。为使轮毂处与轮缘处具有相近的空化空蚀性能，轮毂处的叶栅稠密度可按下式选取：

$$\left(\frac{l}{t}\right)_{轮毂}=1.2\sim1.5\left(\frac{l}{t}\right)_{轮缘} \tag{5.49}$$

中间各截面的叶栅稠密度沿半径按直线变化的规律选取。

在其他参数不变的情况下，加厚翼型会使绕流翼型时水流速度增大，而导致最低压力系数及空化空蚀系数的增大，所以在强度条件允许的条件下应取较小的翼型厚度。轮缘处翼型受力较小，其厚度按工艺条件确定，一般取 $\delta=2\%\sim3\%$。轮毂处的厚度将直接影响叶片的强度初步计算时，可参考相近水头的转轮选取或用经验公式估算。对不锈钢制造的叶片，计算轮毂处翼型最大厚度的经验公式如下：

$$\delta_{\max}=(0.012\sim0.015)D_1\sqrt{H} \tag{5.50}$$

式中　D_1——转轮进口直径，m；

　　　H——水轮机设计水头，m。

如用普通钢制造，则厚度要加大，加大的倍数应为不锈钢和普通钢两者允许应力之比值的三次方根。

中间各截面的翼型厚度可按厚度沿半径为直线变化的规律选取。

（6）根据空化空蚀计算公式［式（5.40）］计算中间各截面的最大允许升力系数 $C_{yp,\max}$。

（7）确定各计算截面上翼型的升力系数 C_{yp}。用升力法设计转轮叶片的基本方程计算出各计算截面的 C_{yp}，并使 $C_{yp}\leqslant C_{yp,\max}$，通常采用逐次逼近法求得 C_{yp} 的值。

（8）确定各计算截面上翼型的冲角 α_p。

1）在选定翼型的动力特性曲线上的最高质量区内选取冲角的第一次近似值 α_1，一般轮缘处取 $\alpha_1=3°\sim4°$，轮毂处取 $\alpha_1=8°\sim10°$。

2）根据冲角 α_1，在翼型的特性曲线上查得相应的 C_x、C_y 值，确定 $\tan\lambda=\dfrac{C_x}{C_y}\approx\dfrac{C_{xp}}{C_{yp}}$。

3）将 $\tan\lambda$ 代入基本方程式（5.25），求得 C_{yp} 值（式中其他参数值均为已知）。

4）求出单个翼型的升力系数 $C_y=\dfrac{C_{yp}}{l}$。

5）由 C_y 在翼型的动力特性曲线上查得相应的冲角，以 α_2 表示。若 $\alpha_2\approx\alpha_1$，则计算完成，否则重复上述过程，直至接近为止。

一般希望冲角在最高质量区内，由于轮毂处半径小、翼型长度短、负荷较大而不易满足要求，因此允许其冲角稍大一些，但不超过 $8°\sim10°$。若求得的冲角超过上述范围，或几次逼近相差仍大，则应考虑另选翼型或调整 l/t 值，再进一步计算。

6）修正冲角，即　$\alpha_p=\alpha+\Delta\alpha$。

（9）确定各计算截面上叶栅翼型的安放角 β_{en}，即 $\beta_{en}=\beta_{\infty}-\alpha_p$。

（10）估算转轮水力效率。

（11）绘制转轮叶片木模图。

5.5　奇点分布法设计轴流式转轮叶片

5.5.1　奇点分布法概述

与升力法不同，奇点分布法是用数学解析的方法来设计转轮叶片的。它的基本出发点是用一系列分布在翼型骨线上的奇点来代替叶栅中的翼型对液流的作用，其实质是势流叠加，在研究转轮叶栅绕流问题时，用一系列分布在翼型骨线上的漩涡、源（汇）代替叶片，这些漩涡和源（汇）与某一平面平行流的作用，组成与转轮叶片中液流相同的速度场。对于不同的叶栅，可以用不同的漩涡和源（汇）的密度分布规律来代替。

用奇点分布法计算轴流式转轮的叶片时，其基本参数及计算工况的确定、计算截面进、出口水流速度三角形的计算和升力法相同，只是叶栅计算的方法不同。

应用奇点分布法计算叶栅绕流时，显然必须假定来流为有势流动。

平面直列叶栅计算坐标如图 5.21 所示，用奇点分布法计算叶栅时，以下条件是给定的：①叶栅稠密度 $\dfrac{l}{t}$ 和叶片数 Z_1；②平面平行来流速度 w_{∞}；③绕翼型的环量 Γ_B。Γ_B 可按式（5.51）计算，$(\Gamma_1-\Gamma_2)$ 则由水轮机基本方程式决定。

$$\Gamma_B=\frac{\Gamma_1-\Gamma_2}{Z_1} \tag{5.51}$$

计算要求确定的是翼型形状及其对栅轴的安放位置。

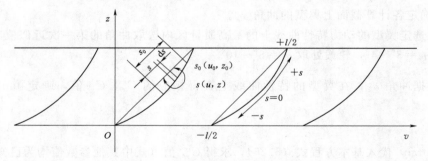

图 5.21　平面直列叶栅计算坐标

由于转轮叶片假定为无限薄，因而叶栅中的翼型和其骨线没有区别，可用环量密度为 $\gamma(s)$ 的漩涡层来代替所求的翼型骨线。显然沿骨线分布的 $\gamma(s)$ 其漩涡总强度应等于给定的绕翼型环量值 Γ_B，即

$$\Gamma_B=\int_{-\frac{l}{2}}^{+\frac{l}{2}}\gamma(s)\,\mathrm{d}s \tag{5.52}$$

用奇点分布法绘制翼型的方法是：在选定的漩涡分布规律 $\gamma(s)$ 的条件下，求出由漩

涡层和平面平行来流合成的速度场；利用绕流无分离的条件（即翼型上各点的速度向量必须与其表面相切的性质）来绘制翼型的形状。

但在求漩涡层的诱导速度场时，除了选定代替翼型的漩涡分布 $\gamma(s)$ 外，还必须知道翼型骨线的形状，因 $\gamma(s)$ 仅表示漩涡的分布规律，它并不给出各漩涡点的坐标，而翼型骨线的形状又正是所求的，因此奇点分布法计算叶栅时采用了逐次逼近的方法。

采用逐次逼近法时，可先假定一个翼型骨线形状，计算出骨线上各点的合成速度 w。由于骨线是假定的，因此 w 并不能和骨线相切。根据骨线应和速度 w 相切的条件修改第一次假定的骨线形状，得到第二次近似骨线。重复上述计算，直至逼近为止。

因此，用奇点分布法设计轴流式转轮叶栅时，可分为以下三个步骤来进行：①选择环量密度 $\gamma(s)$ 沿骨线的分布规律；②假定第一次近似翼型；③计算和绘制第二次近似翼型。

5.5.2 设计步骤与注意事项

5.5.2.1 设计步骤

1. 选择环量密度 $\gamma(s)$ 沿骨线的分布规律

（1）用 w、w_2 求其几何平均值 w_∞ 作为绕流叶栅平面的平行来流。根据确定的转轮流道，在叶片的轮缘和轮毂之间取 5～7 个计算截面，分别作出转轮前、后各计算截面的流速三角形，计算出转轮前、后流速的几何平均值 w_∞ 及其角度 β_∞，以 w_∞ 作为绕流平面直列叶栅的平面平行来流。其相互关系如图 5.21 所示。

各截面的圆周速度为

$$u = \frac{2\pi r n}{60} \tag{5.53}$$

平均轴向流速为

$$v_{zpj} = \frac{4q_v}{\pi D_1^2 - \pi d_h^2} \tag{5.54}$$

式中　n——转轮计算工况点的转速，r/min；

　　　r——各计算截面的半径，m；

　　　q_v——转轮的计算流量，m^3/s。

w_∞ 和 β_∞ 的计算公式如下：

$$w_\infty = \frac{1}{2}(w_1 + w_2) \tag{5.55}$$

$$\tan\beta_\infty = \frac{w_{\infty z}}{w_{\infty u}} \tag{5.56}$$

式中　$w_{\infty z}$——绕流平面直列叶栅的平面平行来流在轴向上的分量，m/s；

　　　$w_{\infty u}$——绕流平面直列叶栅的平面平行来流在圆周方向上的分量，m/s；

　　　β_∞——绕流平面直列叶栅的平面平行来流角，（°）。

（2）计算绕翼型的环量。绕翼型的环量 Γ_B 可按式（5.51）计算，所选环量密度 $\gamma(s)$ 满足式（5.52）。

（3）选取环量密度。由叶栅理论的相关知识可知，叶栅绕流中对于任意形状的翼型，环量密度 $\gamma(s)$ 可以用级数形式表示，如采用绝对坐标 s 表示，则 $\gamma(s)$ 可用下式来表示：

$$\gamma(s)=A_0\sqrt{\frac{1+\left(\dfrac{2s}{l}\right)}{1-\left(\dfrac{2s}{l}\right)}}+A_1\sqrt{1-\left(\frac{2s}{l}\right)^2}+A_2\alpha\left(\frac{2s}{l}\right)\sqrt{1-\left(\frac{2s}{l}\right)^2}+\cdots \tag{5.57}$$

或令 $\dfrac{2s}{l}=\cos\theta$，则式（5.57）可写成

$$\gamma(\theta)=A_0\cot\frac{\theta}{2}+\sum_{k-1}^{\infty}A_k\sin k\theta \tag{5.58}$$

采用上述形式的 $\gamma(s)$ 后，则绕翼型的环量为

$$\Gamma_B=\int_{-\frac{l}{2}}^{+\frac{l}{2}}\gamma(s)\,\mathrm{d}s=\left(A_0+\frac{1}{2}A_1\right)\frac{\pi l}{2} \tag{5.59}$$

由式（5.59）可见，绕翼型环量 Γ_B 仅与多项式［式（5.57）］中前两项的系数 A_0 和 A_1 有关。这表明其他项并不影响环量值的大小，而仅仅影响骨线的形状及速度的分布。由于实际应用时还需要在骨线上套加翼型，因此计算由薄翼翼型组成的直列叶栅时仅需取式（5.57）中前两项即可满足设计精度的要求，即

$$\gamma(s)=A_0\sqrt{\frac{1+\dfrac{2s}{l}}{1-\dfrac{2s}{l}}}+A_1\sqrt{1-\left(\frac{2s}{l}\right)^2} \tag{5.60}$$

或

$$\gamma(\theta)=A_0\cot\frac{\theta}{2}+A_1\sin\theta \tag{5.61}$$

式（5.60）和式（5.61）中，系数 A_0 反映冲角的大小，系数 A_1 和翼型骨线弯曲程度有关。

当 $A_1=0$ 时，有

$$\gamma(s)=A_0\sqrt{\frac{1+\dfrac{2s}{l}}{1-\dfrac{2s}{l}}} \tag{5.62}$$

此时相当于绕流某一冲角的平板。

当 $A_0=0$ 时，有

$$\gamma(s)=A_1\sqrt{1-\left(\frac{2s}{l}\right)^2} \tag{5.63}$$

相当于绕流一抛物线形弧线，此时液流冲角等于 0°。

因此调整系数 A_0 和 A_1，可以得到在给定环量 Γ_B 条件下的最佳翼型骨线。

在翼型组成叶栅时，翼型相互影响会改变绕流单独翼型的结果，但在定性方面是相同的。因此当选用式（5.60）的 $\gamma(s)$ 分布规律时，如将系数 A_0 加大则叶栅中翼型将具有较小的曲率、较大的冲角；如将系数 A_1 加大则得到的翼型将是曲率较大而冲角很小。调

整系数 A_0 与 A_1 间的关系可在同样给定的环量 Γ_B 条件下得到最佳形状的翼型骨线。

2. 假定第一次近似翼型

作为第一次近似，叶栅中的翼型一般先假设为平板翼型。平板长度 l_n 和栅距 t 应与所设计叶栅给定的参数相同，由此得到平板直列叶栅，如图 5.22 所示。平板直列叶栅中的平板安放角 β_{en} 与选取的沿骨线上的环量密度 $\gamma(s)$ 分布规律有关。如果取系数 $A_0=0$，则冲角 α 为 $0°$。这时平板安放角 $\beta_{en}=\beta$。为加速计算迭代过程的收敛，最好按以下方法选取冲角 α。

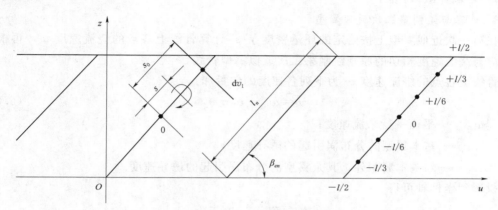

图 5.22 第一次近似平板翼型

平板（直线型骨线）安放角为

$$\beta_{en}=\beta_\infty-\alpha \tag{5.64}$$

式中 β_{en}——平板（直线型骨线）安放角；

β_∞——来流速度 w_∞ 相对于叶栅列线的角度；

α——冲角。

而冲角 α 的值可近似地按以下方法确定。

当绕流单独平板时，如冲角 α 很小则平板上产生的环量式为

$$\Gamma=\pi l\alpha w_\infty \tag{5.65}$$

当绕流平板叶栅时，由于叶栅间平板的相互作用，其环量将为

$$\Gamma'=\Gamma L_n=\pi l\alpha w_\infty L_n \tag{5.66}$$

当平面平行来流 w_∞ 以较小冲角 $\Delta\alpha$ 绕流平板时，由于栅间平板的相互作用，会造成绕流平板直列叶栅的环量和绕流单一平板的环量不等，因此引入修正系数 L_n。该系数与叶栅稠密度 $\dfrac{l}{t}$ 和平板翼型安放角 β_{en} 有关，可用函数 $L_n=f\left(\dfrac{l}{t},\ \beta_{en}\right)$ 表示。对平板叶栅，L_n 可由图 5.16 的关系曲线查得。

另外还可近似地认为

$$\Gamma'=\frac{\pi l}{2}A_0 \tag{5.67}$$

将式（5.66）和式（5.67）比较可得

$$\alpha = \frac{A_0}{2L_n w_\infty} \tag{5.68}$$

式中　A_0——环量密度系数；

　　　L_n——平板直列叶栅的修正系数。

在实际计算时，一般可先取冲角 α。为了保证叶栅有很好的绕流性能，所取冲角不宜过大，一般不应超过 $8°\sim 10°$。明确了冲角 α，β_{en} 就可直接算出。然后根据 α 的取值由式 (5.64) 近似算出 A_0 值。

　　3. 计算与绘制第二次近似翼型

在第一次近似翼型上按给定的环量密度 $\gamma(s)$ 计算骨线上各点的绕流速度 w，再根据骨线应与绕流速度相切的原则绘制第二次近似翼型骨线。

骨线上各点的绕流速度 w 为下列各速度的向量和：

$$w = w_\infty + v_1 + v_2 \tag{5.69}$$

式中　w_∞——平面平行来流速度；

　　　v_1——基本翼型的分布涡引起的诱导速度；

　　　v_2——除基本翼型外，其余翼型的分布涡引起的诱导速度。

投影到坐标轴可得

$$\begin{cases} w_u = w_{\infty u} + v_{1u} + v_{2u} \\ w_z = w_{\infty z} + v_{1z} + v_{2z} \end{cases} \tag{5.70}$$

当把曲线翼型近似取成直线翼型时，基本翼型上分布涡对位于该翼型上任意点的诱导速度 v_1 投影到圆周速度 v 和轴向 z 的两个分量为 v_{1u}、v_{1z}：

$$\begin{cases} v_{1u} = v_1 \sin\beta_e = \dfrac{\sin\beta_e}{2\pi} \int_{-\frac{l}{2}}^{+\frac{l}{2}} \dfrac{\gamma(s)\,\mathrm{d}s}{s_0 - s} \\ v_{1z} = v_1 \cos\beta_e = \dfrac{\cos\beta_e}{2\pi} \int_{-\frac{l}{2}}^{+\frac{l}{2}} \dfrac{\gamma(s)\,\mathrm{d}s}{s_0 - s} \end{cases} \tag{5.71}$$

式中　β_e——叶栅中翼型安放角。

将给定的 $\gamma(s)$ 代入式 (5.71)，积分得

$$\begin{cases} v_{1u} = -\sin\beta_e \left(\dfrac{1}{2} A_0 - A_1 \dfrac{s_0}{l} \right) \\ v_{1z} = \cos\beta_e \left(\dfrac{1}{2} A_0 - A_1 \dfrac{s_0}{l} \right) \end{cases} \tag{5.72}$$

由除了基本翼型外，其他漩涡层引起的诱导速度 v_2 投影到圆周速度 u 和轴向 z 的两个速度 v_{2u} 及 v_{2z} 为

$$\begin{cases} v_{2u} = \dfrac{1}{t} \int_{-\frac{l}{2}}^{+\frac{l}{2}} a(s_0, s) \gamma(s)\,\mathrm{d}s \\ v_{2z} = \dfrac{1}{t} \int_{-\frac{l}{2}}^{+\frac{l}{2}} b(s_0, s) \gamma(s)\,\mathrm{d}s \end{cases} \tag{5.73}$$

将给定的 $\gamma(s)$ 代入式 (5.73) 得

$$\begin{cases} v_{2u} = \dfrac{1}{t}\displaystyle\int_{-\frac{l}{2}}^{+\frac{l}{2}} a(s_0,s)\left[A_0\sqrt{\dfrac{1+\left(\dfrac{2s}{l}\right)}{1-\left(\dfrac{2s}{l}\right)}} + A_1\sqrt{1-\left(\dfrac{2s}{l}\right)^2} \right] \mathrm{d}s \\[6mm] v_{2z} = \dfrac{1}{t}\displaystyle\int_{-\frac{l}{2}}^{+\frac{l}{2}} b(s_0,s)\left[A_0\sqrt{\dfrac{1+\left(\dfrac{2s}{l}\right)}{1-\left(\dfrac{2s}{l}\right)}} + A_1\sqrt{1-\left(\dfrac{2s}{l}\right)^2} \right] \mathrm{d}s \end{cases} \tag{5.74}$$

因为被积函数在 $\dfrac{2s}{l}=1$ 的点上不连续，所以用一般数值积分法就显得比较困难。可利用涅泊米宁氏积分公式，把翼型分成 6 等分段进行计算，得本翼型外，所有其他翼型上的分布涡对基本翼型上任意点的诱导速度 v_2 的两个分量 v_{2u}、v_{2z} 的大小分别为

$$\begin{cases} v_{2u} = \dfrac{\pi l A_0}{2560t}\left[126a\left(s_0,-\dfrac{l}{3}\right) -90a\left(s_0,-\dfrac{l}{6}\right) +460a(s_0,0) -180a\left(s_0,\dfrac{l}{6}\right) +334a\left(s_0,\dfrac{l}{2}\right) \right] \\[4mm] \quad +\dfrac{\pi l A_1}{2560t}\left[210a\left(s_0,-\dfrac{l}{3}\right) -120a\left(s_0,-\dfrac{l}{6}\right) +460a(s_0,0) -120a\left(s_0,\dfrac{l}{6}\right) +210a\left(s_0,\dfrac{l}{2}\right) \right] \\[4mm] v_{2z} = \dfrac{\pi l A_0}{2560t}\left[126b\left(s_0,-\dfrac{l}{3}\right) -90b\left(s_0,-\dfrac{l}{6}\right) +460b(s_0,0) -180b\left(s_0,\dfrac{l}{6}\right) +334b\left(s_0,\dfrac{l}{2}\right) \right] \\[4mm] \quad +\dfrac{\pi l A_1}{2560t}\left[210b\left(s_0,-\dfrac{l}{3}\right) -120b\left(s_0,-\dfrac{l}{6}\right) +460b(s_0,0) -120b\left(s_0,\dfrac{l}{6}\right) +210b\left(s_0,\dfrac{l}{2}\right) \right] \end{cases} \tag{5.75}$$

其中 $\quad a(s_0,s) = \dfrac{1}{2}\dfrac{\sinh\dfrac{2\pi}{t}(z_0-z)}{\cosh\dfrac{2\pi}{t}(z_0-z)-\cos\dfrac{2\pi}{t}(u_0-u)} - \dfrac{t}{2\pi}\dfrac{z_0-z}{(u_0-u)^2+(z_0-z)^2} \tag{5.76}$

$$b(s_0,s) = \dfrac{1}{2}\dfrac{\sinh\dfrac{2\pi}{t}(u_0-u)}{\cosh\dfrac{2\pi}{t}(z_0-z)-\cos\dfrac{2\pi}{t}(u_0-u)} - \dfrac{t}{2\pi}\dfrac{u_0-u}{(u_0-u)^2+(z_0-z)^2} \tag{5.77}$$

式中 $\quad u_0$、z_0——s_0 点的坐标；

$\qquad u$、z——所截出漩涡的坐标。

即 $a(s_0,s)$ 和 $b(s_0,s)$ 分别表示 s 点漩涡对所求 s_0 点速度影响的一个无因次量，它们仅与翼型上点涡 s 的坐标和点 s_0 坐标的相对位置以及叶片栅距值 t 的大小有关。对于一定的叶栅栅距 t，a 和 b 的值只与 s_0 和 s 的相对位置有关，可通过编程计算。

根据以上各式可算出第一次近似翼型上各点的诱导速度。将整个翼型等分成 6 段，可计算出 7 个点的流速。为计算方便取翼型骨线为曲线坐标，中点为零点，翼型头部方向为正方向，如图 5.22 所示。设各点流速与叶栅列线的夹角为 β，则

$$\tan\beta = \dfrac{w_{\infty z}+v_{1z}+v_{2z}}{w_{\infty u}+v_{1u}+v_{2u}} \tag{5.78}$$

按式（5.75）求得平面上各分点 0、1、2、…的角度分别为 β_0、β_1、β_2、…经点 0 取线段 $l_{01} = \dfrac{l}{6}$ 和 $\beta_{01} = \dfrac{1}{2}(\beta_0 + \beta_1)$ 得到点 1，再经过点 1 取线段 $l_{12} = \dfrac{l}{6}$ 和 $\beta_{12} = \dfrac{1}{2}(\beta_1 + \beta_2)$ 得到点 2……依次类推作出其余各分点；然后将所得折线描成光滑曲线，即得到第二次近似的翼型骨线，如图 5.23 所示。

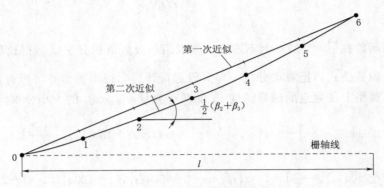

图 5.23　第二次近似的翼型骨线

5.5.2.2　注意事项

在进行上述计算与绘制的过程中应注意以下几点：

（1）在计算诱导速度时需要计算系数 A_0 和 A_1。对所选用的环量密度系数 A_0 已在第一次近似计算中求得，因此根据绕翼型环量 Γ_B，即可由下式得到系数 A_1：

$$\Gamma_B = \frac{\pi l}{2}\left(A_0 + \frac{A_1}{2}\right) \tag{5.79}$$

（2）在全部计算过程中应保持翼型长度不变。即从第一次近似计算到第二次近似计算，可不改变环量密度的分布，而只改变漩涡分布点的坐标。

（3）重复上述过程可得到更高次近似的翼型骨线，根据翼型弯曲程度和对精度的要求判定是否需要进行第三次近似计算。但水轮机叶栅计算的经验表明，进行了第二次近似计算即可达到足够的精度。

（4）由分布在所求点 s_0 上的漩涡对 s_0 点引起的诱导速度 v_s 是切于翼型表面的，$v_s = \pm\dfrac{1}{2}\gamma(s_0)$，在求翼型表面速度时必须考虑到。但它并不影响 β 角的计算，因此在骨线绘型时未考虑。

以上仅设计出无限薄翼型的骨线，实际应用时尚需加厚。加厚时将薄翼型的骨线看作真实翼型的中线，亦即真实翼型内切圆中心的连线。一般根据强度要求确定出翼型的最大厚度，从翼型手册中选一种满足强度要求的空气动力学翼型（通常取对称型），根据所选翼型的厚度变化规律（相对于其中线）在求得的翼型骨线上进行加厚，即可作出实际翼型。

按照同样方法将转轮不同计算截面上的翼型求出，然后用 5.6 节所述叶片绘型方法，即可得到满足设计要求的转轮叶片。

5.6　轴流式转轮叶片木模图的绘制与表面光滑性检查

5.6.1　叶片木模图的绘制

　　把计算得到的各圆柱面上的翼型，按一定的关系组合可构成叶片，因此需要绘制出叶片的木模图。转轮叶片木模图一般包括转轮叶片各计算截面的翼型剖面图、转轮叶片轴面投影和平面投影。用木模图即可做出供制造叶片用的木模和检查叶片型线用的样板。通常把叶片的设计位置转角定为 $0°$，叶片向关的方向的转角定为负值，向开的方向定为正值。叶片木模图根据叶片转角 $\varphi = 0$ 时的位置画出，图 5.24 为轴流式转轮叶片木模图。要把各个翼型组合成叶片，首先必须确定旋转轴的位置，选择旋转轴线应从以下两点考虑：①转轴的位置必须使叶片向开和关的方向转动时具有相近的水力矩，因此必须使转轴尽可能放在靠近翼型升力的作用线处，这样对叶片的转动机构和转轮接力器的设计极为有利；②为了制造检查叶片型线方便，转轴的选择应使各圆柱截面上翼型的出口边落在同一个轴截面内（在平面图上，叶片的出口边应位于通过水轮机轴心的直线上），同时使叶片在设计位置时，出口边尽可能在同一水平面上。

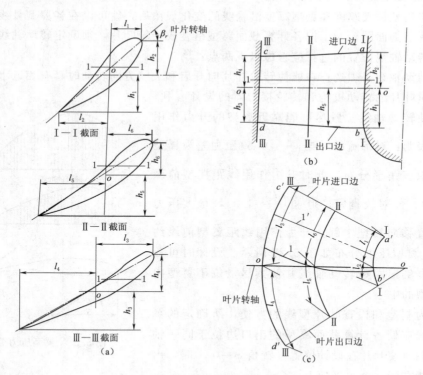

图 5.24　轴流式转轮叶片木模图

　　组合后的叶片还要进行表面光滑性检查，避免叶片表面出现波浪形，从而影响转轮的性能。一般选用 8～10 个轴截面和 6～8 个水平面进行检查，如果这些截面上的叶片截线不光滑，则必须修改旋转轴的位置或翼型厚度。

5.6.1.1　翼型的最大厚度

应用升力法和奇点分布法计算由薄翼翼型组成的叶栅时，计算结果仅得到翼型骨线，为获得具有所需厚度的翼型，应先确定翼型的最大厚度，然后参照性能良好的翼型进行加厚。通常把轴流式转轮叶片视为一端固定的变厚度扇形，按受均布水压力的悬臂梁进行强度计算。

计算和试验表明，最大应力出现在转轮叶片根部断面和叶片出水边与圆柱截面之间的斜面上。因此，靠近转轮轮毂处断面翼型厚度要比其他断面大些。

转轮轮毂处翼型断面厚度 $\delta_{max} = (0.04 \sim 0.045)D_1$（$D_1$ 为转轮直径），转轮轮缘处翼型断面厚度 $\delta_{max} = (0.01 \sim 0.017)D_1$。使用水头越高，取值越大。按所取的厚度变化规律在翼型骨线上进行加厚，最后对叶片的强度进行校核。

5.6.1.2　翼型厚度沿骨线的变化规律

在叶片式水力机械中多借用航空翼型，目前常用的翼型有 NACA（美国、德国）、RAF（英国）、BNГM（苏联）等，上述三种翼型厚度坐标可参见有关技术资料，这里不再列出。

5.6.1.3　翼型转动轴线位置的确定

在选定翼型最大厚度和翼型厚度沿骨线的变化规律后，就可以在各翼型骨线上作各计算截面的翼型剖面图。为了把各计算截面翼型组合成转轮叶片，须确定转动轴线的位置。

翼型转动轴线位置的选择应考虑以下两点：

（1）转动轴线必须选择在能使转轮叶片向开启和关闭方向转动时具有相近水力矩的位置，这样对叶片的转动机构和转轮接力器的设计有利。为此，应使转动轴线位置尽可能靠近翼型的升力作用线。研究表明：对稀疏的叶栅 $\left(\dfrac{l}{t} = 0.5\right)$ 压力差沿翼型的分布近似三角形分布，此时升力作用线距翼型前缘约为 $0.35l$；而对较稠密的叶栅 $\left(\dfrac{l}{t} = 1.3\right)$，最大压力差所在位置移向翼型中部，升力作用线距翼型前缘约为 $0.45l$。翼型压力分布如图 5.25 所示。设计时可参照上述数据确定翼型转动轴线并使其尽量位于翼型内和靠近翼型的中心。

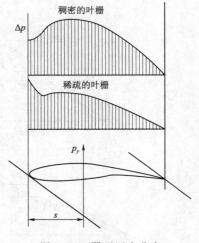

图 5.25　翼型压力分布

（2）为制造和检查叶片型线的方便，所确定的翼型转动轴线应使各计算截面翼型的出口边位于同一轴截面内。同时使叶片在设计位置（转角 $\varphi = 0°$）时，出口边尽可能在同一个水平面上。

设计时，一般先确定转轮轮毂处翼型的转动中心，然后根据出口边在同一轴截面内的原则确定轮缘处翼型的转动中心，再按上述要求确定各中间截面上翼型的转动中心。

5.6.2　转轮叶片表面光滑性检查

根据上面介绍的方法，即可将各计算截面的翼型组成叶片，因为所得的叶片表面可能出现波浪形，所以必须进行叶片表面光滑性检查。通常是用几组不同的截面去切割叶片，检查叶片切割面上的截线是否平顺光滑。通常用两种截面检查叶片的光滑性：

（1）轴截面。一般取 8～10 个角度相等的轴截面去切割叶片，可得到轴截面与叶片的交线，以检查叶片在轴面上的光滑性。

（2）水平截面。用垂直于轴线的水平截面切割叶片，检查叶片的光滑性。

如果这些截面上的叶片截线不够光滑，可修改转轮叶片转动轴线的位置或翼型厚度。

轴流式水轮机转轮叶片表面光滑性检查如图 5.26 所示。用一组水平截面 1—1、2—2、…切割叶片，各水平截面和翼型正、背面分别交于两点。量出叶片转动轴线到各交点的水平距离，在叶片平面图上相应的圆柱面上点出，将同一水平截面与各翼型正、背面的交点分别用光滑曲线连接，即可得到转轮叶片正面和背面的截线。图中曲线 3、4、5、…表示叶片正面的木模截线，曲线 3'、4'、5'、…表示叶片背面的木模截线。通过木模截线光滑平顺的程度检查转轮叶片水平方向的光滑性。

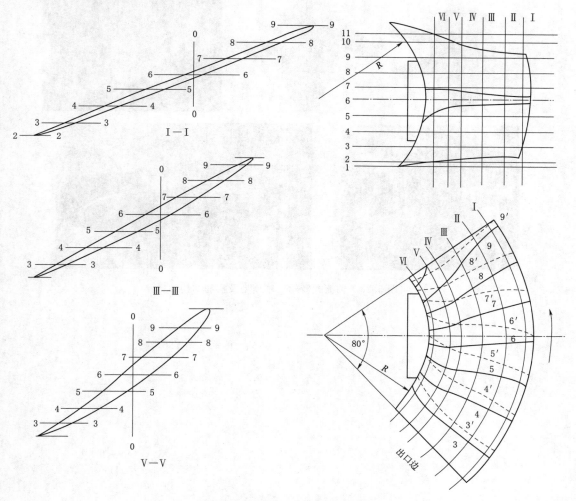

图 5.26 转轮叶片表面光滑性检查

　　根据设计的转轮木模图，通过相应的三维造型软件即可生成叶片及转轮的三维模型图，提供给后续的流场分析及结构强度计算。同时制造企业也根据木模图生产转轮，或进行转轮维修后的质量检查。其三维模型及实物结构如图 5.27 和图 5.28 所示。

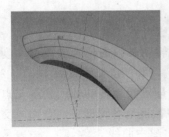

图 5.27　轴流式转轮叶片三维模型及实物结构

图 5.28　轴流式转轮三维模型及实物结构

第6章 水力机械中理想液体运动的基本方程

当水力机械在最优效率工况及其附近工作时，液流与过流部件表面间没有明显的分离现象，此时液体的黏性主要影响边界层内的流动，而对边界层外的主流影响微弱。同时，通常水力机械中液流的雷诺数很大，边界层的厚度比起流道尺寸要小得多。因此，在进行水力机械内部流动计算时，普遍采用理想液体的假设，即略去黏性的作用，把液体看作是无黏性的理想液体。试验表明，这样做是可行的，计算得出的速度分布、压力分布与实测结果相当吻合。

按理想液体算得的流动参数，还将为求解边界层方程提供所需的边界条件，从而使进一步计算水力损失和进行边界层与主流之间的迭代有了可能。因此，从这个意义上讲，水力机械内部理想液体流动计算也是进行黏性流动计算所必需的。

本章将讨论水力机械中理想液体运动的基本方程，即连续方程和运动方程，它们是水力机械内部流动计算的基础。

6.1 物质体体积分的随体导数

随着流体的运动，由流体质点组成的物质体的形状、位置、大小以及流体质点的密度、速度、动量、动能等物理量都将变化。密度、动能是标量，速度、动量是矢量。所谓物质体体积分的随体导数，就是标量函数、矢量函数沿物质体的积分对时间的全导数。下面在推导理想液体运动的连续方程和运动方程时都将用到物质体体积分的随体导数。

6.1.1 标量函数物质体体积分的随体导数

令 $\vec{R}$ 为矢径，t 为时间，$q(\vec{R}, t)$ 为在流场中有定义的标量函数。物质体体积分的随体导数如图 6.1 所示，在流场中任取一部分流体作为物质体，在时刻 t，其体积为 $\tau(t)$、表面积为 $S(t)$，标量函数为 $q(\vec{R}, t)$。由于流体的运动，在时刻 $(t+\Delta t)$，物质体移至图 6.1 所示的虚线位置，其体积为 $\tau(t+\Delta t)$，此时标量函数为 $q(\vec{R}, t+\Delta t)$。用 D/Dt 表示函数对时间的全导数，则由定义可写出标量函数 q 的物质体体积分的随体导数：

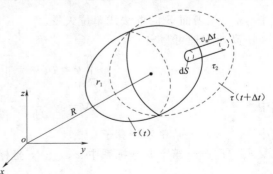

图 6.1 物质体移动前后

$$\frac{\mathrm{D}}{\mathrm{D}t}\iiint_{\tau(t)}q\,\mathrm{d}\tau =\lim_{\Delta t\to 0}\frac{\iiint\limits_{\tau(t+\Delta t)}q(\vec{R},t+\Delta t)\mathrm{d}\tau-\iiint\limits_{\tau(t)}q(\vec{R},i)\mathrm{d}\tau}{\Delta t}$$

体积 $\tau(t+\Delta t)$ 与 $\tau(t)$ 有相重的部分和不相重的部分。在图 6.1 中，对于不相重的部分，属于 $\tau(t)$ 的为 τ_1，属于 $\tau(t+\Delta t)$ 的为 τ_2。于是可得 $\tau(t+\Delta t)=\tau(t)+(\tau_2-\tau_1)$，则上式可写成

$$\frac{\mathrm{D}}{\mathrm{D}t}\iiint_{\tau(t)}q\,\mathrm{d}\tau =\lim_{\Delta t\to 0}\frac{\iiint\limits_{\tau(t)}q(\vec{R},t+\Delta t)\mathrm{d}\tau+\iiint\limits_{\tau_2-\tau_1}q(\vec{R},t+\Delta t)\mathrm{d}\tau-\iiint\limits_{\tau(t)}q(\vec{R},t)\mathrm{d}\tau}{\Delta t}$$

$$=\lim_{\Delta t\to 0}\frac{\iiint\limits_{\tau(t)}[q(\vec{R},t+\Delta t)-q(\vec{R},t)]\mathrm{d}\tau+\iiint\limits_{\tau_2-\tau_1}q(\vec{R},t+\Delta t)\mathrm{d}\tau}{\Delta t}$$

显然，上式等号右侧分子的第一个体积分是 Δt 时段上由于标量场不定常而在 $\tau(t)$ 空间上产生的增量，可写成

$$\iiint_{\tau(t)}[q(\vec{R},t+\Delta t)-q(\vec{R},t)]\mathrm{d}\tau=\Delta t\iiint_{\tau(t)}\frac{\partial q}{\partial t}\mathrm{d}\tau$$

对于分子的第二个体积分，τ_2 与 τ_1 实际上分别为流出和流入空间 $\tau(t)$ 的流体体积，它是流出空间 $\tau(t)$ 的流体体积上标量函数的体积分同流入空间 $\tau(t)$ 的流体体积上标量函数的体积分之差值，因此，$\iiint\limits_{\tau_2-\tau_1}q(R,t+\Delta t)\mathrm{d}\tau$ 为流出空间 $\tau(t)$ 的流体体积上标量函数的体积分同流入 $\tau(t)$ 的体积分之差。由于 $\mathrm{d}\tau=v_n\Delta t\mathrm{d}s$，此处 v_n 为表面 S 上流体速度 v 在表面 S 外法线上的分量，故可写出

$$\iiint_{\tau_2-\tau_1}q(\vec{R},t+\Delta t)\mathrm{d}\tau=\iint_{s(t)}q(\vec{R},t+\Delta t)v_n\Delta t\mathrm{d}s=\Delta t\iint_{s(t)}q(\vec{R},t+\Delta t)v_n\mathrm{d}s$$

因此可得到

$$\frac{\mathrm{D}}{\mathrm{D}t}\iiint_{\tau(t)}q\,\mathrm{d}\tau=\iiint_{\tau(t)}\frac{\partial q}{\partial t}\mathrm{d}\tau+\iint_{s(t)}qv_n\mathrm{d}s$$

或

$$\frac{\mathrm{D}}{\mathrm{D}t}\iiint_{\tau(t)}q\,\mathrm{d}\tau=\iiint_{\tau(t)}\frac{\partial q}{\partial t}\mathrm{d}\tau+\iint_{s(t)}\vec{n}\cdot q\vec{v}\,\mathrm{d}s \tag{6.1}$$

式中　　$\vec{n}$——表面 S 的外法线单位矢量。

由高斯定理可写出

$$\iint_{s(t)}\vec{n}\cdot q\vec{v}\,\mathrm{d}s=\iiint_{\tau(t)}\nabla\cdot(qv)\mathrm{d}\tau$$

其中

$$\nabla=\vec{e}_x\frac{\partial}{\partial x}+\vec{e}_y\frac{\partial}{\partial y}+\vec{e}_z\frac{\partial}{\partial z} \tag{6.2}$$

式中　　　∇——哈密尔顿算子；

$\vec{e}_x$、$\vec{e}_y$、$\vec{e}_z$——笛卡儿坐标系中 x、y、z 坐标轴上的单位矢量。

考虑到 $\nabla\cdot(qv)=\nabla q\cdot v+q\nabla\cdot v$，其中 $\nabla q\cdot v=v_x\frac{\partial q}{\partial x}+v_y\frac{\partial q}{\partial y}+v_z\frac{\partial q}{\partial z}$，又因为

$\dfrac{\mathrm{D}q}{\mathrm{D}t} = \dfrac{\partial q}{\partial t} + v_x\,\dfrac{\partial q}{\partial x} + v_y\,\dfrac{\partial q}{\partial y} + v_z\,\dfrac{\partial q}{\partial z}$，则式（6.1）最后可写成

$$\frac{\mathrm{D}}{\mathrm{D}t}\iiint\limits_{\tau} q\,\mathrm{d}\tau = \iiint\limits_{\tau} \frac{\partial q}{\partial t}\,\mathrm{d}\tau + \iiint\limits_{\tau} \nabla\cdot(qv)\,\mathrm{d}z$$

$$= \iiint\limits_{\tau} \frac{\partial q}{\partial t}\,\mathrm{d}\tau + \iiint\limits_{\tau} \nabla q\cdot v\,\mathrm{d}\tau + \iiint\limits_{\tau} q\,\nabla\cdot v\,\mathrm{d}\tau$$

$$= \iiint\limits_{\tau} \left(\frac{\partial q}{\partial t} + \nabla q\cdot v\right)\mathrm{d}\tau + \iiint\limits_{\tau} q\,\nabla\cdot v\,\mathrm{d}\tau$$

$$= \iiint\limits_{\tau} \frac{\mathrm{D}q}{\mathrm{D}t}\,\mathrm{d}\tau + \iiint\limits_{\tau} q\,\nabla\cdot v\,\mathrm{d}\tau$$

$$= \iiint\limits_{\tau} \left(\frac{\mathrm{D}q}{\mathrm{D}t} + q\,\nabla\cdot v\right)\mathrm{d}\tau \tag{6.3}$$

式（6.3）即为标量函数物质体体积分的随体导数表达式。

6.1.2 矢量函数物质体体积分的随体导数

设 $\vec{A}(\vec{R},t)$ 为流场中有定义的矢量函数，它在笛卡儿坐标中的表达式为 $\vec{A} = A_x\vec{e}_x + A_y\vec{e}_y + A_z\vec{e}_z$。因为在笛卡儿坐标中，单位矢量为常矢，不随矢径 $\vec{R}$ 和时间 t 而变，故可写出

$$\frac{\mathrm{D}}{\mathrm{D}t}\iiint\limits_{\tau} \vec{A}(\vec{R},t)\,\mathrm{d}\tau = \vec{e}_x\,\frac{\mathrm{D}}{\mathrm{D}t}\iiint\limits_{\tau} A_x\,\mathrm{d}\tau + \vec{e}_y\,\frac{\mathrm{D}}{\mathrm{D}t}\iiint\limits_{\tau} A_y\,\mathrm{d}\tau + \vec{e}_z\,\frac{\mathrm{D}}{\mathrm{D}t}\iiint\limits_{\tau} A_z\,\mathrm{d}\tau$$

于是，由式（6.3）可写出

$$\frac{\mathrm{D}}{\mathrm{D}t}\iiint\limits_{\tau} \vec{A}\,\mathrm{d}\tau = \iiint\limits_{\tau} \left[\vec{e}_x\left(\frac{\mathrm{D}A_x}{\mathrm{D}t} + A_x\,\nabla\cdot\vec{v}\right) + \vec{e}_y\left(\frac{\mathrm{D}A_y}{\mathrm{D}t} + A_y\,\nabla\cdot\vec{v}\right) + \vec{e}_z\left(\frac{\mathrm{D}A_z}{\mathrm{D}t} + A_z\,\nabla\cdot\vec{v}\right)\right]\mathrm{d}\tau$$

因此，矢量函数物质体体积分的随体导数表达式可写成：

$$\frac{\mathrm{D}}{\mathrm{D}t}\iiint\limits_{\tau} \vec{A}\,\mathrm{d}\tau = \iiint\limits_{\tau} \left(\frac{\mathrm{D}\vec{A}}{\mathrm{D}t} + \vec{A}\,\nabla\cdot\vec{v}\right)\mathrm{d}\tau \tag{6.4}$$

6.2 理想液体绝对运动的基本方程

在水力机械中有固定的过流部件，如水轮机的蜗壳和导叶、泵的吸水室和压水室等，有做旋转运动的过流部件，如水轮机的转轮和泵的叶轮。对于固定的过流部件，只需要考察液体的绝对运动，而对于旋转的过流部件，则更需要考察液体的相对运动。本节讨论液体绝对运动的基本方程。

6.2.1 连续方程

在流动中任取一由流体质点组成的物质体（图 6.2），其体积为 τ。设流体的密度为 ρ，则此体积内流体的质量为

$$m = \iiint\limits_{\tau} \rho\,\mathrm{d}\tau$$

ρ 为标量，由标量函数物质体体积分的随体导数的表达式［式（6.3）］可写出

$$\frac{\mathrm{D}m}{\mathrm{D}t}=\iiint_{\tau}\left(\frac{\mathrm{D}\rho}{\mathrm{D}t}+\rho\ \nabla\cdot v\right)\mathrm{d}\tau$$

由质量守恒定律，有 $\mathrm{D}m/\mathrm{D}t=0$，可得

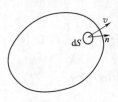

$$\iiint_{\tau}\left(\frac{\mathrm{D}\rho}{\mathrm{D}t}+\rho\ \nabla\cdot v\right)\mathrm{d}\tau=0$$

因此，由 τ 的任意性和被积函数的连续性，可知被积函数必须处处等于 0，即

图 6.2　推导连续
方程的物质体

$$\frac{\mathrm{D}\rho}{\mathrm{D}t}+\rho\ \nabla\cdot v=0$$

由于液体可以认为是不可压的流体，即 $\rho=$ 常数、$\mathrm{D}\rho/\mathrm{D}t=0$，于是由上式得到

$$\nabla\cdot v=0 \quad 或 \quad \mathrm{div}\ v=0 \tag{6.5}$$

式（6.5）即为水力机械中液体运动的连续方程。

6.2.2　运动方程

在流动中任取一体积为 τ 由流体质点组成的物质体（图 6.3），其表面积为 S。设作用于物质体的单位质量力为 f，单位表面力为 p，则作用于物质体的总质量力，总表面力及物质体的动量分别为 $\iiint_{\tau}\rho\vec{f}\mathrm{d}\tau$、$\iint_{S}\vec{p}\mathrm{d}S$、$\iiint_{\tau}\rho\vec{v}\mathrm{d}\tau$，于是，由动量定律可写出

$$\frac{\mathrm{D}}{\mathrm{D}t}\iiint_{\tau}\rho\vec{v}\mathrm{d}\tau=\iiint_{\tau}\rho\vec{f}\mathrm{d}\tau+\iint_{S}\vec{p}\mathrm{d}S \tag{6.6}$$

对于无黏性的理想液体，$\vec{p}=-p\vec{n}$，故由高斯定理可写出

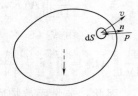

$$\iint_{S}\vec{p}\mathrm{d}S=-\iint_{S}\vec{n}p\mathrm{d}S=-\iiint_{\tau}\nabla p\mathrm{d}\tau$$

又由矢量函数物质体体积分的随体导数表达式（6.4）可写出

图 6.3　推导运动
方程的物质体

$$\frac{\mathrm{D}}{\mathrm{D}t}\iiint_{\tau}\rho\vec{v}\mathrm{d}\tau=\iiint_{\tau}\rho\left(\frac{\mathrm{D}\vec{v}}{\mathrm{D}t}+\vec{v}\ \nabla\cdot\vec{v}\right)\mathrm{d}t$$

考虑到式（6.5）后，由式（6.6）可知：

$$\frac{\mathrm{D}}{\mathrm{D}t}\iiint_{\tau}\rho\vec{v}\mathrm{d}\tau=\iiint_{\tau}\rho\ \frac{\mathrm{D}\vec{v}}{\mathrm{D}t}\mathrm{d}t=\iiint_{\tau}\rho\vec{f}\mathrm{d}\tau-\iiint_{\tau}\nabla\vec{p}\mathrm{d}\tau$$

因此有

$$\iiint_{\tau}\left(\frac{\mathrm{D}\vec{v}}{\mathrm{D}t}-\vec{f}+\nabla\frac{\vec{p}}{\rho}\right)\mathrm{d}\tau=0$$

由于 τ 的任意性和被积函数的连续性，可知上式中被积函数必须处处等于 0，即

$$\frac{\mathrm{D}\vec{v}}{\mathrm{D}t}=\vec{f}-\nabla\frac{\vec{p}}{\rho} \tag{6.7}$$

式（6.7）即为水力机械中理想液体绝对运动的欧拉型运动方程。

由于

$$\frac{\mathrm{D}\vec{v}}{\mathrm{D}t}=\frac{\partial\vec{v}}{\partial t}+(\vec{v}\cdot\nabla)\vec{v} \tag{6.8}$$

而在哈密尔顿算子运算中有

$$(\vec{v} \cdot \nabla)\vec{v} = \nabla\frac{\vec{v}^2}{2} - \vec{v} \times (\nabla \cdot \vec{v}) \tag{6.9}$$

因此，式（6.8）又可写为

$$\frac{\partial \vec{v}}{\partial t} + \nabla\frac{\vec{v}^2}{2} - \vec{v} \times (\nabla \cdot \vec{v}) = \vec{f} - \nabla\frac{\vec{p}}{\rho} \tag{6.10}$$

式（6.10）即为水力机械中理想液体绝对运动的兰姆型运动方程。

对于定常运动，$\partial v / \partial t = 0$，则式（6.10）变为

$$\nabla\frac{\vec{v}^2}{2} - \vec{v} \times (\nabla \times \vec{v}) = \vec{f} - \nabla\frac{\vec{p}}{\rho} \tag{6.11}$$

式（6.11）即为水力机械中理想液体绝对运动的兰姆型定常运动方程。

设作用于液体的单位质量力 f 有势，其势函数为 G，即

$$\vec{f} = -\nabla\vec{G} \tag{6.12}$$

则式（6.11）可写成

$$\vec{v} \times (\nabla \times \vec{v}) = \nabla\left(\frac{\vec{v}^2}{2} + \vec{G} + \frac{\vec{p}}{\rho}\right) \tag{6.13}$$

上式即为水力机械中质量力有势时理想液体绝对运动的兰姆型定常运动方程。

令 E 为单位质量液体的机械能，即

$$E = \frac{v^2}{2} + G + \frac{p}{\rho} \tag{6.14}$$

则式（6.13）可写成

$$\vec{v} \times (\nabla \times \vec{v}) = \nabla\vec{E} \quad \text{或} \quad \vec{v} \times \text{rot}\vec{v} = \text{grad}\vec{E} \tag{6.15}$$

水力机械通常在重力场中工作，作用于液体的质量力是有势的，势函数为

$$G = gz \tag{6.16}$$

式中　g——重力加速度；

　　　z——坐标轴，取向上为正。

6.2.3　定常运动方程的积分

由式（6.15）可得出下列结论：

（1）对于无旋流动（即 $\nabla \times \vec{v} = 0$）和螺旋流动（即 $\vec{v} \parallel \nabla \times \vec{v}$），此时 $\nabla E = 0$，因此沿流场任何方向积分，都有

$$E = \frac{v^2}{2} + G + \frac{p}{\rho} = 常数 \tag{6.17a}$$

（2）沿流线积分时，设 l 为流线，在流线上有 $\text{d}l = v\text{d}t$，则 $\text{d}\vec{l} \cdot [\vec{v} \times (\nabla \times \vec{v})] = (\nabla \times \vec{v}) \cdot (\text{d}\vec{l} \times \vec{v}) = 0$，因此有 $\text{d}\vec{l} \cdot \nabla\vec{E} = \partial E / \partial l = 0$，由此得

$$E = \frac{v^2}{2} + G + \frac{p}{\rho} = 常数 \tag{6.17b}$$

这就是伯努利积分。伯努利积分表明：单位质量液体的机械能在同一条流线上保持不变，但对不同的流线可有不同的常数。

（3）沿涡线积分时，设 l 为涡线，则根据 $\text{d}\vec{l} \times (\nabla \times \vec{v}) = 0$ 可以得出：机械能 E 在同

一条涡线上保持不变，而对不同的涡线可有不同的常数。

6.2.4　圆柱坐标中的连续方程和运动方程

式（6.5）的连续方程和式（6.7）、式（6.11）、式（6.15）的运动方程都是以矢量形式表示的，为了把它们以标量形式在圆柱坐标系中表示出来，下面先讨论圆柱坐标的哈密尔顿算子和圆柱坐标单位矢量的偏导数，然后再推导这些方程的标量形式。

6.2.4.1　圆柱坐标系下的哈密尔顿算子

圆柱坐标单位矢量的编导数如图 6.4 所示，由图可知：$r=\sqrt{x^2+y^2}$，$\theta=\arctan(y/x)$，$x=r\cos\theta$，$y=\sin\theta$。

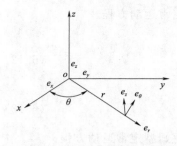

图 6.4　圆柱坐标系下的
单位矢量

由复合函数求导法则可知：

$$\begin{cases} \dfrac{\partial}{\partial x}=\cos\theta\,\dfrac{\partial}{\partial r}-\sin\theta\,\dfrac{\partial}{r\partial\theta} \\[3mm] \dfrac{\partial}{\partial y}=\sin\theta\,\dfrac{\partial}{\partial r}+\cos\theta\,\dfrac{\partial}{r\partial\theta} \end{cases}$$

又由图 6.4 可知：$e_x=e_r\cos\theta-e_\theta\sin\theta$，$e_y=e_r\sin\theta+e_\theta\cos\theta$。把结果代入式（6.2），便得圆柱坐标的哈密尔顿算子的表达式：

$$\nabla=e_r\,\frac{\partial}{\partial r}+e_\theta\,\frac{\partial}{r\partial\theta}+e_z\,\frac{\partial}{\partial z} \tag{6.18}$$

其实标量函数 q 在圆柱坐标中的梯度为

$$\nabla q=e_r\,\frac{\partial q}{\partial r}+e_\theta\,\frac{\partial q}{r\partial\theta}+e_z\,\frac{\partial q}{\partial z}$$

由上式可立刻得到式（6.18）。

6.2.4.2　圆柱坐标系中单位矢量的偏导数

笛卡儿坐标的显著特点是它的三个单位矢量 $\vec{e}_x$、$\vec{e}_y$、$\vec{e}_z$ 都是常矢。但圆柱坐标的情形有所不同，其单位矢量 $\vec{e}_r$、$\vec{e}_\theta$、$\vec{e}_z$ 不随 r 和 z 而变，且 e_z 还不随 θ 而变，因此有

$$\frac{\partial\vec{e}_r}{\partial r}=\frac{\partial\vec{e}_\theta}{\partial r}=\frac{\partial\vec{e}_z}{\partial r}=\frac{\partial\vec{e}_r}{\partial z}=\frac{\partial\vec{e}_\theta}{\partial z}=\frac{\partial\vec{e}_z}{\partial z}=\frac{\partial\vec{e}_z}{\partial\theta}=0 \tag{6.19}$$

然而，单位矢量 $\vec{e}_r$、$\vec{e}_\theta$ 的方向是随 θ 而变的，故它们对 θ 的偏导数不为 0，由图 6.4 可写出：$\vec{e}_r=\vec{e}_x\cos\theta+\vec{e}_y\sin\theta$，$\vec{e}_\theta=-\vec{e}_x\sin\theta+\vec{e}_y\cos\theta$。由此得

$$\begin{cases} \dfrac{\partial\vec{e}_r}{\partial\theta}=-\vec{e}_x\sin\theta+\vec{e}_y\cos\theta=\vec{e}_\theta \\[3mm] \dfrac{\partial\vec{e}_\theta}{\partial\theta}=-(\vec{e}_x\cos\theta+\vec{e}_y\sin\theta)=-\vec{e}_r \end{cases} \tag{6.20}$$

可见，三个单位矢量只与空间位置有关，而与时间无关，即

$$\frac{\partial\vec{e}_r}{\partial t}=\frac{\partial\vec{e}_\theta}{\partial t}=\frac{\partial\vec{e}_z}{\partial t}=0 \tag{6.21}$$

6.2.4.3　圆柱坐标系中的连续方程

哈密尔顿算子 ∇ 具有微分和矢量双重特性，运算时先做微分运算，再做矢量运算。据

此可写出

$$\nabla \cdot \vec{v} = \vec{e}_r \cdot \frac{\partial \vec{v}}{\partial r} + \vec{e}_\theta \cdot \frac{\partial \vec{v}}{r \partial \theta} + \vec{e}_z \cdot \frac{\partial \vec{v}}{\partial z} \tag{6.22}$$

又由式（6.19）、式（6.20）可写出

$$\begin{cases} \dfrac{\partial \vec{v}}{\partial r} = \vec{e}_r \dfrac{\partial v_r}{\partial r} + \vec{e}_\theta \dfrac{\partial v_\theta}{\partial r} + \vec{e}_z \dfrac{\partial v_z}{\partial r} \\[3mm] \dfrac{\partial \vec{v}}{r \partial \theta} = \vec{e}_r \left(\dfrac{\partial v_r}{r \partial \theta} - \dfrac{v_\theta}{r} \right) + \vec{e}_\theta \left(\dfrac{\partial v_\theta}{r \partial \theta} + \dfrac{v_r}{r} \right) + \vec{e}_z \dfrac{\partial v_z}{r \partial \theta} \\[3mm] \dfrac{\partial \vec{v}}{\partial z} = \vec{e}_r \dfrac{\partial v_r}{\partial z} + \vec{e}_\theta \dfrac{\partial v_\theta}{\partial z} + \vec{e}_z \dfrac{\partial v_z}{\partial z} \end{cases} \tag{6.23}$$

因此，由式（6.5）可得圆柱坐标系中的连续方程：

$$\frac{\partial v_r}{\partial r} + \frac{\partial v_\theta}{r \partial \theta} + \frac{\partial v_z}{\partial z} + \frac{v_r}{r} = 0 \tag{6.24}$$

6.2.4.4　圆柱坐标系中的运动方程

因为 $(\vec{v} \cdot \nabla)\vec{v} = v_r \dfrac{\partial \vec{v}}{\partial r} + v_\theta \dfrac{\partial \vec{v}}{r \partial \theta} + v_z \dfrac{\partial \vec{v}}{\partial z}$，故由式（6.8）、式（6.23）、式（6.21）可得

$$\begin{aligned} \frac{D\vec{v}}{Dt} =& \left(\frac{\partial v_r}{\partial t} + v_r \frac{\partial v_r}{\partial r} + v_\theta \frac{\partial v_r}{r \partial \theta} + v_z \frac{\partial v_r}{\partial z} - \frac{v_\theta^2}{r} \right) \vec{e}_r \\ &+ \left(\frac{\partial v_\theta}{\partial t} + v_r \frac{\partial v_\theta}{\partial r} + v_\theta \frac{\partial v_\theta}{r \partial \theta} + v_z \frac{\partial v_\theta}{\partial z} + \frac{v_r v_\theta}{r} \right) \vec{e}_\theta \\ &+ \left(\frac{\partial v_z}{\partial t} + v_r \frac{\partial v_z}{\partial r} + v_\theta \frac{\partial v_z}{r \partial \theta} + v_z \frac{\partial v_z}{\partial z} \right) \vec{e}_z \end{aligned} \tag{6.25}$$

因此，由欧拉型运动方程式（6.7）可得圆柱坐标系中的欧拉型运动方程：

$$\begin{cases} \dfrac{\partial v_r}{\partial t} + v_r \dfrac{\partial v_r}{\partial r} + v_\theta \dfrac{\partial v_r}{r \partial \theta} + v_z \dfrac{\partial v_r}{\partial z} - \dfrac{v_\theta^2}{r} = f_r - \dfrac{1}{\rho} \dfrac{\partial p}{\partial r} \\[3mm] \dfrac{\partial v_\theta}{\partial t} + v_r \dfrac{\partial v_\theta}{\partial r} + v_\theta \dfrac{\partial v_\theta}{r \partial \theta} + v_z \dfrac{\partial v_\theta}{\partial z} + \dfrac{v_r v_\theta}{r} = f_\theta - \dfrac{1}{\rho} \dfrac{\partial p}{r \partial \theta} \\[3mm] \dfrac{\partial v_z}{\partial t} + v_r \dfrac{\partial v_z}{\partial r} + v_\theta \dfrac{\partial v_z}{r \partial \theta} + v_z \dfrac{\partial v_z}{\partial z} = f_z - \dfrac{1}{\rho} \dfrac{\partial p}{\partial z} \end{cases} \tag{6.26}$$

由 $\nabla \times \vec{v} = \vec{e}_r \times \dfrac{\partial \vec{v}}{\partial r} + \vec{e}_\theta \times \dfrac{\partial \vec{v}}{r \partial \theta} + \vec{e}_z \times \dfrac{\partial \vec{v}}{\partial z}$，把式（6.23）代入进行矢量运算和整理，可得圆柱坐标系中旋度 $\nabla \times \vec{v} = \mathrm{rot}\, \vec{v}$ 的三个分量的表达式：

$$\begin{cases} \mathrm{rot}_r v = \dfrac{1}{r} \left[\dfrac{\partial v_z}{\partial \theta} - \dfrac{\partial (v_\theta r)}{\partial z} \right] \\[3mm] \mathrm{rot}_\theta v = \dfrac{\partial v_r}{\partial z} - \dfrac{\partial v_z}{\partial r} \\[3mm] \mathrm{rot}_z v = \dfrac{1}{r} \left[\dfrac{\partial (v_\theta r)}{\partial r} - \dfrac{\partial v_r}{\partial \theta} \right] \end{cases} \tag{6.27}$$

这样，由式（6.27）可得圆柱坐标系中的兰姆型定常运动方程：

$$\begin{cases} \dfrac{\partial}{\partial r}\left(\dfrac{v^2}{2}\right)-\dfrac{v_\theta}{r}\left[\dfrac{\partial(v_\theta r)}{\partial r}-\dfrac{\partial v_r}{\partial \theta}\right]+v_z\left(\dfrac{\partial v_r}{\partial z}-\dfrac{\partial v_z}{\partial r}\right)=f_r-\dfrac{1}{\rho}\dfrac{\partial p}{\partial r} \\[3mm] \dfrac{\partial}{r\partial \theta}\left(\dfrac{v^2}{2}\right)-\dfrac{v_z}{r}\left[\dfrac{\partial v_z}{\partial \theta}-\dfrac{\partial(v_\theta r)}{\partial z}\right]+\dfrac{v_z}{r}\left[\dfrac{\partial(v_\theta r)}{\partial r}-\dfrac{\partial v_r}{\partial \theta}\right]=f_\theta-\dfrac{1}{\rho}\dfrac{\partial p}{r\partial \theta} \\[3mm] \dfrac{\partial}{\partial z}\left(\dfrac{v^2}{2}\right)-v_r\left(\dfrac{\partial v_r}{\partial z}-\dfrac{\partial v_z}{\partial r}\right)+\dfrac{v_\theta}{r}\left[\dfrac{\partial v_z}{\partial \theta}-\dfrac{\partial(v_\theta r)}{\partial z}\right]=f_z-\dfrac{1}{\rho}\dfrac{\partial p}{\partial z} \end{cases} \tag{6.28}$$

式（6.15）可得质量力有势时的兰姆型定常运动方程：

$$\begin{cases} \dfrac{v_\theta}{r}\left[\dfrac{\partial(v_\theta r)}{\partial r}-\dfrac{\partial v_r}{\partial \theta}\right]-v_z\left(\dfrac{\partial v_r}{\partial z}-\dfrac{\partial v_z}{\partial r}\right)=\dfrac{\partial E}{\partial r} \\[4mm] \dfrac{v_z}{r}\left[\dfrac{\partial v_z}{\partial \theta}-\dfrac{\partial(v_\theta r)}{\partial z}\right]-\dfrac{v_r}{r}\left[\dfrac{\partial(v_\theta r)}{\partial r}-\dfrac{\partial v_r}{\partial \theta}\right]=\dfrac{\partial E}{r\partial \theta} \\[4mm] v_r\left(\dfrac{\partial v_r}{\partial z}-\dfrac{\partial v_z}{\partial r}\right)-\dfrac{v_\theta}{r}\left[\dfrac{\partial v_z}{\partial \theta}-\dfrac{\partial(v_\theta r)}{\partial z}\right]=\dfrac{\partial E}{\partial z} \end{cases} \tag{6.29}$$

6.3　绝对坐标和相对坐标

对于水轮机的转轮和泵的叶轮，即使在转速、流量不变的稳定工况下，也只有在与转轮或叶轮一同旋转的相对坐标中液体的运动及边界条件才是定常的，因此，为了给后续推导水力机械中理想液体相对运动的基本方程做准备，本节先讨论相对坐标系中标量函数的导数、矢量函数的导数、哈密尔顿算子、速度、加速度同绝对坐标系中这些量之间的关系。

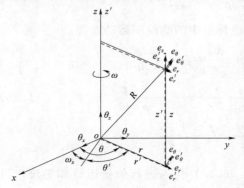

图 6.5　相对坐标和绝对坐标
——绝对坐标系；---- 相对坐标系

用 (r,θ,z) 和 (r',θ',z') 分别表示绝对坐标和相对坐标，其中 z 轴和 z' 轴应与转轮或叶轮的轴线重合，且对相对坐标它还以角速度 ω 与转轮或叶轮一同旋转。此外，以 t 和 t' 分别表示绝对坐标和相对坐标中的时间。

为方便起见，两个坐标系取相同的原点和相同的起始时刻。这样，由图 6.5 可得两个坐标系之间坐标量的关系和单位矢量的关系：

$$r=r'\quad \theta=\theta'+\omega t\quad z=z'\quad t=t' \tag{6.30}$$
$$e_r=e_r'\quad e_\theta=e_\theta'\quad e_z=e_z' \tag{6.31}$$

6.3.1　标量函数的导数

设 q 为标量，它是空间坐标和时间的函数，在绝对坐标系和相对坐标系中分别为 $q=q(r,\theta,z,t)$，$q=q'(r',\theta',z',t')$。把 (r,θ,z,t) 看作是 (r',θ',z',t') 的函数，

于是由复合函数求导法则可写出

$$\begin{cases} \dfrac{\partial q}{\partial r'} = \dfrac{\partial q}{\partial r}\dfrac{\partial r}{\partial r'} + \dfrac{\partial q}{\partial \theta}\dfrac{\partial \theta}{\partial r'} + \dfrac{\partial q}{\partial z}\dfrac{\partial z}{\partial r'} + \dfrac{\partial q}{\partial t}\dfrac{\partial t}{\partial r'} \\[2mm] \dfrac{\partial q}{\partial \theta'} = \dfrac{\partial q}{\partial r}\dfrac{\partial r}{\partial \theta'} + \dfrac{\partial q}{\partial \theta}\dfrac{\partial \theta}{\partial \theta'} + \dfrac{\partial q}{\partial z}\dfrac{\partial z}{\partial \theta'} + \dfrac{\partial q}{\partial t}\dfrac{\partial t}{\partial \theta'} \\[2mm] \dfrac{\partial q}{\partial z'} = \dfrac{\partial q}{\partial r}\dfrac{\partial r}{\partial z'} + \dfrac{\partial q}{\partial \theta}\dfrac{\partial \theta}{\partial z'} + \dfrac{\partial q}{\partial z}\dfrac{\partial z}{\partial \theta'} + \dfrac{\partial q}{\partial t}\dfrac{\partial t}{\partial z'} \\[2mm] \dfrac{\partial q}{\partial t'} = \dfrac{\partial q}{\partial r}\dfrac{\partial r}{\partial t'} + \dfrac{\partial q}{\partial \theta}\dfrac{\partial \theta}{\partial t'} + \dfrac{\partial q}{\partial z}\dfrac{\partial z}{\partial t'} + \dfrac{\partial q}{\partial t}\dfrac{\partial t}{\partial t'} \end{cases}$$

另由式（6.30）可知：

$$\frac{\partial r}{\partial r'} = \frac{\partial \theta}{\partial \theta'} = \frac{\partial z}{\partial z'} = \frac{\partial t}{\partial t'} = 1 \quad \frac{\partial \theta}{\partial t'} = \frac{\partial \theta}{\partial t} = \omega$$

$$\frac{\partial \theta}{\partial r'} = \frac{\partial z}{\partial r'} = \frac{\partial z}{\partial t'} = \frac{\partial t}{\partial r'} = \frac{\partial r}{\partial \theta'} = \frac{\partial z}{\partial \theta'} = \frac{\partial r}{\partial z'} = \frac{\partial \theta}{\partial z'} = \frac{\partial t}{\partial z'} = \frac{\partial t}{\partial \theta'} = 0$$

因此，由上列各式可得

$$\frac{\partial q}{\partial r'} = \frac{\partial q}{\partial r} \quad \frac{\partial q}{\partial \theta'} = \frac{\partial q}{\partial \theta} \quad \frac{\partial q}{\partial z'} = \frac{\partial q}{\partial z} \quad \frac{\partial q}{\partial t'} = \frac{\partial q}{\partial t} + \omega \frac{\partial q}{\partial \theta}$$

显然，上列诸式等号右侧和左侧分别为标量函数在绝对坐标系和相对坐标系中的各项偏导数。为明显起见，以 ∂_n/∂ 表示绝对坐标中的偏导数，而相对坐标中的偏导数仍以 ∂/∂ 表示，这样可写出下列等式：

$$\frac{\partial_n q}{\partial r} = \frac{\partial q}{\partial r'} \quad \frac{\partial_n q}{\partial \theta} = \frac{\partial q}{\partial \theta'} \quad \frac{\partial_n q}{\partial z} = \frac{\partial q}{\partial z'} \tag{6.32}$$

$$\frac{\partial_n q}{\partial t} = \frac{\partial q}{\partial t'} - \omega \frac{\partial q}{\partial \theta} \quad 或 \quad \frac{\partial q}{\partial t'} = \frac{\partial_n q}{\partial t} + \omega \frac{\partial_n q}{\partial \theta} \tag{6.33}$$

用 $\mathrm{D}_n q/\mathrm{D}t$ 和 $\mathrm{D}q/\mathrm{D}t'$ 分别表示标量函数在绝对坐标系和相对坐标系中的全导数，即

$$\frac{\mathrm{D}_n q}{\mathrm{D}t} = \frac{\partial_n q}{\partial r}\frac{\mathrm{D}_n r}{\mathrm{D}t} + \frac{\partial_n q}{\partial \theta}\frac{\mathrm{D}_n \theta}{\mathrm{D}t} + \frac{\partial_n q}{\partial z}\frac{\mathrm{D}_n z}{\mathrm{D}t} + \frac{\partial_n q}{\partial t}$$

$$\frac{\mathrm{D}q}{\mathrm{D}t'} = \frac{\partial q}{\partial t'}\frac{\mathrm{D}r'}{\mathrm{D}t'} + \frac{\partial q}{\partial \theta'}\frac{\mathrm{D}\theta'}{\mathrm{D}t'} + \frac{\partial q}{\partial z'}\frac{\mathrm{D}z'}{\mathrm{D}t'} + \frac{\partial q}{\partial t'}$$

则由式（6.32）、式（6.33），并考虑到式（6.30），有

$$\frac{\mathrm{D}_n r}{\mathrm{D}t} = \frac{\mathrm{D}r'}{\mathrm{D}t'} \quad \frac{\mathrm{D}_n \theta}{\mathrm{D}t} = \frac{\mathrm{D}\theta'}{\mathrm{D}t'} + \omega \quad \frac{\mathrm{D}_n z}{\mathrm{D}t} = \frac{\mathrm{D}z'}{\mathrm{D}t'} \tag{6.34}$$

因此有

$$\frac{\mathrm{D}_n q}{\mathrm{D}t} = \frac{\mathrm{D}q}{\mathrm{D}t'} \tag{6.35}$$

由以上推导结果可知：对于圆柱坐标，在绝对坐标系与相对坐标系之间，除标量函数对时间的偏导数不等并有式（6.33）所示关系外，标量函数的全导数及对坐标的偏导数都相等。

6.3.2 矢量函数的导数

设 $\vec{A}$ 为矢量，在绝对坐标系和相对坐标系中分别为

$$\vec{A}=A_r\vec{e}_r+A_\theta\vec{e}_\theta+A_z\vec{e}_z \quad \vec{A}=A'_r\vec{e}'_r+A'_\theta\vec{e}'_\theta+A'_z\vec{e}'_z$$

因为对于圆柱坐标，绝对坐标系的单位矢量等于相对坐标系的单位矢量［见式（6.31）］，故可知矢量 $\vec{A}$ 在绝对坐标系中的分量等于相对坐标系中的分量，即

$$A_r=A'_r \quad A_\theta=A'_\theta \quad A_z=A'_z$$

又因为单位矢量 $\vec{e}_r$、$\vec{e}_\theta$ 对 θ 的偏导数的表达式［式（6.20）］同样适用于相对坐标，故有

$$\frac{\partial_n\vec{e}_r}{\partial\theta}=\frac{\partial\vec{e}'_r}{\partial\theta'} \quad \frac{\partial_n\vec{e}_\theta}{\partial\theta}=\frac{\partial\vec{e}'_\theta}{\partial\theta'}$$

因此，由式（6.32）可以写出矢量 $\vec{A}$ 对坐标的偏导数：

$$\begin{cases}
\dfrac{\partial_n\vec{A}}{\partial r}=\dfrac{\partial_n A_r}{\partial r}\vec{e}_r+\dfrac{\partial_n A_\theta}{\partial r}\vec{e}_\theta+\dfrac{\partial_n A_z}{\partial r}\vec{e}_z \\[3mm]
\qquad =\dfrac{\partial A'_r}{\partial r'}\vec{e}'_r+\dfrac{\partial A'_\theta}{\partial r'}\vec{e}'_\theta+\dfrac{\partial A'_z}{\partial r'}\vec{e}'_z=\dfrac{\partial\vec{A}}{\partial r'} \\[3mm]
\dfrac{\partial_n\vec{A}}{\partial\theta}=\dfrac{\partial_n A_r}{\partial\theta}\vec{e}_r+\dfrac{\partial_n A_\theta}{\partial\theta}\vec{e}_\theta+\dfrac{\partial_n A_z}{\partial\theta}\vec{e}_z+A_r\dfrac{\partial_n\vec{e}_r}{\partial\theta}+A_\theta\dfrac{\partial_n\vec{e}_\theta}{\partial\theta} \\[3mm]
\qquad =\dfrac{\partial A'_r}{\partial\theta'}\vec{e}'_r+\dfrac{\partial A'_\theta}{\partial\theta'}\vec{e}'_\theta+\dfrac{\partial A'_z}{\partial\theta'}\vec{e}'_z+A'_r\dfrac{\partial\vec{e}'_r}{\partial\theta'}+A'_\theta\dfrac{\partial\vec{e}'_\theta}{\partial\theta'}=\dfrac{\partial\vec{A}}{\partial\theta'} \\[3mm]
\dfrac{\partial_n\vec{A}}{\partial z}=\dfrac{\partial_n A_r}{\partial z}\vec{e}_r+\dfrac{\partial_n A_\theta}{\partial z}\vec{e}_\theta+\dfrac{\partial_n A_z}{\partial z}\vec{e}_z \\[3mm]
\qquad =\dfrac{\partial A'_r}{\partial z'}\vec{e}'_r+\dfrac{\partial A'_\theta}{\partial z'}\vec{e}'_\theta+\dfrac{\partial A'_z}{\partial z'}\vec{e}'_z=\dfrac{\partial\vec{A}}{\partial z'}
\end{cases}$$

上式表明：对于圆柱坐标，在绝对坐标系与相对坐标系之间，矢量 $\vec{A}$ 对坐标轴的偏导数是相等的，即

$$\frac{\partial_n\vec{A}}{\partial r}=\frac{\partial\vec{A}}{\partial r'} \quad \frac{\partial_n\vec{A}}{\partial\theta}=\frac{\partial\vec{A}}{\partial\theta'} \quad \frac{\partial_n\vec{A}}{\partial z}=\frac{\partial\vec{A}}{\partial z'} \tag{6.36}$$

因为在圆柱坐标中单位矢量对时间的偏导数为 0［见式（6.21）］，故可写出矢量函数在绝对坐标系和相对坐标系中对时间的偏导数分别为

$$\frac{\partial_n\vec{A}}{\partial t}=\frac{\partial_n A_r}{\partial t}\vec{e}_r+\frac{\partial_n A_\theta}{\partial t}\vec{e}_\theta+\frac{\partial_n A_z}{\partial t}\vec{e}_z$$

$$\frac{\partial\vec{A}}{\partial t'}=\frac{\partial A'_r}{\partial t'}\vec{e}'_r+\frac{\partial A'_\theta}{\partial t'}\vec{e}'_\theta+\frac{\partial A'_z}{\partial t'}\vec{e}'_z$$

于是由式（6.33）可写出

$$\frac{\partial_n\vec{A}}{\partial t}=\left(\frac{\partial A'_r}{\partial t'}-\omega\frac{\partial A'_r}{\partial\theta'}\right)\vec{e}'_r+\left(\frac{\partial A'_\theta}{\partial t'}-\omega\frac{\partial A'_\theta}{\partial\theta'}\right)\vec{e}'_\theta+\left(\frac{\partial A'_z}{\partial t'}-\omega\frac{\partial A'_z}{\partial\theta'}\right)\vec{e}'_z$$

$$=\frac{\partial A'_r}{\partial t'}\vec{e}'_r+\frac{\partial A'_\theta}{\partial t'}\vec{e}'_\theta+\frac{\partial A'_z}{\partial t'}\vec{e}'_z-\omega\frac{\partial}{\partial\theta'}(A'_r\vec{e}'_r+A'_\theta\vec{e}'_\theta+A'_z\vec{e}'_z)$$

$$+\omega\left(A'_r\frac{\partial\vec{e}'_r}{\partial\theta'}+A'_\theta\frac{\partial\vec{e}'_\theta}{\partial\theta'}+A'_z\frac{\partial\vec{e}'_z}{\partial\theta'}\right)$$

$$=\frac{\partial\vec{A}}{\partial t'}-\omega\frac{\partial\vec{A}}{\partial\theta'}+\omega\left(A'_r\frac{\partial\vec{e}'_r}{\partial\theta'}+A'_\theta\frac{\partial\vec{e}'_\theta}{\partial\theta'}+A'_z\frac{\partial\vec{e}'_z}{\partial\theta'}\right)$$

考虑到式（6.20）及$\partial\vec{e}'_z/\partial\theta'=0$，上式可写成

$$\frac{\partial_n\vec{A}}{\partial t}=\frac{\partial\vec{A}}{\partial t'}-\omega\frac{\partial\vec{A}}{\partial\theta'}+\omega(A'_r\vec{e}'_\theta-A'_\theta\vec{e}'_r)$$

因为$\vec{\omega}\times\vec{A}=\omega\vec{e}'_z\times\vec{A}=\omega(A'_r\vec{e}'_\theta-A'_\theta\vec{e}'_r)$，于是可得到在绝对坐标系与相对坐标系之间，矢量$\vec{A}$对时间的偏导数的关系式如下：

$$\frac{\partial_n\vec{A}}{\partial t}=\frac{\partial\vec{A}}{\partial t'}-\omega\frac{\partial\vec{A}}{\partial\theta'}+\vec{\omega}\times\vec{A} \tag{6.37}$$

矢量$\vec{A}$对时间的全导数为

$$\frac{D_n\vec{A}}{Dt}=\frac{\partial_n\vec{A}}{\partial r}\frac{D_n r}{Dt}+\frac{\partial_n\vec{A}}{\partial\theta}\frac{D_n\theta}{Dt}+\frac{\partial_n\vec{A}}{\partial z}\frac{D_n z}{Dt}+\frac{\partial_n\vec{A}}{\partial t}$$

$$\frac{D\vec{A}}{Dt'}=\frac{\partial\vec{A}}{\partial r'}\frac{Dr'}{Dt'}+\frac{\partial\vec{A}}{\partial\theta'}\frac{D\theta'}{Dt'}+\frac{\partial\vec{A}}{\partial z'}\frac{Dz'}{Dt'}+\frac{\partial\vec{A}}{\partial t'}$$

故由式（6.34）、式（6.36）、式（6.37）可得到：对于圆柱坐标，在绝对坐标系与相对坐标系之间，矢量函数全导数的关系式为

$$\frac{D_n\vec{A}}{Dt}=\frac{D\vec{A}}{Dt'}+\vec{\omega}\times\vec{A} \tag{6.38}$$

6.3.3 哈密尔顿算子

标量函数q的梯度和矢量函数$\vec{A}$的散度、旋度在绝对坐标系中分别为

$$\nabla_n q=\vec{e}_r\frac{\partial_n q}{\partial r}+\vec{e}_\theta\frac{\partial_n q}{r\partial\theta}+\vec{e}_z\frac{\partial_n q}{\partial z}$$

$$\nabla_n\cdot\vec{A}=\vec{e}_r\cdot\frac{\partial_n A_r}{\partial r}+\vec{e}_\theta\cdot\frac{\partial_n A_\theta}{r\partial\theta}+\vec{e}_z\cdot\frac{\partial_n A_z}{\partial z}$$

$$\nabla_n\times\vec{A}=\left(\frac{\partial_n A_z}{r\partial\theta}-\frac{\partial_n A_\theta}{\partial z}\right)\vec{e}_r+\left(\frac{\partial_n A_r}{\partial z}-\frac{\partial_n A_z}{\partial r}\right)\vec{e}_\theta+\left(\frac{\partial_n A_\theta}{\partial r}-\frac{\partial_n A_r}{\partial\theta}\right)\vec{e}_z$$

在相对坐标系中分别为

$$\nabla q=\vec{e}'_r\frac{\partial q}{\partial r'}+\vec{e}'_\theta\frac{\partial q}{r'\partial\theta'}+\vec{e}'_z\frac{\partial q}{\partial z'}$$

$$\nabla\cdot\vec{A}=\vec{e}'_r\cdot\frac{\partial A'_r}{\partial r'}+\vec{e}'_\theta\cdot\frac{\partial A'_\theta}{r'\partial\theta'}+\vec{e}'_z\cdot\frac{\partial A'_z}{\partial z'}$$

$$\nabla\times\vec{A}=\left(\frac{\partial A'_z}{r'\partial\theta'}-\frac{\partial A'_\theta}{\partial z'}\right)\vec{e}'_r+\left(\frac{\partial A'_r}{\partial z'}-\frac{\partial A'_z}{\partial r'}\right)\vec{e}'_\theta+\left(\frac{\partial A'_\theta}{\partial r'}-\frac{\partial A'_r}{\partial\theta'}\right)\vec{e}'_z$$

因此，由式（6.30）、式（6.31）、式（6.32）很容易得出

$$\nabla_n q=\nabla q \quad \nabla_n\cdot\vec{A}=\nabla\cdot\vec{A} \quad \nabla_n\times\vec{A}=\nabla\times\vec{A} \tag{6.39}$$

由式（6.39）可知，标量函数的梯度及矢量函数的散度、旋度在绝对坐标系与相对坐标系之间是相等的。因此，以后对于哈密尔顿算子不再区别是绝对坐标系中的还是相对坐标系中的，都以 ∇ 表示。此外，对于相对坐标系中的量，也不再加上角标"'"。

6.3.4　速度和加速度

1. 速度

绝对速度 $\vec{v}$ 和相对速度 $\vec{w}$ 应分别是矢径 $\vec{R}$ 在绝对坐标系中和相对坐标系中对时间的全导数，即

$$\vec{v}=\frac{D_n\vec{R}}{Dt}\qquad \vec{w}=\frac{D\vec{R}}{Dt} \tag{6.40}$$

故由式（6.38）可得绝对速度与相对速度之间的关系式：

$$\vec{v}=\vec{w}+\vec{\omega}\times\vec{R} \tag{6.41}$$

因为 $\vec{\omega}=\omega e_z$ 及 $\vec{R}=r\vec{e}_r+z\vec{e}_z$（图 6.5），所以上式可写成：

$$\vec{v}=\vec{w}+\vec{\omega}\times\vec{r} \tag{6.42}$$

或

$$\vec{v}=\vec{w}+\vec{u} \tag{6.43}$$

式中　$\vec{u}$——牵连速度，$\vec{u}=\vec{\omega}\times\vec{r}=\omega r\vec{e}_\theta$。

这就是熟知的复合运动的速度合成定理：绝对速度等于相对速度与牵连速度的矢量和。

2. 加速度

加速度是速度对时间的全导数，由式（6.41）可写出

$$\frac{D_n\vec{v}}{Dt}=\frac{D_n\vec{w}}{Dt}+\frac{D_n\vec{\omega}}{Dt}\times\vec{R}+\vec{\omega}\times\frac{D_n\vec{R}}{Dt}$$

$$=\frac{D_n\vec{w}}{Dt}+\frac{D_n\vec{\omega}}{Dt}\times\vec{R}+\vec{\omega}\times\vec{v}$$

由式（6.38）可写出

$$\frac{D_n\vec{w}}{Dt}=\frac{D\vec{w}}{Dt}+\vec{\omega}\times\vec{w},\frac{D_n\vec{\omega}}{Dt}=\frac{D\vec{\omega}}{Dt}$$

代入上式并考虑式（6.42），得

$$\frac{D_n\vec{v}}{Dt}=\frac{D\vec{w}}{Dt}+\frac{D\vec{\omega}}{Dt}\times\vec{R}+\vec{\omega}\times(\vec{\omega}\times\vec{r})+2\vec{\omega}\times\vec{w} \tag{6.44}$$

若 $\vec{\omega}$ 为常矢，则 $D\vec{\omega}/Dt=0$，则式（6.44）可变化为

$$\frac{D_n\vec{v}}{Dt}=\frac{D\vec{w}}{Dt}+\vec{\omega}\times(\vec{\omega}\times\vec{r})+2\vec{\omega}\times\vec{w} \tag{6.45}$$

因为 $\vec{\omega}\times(\vec{\omega}\times\vec{r})=\omega\vec{e}_z\times\omega r\vec{e}_\theta=-\omega^2r\vec{e}_r=-\omega^2 r$，故式（6.45）可写成

$$\frac{D_n\vec{v}}{Dt}=\frac{D\vec{w}}{Dt}-\omega^2 r+2\vec{\omega}\times\vec{w} \tag{6.46}$$

式中　$D_n\vec{v}/Dt$——绝对加速度；

　　　　$D\vec{w}/Dt$——相对加速度；

$-\omega^2 r$——向心加速度；

$2\vec{\omega} \times \vec{w}$——哥氏加速度。

因此，在角速度矢量 $\vec{\omega}$ 恒定的相对坐标系中，绝对加速度等于相对加速度、向心加速度、哥氏加速度三者的矢量和。

6.4 相对坐标系中理想流体运动的基本方程

若把坐标系固定在旋转着的转轮或叶轮上，则在此坐标系中得到的便是水力机械中液体的相对运动。

根据理想液体绝对运动的基本方程，应用绝对坐标系中速度、加速度、哈密尔顿算子同相对坐标系中速度、加速度、哈密尔顿算子之间的关系，便可以得出水力机械中理想液体相对运动的基本方程。

6.4.1 连续方程

把连续方程式（6.5）中的 v 用式（6.43）代替，考虑到 $\nabla \cdot \vec{u} = 0$，于是得

$$\nabla \cdot \vec{w} = 0 \quad \text{或} \quad \operatorname{div} \vec{w} = 0 \tag{6.47}$$

这就是相对坐标系中流体的连续方程。在这里，同样认为流体是不可压缩的，其密度 ρ 为常数，并且应用了上节中关于矢量的散度在绝对坐标系中与在相对坐标系中相等的结论。

6.4.2 运动方程

对于理想流体，即忽略黏性，$\upsilon = 0$，则由矢量函数物质体体积分的随体导数可得

$$\frac{\mathrm{d}\vec{W}}{\mathrm{d}t} = \vec{F} - \nabla \left(\frac{P}{\rho} \right) \tag{6.48}$$

一般形式为

$$\frac{\partial \vec{w}}{\partial t} + (\vec{w} \cdot \nabla)\vec{w} = \vec{f} + \omega^2 \vec{r} - 2(\vec{\omega} \times \vec{w}) - \nabla \left(\frac{\vec{p}}{\rho} \right) \tag{6.49}$$

葛罗米柯-兰姆形式为

$$\frac{\partial \vec{w}}{\partial t} + \nabla \left(\frac{\vec{w}^2}{2} \right) - \vec{w} \times (\nabla \times \vec{w}) = \vec{f} + \omega^2 \vec{r} - 2(\vec{\omega} \times \vec{w}) - \nabla \left(\frac{\vec{p}}{\rho} \right) \tag{6.50}$$

由于

$$\nabla \times \vec{v} = \nabla \times \vec{w} + 2\vec{\omega}$$

因此，由向量运算法则可得

$$\vec{w} \times (\nabla \times \vec{w}) = \vec{w} \times (\nabla \times \vec{v}) + 2(\vec{\omega} \times \vec{w}) \tag{6.51}$$

又对于矢径 $\vec{R} = x\vec{i} + y\vec{j} + z\vec{k}$，有 $\vec{R} = R\,\nabla R$，同理，对于向径 $\vec{r} = x\vec{i} + y\vec{j}$，有 $\vec{r} = r\,\nabla r$，则

$$\omega^2 r = \omega^2 r\,\nabla r = \nabla \left(\frac{\omega^2 r^2}{2} \right) = \nabla \left(\frac{u^2}{2} \right) \tag{6.52}$$

故式（6.50）可进一步变为

$$\frac{\partial \vec{w}}{\partial t} + \nabla\left(\frac{w^2}{2}\right) - \vec{w} \times (\nabla \times \vec{v}) = \vec{f} + \nabla\left(\frac{u^2}{2}\right) - \nabla\left(\frac{p}{\rho}\right) \tag{6.53}$$

在相对坐标系中，对于理想定常、质量力仅有重力作用的有势流动，有

$$\frac{\partial \vec{w}}{\partial t} = 0 \quad \vec{f} = -\nabla G = -\nabla(gz)$$

式中　G——质量力 f 有势时的势函数。

则式（6.53）可变为

$$\vec{w} \times (\nabla \times \vec{v}) = \nabla\left(G + \frac{p}{\rho} + \frac{w^2}{2} - \frac{u^2}{2}\right) \tag{6.54}$$

令 $E_r = G + \dfrac{p}{\rho} + \dfrac{w^2}{2} - \dfrac{u^2}{2}$，称 E_r 为单位质量流体相对运动的机械能，则式（6.54）变为

$$\vec{w} \times (\nabla \times \vec{v}) = \nabla E_r \tag{6.55}$$

式（6.55）即为质量力有势时，定常相对运动的葛罗米柯-兰姆形式的运动方程。

当 $\nabla \times \vec{v} = 0$ 或 $\vec{w}/\!/(\nabla \times \vec{v})$ 时，$\nabla E_r = 0$，则在全流场有

$$E_r = G + \frac{p}{\rho} + \frac{w^2}{2} - \frac{u^2}{2} = \text{const}（全流场） \tag{6.56}$$

即相对运动的机械能在全流场有相同的值。

（1）沿相对运动流线 l 的积分。由于 $\mathrm{d}\vec{l}$ 平行于 $\vec{w}$，则有

$$\mathrm{d}\vec{l} \cdot [\vec{w} \times (\nabla \times \vec{v})] = 0$$

故

$$\mathrm{d}\vec{l} \cdot \nabla E_r = \frac{\partial E_r}{\partial l}\mathrm{d}l = 0$$

则有

$$E_r = G + \frac{p}{\rho} + \frac{w^2}{2} - \frac{u^2}{2}\bigg|_l = \text{const} \tag{6.57}$$

式（6.57）即为相对运动的伯努利积分，表明单位质量流体的相对运动机械能沿相对运动流线保持为常数，但对于不同的流线可能是不同的常数。

（2）沿绝对运动涡线 l 的积分。由于 $\mathrm{d}\vec{l}$ 平行于 $\nabla \times \vec{v}$，则有

$$\mathrm{d}\vec{l} \cdot [\vec{w} \times (\nabla \times \vec{v})] = 0$$

故

$$\mathrm{d}\vec{l} \cdot \nabla E_r = \frac{\partial E_r}{\partial l}\mathrm{d}l = 0$$

则有

$$E_r = G + \frac{p}{\rho} + \frac{w^2}{2} - \frac{u^2}{2}\bigg|_l = \text{const} \tag{6.58}$$

式（6.58）即为绝对运动沿涡线的伯努利积分，表明单位质量流体的相对运动机械能沿绝对运动涡线保持为常数，但对于不同的涡线可能是不同的常数。

综合以上（1）和（2）两种情况可以得到，对于理想流体，在定常且质量力有势的条件下，在同一条相对运动的流线上或同一条绝对运动的涡线上，单位质量流体的相对运动机械能保持为常数。

若 $\mu \neq 0$，$\dfrac{\partial}{\partial t} \neq 0$，质量力有势，那么葛罗米柯-兰姆形式的相对运动方程为

$$\frac{\partial \vec{w}}{\partial t} - \vec{w} \times (\nabla \times \vec{v}) = -\nabla E_r + v \Delta \vec{w} \tag{6.59}$$

6.5 圆柱坐标系中相对运动的连续方程和运动方程

上面得出的相对坐标系中的连续方程和运动方程是以矢量形式表示的，为了实际使用，需要把它们换成标量形式。为此，取 z 轴与转轮或叶轮的轴线重合且与转轮或叶轮一同旋转的圆柱坐标系作为相对坐标系，得出以标量形式表示的连续方程和运动方程。

对于旋转着的圆柱坐标系，其单位矢量对于坐标和时间的偏导数仍由 6.2 节中的关系式（6.20）～式（6.22）确定。因此，类似于推导绝对坐标系中散度 $\nabla \cdot v$、绝对加速度 $\mathrm{D}_n v / \mathrm{D}t$、旋度 $\mathrm{rot}v$ 的表达式，可以得出相对坐标系中散度 $\nabla \cdot w$、相对加速度 $\mathrm{D}w / \mathrm{D}t$、旋度 $\mathrm{rot}w$ 的表达式：

$$\nabla \cdot \vec{w} = \frac{\partial w_r}{\partial r} + \frac{\partial w_\theta}{r \partial \theta} + \frac{\partial w_z}{\partial z} + \frac{w_r}{r} \tag{6.60}$$

$$\begin{aligned}
\frac{\mathrm{D}\vec{w}}{\mathrm{D}t} = & \left(\frac{\partial w_r}{\partial t} + w_r \frac{\partial w_r}{\partial r} + w_\theta \frac{\partial w_r}{r \partial \theta} + w_z \frac{\partial w_r}{\partial z} - \frac{w_\theta^2}{r} \right) \vec{e}_r \\
& + \left(\frac{\partial w_\theta}{\partial t} + w_r \frac{\partial w_\theta}{\partial r} + w_\theta \frac{\partial w_\theta}{r \partial \theta} + w_z \frac{\partial w_\theta}{\partial z} + \frac{w_r w_\theta}{r} \right) \vec{e}_\theta \\
& + \left(\frac{\partial w_z}{\partial t} + w_r \frac{\partial w_z}{\partial r} + w_\theta \frac{\partial w_z}{r \partial \theta} + w_z \frac{\partial w_z}{\partial z} \right) \vec{e}_z
\end{aligned} \tag{6.61}$$

$$\begin{cases}
\mathrm{rot}_r \vec{w} = \dfrac{1}{r} \left[\dfrac{\partial w_z}{\partial \theta} - \dfrac{\partial (w_\theta r)}{\partial z} \right] \\[2mm]
\mathrm{rot}_\theta \vec{w} = \dfrac{\partial w_r}{\partial z} - \dfrac{\partial w_z}{\partial r} \\[2mm]
\mathrm{rot}_z \vec{w} = \dfrac{1}{r} \left[\dfrac{\partial (w_\theta r)}{\partial r} - \dfrac{\partial w_r}{\partial \theta} \right]
\end{cases} \tag{6.62}$$

将式（6.60）代入式（6.47），得圆柱坐标系中相对运动的连续方程：

$$\frac{\partial w_r}{\partial r} + \frac{\partial w_\theta}{r \partial \theta} + \frac{\partial w_z}{\partial z} + \frac{w_r}{r} = 0 \tag{6.63}$$

将式（6.61）代入式（6.48），并考虑以下条件：

$$\vec{\omega} \times \vec{w} = \omega \vec{e}_z \times (w_r \vec{e}_r + w_\theta \vec{e}_\theta + w_z \vec{e}_z) = \omega w_r \vec{e}_\theta - \omega w_\theta \vec{e}_r$$

可得圆柱坐标系中相对运动的欧拉型运动方程：

$$\begin{cases}
\dfrac{\partial w_r}{\partial t} + w_r \dfrac{\partial w_r}{\partial r} + w_\theta \dfrac{\partial w_r}{r \partial \theta} + w_z \dfrac{\partial w_r}{\partial z} - \dfrac{w_\theta^2}{r} - \omega^2 r - 2\omega w_\theta = f_r - \dfrac{1}{\rho r} \dfrac{\partial p}{\partial r} \\[2mm]
\dfrac{\partial w_\theta}{\partial t} + w_r \dfrac{\partial w_\theta}{\partial r} + w_\theta \dfrac{\partial w_\theta}{r \partial \theta} + w_z \dfrac{\partial w_\theta}{\partial z} + \dfrac{w_r w_\theta}{r} + 2\omega w_r = f_\theta - \dfrac{1}{\rho r} \dfrac{\partial p}{\partial \theta} \\[2mm]
\dfrac{\partial w_z}{\partial t} + w_r \dfrac{\partial w_z}{\partial r} + w_\theta \dfrac{\partial w_z}{r \partial \theta} + w_z \dfrac{\partial w_z}{\partial z} = f_z - \dfrac{1}{\rho} \dfrac{\partial p}{\partial z}
\end{cases} \tag{6.64}$$

若

$$\frac{\partial w_r}{\partial t} = \frac{\partial w_\theta}{\partial t} = \frac{\partial w_z}{\partial t} = 0$$

可得定常相对运动的欧拉型运动方程：

$$\begin{cases} w_r\dfrac{\partial w_r}{\partial r}+w_\theta\dfrac{\partial w_r}{r\partial\theta}+w_z\dfrac{\partial w_r}{\partial z}-\dfrac{w_\theta^2}{r}-\omega^2 r-2\omega w_\theta=f_r-\dfrac{1}{\rho}\dfrac{\partial p}{\partial r} \\[3mm] w_r\dfrac{\partial w_\theta}{\partial r}+w_\theta\dfrac{\partial w_\theta}{r\partial\theta}+w_z\dfrac{\partial w_\theta}{\partial z}+\dfrac{w_r w_\theta}{r}+2\omega w_r=f_\theta-\dfrac{1}{\rho}\dfrac{\partial p}{r\partial\theta} \\[3mm] w_r\dfrac{\partial w_z}{\partial r}+w_\theta\dfrac{\partial w_z}{r\partial\theta}+w_z\dfrac{\partial w_z}{\partial z}=f_z-\dfrac{1}{\rho}\dfrac{\partial p}{\partial z} \end{cases} \tag{6.65}$$

将式（6.62）代入下式：

$$\nabla\left(\frac{\vec{w}^2}{2}\right)-\vec{w}\times(\nabla\times\vec{w})-\omega^2\vec{r}+2\vec{\omega}\times\vec{w}=\vec{f}-\nabla\left(\frac{p}{\rho}\right)$$

并考虑上面 $\vec{\omega}\times\vec{w}$ 的表达式，得圆柱坐标系中定常相对运动的兰姆型运动方程：

$$\begin{cases} \dfrac{\partial}{\partial r}\left(\dfrac{w^2}{2}\right)-\dfrac{w_\theta}{r}\left[\dfrac{\partial(w_\theta r)}{\partial r}-\dfrac{\partial w_r}{\partial\theta}\right]+w_z\left(\dfrac{\partial w_r}{\partial z}-\dfrac{\partial w_z}{\partial r}\right)-\omega^2 r-2\omega w_\theta=f_r-\dfrac{1}{\rho}\dfrac{\partial p}{\partial r} \\[3mm] \dfrac{\partial}{r\partial\theta}\left(\dfrac{w^2}{2}\right)-\dfrac{w_z}{r}\left[\dfrac{\partial w_z}{\partial\theta}-\dfrac{\partial(w_\theta r)}{\partial z}\right]+\dfrac{w_r}{r}\left[\dfrac{\partial(w_\theta r)}{\partial r}-\dfrac{\partial w_r}{\partial\theta}\right]+2\omega w_r=f_\theta-\dfrac{1}{\rho}\dfrac{\partial p}{r\partial\theta} \\[3mm] \dfrac{\partial}{\partial z}\left(\dfrac{w^2}{2}\right)-w_r\left(\dfrac{\partial w_r}{\partial z}-\dfrac{\partial w_z}{\partial r}\right)+\dfrac{w_\theta}{r}\left[\dfrac{\partial w_z}{\partial\theta}-\dfrac{\partial(w_\theta r)}{\partial z}\right]=f_z-\dfrac{1}{\rho}\dfrac{\partial p}{\partial z} \end{cases} \tag{6.66}$$

将式（6.27）旋度 $\mathrm{rot}v$ 的三个分量代入式（6.55），得圆柱坐标系中质量力有势时定常相对运动的兰姆型运动方程：

$$\begin{cases} \dfrac{w_\theta}{r}\left[\dfrac{\partial(v_\theta r)}{\partial r}-\dfrac{\partial v_r}{\partial\theta}\right]-w_z\left(\dfrac{\partial v_r}{\partial z}-\dfrac{\partial v_z}{\partial r}\right)=\dfrac{\partial E_r}{\partial r} \\[3mm] \dfrac{w_z}{r}\left[\dfrac{\partial v_z}{\partial\theta}-\dfrac{\partial(v_\theta r)}{\partial z}\right]-\dfrac{w_r}{r}\left[\dfrac{\partial(v_\theta r)}{\partial r}-\dfrac{\partial v_r}{\partial\theta}\right]=\dfrac{\partial E_r}{r\partial\theta} \\[3mm] w_r\left(\dfrac{\partial v_r}{\partial z}-\dfrac{\partial v_z}{\partial r}\right)-\dfrac{w_\theta}{r}\left[\dfrac{\partial v_z}{\partial\theta}-\dfrac{\partial(v_\theta r)}{\partial z}\right]=\dfrac{\partial E_r}{\partial z} \end{cases} \tag{6.67}$$

6.6　正交曲线坐标系中理想液体运动的基本方程

在水力机械流动计算中除采用圆柱坐标系外，还采用正交曲线坐标系。本节讨论正交曲线坐标系及其特点，正交曲线坐标系中梯度、哈密尔顿算子、散度、旋度、拉普拉斯算子等的表达式，以及理想液体运动的基本方程，最后讨论平面正交曲线坐标系中坐标线的曲率。

6.6.1　正交曲线坐标系

在空间中引入 q_1、q_2、q_3 三个变量，它们在笛卡儿坐标系中为三个函数：

$$\begin{cases} q_1=q_1(x,y,z) \\ q_2=q_2(x,y,z) \\ q_3=q_3(x,y,z) \end{cases} \tag{6.68}$$

如果存在反函数

$$
\begin{cases}
x = x(q_1, q_2, q_3) \\
y = y(q_1, q_2, q_3) \\
z = z(q_1, q_2, q_3)
\end{cases}
\tag{6.69}
$$

那么，任何空间点不仅可用 x、y、z 三个变量唯一地确定，而且还可用 q_1、q_2、q_3 三个新变量唯一地确定。以 q_1、q_2、q_3 为自变量的坐标，称为曲线坐标。

由式（6.68）可作 $q_1 = \mathrm{const}$、$q_2 = \mathrm{const}$、$q_3 = \mathrm{const}$ 的等值面，这便是曲线坐标的坐标面，而它们之间的交线则是曲线坐标系的坐标线。例如，在 $q_2 = \mathrm{const}$ 和 $q_3 = \mathrm{const}$ 的两坐标面的交线上，q_2 和 q_3 不变，只有 q_1 可变，故此交线为 q_1 坐标线。同样，$q_3 = \mathrm{const}$ 和 $q_1 = \mathrm{const}$ 两坐标面的交线为 q_2 坐标线，$q_1 = \mathrm{const}$ 和 $q_2 = \mathrm{const}$ 两坐标面的交线为 q_3 坐标线。

如果曲线坐标的三个坐标面相互正交，则称为正交曲线坐标。

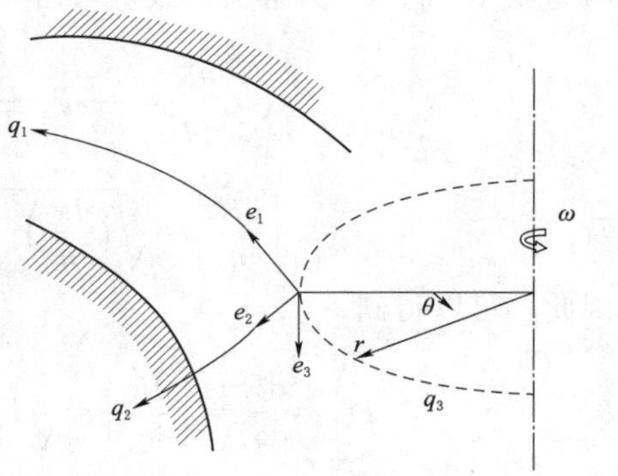

图 6.6　正交曲线坐标系

在水力机械流动计算中常用图 6.6 所示的正交曲线坐标系，其中，$q_3 = \mathrm{const}$ 的坐标面是过转轮或叶轮轴线的半平面，$q_2 = \mathrm{const}$ 的坐标面是以轴面流线或与轴面流线近似的曲线为母线的回转面，$q_1 = \mathrm{const}$ 的坐标面则是与 $q_2 = \mathrm{const}$ 的坐标面正交的回转面。采用此种正交曲线坐标将有利于简化计算。

在正交曲线坐标系中，绝对速度 $\vec{v}$ 和相对速度 $\vec{w}$ 分别表示为

$$
\vec{v} = v_1 \vec{e}_1 + v_2 \vec{e}_2 + v_3 \vec{e}_3 \qquad \vec{w} = w_1 \vec{e}_1 + w_2 \vec{e}_2 + w_3 \vec{e}_3
\tag{6.70}
$$

式中　$\vec{e}_1$、$\vec{e}_2$、$\vec{e}_3$——q_1、q_2、q_3 坐标线上的单位矢量。

对于图 6.6 的正交曲线坐标，有下面的关系式：

$$
\vec{v}_1 = \vec{w}_1 \qquad \vec{v}_2 = \vec{w}_2 \qquad \vec{v}_3 = \vec{w}_3 + \vec{\omega} r
\tag{6.71}
$$

6.6.1.1　拉梅系数

在正交曲线坐标中，由于坐标面为曲面，同组的坐标面一般说来是不平行的（例如 q_1 为不同常数的坐标面），因而自变量的微分 $\mathrm{d}q_1$、$\mathrm{d}q_2$、$\mathrm{d}q_3$ 不等于坐标线的微分 $\mathrm{d}l_1$、$\mathrm{d}l_2$、$\mathrm{d}l_3$。这是正交曲线不同于笛卡儿坐标的一个特点。

令

$$
H_1 = \frac{\mathrm{d}l_1}{\mathrm{d}q_1} \qquad H_2 = \frac{\mathrm{d}l_2}{\mathrm{d}q_2} \qquad H_3 = \frac{\mathrm{d}l_3}{\mathrm{d}q_3}
\tag{6.72}
$$

则称 H_1、H_2、H_3 为拉梅系数。

矢径 $\vec{R}$ 在正交曲线坐标系中的函数为

$$
\vec{R} = \vec{R}(q_1, q_2, q_3)
$$

由此可写出

$$
\mathrm{d}\vec{R} = \frac{\partial \vec{R}}{\partial q_1} \mathrm{d}q_1 + \frac{\partial \vec{R}}{\partial q_2} \mathrm{d}q_2 + \frac{\partial \vec{R}}{\partial q_3} \mathrm{d}q_3
$$

及
$$\mathrm{d}l_1=\left|\frac{\partial \vec{R}}{\partial q_1}\right|\mathrm{d}q_1 \quad \mathrm{d}l_2=\left|\frac{\partial \vec{R}}{\partial q_2}\right|\mathrm{d}q_2 \quad \mathrm{d}l_3=\left|\frac{\partial \vec{R}}{\partial q_3}\right|\mathrm{d}q_3$$

另外，在笛卡儿坐标系中矢径为

$$\vec{R}=x\vec{e}_x+y\vec{e}_y+z\vec{e}_z$$

因为 $\vec{e}_x$、$\vec{e}_y$、$\vec{e}_z$ 为常矢，故可写出

$$\frac{\partial \vec{R}}{\partial q_i}=\frac{\partial x}{\partial q_i}\vec{e}_x+\frac{\partial y}{\partial q_i}\vec{e}_y+\frac{\partial z}{\partial q_i}\vec{e}_z \quad (i=1,2,3)$$

及
$$\left|\frac{\partial \vec{R}}{\partial q_i}\right|=\sqrt{\left(\frac{\partial x}{\partial q_i}\right)^2+\left(\frac{\partial y}{\partial q_i}\right)^2+\left(\frac{\partial z}{\partial q_i}\right)^2} \quad (i=1,2,3)$$

因此，可以得到

$$H_i=\frac{\mathrm{d}l_i}{\mathrm{d}q_i}=\left|\frac{\partial \vec{R}}{\partial q_i}\right|=\sqrt{\left(\frac{\partial x}{\partial q_i}\right)^2+\left(\frac{\partial y}{\partial q_i}\right)^2+\left(\frac{\partial z}{\partial q_i}\right)^2} \quad (i=1,2,3) \tag{6.73}$$

式（6.73）即为拉梅系数的表达式。

拉梅系数的物理意义是坐标曲线的实际变化长度与曲线坐标值变化的比值。

圆柱坐标系是正交曲线坐标系的一个特例，下面在圆柱坐标系中求拉梅系数。

在笛卡儿坐标系中，有

$$x=r\cos\theta \quad y=r\sin\theta \quad z=z$$

取 $q_1=z$，$q_2=r$，$q_3=\theta$，则

$$\begin{cases} \dfrac{\partial x}{\partial q_1}=\dfrac{\partial x}{\partial z}=0 \quad \dfrac{\partial y}{\partial q_1}=\dfrac{\partial y}{\partial z}=0 \quad \dfrac{\partial z}{\partial q_1}=\dfrac{\partial z}{\partial z}=1 \\[2mm] \dfrac{\partial x}{\partial q_2}=\dfrac{\partial x}{\partial r}=\cos\theta \quad \dfrac{\partial y}{\partial q_2}=\dfrac{\partial y}{\partial r}=\sin\theta \quad \dfrac{\partial z}{\partial q_2}=\dfrac{\partial z}{\partial r}=0 \\[2mm] \dfrac{\partial x}{\partial q_3}=\dfrac{\partial x}{\partial \theta}=-r\sin\theta \quad \dfrac{\partial y}{\partial q_3}=\dfrac{\partial y}{\partial \theta}=r\cos\theta \quad \dfrac{\partial z}{\partial q_3}=\dfrac{\partial z}{\partial \theta}=0 \end{cases}$$

代入式（6.73）得：$H_1=1$，$H_2=1$，$H_3=r$。

因此，在正交曲线坐标系中，坐标线微元的表达式为

$$\mathrm{d}l_1=H_1\mathrm{d}q_1 \quad \mathrm{d}l_2=H_2\mathrm{d}q_2 \quad \mathrm{d}l_3=H_3\mathrm{d}q_3 \tag{6.74}$$

面积微元表达式为

$$\begin{cases} \mathrm{d}S_1=\mathrm{d}l_2\mathrm{d}l_3=H_2H_3\mathrm{d}q_2\mathrm{d}q_3 \\ \mathrm{d}S_2=\mathrm{d}l_3\mathrm{d}l_1=H_3H_1\mathrm{d}q_3\mathrm{d}q_1 \\ \mathrm{d}S_3=\mathrm{d}l_1\mathrm{d}l_2=H_1H_2\mathrm{d}q_1\mathrm{d}q_2 \end{cases} \tag{6.75}$$

体积微元的表达式为

$$\mathrm{d}\tau=\mathrm{d}l_1\mathrm{d}l_2\mathrm{d}l_3=H_1H_2H_3\mathrm{d}q_1\mathrm{d}q_2\mathrm{d}q_3 \tag{6.76}$$

6.6.1.2　单位矢量对坐标线的偏导数

对于正交曲线坐标，当空间点的位置改变时，单位矢量的模虽然不变，但单位矢量的

方向因坐标线是曲线而改变，所以是变矢。这是正交曲线坐标系不同于笛卡儿坐标系的又一个特点。下面求 $\vec{e}_1$、$\vec{e}_2$、$\vec{e}_3$ 对坐标线的偏导数。

1. $\partial \vec{e}_i / \partial q_j (i \neq j, i, j = 1, 2, 3)$ 型

单位矢量的偏导数如图 6.7 所示，下面以 $\dfrac{\partial \vec{e}_2}{\partial q_1}$ 为例，由图 6.7 三角形 ABC 与三角形 $AB'C'$ 相似，可写出

$$\frac{\left| \dfrac{\partial \vec{e}_2}{\partial q_1} \mathrm{d} q_1 \right|}{\dfrac{\partial (H_1 \mathrm{d} q_1)}{\partial q_2} \mathrm{d} q_2} = \frac{|\vec{e}_2|}{H_2 \mathrm{d} q_2}$$

$$\left| \frac{\partial \vec{e}_2}{\partial q_1} \mathrm{d} q_1 \right| = |\vec{e}_2| \frac{\partial (H_1 \mathrm{d} q_1)}{\partial q_2} \frac{\mathrm{d} q_2}{H_2 \mathrm{d} q_2} = \frac{\partial H_1}{H_2 \partial q_2} \mathrm{d} q_1$$

又由于 $\dfrac{\partial \vec{e}_2}{\partial q_1} \mathrm{d} q_1 /\!/ \vec{e}_1$，故得

$$\frac{\partial \vec{e}_2}{\partial q_1} = \frac{\partial H_1}{H_2 \partial q_2} \vec{e}_1$$

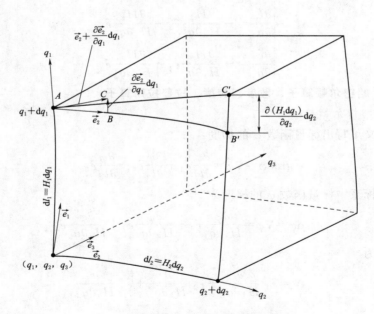

图 6.7　推导单位矢量偏导数示意图

由此可写出一般形式

$$\frac{\partial \vec{e}_i}{\partial q_j} = \frac{\partial H_j}{H_i \partial q_i} \vec{e}_j \quad (i \neq j; i, j = 1, 2, 3)$$

或
$$\begin{cases} \dfrac{\partial \vec{e}_1}{\partial q_2} = \dfrac{\partial H_2}{H_1 \partial q_1} \vec{e}_2 \quad \dfrac{\partial \vec{e}_1}{\partial q_3} = \dfrac{\partial H_3}{H_1 \partial q_1} \vec{e}_3 \\[3mm] \dfrac{\partial \vec{e}_2}{\partial q_3} = \dfrac{\partial H_3}{H_2 \partial q_2} \vec{e}_3 \quad \dfrac{\partial \vec{e}_2}{\partial q_1} = \dfrac{\partial H_1}{H_2 \partial q_2} \vec{e}_1 \\[3mm] \dfrac{\partial \vec{e}_3}{\partial q_1} = \dfrac{\partial H_1}{H_3 \partial q_3} \vec{e}_1 \quad \dfrac{\partial \vec{e}_3}{\partial q_2} = \dfrac{\partial H_2}{H_3 \partial q_3} \vec{e}_2 \end{cases} \tag{6.77}$$

2. $\partial \vec{e}_i / \partial q_i (i=1,2,3)$ 型

以 $\partial \vec{e}_2 / \partial q_2$ 为例，由 $\vec{e}_2 = \vec{e}_3 \times \vec{e}_1$ 及式（6.77）可写出

$$\frac{\partial \vec{e}_2}{\partial q_2} = \frac{\partial \vec{e}_3}{\partial q_2} \times \vec{e}_1 + \vec{e}_3 \times \frac{\partial \vec{e}_1}{\partial q_2} = \frac{\partial H_2}{H_3 \partial q_3} \vec{e}_2 \times \vec{e}_1 + \vec{e}_3 \times \frac{\partial H_2}{H_1 \partial q_1} \vec{e}_2$$

$$= -\frac{\partial H_2}{H_3 \partial q_3} \vec{e}_3 - \frac{\partial H_2}{H_1 \partial q_1} \vec{e}_1$$

由此可写出一般形式：

$$\frac{\partial \vec{e}_i}{\partial q_i} = -\frac{\partial H_i}{H_j \partial q_j} \vec{e}_j - \frac{\partial H_i}{H_k \partial q_k} \vec{e}_k \quad (i,j,k \text{ 轮换})$$

或
$$\begin{cases} \dfrac{\partial \vec{e}_1}{\partial q_1} = -\dfrac{\partial H_1}{H_2 \partial q_2} \vec{e}_2 - \dfrac{\partial H_1}{H_3 \partial q_3} \vec{e}_3 \\[3mm] \dfrac{\partial \vec{e}_2}{\partial q_2} = -\dfrac{\partial H_2}{H_3 \partial q_3} \vec{e}_3 - \dfrac{\partial H_2}{H_1 \partial q_1} \vec{e}_1 \\[3mm] \dfrac{\partial \vec{e}_3}{\partial q_3} = -\dfrac{\partial H_3}{H_1 \partial q_1} \vec{e}_1 - \dfrac{\partial H_3}{H_2 \partial q_2} \vec{e}_2 \end{cases} \tag{6.78}$$

6.6.2　梯度、哈密尔顿算子、散度、旋度、拉普拉斯算子

1. 梯度和哈密尔顿算子

由梯度定义可写出标量函数 φ 的梯度：

$$\mathrm{grad}\varphi = \nabla \varphi = \frac{\partial \varphi}{\partial l_1} \vec{e}_1 + \frac{\partial \varphi}{\partial l_2} \vec{e}_2 + \frac{\partial \varphi}{\partial l_3} \vec{e}_3$$

故正交曲线坐标系中标量函数 φ 的梯度为

$$\mathrm{grad}\varphi = \nabla \varphi = \frac{\partial \varphi}{H_1 \partial q_1} \vec{e}_1 + \frac{\partial \varphi}{H_2 \partial q_2} \vec{e}_2 + \frac{\partial \varphi}{H_3 \partial q_3} \vec{e}_3 \tag{6.79}$$

哈密尔顿算子为

$$\nabla = \vec{e}_1 \frac{\partial}{H_1 \partial q_1} + \vec{e}_2 \frac{\partial}{H_2 \partial q_2} + \vec{e}_3 \frac{\partial}{H_3 \partial q_3} \tag{6.80}$$

2. 散度

由先进行微分运算，再进行矢量运算的哈密尔顿算子运算规则，可写出矢量 $\vec{v}$ 的散度：

$$\mathrm{div}\vec{v} = \nabla \cdot \vec{v} = \vec{e}_1 \frac{\partial \vec{v}}{H_1 \partial q_1} + \vec{e}_2 \frac{\partial \vec{v}}{H_2 \partial q_2} + \vec{e}_3 \frac{\partial \vec{v}}{H_3 \partial q_3} \tag{6.81}$$

由单位矢量对坐标的偏导数的表达式（6.77）和式（6.78）可得

$$\begin{cases}
\dfrac{\partial \vec{v}}{\partial q_1} = \left(\dfrac{\partial v_1}{\partial q_1} + v_2 \dfrac{\partial H_1}{H_2 \partial q_2} + v_3 \dfrac{\partial H_1}{H_3 \partial q_3}\right)\vec{e}_1 + \left(\dfrac{\partial v_2}{\partial q_1} - v_1 \dfrac{\partial H_1}{H_2 \partial q_2}\right)\vec{e}_2 + \left(\dfrac{\partial v_3}{\partial q_1} - v_1 \dfrac{\partial H_1}{H_3 \partial q_3}\right)\vec{e}_3 \\[3mm]
\dfrac{\partial \vec{v}}{\partial q_2} = \left(\dfrac{\partial v_1}{\partial q_2} - v_2 \dfrac{\partial H_2}{H_1 \partial q_1}\right)\vec{e}_1 + \left(\dfrac{\partial v_2}{\partial q_2} + v_3 \dfrac{\partial H_2}{H_3 \partial q_3} + v_1 \dfrac{\partial H_2}{H_1 \partial q_1}\right)\vec{e}_2 + \left(\dfrac{\partial v_3}{\partial q_2} - v_2 \dfrac{\partial H_2}{H_3 \partial q_3}\right)\vec{e}_3 \\[3mm]
\dfrac{\partial \vec{v}}{\partial q_3} = \left(\dfrac{\partial v_1}{\partial q_3} - v_3 \dfrac{\partial H_3}{H_1 \partial q_1}\right)\vec{e}_1 + \left(\dfrac{\partial v_2}{\partial q_3} - v_3 \dfrac{\partial H_3}{H_2 \partial q_2}\right)\vec{e}_2 + \left(\dfrac{\partial v_3}{\partial q_3} + v_1 \dfrac{\partial H_3}{H_1 \partial q_1} + v_2 \dfrac{\partial H_3}{H_2 \partial q_2}\right)\vec{e}_3
\end{cases}$$

$$(6.82)$$

把式（6.82）代入式（6.80），便可得正交曲线坐标系中绝对速度的散度：

$$\mathrm{div}\vec{v} = \nabla \cdot \vec{v} = \frac{1}{H_1 H_2 H_3}\left[\frac{\partial(v_1 H_2 H_3)}{\partial q_1} + \frac{\partial(v_2 H_3 H_1)}{\partial q_2} + \frac{\partial(v_3 H_1 H_2)}{\partial q_3}\right] \quad (6.83)$$

同理，可得正交曲线坐标系中相对速度的散度：

$$\mathrm{div}\vec{w} = \nabla \cdot \vec{w} = \frac{1}{H_1 H_2 H_3}\left[\frac{\partial(w_1 H_2 H_3)}{\partial q_1} + \frac{\partial(w_2 H_3 H_1)}{\partial q_2} + \frac{\partial(w_3 H_1 H_2)}{\partial q_3}\right] \quad (6.84)$$

式（6.83）、式（6.84）还可直接由散度的定义求得。以式（6.83）为例，在正交曲线坐标系中任取一微元体（图6.8），其体积为 $\Delta\tau$、表面积为 ΔS、外法线单位矢量为 $\vec{n}$。对此微元体积，略去高阶小量，则速度矢量 $\vec{v}$ 的通量为

$$\oiint_{\Delta S} \vec{v} \cdot \vec{n}\mathrm{d}s = \frac{\partial(v_1 \Delta l_2 \Delta l_3)}{\partial q_1}\Delta q_1 + \frac{\partial(v_2 \Delta l_3 \Delta l_1)}{\partial q_2}\Delta q_2 + \frac{\partial(v_3 \Delta l_1 \Delta l_2)}{\partial q_3}\Delta q_3$$

$$= \left[\frac{\partial(v_1 H_2 H_3)}{\partial q_1} + \frac{\partial(v_2 H_3 H_1)}{\partial q_2} + \frac{\partial(v_3 H_1 H_2)}{\partial q_3}\right]\Delta q_1 \Delta q_2 \Delta q_3$$

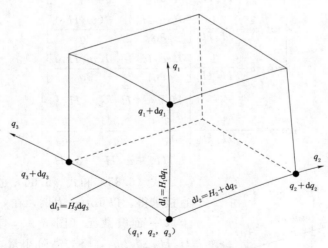

图 6.8　推导散度表达式示意图

微元体的体积 $\Delta\tau = H_1 H_2 H_3 \Delta q_1 \Delta q_2 \Delta q_3$，故由散度定义得

$$\mathrm{div}\vec{v} = \nabla \cdot \vec{v} = \lim_{\Delta\tau \to 0} \frac{\oiint_{\Delta S} \vec{v} \cdot \vec{n}\mathrm{d}s}{\Delta\tau}$$

$$= \frac{1}{H_1 H_2 H_3}\left[\frac{\partial(v_1 H_2 H_3)}{\partial q_1} + \frac{\partial(v_2 H_3 H_1)}{\partial q_2} + \frac{\partial(v_3 H_1 H_2)}{\partial q_3}\right]$$

此即式（6.83）。同样可由散度定义直接得出相对速度的散度表达式（6.84）。

3. 旋度

由哈密尔顿算子运算规则可写出绝对速度 $\vec{v}$ 的旋度：

$$\text{rot}\,\vec{v} = \nabla \times \vec{v} = \vec{e}_1 \times \frac{\partial \vec{v}}{H_1 \partial q_1} + \vec{e}_2 \times \frac{\partial \vec{v}}{H_2 \partial q_2} + \vec{e}_3 \times \frac{\partial \vec{v}}{H_3 \partial q_3}$$

把式（6.81）代入上式，得到正交曲线坐标中绝对速度的旋度 $\text{rot}\,\vec{v}$ 的三个分量：

$$\begin{cases} \text{rot}_1 \vec{v} = \dfrac{1}{H_2 H_3}\left[\dfrac{\partial(v_3 H_3)}{\partial q_2} - \dfrac{\partial(v_2 H_2)}{\partial q_3}\right] \\[2mm] \text{rot}_2 \vec{v} = \dfrac{1}{H_3 H_1}\left[\dfrac{\partial(v_1 H_1)}{\partial q_3} - \dfrac{\partial(v_3 H_3)}{\partial q_1}\right] \\[2mm] \text{rot}_3 \vec{v} = \dfrac{1}{H_1 H_2}\left[\dfrac{\partial(v_2 H_2)}{\partial q_1} - \dfrac{\partial(v_1 H_1)}{\partial q_2}\right] \end{cases} \tag{6.85}$$

或写成

$$\text{rot}\,\vec{v} = \frac{1}{H_1 H_2 H_3}\begin{vmatrix} H_1 \vec{e}_1 & H_2 \vec{e}_2 & H_3 \vec{e}_3 \\[2mm] \dfrac{\partial}{\partial q_1} & \dfrac{\partial}{\partial q_2} & \dfrac{\partial}{\partial q_3} \\[2mm] v_1 H_1 & v_2 H_2 & v_3 H_3 \end{vmatrix}$$

同样可求得正交曲线坐标系中相对速度的旋度 $\text{rot}\,\vec{w}$ 的三个分量：

$$\begin{cases} \text{rot}_1 \vec{w} = \dfrac{1}{H_2 H_3}\left[\dfrac{\partial(w_3 H_3)}{\partial q_2} - \dfrac{\partial(w_2 H_2)}{\partial q_3}\right] \\[2mm] \text{rot}_2 \vec{w} = \dfrac{1}{H_3 H_1}\left[\dfrac{\partial(w_1 H_1)}{\partial q_3} - \dfrac{\partial(w_3 H_3)}{\partial q_1}\right] \\[2mm] \text{rot}_3 \vec{w} = \dfrac{1}{H_1 H_2}\left[\dfrac{\partial(w_2 H_2)}{\partial q_1} - \dfrac{\partial(w_1 H_1)}{\partial q_2}\right] \end{cases} \tag{6.86}$$

或写成

$$\text{rot}\,\vec{w} = \frac{1}{H_1 H_2 H_3}\begin{vmatrix} H_1 \vec{e}_1 & H_2 \vec{e}_2 & H_3 \vec{e}_3 \\[2mm] \dfrac{\partial}{\partial q_1} & \dfrac{\partial}{\partial q_2} & \dfrac{\partial}{\partial q_3} \\[2mm] w_1 H_1 & w_2 H_2 & w_3 H_3 \end{vmatrix}$$

图 6.9　推导旋度表达式示意图

式（6.85）和式（6.86）也可由旋度的定义直接求得。以 $\text{rot}_1 \vec{v}$ 为例，在 $q_1 =$ 常数的坐标面上取一面积微元（图 6.9），其面积为 $\Delta S_1 = H_2 H_3 \Delta q_2 \Delta q_3$，略去高阶小量，得其周边 Δl 的环量为

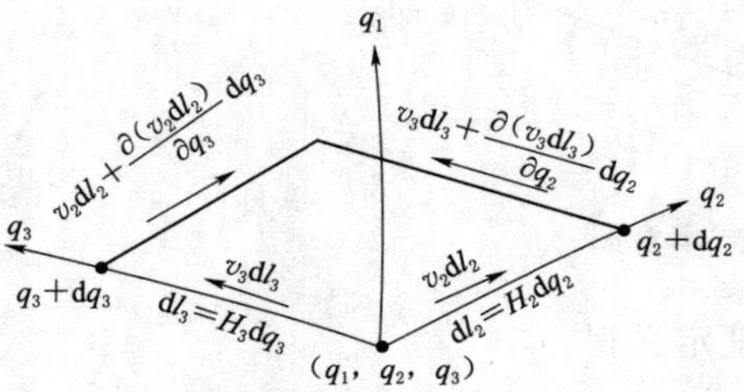

$$\oint_{\Delta l} \vec{v} \cdot \text{d}\vec{l} = \frac{\partial(v_3 \Delta l_3)}{\partial q_2}\Delta q_2 - \frac{\partial(v_2 \Delta l_2)}{\partial q_3}\Delta q_3$$

$$= \left[\frac{\partial(v_3 H_3)}{\partial q_2} - \frac{\partial(v_2 H_2)}{\partial q_3}\right]\Delta q_2 \Delta q_3$$

由旋度定义可得

$$\text{rot}_1 \vec{v} = \lim_{\Delta S \to 0} \frac{\oint_{\Delta l} \vec{v} \cdot \mathrm{d}\vec{l}}{\Delta S} = \frac{1}{H_2 H_3}\left[\frac{\partial(v_3 H_3)}{\partial q_2} - \frac{\partial(v_2 H_2)}{\partial q_3}\right]$$

此即式（6.85）的第一式。同样可得式（6.85）的其余两式及相对速度旋度三个分量的表达式（6.86）。

4. 拉普拉斯算子

对于标量函数 φ 可写出

$$\nabla^2 \varphi = \nabla \cdot (\nabla \varphi)$$

即 $\nabla^2 \varphi$ 可看作梯度 $\nabla \varphi$ 的散度，故由梯度 $\nabla \varphi$ 的表达式（6.79）和散度的表达式（6.83）可写出

$$\nabla^2 \varphi = \frac{1}{H_1 H_2 H_3}\left[\frac{\partial}{\partial q_1}\left(\frac{H_2 H_3}{H_1}\frac{\partial \varphi}{\partial q_1}\right) + \frac{\partial}{\partial q_2}\left(H_3 H_1 \frac{\partial \varphi}{H_2 \partial q_2}\right) + \frac{\partial}{\partial q_3}\left(H_1 H_2 \frac{\partial \varphi}{H_3 \partial q_3}\right)\right]$$

由此得正交曲线坐标系中拉普拉斯算子的表达式为

$$\Delta = \nabla^2 = \frac{1}{H_1 H_2 H_3}\left[\frac{\partial}{\partial q_1}\left(\frac{H_2 H_3}{H_1}\frac{\partial}{\partial q_1}\right) + \frac{\partial}{\partial q_2}\left(\frac{H_3 H_1}{H_2}\frac{\partial}{\partial q_2}\right) + \frac{\partial}{\partial q_3}\left(\frac{H_1 H_2}{H_3}\frac{\partial}{\partial q_3}\right)\right] \tag{6.87}$$

6.6.3　正交曲线坐标系中的连续方程

如图 6.10 所示微元曲面六面体，其内流体密度为 ρ。沿 q_1 方向，假设从 $MCC'M'$ 面来的流体流入速度为 v_1，则单位时间内流入该面的流体质量为

$$\rho v_1 \mathrm{d}A_1 = \rho v_1 H_2 H_3 \mathrm{d}q_2 \mathrm{d}q_3$$

单位时间内由 $ABB'A'$ 面流出的流体质量为

$\rho v_1 H_2 H_3 \mathrm{d}q_2 \mathrm{d}q_3 + \dfrac{\partial(\rho v_1 H_2 H_3)}{\partial q_1}\mathrm{d}q_1 \mathrm{d}q_2 \mathrm{d}q_3$，此时沿 q_1

方向净流出的流体质量为 $\dfrac{\partial(\rho v_1 H_2 H_3)}{\partial q_1}\mathrm{d}q_1 \mathrm{d}q_2 \mathrm{d}q_3$；同

理，沿 q_2 方向净流出的流体质量为 $\dfrac{\partial(\rho v_2 H_1 H_3)}{\partial q_2}\times$

$\mathrm{d}q_1 \mathrm{d}q_2 \mathrm{d}q_3$，沿 q_3 方向净流出的流体质量为

$\dfrac{\partial(\rho v_3 H_1 H_3)}{\partial q_3}\mathrm{d}q_1 \mathrm{d}q_2 \mathrm{d}q_3$。

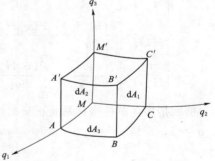

图 6.10　微元曲面六面体

又由于该微元曲面六面体体积内单位时间变化量为 $\dfrac{\partial \rho}{\partial t}H_1 H_2 H_3 \mathrm{d}q_1 \mathrm{d}q_2 \mathrm{d}q_3$，因此由质量守恒定律可写出

$$\left[\frac{\partial \rho}{\partial t}H_1 H_2 H_3 + \frac{\partial(\rho v_1 H_2 H_3)}{\partial q_1} + \frac{\partial(\rho v_2 H_1 H_3)}{\partial q_2} + \frac{\partial(\rho v_3 H_1 H_2)}{\partial q_3}\right]\mathrm{d}q_1 \mathrm{d}q_2 \mathrm{d}q_3 = 0$$

或

$$\frac{\partial \rho}{\partial t} + \frac{1}{H_1 H_2 H_3}\left[\frac{\partial(\rho v_1 H_2 H_3)}{\partial q_1} + \frac{\partial(\rho v_2 H_1 H_3)}{\partial q_2} + \frac{\partial(\rho v_3 H_1 H_2)}{\partial q_3}\right] = 0 \tag{6.88}$$

此即为理想流体在正交曲线坐标系下的连续方程。

对于不可压流体，由于 $\rho = \text{const}$，即 $\dfrac{\partial \rho}{\partial t} = 0$，因此式（6.88）可写成

$$\frac{\partial(v_1 H_2 H_3)}{\partial q_1}+\frac{\partial(v_2 H_1 H_3)}{\partial q_2}+\frac{\partial(v_3 H_1 H_2)}{\partial q_3}=0 \qquad (6.89)$$

同理，可写出相对运动的连续方程：

$$\frac{\partial(w_1 H_2 H_3)}{\partial q_1}+\frac{\partial(w_2 H_1 H_3)}{\partial q_2}+\frac{\partial(w_3 H_1 H_2)}{\partial q_3}=0 \qquad (6.90)$$

6.6.4　正交曲线坐标系中的运动方程

根据式（6.15）、式（6.55）和 $\mathrm{rot}\,\vec{v}$ 的三个分量的表达式（6.85），可得正交曲线坐标系中以标量形式表示的质量力有势时的定常绝对运动的兰姆型运动方程为

$$\begin{cases}\dfrac{v_2}{H_1 H_2}\left[\dfrac{\partial(v_2 H_2)}{\partial q_1}-\dfrac{\partial(v_1 H_1)}{\partial q_2}\right]-\dfrac{v_3}{H_3 H_1}\left[\dfrac{\partial(v_1 H_1)}{\partial q_3}-\dfrac{\partial(v_3 H_3)}{\partial q_1}\right]=\dfrac{\partial E_r}{H_1 \partial q_1}\\[3mm]\dfrac{v_3}{H_2 H_3}\left[\dfrac{\partial(v_3 H_3)}{\partial q_2}-\dfrac{\partial(v_2 H_3)}{\partial q_3}\right]-\dfrac{v_1}{H_1 H_2}\left[\dfrac{\partial(v_2 H_2)}{\partial q_1}-\dfrac{\partial(v_1 H_1)}{\partial q_2}\right]=\dfrac{\partial E_r}{H_2 \partial q_2}\\[3mm]\dfrac{v_1}{H_3 H_1}\left[\dfrac{\partial(v_1 H_1)}{\partial q_3}-\dfrac{\partial(v_3 H_3)}{\partial q_1}\right]-\dfrac{v_2}{H_2 H_3}\left[\dfrac{\partial(v_3 H_3)}{\partial q_2}-\dfrac{\partial(v_2 H_2)}{\partial q_3}\right]=\dfrac{\partial E_r}{H_3 \partial q_3}\end{cases} \qquad (6.91)$$

定常相对运动的兰姆型运动方程为

$$\begin{cases}\dfrac{w_2}{H_1 H_2}\left[\dfrac{\partial(v_2 H_2)}{\partial q_1}-\dfrac{\partial(v_1 H_1)}{\partial q_2}\right]-\dfrac{w_3}{H_3 H_1}\left[\dfrac{\partial(v_1 H_1)}{\partial q_3}-\dfrac{\partial(v_3 H_3)}{\partial q_1}\right]=\dfrac{\partial E_r}{H_1 \partial q_1}\\[3mm]\dfrac{w_3}{H_2 H_3}\left[\dfrac{\partial(v_3 H_3)}{\partial q_2}-\dfrac{\partial(v_2 H_3)}{\partial q_3}\right]-\dfrac{w_1}{H_1 H_2}\left[\dfrac{\partial(v_2 H_2)}{\partial q_1}-\dfrac{\partial(v_1 H_1)}{\partial q_2}\right]=\dfrac{\partial E_r}{H_2 \partial q_2}\\[3mm]\dfrac{w_1}{H_3 H_1}\left[\dfrac{\partial(v_1 H_1)}{\partial q_3}-\dfrac{\partial(v_3 H_3)}{\partial q_1}\right]-\dfrac{w_2}{H_2 H_3}\left[\dfrac{\partial(v_3 H_3)}{\partial q_2}-\dfrac{\partial(v_2 H_2)}{\partial q_3}\right]=\dfrac{\partial E_r}{H_3 \partial q_3}\end{cases} \qquad (6.92)$$

前面指出，圆柱坐标系是正交曲线坐标系的一个特例。取正交曲线坐标的 $q_1=z$、$q_2=r$、$q_3=\theta$，相应 $v_1=v_z$、$v_2=v_r$、$v_3=v_\theta$ 及 $w_1=w_z$、$w_2=w_r$、$w_3=w_\theta$，此时 $H_1=1$、$H_2=1$、$H_3=r$，把它们代入式（6.85）、式（6.86）和式（6.89）～式（6.92），便可得到圆柱坐标系中的旋度表达式（6.27）和式（6.62）、连续方程式（6.24）和式（6.63）、质量力有势时的兰姆型定常运动方程式（6.29）和式（6.67）。

6.6.5　平面正交曲线坐标线的曲率

如图 6.11 所示的微元体 $OACB$ 中，定义 α_1、α_2 分别为 q_1、q_2 坐标线的切线与 z 轴的夹角，由于是正交曲线坐标，所以 $\alpha_2=\dfrac{\pi}{2}+\alpha_1$。过点 A 作 $AD/\!/OB$，过点 B 作 $BE/\!/OA$，则 $AF\approx\mathrm{d}l_2$，$BF\approx\mathrm{d}l_1$，

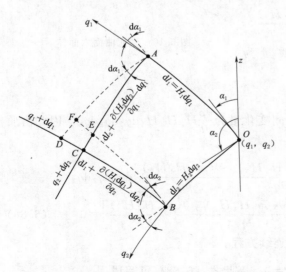

图 6.11　平面正交曲线坐标线上的微元体

略去高阶小量，可得到如下关系式：

$$d\alpha_1 = \tan(d\alpha_1) = \frac{EF}{AF} = \frac{BF - BE}{AF} = \frac{dl_1 - \left[dl_1 + \frac{\partial(H_1 dq_1)}{\partial q_2}dq_2\right]}{H_2 dq_2}$$

因为 $BE \approx BC$，因此有

$$d\alpha_1 = -\frac{1}{H_2}\frac{\partial H_1}{\partial q_2}dq_1$$

$$d\alpha_2 = \tan(d\alpha_2) = \frac{DF}{BF} = \frac{AD - AF}{BF} = \frac{dl_2 + \frac{\partial(H_2 dq_2)}{\partial q_1}dq_1 - dl_2}{H_1 dq_1}$$

因为 $AD \approx AC$，因此有

$$d\alpha_2 = \frac{1}{H_1}\frac{\partial H_2}{\partial q_1}dq_2$$

定义 q_1 坐标线的曲率为 K_1，q_2 坐标线的曲率为 K_2，则有

$$K_1 = \frac{d\alpha_1}{dl_1} = -\frac{1}{H_1 H_2}\frac{\partial H_1}{\partial q_2} = -\frac{1}{H_1 H_2}\frac{\partial H_1}{\partial q_2}$$

$$K_2 = \frac{d\alpha_2}{dl_2} = \frac{1}{H_2 H_1}\frac{\partial H_2}{\partial q_1}$$

又因为 $\alpha_2 = \frac{\pi}{2} + \alpha_1$，所以有

$$\frac{1}{H_1 H_2}\frac{\partial H_1}{\partial q_2} = -\frac{d\alpha_1}{dl_1}$$

$$\frac{1}{H_2 H_1}\frac{\partial H_2}{\partial q_1} = \frac{d\alpha_2}{dl_2} = \frac{d\alpha_1}{dl_2}$$

6.7 轴对称流动的基本方程

如果流动的参数在圆周上是均匀分布的，则称此种流动为轴对称流动。

例如在水轮机导水机构出口与转轮进口之间，随着水流流出导水机构，由导叶组成的环列叶栅对水流的影响逐渐减弱，流动参数沿圆周分布渐趋均匀，经一定距离后，可以认为流动实际上是轴对称的。在轴流泵和混流泵的导叶后和水轮机转轮后的直锥管中，水流的流动也可能出现类似的情形。因此在水力机械流动计算中，有时假设流动是轴对称的。

轴对称流动的特点可以由下式反映：

$$\frac{\partial}{\partial\theta} = 0$$

因此由式（6.32）可知：如果绝对运动是轴对称的，则相对运动也必然是轴对称的；反过来说，如果相对运动是轴对称的，则绝对运动也必然是轴对称的。

6.7.1 圆柱坐标系中轴对称流动的基本方程

根据轴对称流动的特点，由式（6.24）、式（6.63）可得圆柱坐标系中轴对称流动的

连续方程。

对于绝对运动，连续方程为

$$\frac{\partial v_r}{\partial r}+\frac{\partial v_z}{\partial z}+\frac{v_r}{r}=0 \tag{6.93}$$

对于相对运动，连续方程为

$$\frac{\partial w_r}{\partial r}+\frac{\partial w_z}{\partial z}+\frac{w_r}{r}=0 \tag{6.94}$$

由式（6.26）、式（6.29）和式（6.65）、式（6.67）可得圆柱坐标中定常轴对称流动的欧拉型运动方程和质量力有势时的兰姆型运动方程。

对于绝对运动，欧拉型运动方程和兰姆型运动方程分别为

$$\begin{cases} v_r\dfrac{\partial v_r}{\partial r}+v_z\dfrac{\partial v_r}{\partial z}-\dfrac{v_r^2}{r}=f_r-\dfrac{1}{\rho}\dfrac{\partial p}{\partial r} \\[2mm] v_r\dfrac{\partial v_\theta}{\partial r}+v_z\dfrac{\partial v_\theta}{\partial z}+\dfrac{v_r v_\theta}{r}=f_\theta \\[2mm] v_r\dfrac{\partial v_z}{\partial r}+v_z\dfrac{\partial v_z}{\partial z}=f_z-\dfrac{1}{\rho}\dfrac{\partial p}{\partial z} \end{cases} \tag{6.95}$$

$$\begin{cases} \dfrac{v_\theta}{r}\dfrac{\partial(v_\theta r)}{\partial r}-v_z\left(\dfrac{\partial v_r}{\partial z}-\dfrac{\partial v_z}{\partial r}\right)=\dfrac{\partial E_r}{\partial r} \\[2mm] \dfrac{v_z}{r}\dfrac{\partial(v_\theta r)}{\partial z}+\dfrac{v_r}{r}\dfrac{\partial(v_\theta r)}{\partial r}=0 \\[2mm] v_r\left(\dfrac{\partial v_r}{\partial z}-\dfrac{\partial v_z}{\partial r}\right)+\dfrac{v_\theta}{r}\dfrac{\partial(v_\theta r)}{\partial z}=\dfrac{\partial E_r}{\partial z} \end{cases} \tag{6.96}$$

对于相对运动，欧拉型运动方程和兰姆型运动方程分别为

$$\begin{cases} w_r\dfrac{\partial w_r}{\partial r}+w_z\dfrac{\partial w_r}{\partial z}-\dfrac{w_r^2}{r}-\omega^2 r-2\omega w_\theta=f_r-\dfrac{1}{\rho}\dfrac{\partial p}{\partial r} \\[2mm] w_r\dfrac{\partial w_\theta}{\partial r}+w_z\dfrac{\partial w_\theta}{\partial z}+\dfrac{w_r w_\theta}{r}+2\omega w_r=f_\theta \\[2mm] w_r\dfrac{\partial w_z}{\partial r}+w_z\dfrac{\partial w_z}{\partial z}=f_z-\dfrac{1}{\rho}\dfrac{\partial p}{\partial z} \end{cases} \tag{6.97}$$

$$\begin{cases} \dfrac{w_\theta}{r}\dfrac{\partial(v_\theta r)}{\partial r}-w_z\left(\dfrac{\partial v_r}{\partial z}-\dfrac{\partial v_z}{\partial r}\right)=\dfrac{\partial E_r}{\partial r} \\[2mm] \dfrac{w_z}{r}\dfrac{\partial(v_\theta r)}{\partial z}+\dfrac{w_r}{r}\dfrac{\partial(v_\theta r)}{\partial r}=0 \\[2mm] w_r\left(\dfrac{\partial v_r}{\partial z}-\dfrac{\partial v_z}{\partial r}\right)+\dfrac{w_\theta}{r}\dfrac{\partial(v_\theta r)}{\partial z}=\dfrac{\partial E_r}{\partial z} \end{cases} \tag{6.98}$$

6.7.2　正交曲线坐标系中轴对称流动的基本方程

对于水力机械流动计算中采用的正交曲线坐标系（图 6.6），q_3 坐标线是两个回转面相交而成的圆周，轴对称流动的特点可用下式表达为

$$\frac{\partial}{\partial q_3}=0$$

据此，由式（6.89）、式（6.90）可得正交曲线坐标系中轴对称流动的连续方程。

对于绝对运动，连续方程为

$$\frac{\partial(v_1 H_2 H_3)}{\partial q_1} + \frac{\partial(v_2 H_1 H_3)}{\partial q_2} = 0 \tag{6.99}$$

对于相对运动，连续方程为

$$\frac{\partial(w_1 H_2 H_3)}{\partial q_1} + \frac{\partial(w_2 H_1 H_3)}{\partial q_2} = 0 \tag{6.100}$$

由式（6.91）、式（6.92）可得正交曲线坐标系中质量力有势定常轴对称流动的兰姆型运动方程。

对于绝对运动，兰姆型运动方程为

$$\begin{cases} \dfrac{v_2}{H_1 H_2}\left[\dfrac{\partial(v_2 H_2)}{\partial q_1} - \dfrac{\partial(v_1 H_1)}{\partial q_2}\right] + \dfrac{v_3}{H_3 H_1}\dfrac{\partial(v_3 H_3)}{\partial q_1} = \dfrac{\partial E_r}{H_1 \partial q_1} \\[2mm] \dfrac{v_3}{H_2 H_3}\dfrac{\partial(v_3 H_3)}{\partial q_2} - \dfrac{v_1}{H_1 H_2}\left[\dfrac{\partial(v_2 H_2)}{\partial q_1} - \dfrac{\partial(v_1 H_1)}{\partial q_2}\right] = \dfrac{\partial E_r}{H_2 \partial q_2} \\[2mm] \dfrac{v_1}{H_3 H_1}\dfrac{\partial(v_3 H_3)}{\partial q_1} + \dfrac{v_2}{H_2 H_3}\dfrac{\partial(v_3 H_3)}{\partial q_2} = 0 \end{cases} \tag{6.101}$$

对于相对运动，兰姆型运动方程为

$$\begin{cases} \dfrac{w_2}{H_1 H_2}\left[\dfrac{\partial(v_2 H_2)}{\partial q_1} - \dfrac{\partial(v_1 H_1)}{\partial q_2}\right] + \dfrac{w_3}{H_3 H_1}\dfrac{\partial(v_3 H_3)}{\partial q_1} = \dfrac{\partial E_r}{H_1 \partial q_1} \\[2mm] \dfrac{w_3}{H_2 H_3}\dfrac{\partial(v_3 H_3)}{\partial q_2} - \dfrac{w_1}{H_1 H_2}\left[\dfrac{\partial(v_2 H_2)}{\partial q_1} - \dfrac{\partial(v_1 H_1)}{\partial q_2}\right] = \dfrac{\partial E_r}{H_2 \partial q_2} \\[2mm] \dfrac{w_1}{H_3 H_1}\dfrac{\partial(v_3 H_3)}{\partial q_1} + \dfrac{w_2}{H_2 H_3}\dfrac{\partial(v_3 H_3)}{\partial q_2} = 0 \end{cases} \tag{6.102}$$

这样，轴对称流动为二维流动，采用轴对称假设可使计算简化。

需要指出的是，不管是静止的叶栅还是旋转的叶栅，叶栅进、出口附近的流动都不是轴对称的，因此由式（6.33）可知：即使在稳定工况下，导水机构出口的水流流动对水轮机转轮来说也是不定常的，而轴流泵、混流泵叶轮出口的流动对导叶来说同样也是不定常的；如果转轮、叶轮距导叶较近，那么应当注意到按轴对称来流进行转轮或导叶的流动计算，只是计算中为使问题简化的假设。

第 7 章 基于两类相对流面的通用理论

随着大容量、高速度计算机和数值计算技术的飞速发展，近年来已有关于直接用第 6 章得出的理想流体运动的基本方程组数值求解流体机械叶轮或转轮内部三维流动正问题的研究，但该求解方法应用不普遍，而且上述方程组是准线性的，变量多，流体机械内部流动边界条件复杂，对计算资源的要求仍比较高。作为教科书，本书将只讨论目前在水力机械流动计算中用得最广泛的方法——基于两类相对流面的通用理论。此方法理论上严格，原则上可以求得三维解，可用于求解正问题，也可用于求解反问题。

基于两类相对流面的通用理论于 20 世纪 50 年代由吴仲华创立。该方法起初应用于热力叶轮机械（如燃气轮机、压气机等），20 世纪 70 年代开始应用到不可压的水力机械。近年来，随着计算流体力学和数值传热学的快速发展，引入湍流模型求解全三维黏性雷诺时均方程已很普遍，大涡模拟和直接数值模拟也已被广泛研究并在一些工程问题中加以应用。应该说，三维湍流的数值研究已经成为流体机械正问题数值模拟研究的主流手段。尽管如此，两类相对流面的通用理论因为有不可替代的作用，仍被广泛使用，在一元、二元理论应用仍不完全成熟的今天，它仍然是流体机械反问题研究的先进理论和方法。

基于两类相对流面通用理论的基本思路是"降维"：在三维流场中，取若干个相对流面，建立相对流面上流体运动的基本方程组，从而将一个三维流动问题转化为多个相对流面上的二维问题求解，使其数学求解难度大大降低，要求的计算量也随之大量减少。例如在水力机械转轮或叶轮的相对运动三维流场中取多个相对流面，建立相对流面上理想流体运动的基本方程式，把一个水力机械转轮或叶轮内的三维流动转化为多个相对流面上的二维流动来求解。

7.1 两类相对流面的分类

相对流面分为 S_1 和 S_2 流面。S_1 流面是由过叶栅中或者叶栅前圆周线上流线所组成的面。如图 7.1 所示，设 C_1D_1 为叶栅进口周向线，且过 C_1D_1 的流线所构成的流面 $C_1C_2D_2D_1$ 为 S_1 流面。水轮机转轮上冠和下环的内表面为 S_1 流面，水泵叶轮前后盖板的内表面也是 S_1 流面。S_1 流面的空间形状如图 7.2 所示。对混流式水轮机转轮来说，S_1 流面近似为花篮面或喇叭面。

S_2 流面是由过栅前半径线上相对运动的流线组成的面。如图 7.1 所示，由过 A_1B_1 的相对流线所构成的面 $A_1A_2B_2B_1$ 称为 S_2 流面。叶片的吸力面和压力面均为 S_2 流面。S_2 流面的空间形状如图 7.3 所示。

S_1 流面接近于回转面，主要显示叶型型线对流动的影响；S_2 流面接近于叶片中面，主要显示轴面流道对流动的影响。

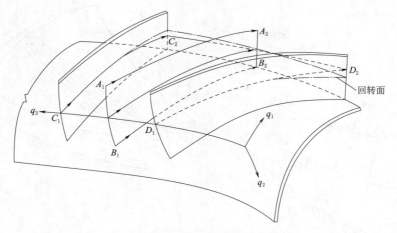

图 7.1 两类相对流面示意图

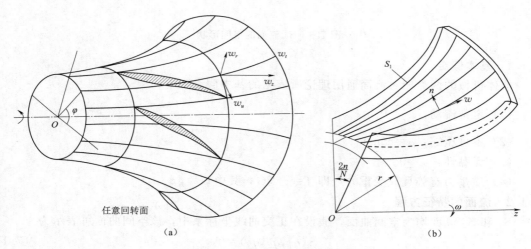

图 7.2 S_1 流面的空间形状

　　显然，S_1 和 S_2 流面均为空间曲面，这两类相对流面之间及它们的流动之间是互相关联的。例如，由 S_1 流面上流线可确定 S_2 流面，反过来，由 S_2 流面上流线可确定 S_1 流面。因此两类相对流面上的流动计算需交替进行。为了确定流场的准三维解，S_1 和 S_2 流面采用迭代算法，通常首先计算 S_2 流面，其结果为 S_1 流面的形成和 S_1 流面的流动计算提供必要的数据，S_1 流面的计算又为新一轮 S_2 流面的形成和计算提供数据，如此反复，直到解收敛为止。迭代收敛的最终判断准则是两类流面交线上的解一致。因为两类流面交线就是三维流动的流线，而流动参数对于三维流动流线是唯一的，所以，基于两类相对流面的通用理论是通过两类相对流面之间的迭代计算使三维问题转化为两个二维问题而最终得到准三维解的。因此，为得到较为精确的准三维解，就要计算若干个 S_1 和 S_2 流面。

　　可见，基于两类相对流面的通用理论，是以两类相对流面之间的迭代来换得三维流动问题转化为二维流动问题的降维。

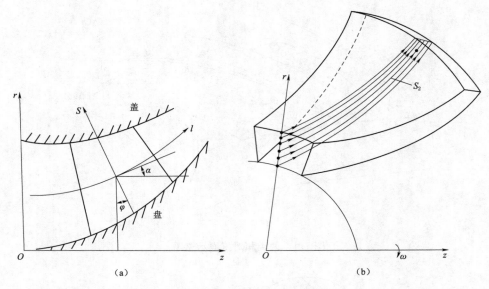

图 7.3　S_2 流面的空间形状

7.1.1　基本假定

流体机械的两类相对流面通用理论所依据的基本假设如下：

（1）定常流动：$\dfrac{\partial}{\partial t}=0$。

（2）不可压缩：$\rho=\text{const}$。

（3）无黏性：$\mu=0$。

（4）质量力有势且只受重力，即 $f=-\nabla G$，其中 $G=gz$。

7.1.2　流面的特征方程

S_1 和 S_2 流面均为空间曲面，假设在正交曲线坐标系中，该空间曲面可表示为

$$S(q_1,q_2,q_3)=0 \tag{7.1}$$

则 S_1 和 S_2 流面都可看作是某个标量函数 $S(q_1,q_2,q_3)$ 的等值面，即 $S(q_1,q_2,q_3)=c$。
设此等值面的法线单位向量为 $\vec{n}$，则 $\vec{n}=n_1\vec{e}_1+n_2\vec{e}_2+n_3\vec{e}_3$，等值面的梯度为

$$\nabla S=\frac{\partial S}{H_1\partial q_1}\vec{e}_1+\frac{\partial S}{H_2\partial q_2}\vec{e}_2+\frac{\partial S}{H_3\partial q_3}\vec{e}_3=\frac{\partial S}{H_i\partial q_i}\quad(i=1,2,3) \tag{7.2}$$

因为 $\vec{n}$ 平行于 ∇S，所以 $\vec{n}\times\nabla S=0$，即 $\vec{n}$ 与 ∇S 共线，则

$$\frac{n_1}{\dfrac{\partial S}{H_1\partial q_1}}=\frac{n_2}{\dfrac{\partial S}{H_2\partial q_2}}=\frac{n_3}{\dfrac{\partial S}{H_3\partial q_3}}=\frac{1}{\sqrt{\left(\dfrac{\partial S}{H_1\partial q_1}\right)^2+\left(\dfrac{\partial S}{H_2\partial q_2}\right)^2+\left(\dfrac{\partial S}{H_3\partial q_3}\right)^2}}=\frac{|\vec{n}|}{|\nabla S|} \tag{7.3}$$

因为相对速度 $\vec{w}$ 必须与流面相切，所以 $\vec{w}\perp\vec{n}$，$\vec{w}\cdot\vec{n}$，由此可写出

$$w_1n_1+w_2n_2+w_3n_3=0 \tag{7.4}$$

将式（7.3）代入式（7.4）得

$$w_1\,\frac{\partial S}{H_1\partial q_1}+w_2\,\frac{\partial S}{H_2\partial q_2}+w_3\,\frac{\partial S}{H_3\partial q_3}=0 \tag{7.5}$$

式（7.5）即为流面的特征方程。

本章将基于上面这些基本假设（定常、不可压、无黏性、质量力有势且只受重力作用）和基本方程［式（6.89）和式（6.91）］，分别讨论 S_1 和 S_2 流面流动的基本方程。值得注意的是，当流动被限制在某一相对流面时，基本方程将受到该相对流面的约束，正是这种约束使三维问题转化为了二维问题，达到了降维的目的。

本章还将引入"沿流面偏导数"的概念并建立沿流面偏导数同沿坐标线偏导数之间的关系式，此关系式对于推导两类相对流面上理想流体运动基本方程的作用与式（6.46）对于推导相对运动方程的作用相同。

7.2　沿 S_2 流面流动的基本方程

7.2.1　S_2 流面上的流线方程

对于 S_2 流面，取 q_1、q_2 为自变量，则相对流面方程为

$$q_3 = \theta(q_1, q_2) \tag{7.6}$$

若 $q_3 = \theta(q_1, q_2)$ 正好是 S_2 流面，则 $q_3 = \text{const}$，从而 $w_3 = 0$。流动完全在 S_2 流面内，但对于一般规定好的坐标曲线，在 S_2 流面上 $q_3 \neq \text{const}$，q_3 并不独立，由于只有两个独立变量，此时，S_2 流面的方程也可以写成如下形式：

$$S(q_1, q_2, q_3) = q_3 - \theta(q_1, q_2) \tag{7.7}$$

由此可得

$$\begin{cases} \dfrac{\partial S}{H_1 \partial q_1} = -\dfrac{\partial \theta}{H_1 \partial q_1} \\[2ex] \dfrac{\partial S}{H_2 \partial q_2} = -\dfrac{\partial \theta}{H_2 \partial q_2} \\[2ex] \dfrac{\partial S}{H_3 \partial q_3} = \dfrac{1}{H_3} \end{cases} \tag{7.8}$$

将式（7.8）代入式（7.5），可得 S_2 流面上相对速度分量 w_1、w_2 和 w_3 之间的关系如下：

$$w_3 = H_3 \left(w_1 \frac{\partial \theta}{H_1 \partial q_1} + w_2 \frac{\partial \theta}{H_2 \partial q_2} \right) \tag{7.9}$$

下面讨论式（7.9）的物理意义。

取 $\mathrm{d}l$ 为 S_2 流面上的流线微元，则该流面上的速度 w 和 $\mathrm{d}l$ 满足条件 $\vec{w} \times \mathrm{d}\vec{l} = 0$，展开即为

$$\frac{H_1 \mathrm{d}q_1}{w_1} = \frac{H_2 \mathrm{d}q_2}{w_2} = \frac{H_3 \mathrm{d}q_3}{w_3} \tag{7.10}$$

式（7.10）即 S_2 流面上的流线方程，由此可写出

$$w_2 = w_1 \frac{H_2 \mathrm{d}q_2}{H_1 \mathrm{d}q_1} \quad w_3 = w_1 \frac{H_3 \mathrm{d}q_3}{H_1 \mathrm{d}q_1} \tag{7.11}$$

在 S_2 流面上，由式（7.6）的 S_2 流面方程可写出

$$dq_3 = \frac{\partial \theta}{H_1 \partial q_1} H_1 dq_1 + \frac{\partial \theta}{H_2 \partial q_2} H_2 dq_2 \tag{7.12}$$

因此有

$$\frac{dq_3}{H_1 dq_1} = \frac{\partial \theta}{H_1 \partial q_1} + \frac{\partial \theta}{H_2 \partial q_3} \frac{H_2 dq_2}{H_1 dq_1} \tag{7.13}$$

将 S_2 流面上的流线方程中 $\dfrac{H_2 dq_2}{H_1 dq_1} = \dfrac{w_2}{w_1}$ 代入式 (7.13), 可得到

$$\frac{dq_3}{H_1 dq_1} = \frac{\partial \theta}{H_1 \partial q_1} + \frac{W_2}{W_1} \frac{\partial \theta}{H_2 \partial q_2} \tag{7.14}$$

将式 (7.14) 代入 S_2 流面上的流线方程 $w_3 = \dfrac{H_3 dq_3}{H_1 dq_1} w_1$ 得

$$w_3 = H_3 \left(w_1 \frac{\partial \theta}{H_1 \partial q_1} + w_2 \frac{\partial \theta}{H_2 \partial q_2} \right) \tag{7.15}$$

式 (7.15) 即为式 (7.9)。由此可见, 式 (7.9) 实际上就是 S_2 流面上的流线方程。换句话说, 在 S_2 流面的流线上, 三个速度分量并不互相独立, w_3 可用 w_1 和 w_2 表示出来。

7.2.2　S_2 流面上的导数

1. 偏导数

所谓沿流面的偏导数, 就是流场参数沿相对流面变化时的偏导数。对于 S_2 流面, 流面方程为 $q_3 = \theta(q_1, q_2)$, 自变量为 q_1 和 q_2。所以对于任一流场参数 $f = f(q_1, q_2, q_3)$, 由于受到 S_2 流面的限制, $f = f[q_1, q_2, \theta(q_1, q_2)]$ 是一个二元函数。记流面上的偏导数为 $\overline{\partial} f / \partial q_1$ 和 $\overline{\partial} f / \partial q_2$, 则根据复合函数求导法则, 可得到

$$\begin{cases} \dfrac{\overline{\partial} f}{\partial q_1} = \dfrac{\partial f}{\partial q_1} + \dfrac{\partial f}{\partial q_3} \dfrac{\partial \theta}{\partial q_1} \\[3mm] \dfrac{\overline{\partial} f}{\partial q_2} = \dfrac{\partial f}{\partial q_2} + \dfrac{\partial f}{\partial q_3} \dfrac{\partial \theta}{\partial q_2} \end{cases} \tag{7.16}$$

式 (7.16) 即为沿 S_2 流面的偏导数的表达式, 写成更一般的形式即为

$$\begin{cases} \dfrac{\overline{\partial}}{\partial q_1} = \dfrac{f}{\partial q_1} + \dfrac{\partial \theta}{\partial q_1} \dfrac{\partial}{\partial q_3} \\[3mm] \dfrac{\overline{\partial}}{\partial q_2} = \dfrac{\partial}{\partial q_2} + \dfrac{\partial \theta}{\partial q_2} \dfrac{\partial}{\partial q_3} \end{cases} \tag{7.17}$$

在图 7.4 所示的曲线坐标系中, $ABDC$ 为过 A 点的 S_2 流面, 独立变量为 q_1 和 q_2, 考虑坐标增量 Δq_1 引起 f 值的变化, 即当坐标增量为 Δq_1 (若 q_1、q_2 和 q_3 为独立变量时) 时, 空间点由 A 运动到 B', 函数 f 的值为

$$f_{B'} = f_A + \frac{\partial f}{\partial q_1} \Delta q_1$$

但当空间点限制在 S_2 流面时, 坐标 q_1 有增量 Δq_1, A 是沿 S_2 流面运动到 B 点, 而不是沿 q_1 坐标线运动到 B' 点, 换句话说, 增量 Δq_1 导致了 q_3 的坐标增量, 即

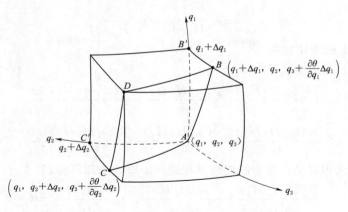

图 7.4 沿 S_2 流面 $q_3 = \theta(q_1, q_2)$ 的微元体

$$\Delta q_3 = \frac{\partial \theta}{\partial q_1} \Delta q_1$$

则 B 点的空间坐标为 $\left(q_1 + \Delta q_1, q_3 + \dfrac{\partial \theta}{\partial q_1} \Delta q_1 \right)$，因此相对于 B' 点，函数 f 的值为

$$f_B = f_{B'} + \frac{\partial f}{\partial q_3} \Delta q_3 = f_{B'} + \frac{\partial f}{\partial q_3} \frac{\partial \theta}{\partial q_1} \Delta q_1$$

所以沿 S_2 流面的偏导数为

$$\frac{\overline{\partial} f}{\partial q_1} = \lim_{\Delta q_1 \to 0} \frac{f_B - f_A}{\Delta q_1} = \lim_{\Delta q_1 \to \infty} \left(\frac{f_{B'} - f_A}{\Delta q_1} + \frac{f_B - f_{B'}}{\Delta q_1} \right) = \frac{\partial f}{\partial q_1} + \frac{\partial f}{\partial q_3} \frac{\partial \theta}{\partial q_1} \tag{7.18}$$

同理，可得到 $\overline{\partial} f / \partial q_2$。

这样，依据式（7.17）用沿 S_2 流面的偏导数代替式（6.89）和式（6.91）中的偏导数，便可把三维运动的基本方程转化为 S_2 流面上二维运动的基本方程。

2. 全导数

在相对坐标系中，流动的随体导数为 $\dfrac{\mathrm{D}\varphi}{\mathrm{D}t} = \dfrac{\partial \varphi}{\partial t} + (\vec{w} \cdot \nabla)\varphi$。对于定常流动，$\dfrac{\partial \varphi}{\partial t} = 0$，则随体导数为

$$\frac{\mathrm{D}\varphi}{\mathrm{D}t} = (\vec{w} \cdot \nabla)\varphi = w_i \frac{\partial \varphi}{H_i \partial q_i}$$

由沿 S_2 流面的偏导数表达式 [式（7.17）] 可知，上式可变为

$$\begin{aligned}
\frac{\mathrm{D}\varphi}{\mathrm{D}t} &= w_1 \frac{\overline{\partial}\varphi}{H_1 \partial q_1} + w_2 \frac{\overline{\partial}\varphi}{H_2 \partial q_2} + w_3 \frac{\overline{\partial}\varphi}{H_3 \partial q_3} - \frac{\overline{\partial}\varphi}{\partial q_3} w_1 \frac{\overline{\partial}\varphi}{H_1 \partial q_1} - \frac{\overline{\partial}\varphi}{\partial q_3} w_2 \frac{\overline{\partial}\varphi}{H_2 \partial q_2} \\
&= w_1 \frac{\overline{\partial}\varphi}{H_1 \partial q_1} + w_2 \frac{\overline{\partial}\varphi}{H_2 \partial q_2} + \left(\frac{w_3}{H_3} - w_1 \frac{\overline{\partial}\varphi}{H_1 \partial q_1} - w_2 \frac{\overline{\partial}\varphi}{H_2 \partial q_2} \right) \frac{\overline{\partial}\varphi}{\partial q_3}
\end{aligned} \tag{7.19}$$

再将式（7.9）代入上式，得到

$$\frac{\mathrm{D}\varphi}{\mathrm{D}t} = (\vec{w} \cdot \nabla)\varphi = w_1 \frac{\overline{\partial}\varphi}{H_1 \partial q_1} + w_2 \frac{\overline{\partial}\varphi}{H_2 \partial q_2} \tag{7.20}$$

由此可写出 S_2 流面上全导数的一般形式：

$$\frac{\mathrm{D}}{\mathrm{D}t}=w_1\frac{\overline{\partial}}{H_1\partial q_1}+w_2\frac{\overline{\partial}}{H_2\partial q_2} \tag{7.21}$$

7.2.3　S_2 流面上的连续方程

由式（7.16）可以得到

$$\begin{cases}\dfrac{\partial(w_1H_2H_3)}{\partial q_1}=\dfrac{\overline{\partial}(w_1H_2H_3)}{\partial q_1}-\dfrac{\partial(w_1H_2H_3)}{\partial q_3}\dfrac{\partial\theta}{\partial q_1}\\[3mm]\dfrac{\partial(w_2H_1H_3)}{\partial q_2}=\dfrac{\overline{\partial}(w_2H_1H_3)}{\partial q_2}-\dfrac{\partial(w_2H_1H_3)}{\partial q_3}\dfrac{\partial\theta}{\partial q_2}\end{cases} \tag{7.22}$$

将式（7.22）代入相对坐标系中的连续方程式（6.89）中即可得到

$$\frac{\partial(w_1H_2H_3)}{\partial q_1}+\frac{\partial(w_2H_1H_3)}{\partial q_2}+\frac{\partial(w_3H_1H_2)}{\partial q_3}=0$$

因此可得

$$\frac{\overline{\partial}(w_1H_2H_3)}{\partial q_1}+\frac{\overline{\partial}(w_2H_1H_3)}{\partial q_2}+\frac{\partial(w_3H_1H_2)}{\partial q_3}-\frac{\partial(w_1H_2H_3)}{\partial q_3}\frac{\partial\theta}{\partial q_1}-\frac{\partial(w_2H_1H_3)}{\partial q_3}\frac{\partial\theta}{\partial q_2}=0 \tag{7.23}$$

令 $\ln B$ 的全导数为

$$\frac{\mathrm{D}\ln B}{\mathrm{D}t}=\frac{1}{H_1H_2H_3}\left[\frac{\partial(w_3H_1H_2)}{\partial q_3}-\frac{\partial(w_1H_2H_3)}{\partial q_3}\frac{\partial\theta}{\partial q_1}-\frac{\partial(w_2H_1H_3)}{\partial q_3}\frac{\partial\theta}{\partial q_2}\right] \tag{7.24}$$

则有

$$\frac{\overline{\partial}(w_1H_2H_3)}{\partial q_1}+\frac{\overline{\partial}(w_2H_1H_3)}{\partial q_2}+H_1H_2H_3\frac{\mathrm{D}\ln B}{\mathrm{D}t}=0 \tag{7.25}$$

对 $\ln B$ 求全导数并代入式（7.21）中即可得到

$$\frac{\mathrm{D}\ln B}{\mathrm{D}t}=\frac{1}{B}\frac{\mathrm{D}B}{\mathrm{D}t}=\frac{1}{B}\left(w_1\frac{\overline{\partial}B}{H_1\partial q_1}+w_2\frac{\overline{\partial}B}{H_2\partial q_2}\right) \tag{7.26}$$

将式（7.26）代入式（7.25）中可得到

$$B\frac{\overline{\partial}(w_1H_2H_3)}{\partial q_1}+w_1H_2H_3B\frac{\overline{\partial}B}{\partial q_1}+B\frac{\overline{\partial}(w_2H_1H_3)}{\partial q_2}+H_1H_3w_2\frac{\overline{\partial}B}{\partial q_2}=0 \tag{7.27}$$

式（7.27）可进一步写成

$$\frac{\overline{\partial}(w_1H_2H_3B)}{\partial q_1}+\frac{\overline{\partial}(w_2H_1H_3B)}{\partial q_2}=0 \tag{7.28}$$

式（7.28）即为 S_2 流面上的连续方程，将它与基本方程中的连续方程比较可知其形成过程完全相同，只是引入了一个参数 B，且只有 q_1、q_2 两个变量，即方程达到了降维的目的。

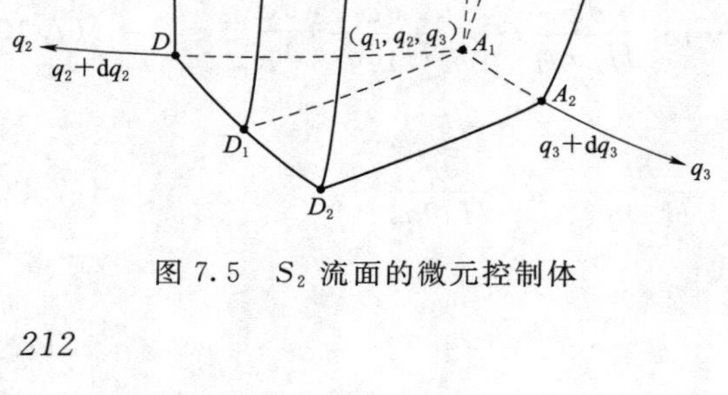

下面讨论参数 B 的物理意义。

如图 7.5 所示的微元控制体中，两个相邻的 S_2 流面分别是 $A_1B_1C_1D_1$ 与

图 7.5　S_2 流面的微元控制体

$A_2B_2C_2D_2$，用 $q_1 = \mathrm{const}$ 的两个坐标面 q_1 和 $q_1 + \mathrm{d}q_1$、$q_2 = \mathrm{const}$ 的两个坐标面 q_2 和 $q_2 + \mathrm{d}q_2$ 去截这两个 S_2 流面，可得到微元控制体 $A_1B_1C_1D_1D_2C_2B_2A_2$。

利用质量守恒定律对微元控制体 $A_1B_1C_1D_1D_2C_2B_2A_2$ 中的流动进行分析。因为 $A_1B_1C_1D_1$ 与 $A_2B_2C_2D_2$ 均为 S_2 流面，所以微元控制体仅在 q_1 和 q_2 两个方向上有速度通量。

设两流面间周向（q_3 方向）距离为 $\tau = H_3\mathrm{d}q_3$，则 q_1 方向的净质量流量为

$$\left[\rho w_1 \tau H_2 \mathrm{d}q_2 + \frac{\overline{\partial}(\rho w_1 \tau H_2 \mathrm{d}q_2)}{\partial q_1}\mathrm{d}q_1\right] - \rho w_1 \tau H_2 \mathrm{d}q_2 = \frac{\overline{\partial}(\rho w_1 \tau H_2 \mathrm{d}q_2)}{\partial q_1}\mathrm{d}q_1 \quad (7.29)$$

q_2 方向的净质量流量为

$$\left[\rho w_2 \tau H_1 \mathrm{d}q_1 + \frac{\overline{\partial}(\rho w_2 \tau H_1 \mathrm{d}q_1)}{\partial q_2}\mathrm{d}q_2\right] - \rho w_2 \tau H_1 \mathrm{d}q_1 = \frac{\overline{\partial}(\rho w_2 \tau H_1 \mathrm{d}q_1)}{\partial q_2}\mathrm{d}q_2 \quad (7.30)$$

对于不可压流动，$\rho = \mathrm{const}$，根据质量守恒定律，通过控制面的净质量流量为 0，因此可得到

$$\frac{\overline{\partial}(\rho w_1 H_2 \tau)}{\partial q_1}\mathrm{d}q_1\mathrm{d}q_2 + \frac{\partial(\rho w_2 H_1 \tau)}{\partial q_2}\mathrm{d}q_1\mathrm{d}q_2 = 0 \quad (7.31)$$

即

$$\frac{\overline{\partial}(w_1 H_2 \tau)}{\partial q_1} + \frac{\overline{\partial}(w_2 H_1 \tau)}{\partial q_2} = 0 \quad (7.32)$$

比较式（7.32）与式（7.28），可以看出 $\tau = H_3 B$，则 $B = \tau/H_3$。所以 τ 为相邻 S_2 流面在圆周方向上的厚度，而 B 为相邻 S_2 流面间的角距离，式（7.28）和式（7.32）均可作为 S_2 流面上的连续方程使用。

7.2.4 S_2 流面上的运动方程

利用式（7.15）中的 S_2 流面导数求导规则，将前述章节介绍过的运动方程中有关 q_1、q_2 的偏导数用 S_2 流面的偏导数代替，即可得到 S_2 流面上的运动方程。下面以 q_1 方向的葛罗米柯-兰姆型运动方程为例来讨论。

q_1 方向的运动方程如下：

$$\frac{w_2}{H_1 H_2}\left[\frac{\partial(v_2 H_2)}{\partial q_1} - \frac{\partial(v_1 H_1)}{\partial q_2}\right] - \frac{w_3}{H_1 H_3}\left[\frac{\partial(v_1 H_1)}{\partial q_3} - \frac{\partial(v_3 H_3)}{\partial q_1}\right] = \frac{\partial E_r}{H_1 \partial q_1} \quad (7.33)$$

代入 S_2 流面的偏导数，则上式各偏导数项变为

$$\begin{cases} \dfrac{\partial(v_2 H_2)}{\partial q_1} = \dfrac{\overline{\partial}(v_2 H_2)}{\partial q_1} - \dfrac{\partial(v_2 H_2)}{\partial q_3}\dfrac{\partial \theta}{\partial q_1} \\[3mm] \dfrac{\partial(v_1 H_1)}{\partial q_2} = \dfrac{\overline{\partial}(v_1 H_1)}{\partial q_2} - \dfrac{\partial(v_1 H_1)}{\partial q_3}\dfrac{\partial \theta}{\partial q_2} \\[3mm] \dfrac{\partial(v_3 H_3)}{\partial q_1} = \dfrac{\overline{\partial}(v_3 H_3)}{\partial q_1} - \dfrac{\partial(v_3 H_3)}{\partial q_3}\dfrac{\partial \theta}{\partial q_1} \\[3mm] \dfrac{\partial E_r}{\partial q_1} = \dfrac{\overline{\partial}E_r}{\partial q_1} - \dfrac{\partial E_r}{\partial q_3}\dfrac{\partial \theta}{\partial q_1} \end{cases} \quad (7.34)$$

将式（7.34）代入 q_1 方向的运动方程式（7.33），可得

$$\begin{cases} 等式左边 = \dfrac{w_2}{H_1 H_2}\left[\dfrac{\overline{\partial}(v_2 H_2)}{\partial q_1} - \dfrac{\overline{\partial}(v_1 H_1)}{\partial q_2}\right] + \dfrac{w_3}{H_1 H_3}\dfrac{\overline{\partial}(v_3 H_3)}{\partial q_1} - \dfrac{\partial}{\partial q_3}\left(\dfrac{w^2}{2}\right)\dfrac{\partial \theta}{H_1 \partial q_1} \\[4mm] 等式右边 = \dfrac{1}{H_1}\left(\dfrac{\overline{\partial} E_r}{\partial q_1} - \dfrac{\partial E_r}{\partial q_3}\dfrac{\partial \theta}{\partial q_1}\right) = \dfrac{\overline{\partial} E_r}{H_1 \partial q_1} - \dfrac{1}{\rho}\dfrac{\partial p}{\partial q_3}\dfrac{\partial \theta}{H_1 \partial q_1} - \dfrac{\partial}{\partial q_3}\left(\dfrac{w^2}{2}\right)\dfrac{\partial \theta}{H_1 \partial q_1} \end{cases}$$
$$(7.35)$$

因此 q_1 方向的运动方程为

$$\frac{w_2}{H_1 H_2}\left[\frac{\overline{\partial}(v_2 H_2)}{\partial q_1} - \frac{\overline{\partial}(v_1 H_1)}{\partial q_2}\right] + \frac{w_3}{H_1 H_3}\frac{\overline{\partial}(v_3 H_3)}{\partial q_1} = \frac{\overline{\partial} E_r}{H_1 \partial q_1} - \frac{1}{\rho}\frac{\partial p}{\partial q_3}\frac{\partial \theta}{H_1 \partial q_1} \qquad (7.36)$$

同理，q_2 方向的运动方程为

$$\frac{w_3}{H_2 H_3}\frac{\partial(v_3 H_3)}{\partial q_2} - \frac{w_1}{H_1 H_2}\left[\frac{\overline{\partial}(v_2 H_2)}{\partial q_1} - \frac{\overline{\partial}(v_1 H_1)}{\partial q_2}\right] = \frac{\overline{\partial} E_r}{H_2 \partial q_2} - \frac{1}{\rho}\frac{\partial p}{\partial q_3}\frac{\partial \theta}{H_2 \partial q_2} \qquad (7.37)$$

q_3 方向的运动方程为

$$\frac{w_1}{H_1 H_3}\frac{\overline{\partial}(v_3 H_3)}{\partial q_1} + \frac{w_2}{H_2 H_3}\frac{\overline{\partial}(v_3 H_3)}{\partial q_2} = -\frac{1}{\rho}\frac{\partial p}{H_3 \partial q_3} \qquad (7.38)$$

定义矢量 $\vec{F}$：

$$\vec{F} = \frac{1}{n_3}\frac{1}{\rho}\frac{\partial p}{H_3 \partial q_3}\vec{n} \qquad (7.39)$$

式中　$\vec{n}$——S_2 流面法向单位矢量；

n_3——$\vec{n}$ 在 q_3 方向的分量。

将 $\vec{n} \times \nabla S = 0$ 代入式（7.3）可得到

$$\begin{cases} \dfrac{n_1}{n_3} = \dfrac{\partial S}{H_1 \partial q_1} \Big/ \dfrac{\partial S}{H_3 \partial q_3} = -\dfrac{\partial \theta}{H_1 \partial q_1} \Big/ \dfrac{1}{H_3} = -H_3 \dfrac{\partial \theta}{H_1 \partial q_1} \\[4mm] \dfrac{n_2}{n_3} = \dfrac{\partial S}{H_2 \partial q_2} \Big/ \dfrac{\partial S}{H_3 \partial q_3} = -\dfrac{\partial \theta}{H_2 \partial q_2} \Big/ \dfrac{1}{H_3} = -H_3 \dfrac{\partial \theta}{H_2 \partial q_2} \end{cases}$$
$$(7.40)$$

将式（7.40）代入式（7.39），得

$$\begin{cases} F_1 = \dfrac{1}{\rho}\dfrac{\partial p}{\partial q_3}\dfrac{\partial \theta}{H_1 \partial q_1} \\[4mm] F_2 = \dfrac{1}{\rho}\dfrac{\partial p}{\partial q_3}\dfrac{\partial \theta}{H_2 \partial q_2} \\[4mm] F_3 = -\dfrac{1}{\rho}\dfrac{\partial p}{H_3 \partial q_3} \end{cases}$$
$$(7.41)$$

因此，S_2 流面葛罗米柯-兰姆型运动方程可表示为

$$\begin{cases} \dfrac{w_2}{H_1 H_2}\left[\dfrac{\overline{\partial}(v_2 H_2)}{\partial q_1} - \dfrac{\overline{\partial}(v_1 H_1)}{\partial q_2}\right] + \dfrac{w_3}{H_1 H_3}\dfrac{\overline{\partial}(v_3 H_3)}{\partial q_1} = \dfrac{\overline{\partial} E_r}{H_1 \partial q_1} - F_1 \\[4mm] \dfrac{w_3}{H_2 H_3}\dfrac{\overline{\partial}(v_3 H_3)}{\partial q_2} - \dfrac{w_1}{H_1 H_2}\left[\dfrac{\overline{\partial}(v_2 H_2)}{\partial q_1} - \dfrac{\overline{\partial}(v_1 H_1)}{\partial q_2}\right] = \dfrac{\overline{\partial} E_r}{H_2 \partial q_2} - F_2 \\[4mm] \dfrac{w_1}{H_1 H_3}\dfrac{\overline{\partial}(v_3 H_3)}{\partial q_1} + \dfrac{w_2}{H_2 H_3}\dfrac{\overline{\partial}(v_3 H_3)}{\partial q_2} = F_3 \end{cases}$$
$$(7.42)$$

下面对式（7.42）进行分析：

（1）$v_1=w_1$，$v_2=w_2$，$v_3=w_3+\omega r$，若把 v_i 及 E 代入，则为绝对运动的葛罗米柯-兰姆型定常不可压质量力有势的运动方程。若全部用 w_i 代入，则为相对运动的运动方程。

（2）式（7.42）中除了矢量 $\vec{F}$ 的三个分量外，只有 q_1、q_2 两个自变量，因此在 S_2 流面上连续方程和运动方程均具有轴对称的特征。

将式（7.42）右边按照 $E_r=G+\dfrac{p}{\rho}+\dfrac{w^2}{2}-\dfrac{u^2}{2}$ 展开后，将后两项移到等式左边并合并同类项，即可得到对应的欧拉型运动方程。下面以 q_1 方向的方程为例进行说明。

将 E_r 的偏导数项展开可得

$$\frac{\overline{\partial}E_r}{\partial q_1}=\frac{\overline{\partial}G}{\partial q_1}+\frac{1}{\rho}\frac{\overline{\partial}p}{\partial q_1}+\frac{\overline{\partial}}{\partial q_1}\left(\frac{w^2}{2}\right)-\frac{\overline{\partial}}{\partial q_1}\left(\frac{u^2}{2}\right) \tag{7.43}$$

其中 $w^2=w_1^2+w_2^2+w_3^2$，$u=\omega r$，所以有

$$\begin{cases} \dfrac{\overline{\partial}}{\partial q_1}\left(\dfrac{w^2}{2}\right)=w_1\dfrac{\overline{\partial}w_1}{\partial q_1}+w_2\dfrac{\overline{\partial}w_2}{\partial q_1}+w_3\dfrac{\overline{\partial}w_3}{\partial q_1} \\[3mm] \dfrac{\overline{\partial}}{\partial q_1}\left(\dfrac{u^2}{2}\right)=u_1\dfrac{\overline{\partial}u_1}{\partial q_1}=\omega^2 r\dfrac{\overline{\partial}r}{\partial q_1} \end{cases} \tag{7.44}$$

又因为

$$\begin{cases} \dfrac{\overline{\partial}(v_3H_3)}{\partial q_1}=\dfrac{\overline{\partial}[H_3(w_3+\omega r)]}{\partial q_1}=H_3\dfrac{\overline{\partial}w_3}{\partial q_1}+w_3\dfrac{\overline{\partial}H_3}{\partial q_1}+\omega r\dfrac{\overline{\partial}H_3}{\partial q_1}+H_3\omega\dfrac{\overline{\partial}r}{\partial q_1} \\[3mm] \dfrac{\overline{\partial}(v_2H_2)}{\partial q_1}=\dfrac{\overline{\partial}(H_2w_2)}{\partial q_1}=H_2\dfrac{\overline{\partial}w_2}{\partial q_1}+w_2\dfrac{\overline{\partial}H_2}{\partial q_1} \\[3mm] \dfrac{\overline{\partial}(v_1H_1)}{\partial q_2}=\dfrac{\overline{\partial}(H_1w_1)}{\partial q_2}=H_1\dfrac{\overline{\partial}w_1}{\partial q_2}+w_1\dfrac{\overline{\partial}H_1}{\partial q_2} \end{cases} \tag{7.45}$$

所以 q_1 方向的运动方程 [式（7.42）中的第一式] 可表示为

$$\frac{w_2}{H_1H_2}\left(H_2\frac{\overline{\partial}w_2}{\partial q_1}+w_2\frac{\overline{\partial}H_2}{\partial q_1}-H_1\frac{\overline{\partial}w_1}{\partial q_2}-w_1\frac{\overline{\partial}H_1}{\partial q_2}\right)+\frac{w_3}{H_1H_3}\left(H_3\frac{\overline{\partial}w_3}{\partial q_1}+w_3\frac{\overline{\partial}H_3}{\partial q_1}+\omega r\frac{\overline{\partial}H_3}{\partial q_1}\right.$$
$$\left.+H_3\omega\frac{\overline{\partial}r}{\partial q_1}\right)-\frac{1}{H_1}\left(w_1\frac{\overline{\partial}w_1}{\partial q_1}+w_2\frac{\overline{\partial}w_2}{\partial q_1}+w_3\frac{\overline{\partial}w_3}{\partial q_1}\right)+\frac{1}{H_1}r\omega^2\frac{\overline{\partial}r}{\partial q_1}=\frac{\overline{\partial}G}{H_1\partial q_1}+\frac{1}{\rho}\frac{\overline{\partial}p}{H_1\partial q_1}-F_1$$
$$\tag{7.46}$$

代入 $H_3=r$，并进一步简化即可得到

$$-w_1\frac{\overline{\partial}w_1}{H_1\partial q_1}-w_2\frac{\overline{\partial}w_1}{H_2\partial q_2}+\left(\frac{w_3^2}{r}+2\omega w_3+r\omega^2\right)\frac{\overline{\partial}r}{H_1\partial q_1}+\frac{w_2}{H_1H_2}\left(w_2\frac{\overline{\partial}H_2}{\partial q_1}-w_1\frac{\overline{\partial}H_1}{\partial q_2}\right)$$
$$=\frac{\overline{\partial}G}{H_1\partial q_1}+\frac{1}{\rho}\frac{\overline{\partial}p}{H_1\partial q_1}-F_1 \tag{7.47}$$

同理，q_2 方向的运动方程为

$$-w_1\frac{\overline{\partial}w_2}{H_1\partial q_1}-w_2\frac{\overline{\partial}w_2}{H_2\partial q_2}+\left(\frac{w_3^2}{r}+2\omega w_3+r\omega^2\right)\frac{\overline{\partial}r}{H_2\partial q_2}-\frac{w_1}{H_1H_2}\left(w_2\frac{\overline{\partial}H_2}{\partial q_1}-w_1\frac{\overline{\partial}H_1}{\partial q_2}\right)$$

$$=\frac{\overline{\partial}G}{H_2\partial q_2}+\frac{1}{\rho}\frac{\overline{\partial}p}{H_2\partial q_2}-F_2$$

$$(7.48)$$

q_3 方向的运动方程为

$$w_1\frac{\overline{\partial}w_3}{H_1\partial q_1}+w_2\frac{\overline{\partial}w_3}{H_2\partial q_2}+w_1\left(\frac{w_3}{r}+2\omega\right)\frac{\overline{\partial}r}{H_1\partial q_1}+w_2\left(\frac{w_3}{r}+2\omega\right)\frac{\overline{\partial}r}{H_2\partial q_2}=F_3 \quad (7.49)$$

所以，S_2 流面上的欧拉型运动方程为

$$\begin{cases}
w_1\dfrac{\overline{\partial}w_1}{H_1\partial q_1}+w_2\dfrac{\overline{\partial}w_1}{H_2\partial q_2}-\left(\dfrac{w_3^2}{r}+2\omega w_3+r\omega^2\right)\dfrac{\overline{\partial}r}{H_1\partial q_1}-\dfrac{w_2}{H_1H_2}\left(w_2\dfrac{\overline{\partial}H_2}{\partial q_1}-w_1\dfrac{\overline{\partial}H_1}{\partial q_2}\right)\\[2mm]
=-\dfrac{\overline{\partial}G}{H_1\partial q_1}-\dfrac{1}{\rho}\dfrac{\overline{\partial}p}{H_1\partial q_1}+F_1\\[2mm]
w_1\dfrac{\overline{\partial}w_2}{H_1\partial q_1}+w_2\dfrac{\overline{\partial}w_2}{H_2\partial q_2}-\left(\dfrac{w_3^2}{r}+2\omega w_3+r\omega^2\right)\dfrac{\overline{\partial}r}{H_2\partial q_2}+\dfrac{w_1}{H_1H_2}\left(w_2\dfrac{\overline{\partial}H_2}{\partial q_1}-w_1\dfrac{\overline{\partial}H_1}{\partial q_2}\right)\\[2mm]
=-\dfrac{\overline{\partial}G}{H_2\partial q_2}-\dfrac{1}{\rho}\dfrac{\overline{\partial}p}{H_2\partial q_2}+F_2\\[2mm]
w_1\dfrac{\overline{\partial}w_3}{H_1\partial q_1}+w_2\dfrac{\overline{\partial}w_3}{H_2\partial q_2}+w_1\left(\dfrac{w_3}{r}+2\omega\right)\dfrac{\overline{\partial}r}{H_1\partial q_1}+w_2\left(\dfrac{w_3}{r}+2\omega\right)\dfrac{\overline{\partial}r}{H_2\partial q_2}=F_3
\end{cases}$$

$$(7.50)$$

矢量 $\vec{F}$ 的物理意义及性质如下：

由连续方程和运动方程可以看出，S_2 流面上的这些方程都已消去了自变量 q_3，只有 q_1 和 q_2 两个自变量，所以在形式上具有轴对称性，但要注意到：①连续方程中出现了 B 或者 τ，这是流层的角距离或周向距离，该参数要由 S_1 流面上的流动计算来提供；②在运动方程中出现了矢量 $\vec{F}$。

为便于确定 $\vec{F}$，下面讨论其物理意义及性质。

1. 物理意义

如图 7.5 所示，可把 $A_1B_1C_1D_1D_2C_2B_2A_2$ 看作是由平行的 S_2 流面（$A_1B_1C_1D_1$ 和 $D_2C_2B_2A_2$）组成的六面体。记 S_2 流面的面积为 ΔS，S_2 流面的法向量为 $\vec{n}$，则 S_2 流面微元在 q_1 和 q_2 组成的坐标面上的投影为 $H_1H_2\mathrm{d}q_1\mathrm{d}q_2=\Delta S\vec{n}\cdot\vec{e}_3=n_3\Delta S$，所以 $\Delta S=\dfrac{1}{n_3}H_1H_2\mathrm{d}q_1\mathrm{d}q_2$。作用在其上的压力差为

$$\left[p\Delta S+\frac{\partial(p\Delta S)}{\partial q_3}\mathrm{d}q_3\right]-p\Delta S=\frac{\partial(p\Delta S)}{\partial q_3}\mathrm{d}q_3=\frac{\partial p}{\partial q_3}\Delta S\mathrm{d}q_3=\frac{\partial p}{\partial q_3}\frac{H_1H_2\mathrm{d}q_1\mathrm{d}q_2}{n_3}\mathrm{d}q_3 \quad (7.51)$$

考虑到压力方向与 $\vec{n}$ 的方向相反，所以压差矢量为 $-\dfrac{\partial p}{\partial q_3}\dfrac{H_1H_2\mathrm{d}q_1\mathrm{d}q_2}{n_3}\mathrm{d}q_3\vec{n}$。压差矢量除以微元控制体内流体的质量 $\rho H_1H_2H_3\mathrm{d}q_1\mathrm{d}q_2\mathrm{d}q_3$，即可得到作用于单位质量流体的

压差矢量为 $-\dfrac{1}{n_3}\dfrac{1}{\rho}\dfrac{\partial p}{H_3\partial q_3}\vec{n}$，故有

$$\vec{F}=-\frac{1}{n_3}\frac{1}{\rho 2}\frac{\partial p}{H_3\partial q_3}\vec{n}=\frac{F_3}{n_3}\vec{n}$$

其中

$$F_3=-\frac{1}{\rho}\frac{\partial p}{H_3\partial q_3}$$

以上正是前面引入的矢量 $\vec{F}$。由此可知，出现在运动方程中的矢量 $\vec{F}$ 是由于周向压力梯度引起的单位质量力。

2. 物理性质

（1）只要速度矩沿轴面流线有变化，即 $\dfrac{\mathrm{d}(v_3 r)}{\mathrm{d}m}\neq 0$，则 $F\neq 0$；否则，$F=0$。

如图 7.6 所示的正交曲线坐标系中，若 q_1 与轴面流线 m 不一致，则 $\vec{w}_1$ 与 $\vec{w}_2$ 两者的合速度为 $\vec{w}_m$，且 $\vec{w}_m\perp\vec{w}_3$，即有 $\vec{w}_m=\vec{w}_1+\vec{w}_2$，$\vec{w}=\vec{w}_m+\vec{w}_3$。

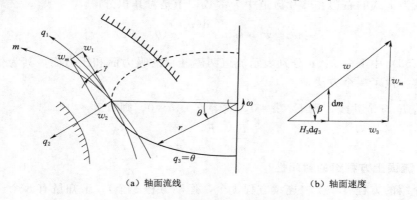

（a）轴面流线   （b）轴面速度

图 7.6 轴面流线和轴面速度示意图

令轴面流线 m 与 q_1 的夹角为 γ，则有

$$\begin{cases}\cos\gamma=\dfrac{H_1\mathrm{d}q_1}{\mathrm{d}m} \quad \sin\gamma=\dfrac{H_2\mathrm{d}q_2}{\mathrm{d}m} \quad \tan\beta=\dfrac{\mathrm{d}m}{H_3\mathrm{d}q_3}\\[2mm] w_1=w_m\cos\gamma \quad w_2=w_m\sin\gamma\\[2mm] w_m=w\sin\beta \quad w_3=w\cos\beta\end{cases}\tag{7.52}$$

因此可写出

$$w_1\frac{\overline{\partial}}{H_1\overline{\partial}q_1}+w_2\frac{\overline{\partial}}{H_2\overline{\partial}q_2}=w_m\left(\frac{\overline{\partial}}{H_1\overline{\partial}q_1}\frac{H_1\mathrm{d}q_1}{\mathrm{d}m}+\frac{\overline{\partial}}{H_2\overline{\partial}q_2}\frac{H_2\mathrm{d}q_2}{\mathrm{d}m}\right)$$

或

$$w_1\frac{\overline{\partial}}{H_1\overline{\partial}q_1}+w_2\frac{\overline{\partial}}{H_2\overline{\partial}q_2}=w_m\frac{\mathrm{d}}{\mathrm{d}m}\tag{7.53}$$

考虑到 $H_3=r$，$v_3=v_\theta$，则运动方程式（7.42）的第三式可写成

$$F_3=\frac{w_m}{r}\frac{\mathrm{d}(v_\theta r)}{\mathrm{d}m}\tag{7.54}$$

由此可知：对于转轮和叶轮，由于它们与流体之间有机械功和机械能的交换，速度矩 $v_\theta r$ 在叶片进出口区间上是变化的，故总有 $F_3 \neq 0$，从而 $\vec{F} \neq 0$；而对于无叶片区，因速度矩不变，此时 $F_3 = 0$、$\vec{F} = 0$，故在把式（7.42）用于无叶片区时可令式中 $F_1 = F_2 = F_3 = 0$。

由式（7.41）第三式和式（7.54）可得到

$$\frac{1}{\rho} \frac{\partial p}{\partial \theta} = -w_m \frac{d(v_\theta r)}{dm} = -w \sin\beta \frac{d(v_\theta r)}{dm}$$

另外，由相对运动的伯努利积分可写出

$$w \frac{\partial w}{\partial \theta} = -\frac{1}{\rho} \frac{\partial p}{\partial \theta}$$

因此可得到

$$\frac{\partial w}{\partial \theta} = \sin\beta \frac{d(v_\theta r)}{dm}$$

近似认为上式的右边在叶片流道中为常数，于是对其积分得

$$w_s - w_p = \sin\beta \frac{d(v_\theta r)}{dm} (\theta_s - \theta_p) \tag{7.55}$$

式（7.55）中下标 s、p 分别表示流道两侧叶片的吸力面和压力面，其为估算叶片表面相对速度提供了一个方法。

（2）若 $\vec{F}$ 与 $\vec{n}$ 共线，则 $\vec{F} \times \vec{n} = 0$，或者 $\vec{F} \cdot \vec{w} = 0$，则有

$$\frac{F_1}{n_1} = \frac{F_2}{n_2} = \frac{F_3}{n_3} \tag{7.56}$$

7.2.5　S_2 流面上方程组的封闭性

前面介绍的方程有 4 个（连续方程 1 个，运动方程 3 个），未知量有 8 个 [$\vec{w}$ 或 $\vec{v}$ 的 3 个分量，$\vec{F}$ 的 3 个分量，P 或 E_r，S_2 流面方程 $\theta = \theta(q_1, q_2)$]，因此需补充 4 个方程才能使其封闭。

7.2.5.1　正问题

若流面方程已知，即 $S(q_1, q_2, q_3) = q_3 - \theta(q_1, q_2) = 0$，此时，需补充如下 3 个方程才能使正问题可解：

（1）1 个为流面上的流线方程，即式（7.7）。

（2）2 个为有关 $\vec{F}$ 的补充方程：

$$\vec{F} \times \vec{n} = 0 \Rightarrow \vec{F} \times \nabla S = 0 \Rightarrow \begin{cases} \dfrac{F_1}{F_3} = -H_3 \dfrac{\partial \theta}{H_1 \partial q_1} \\[3mm] \dfrac{F_2}{F_3} = -H_3 \dfrac{\partial \theta}{H_2 \partial q_2} \end{cases} \tag{7.57}$$

式（7.57）中包含 2 个独立的方程。

7.2.5.2　反问题

由于流面方程 $S(q_1, q_2, q_3) = q_3 - \theta(q_1, q_2) = 0$ 未知，需补充 4 个方程。下面介绍两个补充方法。

1. 补充方法一

（1）流面上的流线方程式（7.7）。

（2）流面上 $\vec{F} \cdot \vec{w}=0$，即 $F_1 w_1 + F_2 w_2 + F_3 w_3 = 0$。

（3）可积性条件：为保证 S_2 流面光滑，二阶偏导数应连续，故应有

$$\frac{\partial}{\partial q_1}\left(\frac{\partial S}{\partial q_2}\right)=\frac{\partial}{\partial q_2}\left(\frac{\partial S}{\partial q_1}\right) \quad 或 \quad \frac{\partial}{\partial q_1}\left(\frac{\partial \theta}{\partial q_2}\right)=\frac{\partial}{\partial q_2}\left(\frac{\partial \theta}{\partial q_1}\right)$$

将式（7.57）代入上式可得

$$\frac{\partial}{\partial q_1}\left(\frac{H_2 F_2}{H_3 F_3}\right)=\frac{\partial}{\partial q_2}\left(\frac{H_1 F_1}{H_3 F_3}\right)$$

（4）给定一个变量的分布规律，通常给定 $v_3 r$ 或 w_m。

2. 补充方法二

全部采用正问题计算的 7 个方程，但未知数又多了一个 θ，在补充一个设计条件，如给定 $v_3 r$ 或 w_m 后，直接求解 $\theta(q_1, q_2)$。

需要说明的是，目前的流体机械设计中较多用补充方法二，但因为该方法中缺少保证叶片光滑的条件，所以设计出来的叶片需要做光滑性检查。

7.2.6 S_2 流面上的流函数方程

在实际问题求解中，引入流函数 ϕ，可使方程数目和未知数显著减少。

1. 消去方程中的 F_1

由式（7.57）可得

$$\begin{cases} F_1=-H_3 F_3 \dfrac{\partial \theta}{H_1 \partial q_1} \\[3mm] F_2=-H_3 F_3 \dfrac{\partial \theta}{H_2 \partial q_2} \end{cases} \tag{7.58}$$

又根据运动方程（7.42）第三式可得到

$$\begin{cases} F_1=-\dfrac{\partial \theta}{H_1 \partial q_1}\left[w_1 \dfrac{\overline{\partial}(v_3 H_3)}{H_1 \partial q_1}+w_2 \dfrac{\overline{\partial}(v_3 H_3)}{H_2 \partial q_2}\right] \\[4mm] F_2=-\dfrac{\partial \theta}{H_2 \partial q_2}\left[w_1 \dfrac{\overline{\partial}(v_3 H_3)}{H_1 \partial q_1}+w_2 \dfrac{\overline{\partial}(v_3 H_3)}{H_2 \partial q_2}\right] \end{cases} \tag{7.59}$$

将 F_1 和 F_2 分别代入运动方程式（7.42）的第一式和第二式，消去 F_1 和 F_2，即可得到 q_1 和 q_2 方向新的运动方程：

$$\begin{cases} \dfrac{w_2}{H_1 H_2}\left[\dfrac{\overline{\partial}(v_2 H_2)}{\partial q_1}-\dfrac{\overline{\partial}(v_1 H_1)}{\partial q_2}\right]+\dfrac{w_3}{H_1 H_3}\dfrac{\overline{\partial}(v_3 H_3)}{\partial q_1} \\[4mm] =\dfrac{\overline{\partial}E_r}{H_1 \partial q_1}+\dfrac{\partial \theta}{H_1 \partial q_1}\left[w_1 \dfrac{\overline{\partial}(v_3 H_3)}{H_1 \partial q_1}+w_2 \dfrac{\overline{\partial}(v_3 H_3)}{H_2 \partial q_2}\right] \\[4mm] \dfrac{w_3}{H_2 H_3}\dfrac{\overline{\partial}(v_3 H_3)}{\partial q_2}-\dfrac{w_1}{H_1 H_2}\left[\dfrac{\overline{\partial}(v_2 H_2)}{\partial q_1}-\dfrac{\overline{\partial}(v_1 H_1)}{\partial q_2}\right] \\[4mm] =\dfrac{\overline{\partial}E_r}{H_2 \partial q_2}+\dfrac{\partial \theta}{H_2 \partial q_2}\left[w_1 \dfrac{\overline{\partial}(v_3 H_3)}{H_1 \partial q_1}+w_2 \dfrac{\overline{\partial}(v_3 H_3)}{H_2 \partial q_2}\right] \end{cases} \tag{7.60}$$

消去 $\vec{F}$ 后运动方程变为 2 个，连续方程变为 1 个，再加上 S_2 流面流线方程式 (7.7)，共有 4 个独立方程，此时正问题有 4 个未知量 [w_1、w_2、w_3（或 v_3）、p（或 E_r）]，方程组封闭，正问题可解。而反问题有 5 个未知量 [w_1、w_2、w_3、θ、p（或 E_r）]，可见，反问题还需要再补充一个独立方程。

2. 引入伯努利方程

为使方程求解方便简单，通常引入伯努利方程替代式 (7.60) 中的任意一个运动方程，因为伯努利方程是由运动方程推出的，所以它并不独立。根据单位质量流体相对运动机械能沿相对运动流线保持不变的特性可得到

$$
\begin{aligned}
E_r &= G + \frac{p}{\rho} + \frac{w^2}{2} - \frac{u^2}{2} \\
&= G_i + \frac{p_i}{\rho} + \frac{w_i^2}{2} - \frac{u_i^2}{2} = E_i - \omega r_i v_{ui} = E_i - \omega \lambda_i
\end{aligned}
\tag{7.61}
$$

式中 E_i ——进口处单位质量流体的机械能，$i = 1$、2、3、…；

λ_i ——进口处的速度距，$\lambda_i = r_i v_{ui}$。

由此可见，E_r 完全由来流进口条件确定，可认为是已知量。

将式 (7.61) 代入式 (7.60) 中的任意一个运动方程，均能得到一个独立的运动方程。此时正问题有 3 个未知量 [w_1、w_2、w_3（或 v_3）]，而反问题有 4 个未知量 [w_1、w_2、w_3（或 v_3）、θ]，独立方程有 3 个（连续方程 1 个、运动方程 1 个、S_2 流面流线方程 1 个）。因此，对于正问题方程组封闭可解，而对于反问题不可解，需再补充一个独立方程。

下面讨论求解主方程的选择：若令 $q_1 = z$（轴向），$q_2 = r$（径向），$q_3 = \theta$（周向），则 q_1 方向运动方程的右侧项 $\dfrac{\overline{\partial} E_r}{H_1 \partial q_1} = \dfrac{\overline{\partial} E_r}{\partial z}$，$q_2$ 方向运动方程的右侧项 $\dfrac{\overline{\partial} E_r}{H_2 \partial q_2} = \dfrac{\overline{\partial} E_r}{\partial r}$。由于式 (7.17) 是运动方程沿相对流线的积分，故在同一条流线上，$E_r = \text{const}$，不同的流线上 E_r 为不同的常数，所以按照以下条件选择运动方程：

(1) 对于近乎径向的流动，$\dfrac{\partial E_r}{\partial r} \approx 0$，应选 q_1 方向的运动方程作为主方程。

(2) 对于近乎轴向的流动，$\dfrac{\partial E_r}{\partial z} \approx 0$，应选 q_2 方向的运动方程作为主方程。

(3) 采用 q_1 和 q_2 两个方向方程叠加后的方程作为主方程，则既可适用于轴向流动，又可适用于径向流动，但方程相对复杂。

3. q_1 和 q_2 方向方程的叠加

对运动方程式 (7.60)，q_1 方向的方程乘以 w_2 减去 q_2 方向的方程乘以 w_1，同时结合 $w_1^2 + w_2^2 = w_m^2$、$E_r = E_i - \lambda_i w$，则有

$$
\frac{\overline{\partial}(v_2 H_2)}{\partial q_1} - \frac{\overline{\partial}(v_1 H_1)}{\partial q_2} = \Omega_\theta
\tag{7.62}
$$

其中

$$
\begin{aligned}
\Omega_\theta = \frac{H_1 H_2}{w_m^2} &\left\{ w_2 \frac{\overline{\partial}(E_i - \lambda_i w)}{H_1 \partial q_1} - w_1 \frac{\overline{\partial}(E_i - \lambda_i w)}{H_2 \partial q_2} - \frac{w_3}{H_3} \left[w_2 \frac{\overline{\partial}(H_3 v_3)}{H_1 \partial q_1} w_1 \frac{\overline{\partial}(H_3 v_3)}{H_2 \partial q_2} \right] \right. \\
&\left. + \left(w_2 \frac{\partial \theta}{H_1 \partial q_1} - w_1 \frac{\partial \theta}{H_2 \partial q_2} \right) \left[\frac{w_1}{H_1} \frac{\overline{\partial}(H_3 v_3)}{\partial q_1} + \frac{w_2}{H_2} \frac{\overline{\partial}(H_3 v_3)}{\partial q_2} \right] \right\}
\end{aligned}
\tag{7.63}
$$

4. 引入流函数方程

由 S_2 流面上的连续方程式（7.28），定义 S_2 流面的流函数 ψ 如下：

$$\begin{cases} \dfrac{\overline{\partial}\psi}{\partial q_1} = -w_2 H_1 H_3 B \\[3mm] \dfrac{\overline{\partial}\psi}{\partial q_2} = w_1 H_2 H_3 B \end{cases} \tag{7.64}$$

可得到

$$\begin{cases} w_1 = \dfrac{1}{H_3 B}\dfrac{\overline{\partial}\psi}{H_2 \partial q_2} \\[3mm] w_2 = -\dfrac{1}{H_3 B}\dfrac{\overline{\partial}\psi}{H_1 \partial q_1} \end{cases} \tag{7.65}$$

由于

$$\begin{cases} w_1 = v_1 \\ w_2 = v_2 \\ w_3 = v_3 - r\omega \end{cases} \tag{7.66}$$

因此式（7.62）变为

$$\frac{\overline{\partial}}{\partial q_1}\left(\frac{H_2}{H_3 B}\frac{\overline{\partial}\psi}{H_1 \partial q_1}\right) + \frac{\overline{\partial}}{\partial q_2}\left(\frac{H_1}{H_3 B}\frac{\overline{\partial}\psi}{H_2 \partial q_2}\right) = -\Omega_\theta \tag{7.67}$$

上式即为关于 ψ 的二阶偏微分方程，也就是准泊松型 S_2 流面上的流函数方程。同理，可将流函数 ψ 代入 S_2 流面的运动方程式（7.60）中任一方向的方程构成关于流函数的二阶偏微分方程。

式（7.67）中 $\Omega_\theta = f(w_1, w_2, w_3, \theta)$，其中 $w_1 = f(\psi)$，$w_2 = f(\psi)$。对于正问题，$\theta = \theta(q_1, q_2)$ 已知，S_2 流面的流线方程为 $w_3 = H_3 w_m \dfrac{\mathrm{d}\theta}{\mathrm{d}m}$，或者 $w_3 = H_3\left(w_1 \dfrac{\partial\theta}{H_1 \partial q_1} + w_2 \dfrac{\partial\theta}{H_2 \partial q_2}\right) = f(\psi)$。

式（7.67）和式（7.15）一同构成求解正问题的主方程，通常用迭代法求解，Ω_θ 用上一轮计算的 w_i 值进行计算。对于反问题，由流线方程式（7.9）可得到

$$v_3 r = (w_3 + r\omega)r = rH_3\left(w_1 \frac{\partial\theta}{H_1 \partial q_1} + w_2 \frac{\partial\theta}{H_2 \partial q_2}\right) + r^2\omega = rH_3 w_m \frac{\mathrm{d}\theta}{\mathrm{d}m} + r^2\omega$$

考虑到 $H_3 = r$，$w_m = v_m$，上式可进一步写成

$$\frac{\mathrm{d}\theta}{\mathrm{d}m} = \frac{rv_3 - r^2\omega}{r^2 w_m}$$

由此可见，求解反问题需要补充设计条件，通常给定速度矩 rv_3 的分布规律，这样式（7.67）与上式就一起构成了求解反问题的封闭方程组。因此，可利用流函数方程对 S_2 流面上的方程组进行求解。

在无叶片区，有

$$F_3 = \frac{1}{H_3}\left[w_1 \frac{\overline{\partial}(H_3 v_3)}{H_1 \partial q_1} + w_2 \frac{\overline{\partial}(H_3 v_3)}{H_2 \partial q_2}\right] = \frac{w_m}{H_3}\frac{\mathrm{d}(H_3 v_3)}{\mathrm{d}m} = 0 \tag{7.68}$$

即
$$\frac{\mathrm{d}(H_3 v_3)}{\mathrm{d}m}=0 \tag{7.69}$$

式 (7.67) 中，最后一项为 0，则式 (7.67) 变为

$$\frac{\overline{\partial}}{\partial q_1}\left(\frac{H_2}{H_3 B}\frac{\overline{\partial}\psi}{H_1 \partial q_1}\right)+\frac{\overline{\partial}}{\partial q_2}\left(\frac{H_1}{H_3 B}\frac{\overline{\partial}\psi}{H_2 \partial q_2}\right)=-\Omega'_{\theta} \tag{7.70}$$

其中

$$\Omega'_{\theta}=\frac{H_1 H_2}{w_m^2}\left\{w_2\frac{\overline{\partial}(E_i-\lambda_i w)}{H_1 \partial q_1}-w_1\frac{\overline{\partial}(E_i-\lambda_i w)}{H_2 \partial q_2}-\frac{w_3}{H_3}\left[w_2\frac{\overline{\partial}(H_3 v_3)}{H_1 \partial q_1}-w_1\frac{\overline{\partial}(H_3 v_3)}{H_2 \partial q_2}\right]\right\}$$

式 (7.70) 与 $S(q_1,q_2,q_3)=q_3-\theta(q_1,q_2)=0$ 一起构成求解无叶片区正问题的封闭方程组。

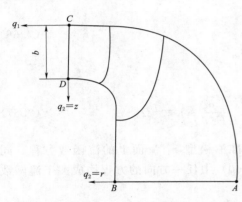

图 7.7　混流式水轮机转轮 S_2 流面求解域

式 (7.67) 或式 (7.70) 是关于流函数 ψ 的拟线性二阶椭圆形偏微分方程。下面以如图 7.7 所示的混流式水轮机转轮为例，说明其定解条件。

(1) 轴面流道型线 AC、BD 是求解域的两条边界线，而且都是流线，流函数 ψ 应保持为常数，即

$$\begin{cases}\psi|_{AC}=\mathrm{const}\\ \psi|_{BD}=\mathrm{const}\end{cases}$$

(2) 边界 AB、CD 一般取在距转轮足够远的地方，可认为速度在此延长的进出口边界上均匀分布，设其流量为 Q，则

$$w_1|_{AB}=\frac{Q}{\pi(r_B^2-r_A^2)},\ w_1|_{CD}=\frac{Q}{2\pi r_c b}$$

根据流函数 ψ 的定义，$w_1=\dfrac{\overline{\partial}\psi}{H_3 B H_2 \partial q_2}$，设 B（相邻 S_2 流面之间的角距离）为常数，则在 AB 边界上：

$$w_1\bigg|_{AB}=\frac{1}{rB}\frac{\overline{\partial}\psi}{\partial r}\Rightarrow\psi_{AB}=\frac{QB}{\pi(r_B^2-r_A^2)}\frac{r^2}{2}\bigg|_A^r+\psi_A=\frac{QB}{2\pi}\frac{r^2-r_A^2}{r_B^2-r_A^2}+\psi_A \tag{7.71}$$

同理，在 CD 边界上：

$$w_1|_{CD}=\frac{1}{rB}\frac{\overline{\partial}\psi}{\partial z}\Rightarrow\psi|_{CD}=\frac{Q}{2\pi r_c b}r_c Bz+\psi_C=\frac{QB}{2\pi}\frac{z}{b}+\psi_C \tag{7.72}$$

因为 AC 为流线，所以 $\psi|_{AC}=\psi_A=\psi_C$，对于流函数，可相差一任意常数。若取 $\psi_{AC}=0$，则 $\psi_A=\psi_C=0$。因此有

$$\psi|_{BD}=\psi_B=\psi|_{AB}^{r=r_B}=\psi_D=\psi|_{CD}^{z=b}=\frac{QB}{2\pi} \tag{7.73}$$

则所求边值条件为

$$\begin{cases} \psi\mid_{AC}=0 \\[2mm] \psi\mid_{BD}=\dfrac{QB}{2\pi} \\[2mm] \psi\mid_{AB}=\dfrac{QB}{2\pi}\dfrac{r^2-r_A^2}{r_B^2-r_A^2} \\[2mm] \psi\mid_{CD}=\dfrac{QB}{2\pi}\dfrac{z}{b} \end{cases} \tag{7.74}$$

在无叶片区，由于速度矩沿流线保持不变，由压强梯度引起的单位质量力 $F=0$，此时流函数方程可由式（7.70）得到

$$\frac{\bar{\partial}}{\partial q_1}\Big(\frac{H_2}{H_3 B}\frac{\bar{\partial}\psi}{H_1 \partial q_1}\Big)+\frac{\bar{\partial}}{\partial q_2}\Big(\frac{H_1}{H_3 B}\frac{\bar{\partial}\psi}{H_2 \partial q_2}\Big)$$

$$=-\frac{H_1(v_3 H_3-\omega r^2)}{w_1 H_3^2}\frac{\bar{\partial}(v_3 H_3)}{\partial q_2}+\frac{H_1}{w_1}\frac{\bar{\partial}}{\partial q_2}(E_i-\omega\lambda_i) \tag{7.75}$$

同时速度矩分布应满足下式：

$$\frac{\mathrm{d}(v_3 H_3)}{\mathrm{d}m}=0 \tag{7.76}$$

因此对于求解域中的无叶片区，需按式（7.75）、式（7.76）组成的封闭方程组求解。这样，S_2 流面上的正问题归结为在式（7.74）的边值条件下对流函数方程式（7.67）和式（7.75）的求解。

如果式（7.67）、式（7.75）的右侧是由上一轮的计算结果得出，则式它们便转化为准泊松方程，可引用变分原理，用有限元法进行数值求解。

应当指出，以上是以运动方程式（7.42）第二式为基础进行的。如以式（7.61）消去运动方程式（7.42）第一式中的 E_r，以此为基础，可得叶片区的流函数方程：

$$\frac{\bar{\partial}}{\partial q_1}\Big(\frac{H_2}{H_3 B}\frac{\bar{\partial}\psi}{H_1 \partial q_1}\Big)+\frac{\bar{\partial}}{\partial q_2}\Big(\frac{H_1}{H_3 B}\frac{\bar{\partial}\psi}{H_2 \partial q_2}\Big)$$

$$=\frac{H_2(v_3 H_3-\omega r^2)}{w_2 H_3^2}\frac{\bar{\partial}(v_3 H_3)}{\partial q_1}-\Big[\frac{w_1 H_2}{w_2 H_1}\frac{\bar{\partial}(v_3 H_3)}{\partial q_1}+\frac{\bar{\partial}(v_3 H_3)}{\partial q_2}\Big]\frac{\partial\theta}{\partial q_1}-\frac{H_2}{w_2}\frac{\bar{\partial}}{\partial q_1}(E_i-\omega\lambda_i)$$

$$\tag{7.77}$$

同理，可得无叶片区的流函数方程：

$$\frac{\bar{\partial}}{\partial q_1}\Big(\frac{H_2}{H_3 B}\frac{\bar{\partial}\psi}{H_1 \partial q_1}\Big)+\frac{\bar{\partial}}{\partial q_2}\Big(\frac{H_1}{H_3 B}\frac{\bar{\partial}\psi}{H_2 \partial q_2}\Big)=\frac{H_2(v_3 H_3-\omega r^2)}{w_2 H_3^2}\frac{\bar{\partial}(v_3 H_3)}{\partial q_1}-\frac{H_2}{w_2}\frac{\bar{\partial}}{\partial q_1}(E_i-\omega\lambda_i)$$

$$\tag{7.78}$$

7.2.7 S_2 流面圆柱坐标系中的基本方程

取 $q_1=z$，$q_2=r$，$q_3=\theta$，此时 $H_1=1$，$H_2=1$，$H_3=r$，则有

$$\frac{\partial r}{\partial q_1}=\frac{\partial H_2}{\partial q_1}=\frac{\partial H_1}{\partial q_2}=0 \qquad \frac{\partial r}{\partial q_2}=1$$

$$w_1=w_z \qquad w_2=w_r \qquad w_3=w_\theta \qquad v_3=v_\theta$$

这样，由式（7.28）可得连续方程：

$$\frac{\overline{\partial}(w_r rB)}{\partial r} + \frac{\overline{\partial}(w_z rB)}{\partial z} = 0 \tag{7.79}$$

由式 (7.39)、式 (7.41) 得由周向压强梯度引起的单位质量力 $\vec{F}$ 及其分量如下：

$$\vec{F} = -\frac{1}{n_\theta}\frac{\partial p}{r \partial \theta}\vec{n} \tag{7.80}$$

$$\begin{cases} F_r = \dfrac{1}{\rho}\dfrac{\partial p}{r \partial \theta}\dfrac{\partial \theta}{\partial r} \\[3mm] F_\theta = -\dfrac{1}{\rho}\dfrac{\partial p}{r \partial \theta} \\[3mm] F_z = \dfrac{1}{\rho}\dfrac{\partial p}{r \partial \theta}\dfrac{\partial \theta}{\partial z} \end{cases} \tag{7.81}$$

由式 (7.42) 得兰姆型运动方程如下：

$$\begin{cases} w_z\left(\dfrac{\overline{\partial}w_r}{\partial z} - \dfrac{\overline{\partial}w_z}{\partial r}\right) - \dfrac{w_\theta}{r}\dfrac{\overline{\partial}(v_\theta r)}{\partial r} = F_r - \dfrac{\overline{\partial}E_r}{\partial r} \\[3mm] \dfrac{w_r}{r}\dfrac{\overline{\partial}(v_\theta r)}{\partial r} + \dfrac{w_z}{r}\dfrac{\overline{\partial}(v_\theta r)}{\partial z} = F_\theta \\[3mm] -\dfrac{w_\theta}{r}\dfrac{\overline{\partial}(v_\theta r)}{\partial z} - w_r\left(\dfrac{\overline{\partial}w_r}{\partial z} - \dfrac{\overline{\partial}w_z}{\partial r}\right) = F_z - \dfrac{\overline{\partial}E_r}{\partial z} \end{cases} \tag{7.82}$$

由式 (7.50) 得欧拉型运动方程如下：

$$\begin{cases} w_r\dfrac{\overline{\partial}w_r}{\partial r} + w_z\dfrac{\overline{\partial}w_r}{\partial z} - \left(\dfrac{w_\theta^2}{r} + 2\omega w_\theta + \omega^2 r\right) = F_r - \dfrac{1}{\rho}\dfrac{\overline{\partial}p}{\partial r} \\[3mm] w_r\dfrac{\overline{\partial}w_\theta}{\partial r} + w_z\dfrac{\overline{\partial}w_\theta}{\partial z} + \left(\dfrac{w_r w_\theta}{r} + 2\omega w_r\right) = F_\theta \\[3mm] w_r\dfrac{\overline{\partial}w_z}{\partial r} + w_z\dfrac{\overline{\partial}w_z}{\partial z} = F_z - \dfrac{1}{\rho}\dfrac{\overline{\partial}p}{\partial z} \end{cases} \tag{7.83}$$

则速度矩表达式如下：

$$v_\theta r = r^2\left(w_r\frac{\partial \theta}{\partial r} + w_z\frac{\partial \theta}{\partial z}\right) \tag{7.84}$$

由式 (7.65) 得

$$w_r = -\frac{1}{rB}\frac{\overline{\partial}\psi}{\partial z} \quad w_z = \frac{1}{rB}\frac{\overline{\partial}\psi}{\partial r} \tag{7.85}$$

由式 (7.67)、式 (7.75) 得适用于近乎轴向流道的流函数方程如下：

对于叶片区，有

$$\frac{\overline{\partial}}{\partial r}\left(\frac{1}{rB}\frac{\overline{\partial}\psi}{\partial r}\right) + \frac{\overline{\partial}}{\partial z}\left(\frac{1}{rB}\frac{\overline{\partial}\psi}{\partial z}\right)$$

$$= \left[\frac{\overline{\partial}(v_\theta r)}{\partial z} + \frac{w_r}{w_z}\frac{\overline{\partial}(v_\theta r)}{\partial r}\right]\frac{\partial \theta}{\partial r} - \frac{v_\theta r - \omega r^2}{r^2 w_z}\frac{\overline{\partial}(v_\theta r)}{\partial r} + \frac{1}{w_z}\frac{\overline{\partial}}{\partial r}(E_i - \omega\lambda_i) \tag{7.86}$$

对于无叶片区，有

$$\frac{\overline{\partial}}{\partial r}\left(\frac{1}{rB}\frac{\overline{\partial}\psi}{\partial r}\right) + \frac{\overline{\partial}}{\partial z}\left(\frac{1}{rB}\frac{\overline{\partial}\psi}{\partial z}\right) = -\frac{v_\theta r - \omega r^2}{r^2 w_z}\frac{\overline{\partial}(v_\theta r)}{\partial r} + \frac{1}{w_z}\frac{\overline{\partial}}{\partial r}(E_i - \omega\lambda_i) \tag{7.87}$$

由式（7.77）、式（7.78）得适用于近乎径向流道的流函数方程如下。

对于叶片区，有

$$\frac{\overline{\partial}}{\partial r}\left(\frac{1}{rB}\frac{\overline{\partial}\psi}{\partial r}\right)+\frac{\overline{\partial}}{\partial z}\left(\frac{1}{rB}\frac{\overline{\partial}\psi}{\partial z}\right)$$

$$=\frac{v_\theta r-\omega r^2}{r^2 w_z}\frac{\overline{\partial}(v_\theta r)}{\partial z}-\left[\frac{w_z}{w_r}\frac{\overline{\partial}(v_\theta r)}{\partial z}+\frac{\overline{\partial}(v_\theta r)}{\partial r}\right]\frac{\partial\theta}{\partial z}-\frac{1}{w_r}\frac{\overline{\partial}}{\partial z}(E_i-\omega\lambda_i) \tag{7.88}$$

对于无叶片区，有

$$\frac{\overline{\partial}}{\partial r}\left(\frac{1}{rB}\frac{\overline{\partial}\psi}{\partial r}\right)+\frac{\overline{\partial}}{\partial z}\left(\frac{1}{rB}\frac{\overline{\partial}\psi}{\partial z}\right)=\frac{v_\theta r-\omega r^2}{r^2 w_r}\frac{\overline{\partial}(v_\theta r)}{\partial z}-\frac{1}{w_r}\frac{\overline{\partial}}{\partial z}(E_i-\omega\lambda_i) \tag{7.89}$$

7.3 沿 S_1 流面流动的基本方程

如上所述，在 S_2 流面，取 q_1 和 q_2 为独立变量。而在 S_1 流面，一般取 q_1 和 q_3 为独立变量，则流面方程可表示为

$$q_2=q_2(q_1,q_3) \tag{7.90}$$

或写出 $S(q_1,q_2,q_3)=q_2-q_2(q_1,q_3)=0$ 的形式。由此得到

$$\begin{cases}\dfrac{\partial S}{H_1\partial q_1}=-\dfrac{\partial q_2}{H_1\partial q_1}\\[2mm]\dfrac{\partial S}{H_2\partial q_2}=\dfrac{1}{H_2}\\[2mm]\dfrac{\partial S}{H_3\partial q_3}=-\dfrac{\partial q_2}{H_3\partial q_3}\end{cases} \tag{7.91}$$

又因为 $\nabla\vec{s}\,/\!/\,\vec{n}$（$\vec{n}$ 为 S_1 流面的单位法向矢量），所以有

$$\frac{n_1}{-\dfrac{\partial q_2}{H_1\partial q_1}}=\frac{n_2}{\dfrac{1}{H_2}}=\frac{n_3}{-\dfrac{\partial q_2}{H_3\partial q_3}}=\frac{1}{\sqrt{\left(\dfrac{\partial q_2}{H_1\partial q_1}\right)^2+\left(\dfrac{1}{H_2}\right)^2+\left(\dfrac{\partial q_2}{H_3\partial q_3}\right)^2}} \tag{7.92}$$

在 S_1 流面上，$\vec{w}\cdot\vec{n}=0$ 或 $\vec{w}\cdot\nabla\vec{s}=0$，则有

$$w_2=H_2\left(w_1\frac{\partial q_2}{H_1\partial q_1}+w_3\frac{\partial q_2}{H_3\partial q_3}\right) \tag{7.93}$$

式（7.93）即为 S_1 流面的流线方程。

7.3.1 S_1 流面上的导数

1. 偏导数

设流场参数 f 在空间中是坐标 q_1、q_2、q_3 的三元函数，即 $f=f(q_1,q_2,q_3)$，但在 S_1 流面上，由于 q_2 需满足方程（7.90），f 将是三元函数 $f=f(q_1,q_2,q_3)=f[q_1,q_2(q_1,q_3)q_3]$。因此当 f 沿 S_1 流面变化时，f 对自变量 q_1、q_3 的偏导数可表示为

$$\begin{cases}\dfrac{\overline{\partial}f}{\partial q_1}=\dfrac{\partial f}{\partial q_1}+\dfrac{\partial f}{\partial q_2}\dfrac{\partial q_2}{\partial q_1}\\[2mm]\dfrac{\overline{\partial}f}{\partial q_3}=\dfrac{\partial f}{\partial q_3}+\dfrac{\partial f}{\partial q_2}\dfrac{\partial q_2}{\partial q_3}\end{cases} \tag{7.94}$$

或者写成：

$$\begin{cases} \dfrac{\overline{\partial}}{\partial q_1} = \dfrac{\partial}{\partial q_1} + \dfrac{\partial}{\partial q_2}\dfrac{\partial q_2}{\partial q_1} \\[3mm] \dfrac{\overline{\partial}}{\partial q_3} = \dfrac{\partial}{\partial q_3} + \dfrac{\partial}{\partial q_2}\dfrac{\partial q_2}{\partial q_3} \end{cases} \tag{7.95}$$

这就是沿 S_1 流面 $q_2 = q_2(q_1, q_3)$ 的偏导数的一般形式。

为了形象地了解 S_1 流面的偏导数，引入图 7.8。当沿 q_1 坐标线由 A 点变化至 B' 点时，只有 q_1 有增量 Δq_1，此时 B' 点的 q 值为

$$q_{B'} = q_A + \frac{\partial f}{\partial q_1}\Delta q_1$$

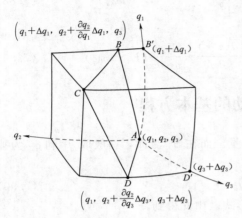

$\left(q_1 + \Delta q_1,\ q_2 + \dfrac{\partial q_2}{\partial q_1}\Delta q_1,\ q_3\right)$

$\left(q_1,\ q_2 + \dfrac{\partial q_2}{\partial q_3}\Delta q_3,\ q_3 + \Delta q_3\right)$

图 7.8　S_1 流面的偏导数

但当沿 S_1 流面变化时，此时在 q_3 为常数的坐标面上与 B' 点对应的是 B 点，不仅 q_1 有增量 Δq_1，而且 q_2 按式（7.90）也有增量 $\Delta q_2 = (\partial q_2/\partial q_1)\Delta q_1$，$B$ 点的 q 值为

$$q_B = q_{B'} + \frac{\partial f}{\partial q_2}\Delta q_2 = q_{B'} + \frac{\partial f}{\partial q_2}\frac{\partial q_2}{\partial q_1}\Delta q_1$$

故沿 S_1 流面的偏导数如下：

$$\frac{\overline{\partial} f}{\partial q_1} = \lim_{\Delta q_1 \to 0}\frac{q_B - q_A}{\Delta q_1} = \lim_{\Delta q_1 \to 0}\left(\frac{q_{B'} - q_A}{\Delta q_1} + \frac{q_B - q_{B'}}{\Delta q_1}\right)$$

$$= \frac{\partial f}{\partial q_1} + \frac{\partial f}{\partial q_2}\frac{\partial q_2}{\partial q_1}$$

同样也可得出 $\overline{\partial} f/\partial q_3$。

式（7.95）为由三维运动的基本方程式（6.100）、式（6.102）得出 S_1 流面上二维运动的基本方程创造了条件。

2. 全导数

由式（7.95）可写出

$$\begin{cases} \dfrac{\partial}{H_1 \partial q_1} = \dfrac{\overline{\partial}}{H_1 \overline{\partial} q_1} - \dfrac{\partial}{\partial q_2}\dfrac{\partial q_2}{H_1 \partial q_1} \\[3mm] \dfrac{\partial}{H_3 \partial q_3} = \dfrac{\overline{\partial}}{H_3 \overline{\partial} q_3} - \dfrac{\partial}{\partial q_2}\dfrac{\partial q_2}{H_3 \partial q_3} \end{cases}$$

代入式（7.21），得

$$\frac{D}{Dt} = w_1 \frac{\overline{\partial}}{H_1 \overline{\partial} q_1} + w_3 \frac{\overline{\partial}}{H_3 \overline{\partial} q_3} + \left(\frac{w_2}{H_2} - w_1 \frac{\partial q_2}{H_1 \partial q_1} - w_3 \frac{\partial q_2}{H_3 \partial q_3}\right)\frac{\partial}{\partial q_2}$$

结合式（7.93）可知，上式等号右侧括号内三项之和为 0，故得沿 S_1 流面的全导数的表达式如下：

$$\frac{D}{Dt} = w_1 \frac{\overline{\partial}}{H_1 \overline{\partial} q_1} + w_3 \frac{\overline{\partial}}{H_3 \overline{\partial} q_3} \tag{7.96}$$

式（7.121）即为 S_1 流面的全导数。

7.3.2　S_1 流面上的连续方程

由式（7.95）可写出

$$
\begin{cases}
\dfrac{\partial(w_1 H_2 H_3)}{\partial q_1} = \dfrac{\overline{\partial}(w_1 H_2 H_3)}{\partial q_1} - \dfrac{\partial(w_1 H_2 H_3)}{\partial q_2}\dfrac{\partial q_2}{\partial q_1} \\[4mm]
\dfrac{\partial(w_3 H_1 H_2)}{\partial q_3} = \dfrac{\overline{\partial}(w_3 H_1 H_2)}{\partial q_3} - \dfrac{\partial(w_3 H_1 H_2)}{\partial q_2}\dfrac{\partial q_2}{\partial q_3}
\end{cases}
\tag{7.97}
$$

代入相对坐标系的连续方程中，得

$$
\frac{\overline{\partial}(w_1 H_2 H_3)}{\partial q_1} + \frac{\overline{\partial}(w_3 H_1 H_2)}{\partial q_3} + \frac{\partial(w_2 H_3 H_1)}{\partial q_2} - \frac{\partial(w_1 H_2 H_3)}{\partial q_2}\frac{\partial q_2}{\partial q_1} - \frac{\partial(w_3 H_1 H_2)}{\partial q_2}\frac{\partial q_2}{\partial q_3} = 0
\tag{7.98}
$$

引入参数 B，令 $\ln B$ 的全导数为

$$
\frac{\mathrm{D}\ln B}{\mathrm{D}t} = \frac{1}{H_1 H_2 H_3}\left[\frac{\partial(w_2 H_3 H_1)}{\partial q_2} - \frac{\partial(w_1 H_2 H_3)}{\partial q_2}\frac{\partial q_2}{\partial q_1} - \frac{\partial(w_3 H_1 H_2)}{\partial q_2}\frac{\partial q_2}{\partial q_3}\right]
$$

则式（7.98）可写成

$$
\frac{\overline{\partial}(w_1 H_2 H_3)}{\partial q_1} + \frac{\overline{\partial}(w_3 H_1 H_2)}{\partial q_3} + H_1 H_2 H_3 \frac{\mathrm{D}\ln B}{\mathrm{D}t} = 0
\tag{7.99}
$$

由式（7.96）可写出

$$
\frac{\mathrm{D}\ln B}{\mathrm{D}t} = \frac{1}{B}\left(w_1 \frac{\overline{\partial}B}{H_1 \partial q_1} + w_3 \frac{\overline{\partial}B}{H_3 \partial q_3}\right)
\tag{7.100}
$$

代入式（7.99）得

$$
\frac{\overline{\partial}(w_1 H_2 H_3 B)}{\partial q_1} + \frac{\overline{\partial}(w_3 H_1 H_2 B)}{\partial q_3} = 0
\tag{7.101}
$$

式（7.101）即为 S_1 流面的连续方程。

下面讨论 B 的物理意义。

S_1 流面的微元控制体如图 7.9 所示，$A_1 B_1 C_1 D_1$ 与 $A_2 B_2 C_2 D_2$ 为相邻的两个 S_1 流面，用 $q_1 = \mathrm{const}$ 的两个坐标面和 $q_3 = \mathrm{const}$ 的两个坐标面去截这两个 S_1 流面，得到六面体微元 $A_1 B_1 C_1 D_1 D_2 C_2 B_2 A_2$。两个 S_1 流面在 q_2 方向的距离为 $\tau = H_2 \mathrm{d}q_2$。由于该六面体微元由两个相邻的 S_1 流面构成，所以仅在 q_1 和 q_3 方向有不为 0 的速度通量产生。

在单位时间内，q_1 方向的净质量交换为

$$
\left[\rho w_1 \tau H_3 \mathrm{d}q_3 + \frac{\overline{\partial}(\rho w_1 \tau H_3 \mathrm{d}q_3)}{\partial q_3}\mathrm{d}q_1\right] - \rho w_1 \tau H_3 \mathrm{d}q_3 = \frac{\overline{\partial}(\rho w_1 \tau H_3)}{\partial q_1}\mathrm{d}q_1 \mathrm{d}q_3
\tag{7.102}
$$

在单位时间内，q_3 方向的净质量交换为

$$
\left[\rho w_3 \tau H_1 \mathrm{d}q_1 + \frac{\overline{\partial}(\rho w_3 \tau H_1 \mathrm{d}q_1)}{\partial q_3}\mathrm{d}q_3\right] - \rho w_3 \tau H_1 \mathrm{d}q_1 = \frac{\overline{\partial}(\rho w_3 \tau H_1)}{\partial q_3}\mathrm{d}q_1 \mathrm{d}q_3
\tag{7.103}
$$

对于不可压流体，由质量守恒定律可得到该六面体微元上的连续方程如下：

$$
\frac{\overline{\partial}(w_1 \tau H_3)}{\partial q_1} + \frac{\overline{\partial}(w_3 \tau H_1)}{\partial q_3} = 0
\tag{7.104}
$$

将式（7.104）与式（7.101）相比较，可以得到

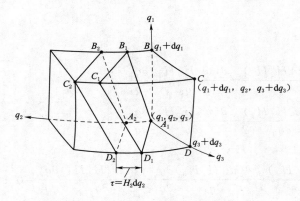

图 7.9　S_1 流面的微元控制体

$$\tau = BH_2 \Rightarrow B = \frac{\tau}{H_2} = \Delta q_2$$

$$(7.105)$$

可见，B 等于相邻的 S_1 流面上 q_2 坐标值的差 Δq_2。

7.3.3　S_1 流面上的运动方程

与推导 S_2 流面上的运动方程一样，将运动方程中的偏导数用式（7.95）中 S_1 流面的偏导数代替，即可得到 S_1 流面上的运动方程。根据流体机械常用曲线坐标系，$H_3 = r_1$，$v_1 = w_1$，$v_2 = w_2$，$v_3 H_3 = H_3 w_3 + r^2 \omega$。将以上结果代入运动方程式（6.104）中，经过化简整理得到 S_1 流面上 q_1 方向上的运动方程如下：

$$w_3 \left(\frac{\overline{\partial} w_1}{H_3 \partial q_3} - \frac{\overline{\partial} w_3}{H_1 \partial q_1} \right) - w_2 \frac{\overline{\partial} w_2}{H_1 \partial q_1} - \left(\frac{w_3^2}{r} + 2\omega w_3 \right) \frac{\partial r}{H_1 \partial q_1} + \frac{1}{H_1} \left(\frac{w_1 w_3}{H_3} \frac{\overline{\partial} H_1}{\partial q_1} + \frac{w_2^2}{H_2} \frac{\overline{\partial} H_2}{\partial q_1} \right)$$

$$+ \left(\frac{w_3^2}{r} + 2\omega w_3 + r\omega^2 \right) \frac{\partial r}{\partial q_2} \frac{\overline{\partial} q_2}{H_1 \partial q_1} + \left(\frac{w_1^2}{H_1} \frac{\partial H_1}{\partial q_2} + \frac{w_2^2}{H_2} \frac{\partial H_2}{\partial q_2} \right) \frac{\partial q_2}{H_1 \partial q_1}$$

$$= \frac{1}{\rho} \frac{\partial p}{\partial q_2} \frac{\partial q_2}{H_1 \partial q_1} - \frac{\overline{\partial} E_r}{H_1 \partial q_1}$$

$$(7.106)$$

q_2 方向上的运动方程如下：

$$w_1 \frac{\overline{\partial} w_2}{H_1 \partial q_1} + w_3 \frac{\overline{\partial} w_2}{H_3 \partial q_3} + \frac{w_2}{H_2} \left(w_1 \frac{\overline{\partial} H_2}{H_1 \partial q_1} + w_3 \frac{\overline{\partial} H_2}{H_3 \partial q_3} \right) - \frac{1}{H_2} \left(\frac{w_1^2}{H_3} \frac{\partial H_1}{\partial q_2} - \frac{w_2^2}{H_2} \frac{\partial H_2}{\partial q_2} \right)$$

$$- \left(\frac{w_3^2}{r} + 2\omega w_3 + r\omega^2 \right) \frac{\partial r}{H_2 \partial q_2} = \frac{1}{\rho} \frac{\partial p}{H_2 \partial q_2}$$

$$(7.107)$$

q_3 方向上的运动方程如下：

$$w_1 \left(\frac{\overline{\partial} w_3}{H_1 \partial q_1} - \frac{\overline{\partial} w_1}{H_3 \partial q_3} \right) - w_2 \frac{\overline{\partial} w_2}{H_3 \partial q_3} + \left(\frac{w_1 w_3}{r} + 2\omega w_1 \right) \frac{\overline{\partial} r}{H_1 \partial q_1} - \frac{1}{H_3} \left(\frac{w_1^2}{H_1} \frac{\partial H_1}{\partial q_3} + \frac{w_2^2}{H_2} \frac{\partial H_2}{\partial q_3} \right)$$

$$+ \left(\frac{w_3^2}{r} + 2\omega w_3 + r\omega^2 \right) \frac{\partial r}{\partial q_2} \frac{\overline{\partial} q_2}{H_3 \partial q_3} + \left(\frac{w_1^2}{H_1} \frac{\partial H_1}{\partial q_2} + \frac{w_2^2}{H_2} \frac{\partial H_2}{\partial q_2} \right) \frac{\partial q_2}{H_3 \partial q_3}$$

$$= \frac{1}{\rho} \frac{\partial p}{\partial q_2} \frac{\partial q_2}{H_3 \partial q_3} - \frac{\overline{\partial} E_r}{H_3 \partial q_3}$$

$$(7.108)$$

类似于 S_2 流面运动方程的推导，这里也引入矢量 $\vec{F}$：

$$\vec{F} = -\frac{1}{n_2} \frac{1}{\rho} \frac{\partial p}{H_2 \partial q_2} \vec{n}$$

$$(7.109)$$

式中　$\vec{n}$——S_1 流面的外法向单位矢量。

将式（7.109）展开，得

$$\begin{cases} F_1 = -\dfrac{n_1}{n_2}\dfrac{1}{\rho}\dfrac{\partial p}{H_2\partial q_2} = \dfrac{1}{\rho}\dfrac{\partial p}{\partial q_2}\dfrac{\partial q_2}{H_1\partial q_1} \\[3mm] F_2 = -\dfrac{n_2}{n_2}\dfrac{1}{\rho}\dfrac{\partial p}{H_2\partial q_2} = -\dfrac{1}{\rho}\dfrac{\partial p}{H_2\partial q_2} \\[3mm] F_3 = -\dfrac{n_3}{n_2}\dfrac{1}{\rho}\dfrac{\partial p}{H_2\partial q_2} = \dfrac{1}{\rho}\dfrac{\partial p}{\partial q_2}\dfrac{\partial q_2}{H_3\partial q_3} \end{cases} \tag{7.110}$$

则 S_1 流面上理想液体的葛罗米柯-兰姆型运动方程可表示为

$$\begin{cases} w_3\left(\dfrac{\overline{\partial}w_1}{H_3\partial q_3}-\dfrac{\overline{\partial}w_3}{H_1\partial q_1}\right)-w_2\dfrac{\overline{\partial}w_2}{H_1\partial q_1}-\left(\dfrac{w_3^2}{r}+2\omega w_3\right)\dfrac{\overline{\partial}r}{H_1\partial q_1}+\dfrac{1}{H_1}\left(\dfrac{w_1 w_3}{H_3}\dfrac{\overline{\partial}H_1}{\partial q_1}-\dfrac{w_2^2}{H_2}\dfrac{\overline{\partial}H_2}{\partial q_1}\right) \\[3mm] +\left(\dfrac{w_3^2}{r}+2\omega w_3+r\omega^2\right)\dfrac{\partial r}{\partial q_2}\dfrac{\overline{\partial}q_2}{H_1\partial q_1}+\left(\dfrac{w_1^2}{H_1}\dfrac{\partial H_1}{\partial q_2}+\dfrac{w_2^2}{H_2}\dfrac{\partial H_2}{\partial q_2}\right)\dfrac{\partial q_2}{H_1\partial q_1}=F_1-\dfrac{E_r}{H_1\partial q_1} \\[3mm] w_1\dfrac{\overline{\partial}w_2}{H_1\partial q_1}+w_3\dfrac{\partial w_2}{H_3\partial q_3}+\dfrac{w_2}{H_2}\left(w_1\dfrac{\overline{\partial}H_2}{H_1\partial q_1}+w_3\dfrac{\overline{\partial}H_2}{H_3\partial q_3}\right)-\dfrac{1}{H_2}\left(\dfrac{w_1^2}{H_3}\dfrac{\partial H_1}{\partial q_2}-\dfrac{w_2^2}{H_2}\dfrac{\overline{\partial}H_2}{\partial q_2}\right) \\[3mm] -\left(\dfrac{w_3^2}{r}+2\omega w_3+r\omega^2\right)\dfrac{\partial r}{H_2\partial q_2}=F_2 \\[3mm] w_1\left(\dfrac{\overline{\partial}w_3}{H_1\partial q_1}-\dfrac{\overline{\partial}w_1}{H_3\partial q_3}\right)-w_2\dfrac{\overline{\partial}w_2}{H_3\partial q_3}+\left(\dfrac{w_1 w_3}{r}+2\omega w_1\right)\dfrac{\overline{\partial}r}{H_1\partial q_1}-\dfrac{1}{H_3}\left(\dfrac{w_1^2}{H_1}\dfrac{\overline{\partial}H_1}{\partial q_3}+\dfrac{w_2^2}{H_2}\dfrac{\overline{\partial}H_2}{\partial q_3}\right) \\[3mm] +\left(\dfrac{w_3^2}{r}+2\omega w_3+r\omega^2\right)\dfrac{\partial r}{\partial q_2}\dfrac{\overline{\partial}q_2}{H_3\partial q_3}+\left(\dfrac{w_1^2}{H_1}\dfrac{\partial H_1}{\partial q_2}+\dfrac{w_2^2}{H_2}\dfrac{\partial H_2}{\partial q_2}\right)\dfrac{\partial q_2}{H_3\partial q_3}=F_3-\dfrac{\overline{\partial}E_r}{H_3\partial q_3} \end{cases}$$

$$\tag{7.111}$$

把 E_r 的表达式 $E_r=G+\dfrac{p}{\rho}+\dfrac{w^2}{2}-\dfrac{u^2}{2}$ 代入式（7.111），得欧拉型运动方程如下：

$$\begin{cases} w_1\dfrac{\overline{\partial}w_1}{H_1\partial q_1}+w_3\dfrac{\overline{\partial}w_1}{H_3\partial q_3}-\left(\dfrac{w_3^2}{r}+2\omega w_3+r\omega^2\right)\left(\dfrac{\overline{\partial}r}{H_1\partial q_1}-\dfrac{\partial r}{\partial q_2}\dfrac{\partial q_2}{H_1\partial q_1}\right) \\[3mm] +\dfrac{1}{H_1}\left(\dfrac{w_1 w_3}{H_3}\dfrac{\overline{\partial}H_1}{\partial q_1}-\dfrac{w_2^2}{H_2}\dfrac{\overline{\partial}H_2}{\partial q_1}\right)+\left(\dfrac{w_1^2}{H_1}\dfrac{\partial H_1}{\partial q_2}+\dfrac{w_2^2}{H_2}\dfrac{\partial H_2}{\partial q_2}\right)\dfrac{\partial q_2}{H_1\partial q_1} \\[3mm] =F_1-\dfrac{1}{\rho}\dfrac{\overline{\partial}p}{H_1\partial q_1} \\[3mm] w_1\dfrac{\overline{\partial}w_2}{H_1\partial q_1}+w_3\dfrac{\overline{\partial}w_2}{H_3\partial q_3}-\left(\dfrac{w_3^2}{r}+2\omega w_3+r\omega^2\right)\dfrac{\partial r}{H_2\partial q_2}+\dfrac{w_2}{H_2}\left(w_1\dfrac{\partial H_2}{H_1\partial q_1}+w_3\dfrac{\overline{\partial}H_2}{H_3\partial q_3}\right) \\[3mm] -\dfrac{1}{H_2}\left(\dfrac{w_1^2}{H_3}\dfrac{\partial H_1}{\partial q_2}-\dfrac{w_2^2}{H_2}\dfrac{\partial H_2}{\partial q_2}\right)=F_2 \\[3mm] w_1\dfrac{\overline{\partial}w_3}{H_1\partial q_1}+w_3\dfrac{\overline{\partial}w_3}{H_3\partial q_3}+\left(\dfrac{w_3}{r}+2\omega\right)\left(\dfrac{w_1^2}{H_1}\dfrac{\partial r}{\partial q_1}+w_3\dfrac{\partial r}{\partial q_2}\right)\dfrac{\overline{\partial}q_2}{H_3\partial q_3} \\[3mm] =F_3-\dfrac{1}{\rho}\dfrac{\overline{\partial}p}{H_3\partial q_3} \end{cases}$$

$$\tag{7.112}$$

在图 7.9 中，应考虑微元控制体两侧 S_1 流面上的压力差。微元控制体两侧 S_1 流面 $A_1 B_1 C_1 D_1$ 和 $A_2 B_2 C_2 D_2$ 的面积均为 $(H_1 H_3 \mathrm{d} q_1 \mathrm{d} q_3)/n_2$，故作用于微元控制体两侧 S_1 流面上的压力差为

$$\frac{\partial}{\partial q_2} \left(p \, \frac{H_1 H_3 \mathrm{d} q_1 \mathrm{d} q_3}{n_2} \right) \mathrm{d} q_2 = \frac{H_1 H_3 \mathrm{d} q_1 \mathrm{d} q_3}{n_2} \frac{\partial p}{\partial q_2} \mathrm{d} q_2$$

此压力差的方向与 $\vec{n}$ 相反，故压力差矢量为 $-\dfrac{H_1 H_3 \mathrm{d} q_1 \mathrm{d} q_3}{n_2} \dfrac{\partial p}{\partial q_2} \mathrm{d} q_2 \vec{n}$；把压力差矢量除以微元控制体内流体的质量 $\rho H_1 H_2 H_3 \mathrm{d} q_1 \mathrm{d} q_2 \mathrm{d} q_3$，得作用于单位质量的压力差矢量为 $-\dfrac{1}{n_2 H_2} \dfrac{\partial p}{\partial q_2} \vec{n}$。这正是上面引入的矢量 $\vec{F}$。由此可知，出现在运动方程式（7.111）和式（7.112）中的矢量 $\vec{F}$，是由于 q_2 方向压强梯度引起的单位质量力。

7.3.4　S_1 流面上方程组的封闭性

在 S_1 流面上，基本方程有 4 个（连续方程 1 个，运动方程 3 个），未知量有 8 个 $[W_1，W_2，W_3；F_1，F_2，F_3；E_r$ 或 $p；q_2 = q_2(q_1，q_3)]$，因此需要补充 4 个独立方程才能使方程组封闭。

7.3.4.1　正问题

对于正问题，S_1 流面的方程 $q_2 = q_2(q_1，q_3)$ 已知，需再补充以下 3 个独立方程才能使正问题可解：

（1）S_1 流面上的流线方程（7.93）。

（2）由 $\vec{F}$ 与 $\vec{n}$ 共线得到以下两个方程：

$$\begin{cases} \dfrac{F_1}{F_2} = -\dfrac{H_2 \partial q_2}{H_1 \partial q_1} \\[3mm] \dfrac{F_3}{F_2} = -\dfrac{H_2 \partial q_2}{H_3 \partial q_3} \end{cases} \tag{7.113}$$

如此，共 8 个独立方程，8 个未知数，方程组封闭。

7.3.4.2　反问题

对于反问题，$q_2 = q_2(q_1，q_3)$ 未知，未知数为 8 个，此时需再补充 4 个独立方程。

方法一：

（1）S_1 流面上的流线方程（7.93）。

（2）由 $\vec{F}$ 与 $\vec{w}$ 正交得到以下方程：

$$F_1 w_1 + F_2 w_2 + F_3 w_3 = 0 \tag{7.114}$$

（3）可积性条件（确保 S_1 流面光滑）：

$$\frac{\partial}{\partial q_1} \left(\frac{\partial q_2}{\partial q_3} \right) = \frac{\partial}{\partial q_3} \left(\frac{\partial q_2}{\partial q_1} \right) 或 \frac{\partial}{\partial q_1} \left(\frac{H_3 F_3}{H_2 F_2} \right) = \frac{\partial}{\partial q_3} \left(\frac{H_1 F_1}{H_2 F_2} \right) \tag{7.115}$$

（4）设计条件：如给定速度矩 $v_3 r$ 的分布。

方法二：采用正问题计算的 3 个补充方程，再加设计条件，即 $v_3 r$ 的分布情况。

7.3.5 S_1 流面上的流函数方程

与 S_2 流面上的流动一样，相对运动的伯努利积分可以替代运动方程式（7.111）3 个方程中的任一个，在此替代第一式，保留第二、第三式。

将式 $E_r = E_i - \omega\lambda_i$ 代入式（7.111）第三式，得

$$w_1\left(\frac{\overline{\partial}w_3}{H_1\partial q_1} - \frac{\overline{\partial}w_1}{H_3\partial q_3}\right) - w_2\frac{\overline{\partial}w_2}{H_3\partial q_3} + \left(\frac{w_1w_3}{r} + 2\omega w_1\right)\frac{\overline{\partial}r}{H_1\partial q_1} - \frac{1}{H_3}\left(\frac{w_1^2}{H_1}\frac{\overline{\partial}H_1}{\partial q_3} + \frac{w_2^2}{H_2}\frac{\overline{\partial}H_2}{\partial q_3}\right)$$

$$+ \left(\frac{w_3^2}{r} + 2\omega w_3 + r\omega^2\right)\frac{\partial r}{\partial q_2}\frac{\partial q_2}{H_3\partial q_3} + \left(\frac{w_1^2}{H_1}\frac{\partial H_1}{\partial q_2} + \frac{w_2^2}{H_2}\frac{\partial H_2}{\partial q_2}\right)\frac{\partial q_2}{H_3\partial q_3} = F_3 - \frac{\overline{\partial}}{H_3\partial q_3}(E_i - \omega\lambda_i)$$

$$(7.116)$$

由式（7.113）和运动方程式（7.111）第二式可写出：

$$F_3 = -\left[w_1\frac{\overline{\partial}w_2}{H_1\partial q_1} + w_3\frac{\overline{\partial}w_2}{H_3\partial q_3} + \frac{w_2}{H_2}\left(w_1\frac{\overline{\partial}H_2}{H_1\partial q_1} + w_3\frac{\overline{\partial}H_2}{H_3\partial q_3}\right) - \left(\frac{w_3^2}{r} + 2\omega w_3 + r\omega^2\right)\frac{\partial r}{H_2\partial q_2}\right.$$

$$\left. - \frac{1}{H_2}\left(\frac{w_1^2}{H_1}\frac{\partial H_1}{\partial q_2} + \frac{w_2^2}{H_2}\frac{\partial H_2}{\partial q_2}\right)\right]\frac{H_2\partial q_2}{H_3\partial q_3}$$

$$(7.117)$$

代入上式，可得

$$\frac{\overline{\partial}w_3}{H_1\partial q_1} - \frac{\overline{\partial}w_1}{H_3\partial q_3} = \frac{1}{H_3}\left(\frac{w_2}{w_1}\frac{\overline{\partial}w_2}{\partial q_3} + \frac{w_1}{H_1}\frac{\overline{\partial}H_1}{\partial q_3} + \frac{w_2^2}{H_2w_1}\frac{\overline{\partial}H_2}{\partial q_3}\right) - \left(\frac{w_3}{r} + 2\omega\right)\frac{\overline{\partial}r}{H_1\partial q_1}$$

$$- \left[\frac{\overline{\partial}w_2}{H_1\partial q_1} + \frac{w_3}{w_1}\frac{\overline{\partial}w_2}{H_3\overline{\partial}q_3} + \frac{w_2}{H_2}\left(\frac{\overline{\partial}H_2}{H_1\partial q_1} + \frac{w_3}{w_1}\frac{\overline{\partial}H_2}{H_3\partial q_3}\right)\right]\frac{H_2\partial q_2}{H_3\partial q_3} - \frac{1}{w_1}\frac{\overline{\partial}}{H_3\partial q_3}(E_i - \lambda_i\omega)$$

$$(7.118)$$

这样，对于正问题，方程由原来的 7 个减少至 3 个，即式（7.93）、连续方程式（7.101）和上式，同时未知量也由 7 个减为 w_1、w_2、w_3 共 3 个。

由连续方程式（7.101）可知，在 S_1 流面上存在流函数 ψ：

$$\begin{cases} w_1 H_2 H_3 B = \dfrac{\overline{\partial}\psi}{\partial q_3} \\[3mm] w_3 H_1 H_2 B = -\dfrac{\overline{\partial}\psi}{\partial q_1} \end{cases} \tag{7.119}$$

变化可得

$$\begin{cases} w_1 = \dfrac{1}{H_2 B}\dfrac{\overline{\partial}\psi}{H_3\partial q_3} \\[3mm] w_3 = -\dfrac{1}{H_2 B}\dfrac{\overline{\partial}\psi}{H_1\partial q_1} \end{cases} \tag{7.120}$$

将式（7.120）代入式（7.118）左侧，可得

$$\frac{\overline{\partial}}{H_1\partial q_1}\left(\frac{1}{H_2 B}\frac{\overline{\partial}\psi}{H_1\partial q_1}\right) + \frac{\overline{\partial}}{H_3\partial q_3}\left(\frac{1}{H_2 B}\frac{\overline{\partial}\psi}{H_3\partial q_3}\right)$$

$$= \frac{1}{H_3}\left(\frac{w_2}{w_1}\frac{\overline{\partial}w_2}{\partial q_3} + \frac{w_1}{H_1}\frac{\overline{\partial}H_1}{\partial q_3} + \frac{w_2^2}{H_2 w_1}\frac{\overline{\partial}H_2}{\partial q_3}\right) + \left(\frac{w_3}{r} + 2\omega\right)\frac{\overline{\partial}r}{H_1\partial q_1}$$

$$+\left[\frac{\overline{\partial} w_2}{H_1\partial q_1}+\frac{w_3}{w_1}\frac{\overline{\partial} w_2}{H_2\partial q_3}+\frac{w_2}{H_2}\left(\frac{\overline{\partial} H_2}{H_1\partial q_1}+\frac{w_3}{w_1}\frac{\overline{\partial} H_2}{H_3\partial q_3}\right)\right]\frac{H_2\partial q_2}{H_3\partial q_3}$$

$$+\frac{1}{w_1}\frac{\overline{\partial}}{H_3\partial q_3}(E_i-\lambda_i\omega) \tag{7.121}$$

式（7.121）就是 S_1 流面上的流函数方程。

式（7.93）、式（7.121）中的未知量 w_1、w_2 可由式（7.120）消去，故两式实际上构成一个只有 ψ 和 w_3 两个未知量的封闭方程组，其中流函数方程式（7.121）是求解正问题时的主方程。

水力机械的转轮和叶轮中的流动是空间三维叶栅中的流动，流动参数具有在圆周上周期性分布的特点，周期为 1 个叶片间距。因此在求解 S_1 流面上的流动时只需取相邻叶片间的 S_1 流面作为计算的求解域。下面以图 7.10 所示离心泵叶轮为例，说明 S_1 流面的求解域及方程式（7.121）的定解条件。

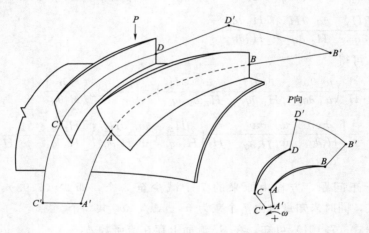

图 7.10　离心泵叶轮 S_1 流面求解域

图中 $A'C'$、$C'D'$ 为叶轮前、后足够远的圆弧线，在此两线上速度均匀分布，流函数按线性分布。设通过相邻 S_1 流面间（相邻叶片通道）的流量为 Q，则有

$$\begin{cases} w_1\big|_{A'C'}=\dfrac{Q}{H_3(q_{3C'}-q_{3A'})BH_2} \\[3mm] w_1\big|_{B'D'}=\dfrac{Q}{H_3(q_{3D'}-q_{3B'})BH_2} \end{cases} \tag{7.122}$$

由式（7.120）可知，在 $A'C'$ 上：

$$\frac{\overline{\partial}\psi}{\partial q_3}=w_1 H_2 H_3 B=\frac{Q}{q_{3C'}-q_{3A'}} \tag{7.123}$$

所以有

$$\psi\big|_{A'C'}=\frac{Q}{q_{3C'}-q_{3A'}}(q_3-q_{3A'})+\psi_{A'} \tag{7.124}$$

同理，在 $B'D'$ 上：

$$\frac{\overline{\partial}}{\partial q_3} = w_1 H_2 H_3 B = \frac{Q}{q_{3D'} - q_{3B'}} \tag{7.125}$$

所以有
$$\psi\,|_{B'D'} = \frac{Q}{q_{3D'} - q_{3B'}}(q_3 - q_{3B'}) + \psi_{B'} \tag{7.126}$$

由此可见，在计算域进、出口圆弧线上，ψ 呈线性分布。

由于 AB、CD 均应为流线，其上流函数保持为常数，可取 $\psi\,|_{AB} = 0$，则 $\psi\,|_{CD} = 0$。AA'、BB'、CC' 和 DD' 为过 A、B、C 和 D 各点的轴平面与 S_1 流面的交线，应满足周期性条件，即对应点的流函数之差为 Q，则

$$\begin{cases} \psi\,|_{CC} - \psi\,|_{A'A} = Q \\ \psi\,|_{D'D} - \psi\,|_{B'B} = Q \end{cases} \tag{7.127}$$

即 S_1 流面上流函数的定解条件为

$$\begin{cases} \psi\,|_{A'C'} = \dfrac{Q}{q_{3C'} - q_{3A'}}(q_3 - q_{3A'}) + \psi_{A'} \\[2mm] \psi\,|_{B'D'} = \dfrac{Q}{q_{3D'} - q_{3B'}}(q_3 - q_{3B'}) + \psi_{B'} \\[2mm] \psi\,|_{AB} = \psi\,|_{CD} = 0 \\[2mm] \psi\,|_{CC} - \psi\,|_{A'A} = \psi\,|_{D'D} - \psi\,|_{B'B} = Q \end{cases} \tag{7.128}$$

至此，可利用以上定解条件求解 S_1 流面上的流函数方程，进而求解运动方程及方程组。

7.3.6 S_1 流面上圆柱坐标系中的基本方程

取 $q_1 = z$，$q_2 = r$，$q_3 = \theta$，则 $w_1 = w_z$，$w_2 = w_r$，$w_3 = w_\theta$；$H_1 = 1$，$H_2 = 1$，$H_3 = r$。

故有

$$q_2(q_1, q_3) = r(z, \theta) \quad \frac{\partial q_2}{\partial q_1} = \frac{\partial r}{\partial z} \quad \frac{\partial q_2}{\partial q_3} = \frac{\partial r}{\partial \theta}$$

$$\frac{\partial H_1}{\partial q_1} = \frac{\partial H_2}{\partial q_1} = \frac{\partial H_3}{\partial q_1} = 0 \qquad \frac{\partial H_1}{\partial q_2} = \frac{\partial H_2}{\partial q_2} = 0 \qquad \frac{\partial H_3}{\partial q_2} = 1$$

$$\frac{\partial H_1}{\partial q_3} = \frac{\partial H_2}{\partial q_3} = \frac{\partial H_3}{\partial q_3} = 0 \qquad \frac{\overline{\partial} H_1}{\partial q_1} = \frac{\partial H_1}{\partial q_1} + \frac{\partial H_1}{\partial q_2}\frac{\partial q_2}{\partial q_1} = 0$$

$$\frac{\overline{\partial} H_1}{\partial q_3} = \frac{\partial H_1}{\partial q_3} + \frac{\partial H_1}{\partial q_2}\frac{\partial q_2}{\partial q_3} = 0 \qquad \frac{\overline{\partial} H_2}{\partial q_1} = \frac{\partial H_1}{\partial q_1} + \frac{\partial H_2}{\partial q_2}\frac{\partial q_2}{\partial q_1} = 0$$

$$\frac{\overline{\partial} H_2}{\partial q_3} = \frac{\partial H_2}{\partial q_3} + \frac{\partial H_2}{\partial q_2}\frac{\partial q_2}{\partial q_3} = 0 \qquad \frac{\overline{\partial} H_3}{\partial q_1} = \frac{\partial H_3}{\partial q_1} + \frac{\partial H_3}{\partial q_2}\frac{\partial q_2}{\partial q_1} = \frac{\partial r}{\partial z}$$

$$\frac{\overline{\partial} H_3}{\partial q_3} = \frac{\partial h_3}{\partial q_3} + \frac{\partial H_3}{\partial q_2}\frac{\partial q_2}{\partial q_3} = \frac{\partial r}{\partial \theta}$$

这样，由式（7.93）可得 w_r 的表达式如下：

$$w_r = w_z\frac{\partial r}{\partial z} + w_\theta\frac{\partial r}{r\partial \theta} \tag{7.129}$$

由式 (7.101) 得连续方程如下：

$$\frac{\overline{\partial}(w_z rB)}{\partial z}+\frac{\overline{\partial}(w_\theta B)}{\partial \theta}=0 \tag{7.130}$$

式中　B——流层的径向厚度，按式 (7.105) 计算。

由式 (7.111)，得兰姆型运动方程如下：

$$\begin{cases} w_\theta \dfrac{\overline{\partial}w_r}{r\partial \theta}+w_z \dfrac{\partial w_r}{\partial z}-\left(\dfrac{w_\theta^2}{r}+2\omega w_\theta+\omega^2 r\right)=F_r \\[3mm] w_z\left(\dfrac{\partial w_\theta}{\partial z}-\dfrac{\partial w_z}{r\partial \theta}\right)-w_r\dfrac{\partial w_r}{r\partial \theta}+\left(\dfrac{w_r w_\theta}{r}+2\omega w_r\right)+\omega^2 r\dfrac{\partial r}{r\partial \theta}=F_\theta-\dfrac{\partial E_r}{r\partial \theta} \\[3mm] w_\theta\left(\dfrac{\partial w_z}{r\partial \theta}-\dfrac{\partial w_\theta}{\partial z}\right)-w_r\dfrac{\overline{\partial}w_r}{\partial z}+\omega^2 r\dfrac{\partial r}{\partial z}=F_z-\dfrac{\overline{\partial}E_r}{\partial z} \end{cases} \tag{7.131}$$

由式 (7.112)，得欧拉型运动方程如下：

$$\begin{cases} w_\theta \dfrac{\overline{\partial}w_r}{r\partial \theta}+w_z \dfrac{\overline{\partial}w_r}{\partial z}-\left(\dfrac{w_\theta^2}{r}+2\omega w_\theta+\omega^2 r\right)=F_r \\[3mm] w_\theta \dfrac{\overline{\partial}w_\theta}{r\partial \theta}+w_z \dfrac{\partial w_\theta}{\partial z}+\left(\dfrac{w_r w_\theta}{r}+2\omega w_r\right)=F_\theta-\dfrac{1}{\rho}\dfrac{\partial p}{r\partial \theta} \\[3mm] w_\theta \dfrac{\overline{\partial}w_z}{r\partial \theta}+w_z \dfrac{\overline{\partial}w_z}{\partial z}=F_z-\dfrac{1}{\rho}\dfrac{\overline{\partial}p}{\partial z} \end{cases} \tag{7.132}$$

式 (7.132) 中 F_r、F_θ、F_z 为由径向压强梯度引起的单位质量力 $\vec{F}$ 的 3 个分量，它们的表达式可由式 (7.110) 得到，即

$$F_r=-\frac{1}{\rho}\frac{\partial p}{\partial r} \quad F_\theta=\frac{1}{\rho}\frac{\partial p}{\partial r}\frac{\partial r}{r\partial \theta} \quad F_z=\frac{1}{\rho}\frac{\partial p}{\partial r}\frac{\partial r}{\partial z} \tag{7.133}$$

由式 (7.115) 得可积性条件如下：

$$\frac{\partial}{\partial z}\left(\frac{rF_\theta}{F_r}\right)=\frac{\partial}{\partial \theta}\left(\frac{F_z}{F_r}\right) \tag{7.134}$$

由式 (7.114) 得

$$F_r w_r+F_\theta w_\theta+F_z w_z=0 \tag{7.135}$$

由式 (7.120) 得

$$w_z=\frac{1}{B}\frac{\overline{\partial}\psi}{r\partial \theta} \quad w_\theta=-\frac{1}{B}\frac{\overline{\partial}\psi}{\partial z} \tag{7.136}$$

由式 (7.121) 得流函数方程如下：

$$\begin{aligned} &\frac{\overline{\partial}}{r\partial \theta}\left(\frac{1}{B}\frac{\overline{\partial}\psi}{r\partial \theta}\right)+\frac{\overline{\partial}}{\partial z}\left(\frac{1}{B}\frac{\overline{\partial}\psi}{\partial z}\right) \\ &=-\frac{w_r}{w_z}\frac{\overline{\partial}w_r}{r\partial \theta}+\left(\frac{w_\theta}{w_z}\frac{\overline{\partial}w_r}{r\partial \theta}+\frac{\overline{\partial}w_r}{\partial z}\right)\frac{\partial r}{r\partial \theta}+\left(\frac{w_\theta}{r}+2\omega\right)\frac{\partial r}{\partial z}+\frac{1}{w_z}\frac{\overline{\partial}}{r\partial \theta}(E_i-\lambda_i\omega) \end{aligned} \tag{7.137}$$

7.4 两类相对流面上的速度梯度方程

前面提到的流函数方程是计算两类相对流面的方法之一，比直接解 S_2 流面或 S_1 流面的运动方程和连续方程更简单方便，但流函数方程仍然是一个二元准泊松方程。为了进一步寻求简单的计算方法，下面讨论求解两类相对流面流动的另一种方法，即速度梯度法。

速度梯度法的基本思路是：在 S_2 流面或 S_1 流面选定若干条曲线，建立沿这些曲线的运动方程，进一步逐条求解，从而将流面的二维问题化成若干个一维问题来求解。

沿任一给定曲线的运动方程称为"速度梯度方程"，其建立方法是将三个方向的运动方程向选定的曲线 L 上投影，然后相加得到沿 L 的运动方程，因此又称其为曲线 L 上的速度梯度方程。

7.4.1 S_2 流面上的速度梯度方程

由 S_2 流面上的全导数公式可知：

$$\frac{\mathrm{d}w_i}{\mathrm{d}t}=w_1\frac{\partial w_i}{H_1\partial q_1}+w_2\frac{\partial w_i}{H_2\partial q_2}=w_m\frac{\mathrm{d}w_i}{\mathrm{d}m}\quad(i=1,2,3)\tag{7.138}$$

考虑到 $w^2=w_1^2+w_2^2+w_3^2$，则

$$\begin{cases}w\dfrac{\partial w}{H_1\partial q_1}=\dfrac{1}{2}\dfrac{\overline{\partial}w^2}{H_1\partial q_1}=\displaystyle\sum_{i=1}^{3}w_i\dfrac{\overline{\partial}w_i}{H_1\partial q_1}\\[3mm]w\dfrac{\overline{\partial}w}{H_2\partial q_2}=\dfrac{1}{2}\dfrac{\partial w^2}{H_2\partial q_2}=\displaystyle\sum_{i=1}^{3}w_i\dfrac{\overline{\partial}w_i}{H_2\partial q_2}\end{cases}\tag{7.139}$$

将 $H_3=r$、$v_3=w_3+r\omega$、$w_1=v_1$、$w_2=v_2$ 代入式（7.139），则利用该结果可将 S_2 流面上的运动方程写为

$$\begin{cases}w_m\dfrac{\mathrm{d}w_1}{\mathrm{d}m}-w\dfrac{\overline{\partial}w}{H_1\partial q_1}-\left(\dfrac{w_3^2}{r}+2\omega w_3\right)\dfrac{\overline{\partial}r}{H_1\partial q_1}+\dfrac{w_2}{H_1H_2}\left(w_1\dfrac{\partial H_1}{\partial q_2}-w_2\dfrac{\overline{\partial}H_2}{\partial q_1}\right)=F_1-\dfrac{\partial E_r}{H_1\partial q_1}\\[4mm]w_m\dfrac{\mathrm{d}w_2}{\mathrm{d}m}-w\dfrac{\overline{\partial}w}{H_2\partial q_2}-\left(\dfrac{w_3^2}{r}+2\omega w_3\right)\dfrac{\overline{\partial}r}{H_2\partial q_2}+\dfrac{w_1}{H_1H_2}\left(w_2\dfrac{\partial H_2}{\partial q_1}-w_1\dfrac{\overline{\partial}H_1}{\partial q_2}\right)=F_2-\dfrac{\overline{\partial}E_r}{H_2\partial q_2}\\[4mm]w_m\dfrac{\mathrm{d}w_3}{\mathrm{d}m}+w_1\left(\dfrac{w_3}{r}+2\omega\right)\dfrac{\overline{\partial}r}{H_1\partial q_1}+w_2\left(\dfrac{w_3}{r}+2\omega\right)\dfrac{\overline{\partial}r}{H_2\partial q_2}=F_3\end{cases}$$

$$\tag{7.140}$$

建立 S_2 流面任一曲线 L 上的速度梯度方程的方法如下：

（1）S_2 流面方程为 $q_3=\theta(q_1,q_2)$，则

$$\mathrm{d}q_3=\frac{\partial\theta}{\partial q_1}\mathrm{d}q_1+\frac{\partial\theta}{\partial q_2}\mathrm{d}q_2\tag{7.141}$$

（2）设 L 为 S_2 流面上的一条曲线，则曲线微元为

$$\mathrm{d}\vec{L}=H_1\mathrm{d}q_1\vec{e}_1+H_2\mathrm{d}q_2\vec{e}_2+H_3\mathrm{d}q_3\vec{e}_3\tag{7.142}$$

因此沿曲线 L 微元的单位矢量为

$$\vec{e}_L=\frac{\mathrm{d}\vec{L}}{\mathrm{d}L}=\frac{H_1\mathrm{d}q_1}{\mathrm{d}L}\vec{e}_1+\frac{H_2\mathrm{d}q_2}{\mathrm{d}L}\vec{e}_2+\frac{H_3\mathrm{d}q_3}{\mathrm{d}L}\vec{e}_3\tag{7.143}$$

（3）由矢量运算法则可知，任一矢量在某一方向的投影等于该矢量与该方向上单位矢量的乘积。因此，运动方程在曲线 L 上的投影等于矢量形式的运动方程乘以矢量 $\vec{e_l}$，即：运动方程在曲线 L 上的投影＝q_i 方向运动方程两边同时乘以 $\dfrac{H_i \mathrm{d}q_i}{\mathrm{d}L}(i=1,2,3)$ 后相加。

（4）由以上讨论可知：

$$\frac{\overline{\partial} w}{H_1 \partial q_1}\frac{H_1 \mathrm{d}q_1}{\mathrm{d}L}+\frac{\overline{\partial} w}{H_2 \partial q_2}\frac{H_2 \mathrm{d}q_2}{\mathrm{d}L}=\left(\frac{\partial w}{\partial q_1}\mathrm{d}q_1+\frac{\partial w}{\partial q_2}\mathrm{d}q_2+\frac{\partial w}{\partial q_3}\mathrm{d}q_3\right)\frac{1}{\mathrm{d}L}=\frac{\mathrm{d}w}{\mathrm{d}L} \quad (7.144)$$

（5）同理可知：

$$\frac{\overline{\partial} E_r}{H_1 \partial q_1}\frac{H_1 \mathrm{d}q_1}{\mathrm{d}L}+\frac{\overline{\partial} E_r}{H_2 \partial q_2}\frac{H_2 \mathrm{d}q_2}{\mathrm{d}L}=\left(\frac{\partial E_r}{\partial q_1}\mathrm{d}q_1+\frac{\partial E_r}{\partial q_2}\mathrm{d}q_2+\frac{\partial E_r}{\partial q_3}\mathrm{d}q_3\right)\frac{1}{\mathrm{d}L}=\frac{\mathrm{d}E_r}{\mathrm{d}L} \quad (7.145)$$

（6）由于 $\vec{F}\perp\vec{e_l}$，则 $\vec{F}\cdot\vec{e_l}=0$，即

$$F_1\frac{H_1 \mathrm{d}q_1}{\mathrm{d}L}+F_2\frac{H_2 \mathrm{d}q_2}{\mathrm{d}L}+F_3\frac{H_3 \mathrm{d}q_3}{\mathrm{d}L}=0 \quad (7.146)$$

将式（7.140）第 i 式（$i=1,2,3$）两边均同时乘以 $\dfrac{H_i \mathrm{d}q_i}{\mathrm{d}L}$，然后相加，并利用以上（1）～（6）的计算结果进行化简，可得

$$\begin{aligned}
\frac{\mathrm{d}w}{\mathrm{d}L}=\frac{1}{w}\Bigg\{&\frac{\mathrm{d}E_r}{\mathrm{d}L}+\left[w_m\frac{\mathrm{d}w_1}{\mathrm{d}m}-w_3\left(\frac{w_3}{r}+2\omega\right)\frac{\overline{\partial} r}{H_1 \partial q_1}+\frac{w_2}{H_1 H_2}\left(w_1\frac{\partial H_1}{\partial q_2}-w_2\frac{\overline{\partial} H_2}{\partial q_1}\right)\right]\frac{H_1 \mathrm{d}q_1}{\mathrm{d}L}\\
&+\left[w_m\frac{\mathrm{d}w_2}{\mathrm{d}m}-w_3\left(\frac{w_3}{r}+2\omega\right)\frac{\overline{\partial} r}{H_2 \partial q_2}+\frac{w_1}{H_1 H_2}\left(w_2\frac{\overline{\partial} H_2}{\partial q_1}-w_1\frac{\overline{\partial} H_1}{\partial q_2}\right)\right]\frac{H_2 \mathrm{d}q_2}{\mathrm{d}L}\\
&+\left[w_m\frac{\mathrm{d}w_3}{\mathrm{d}m}+w_1\left(\frac{w_3}{r}+2\omega\right)\frac{\overline{\partial} r}{H_1 \partial q_1}+w_2\left(\frac{w_3}{r}+2\omega\right)\frac{\overline{\partial} r}{H_2 \partial q_2}\right]\frac{H_1 \mathrm{d}q_3}{\mathrm{d}L}\Bigg\}
\end{aligned} \quad (7.147)$$

如图 7.11 所示的正交曲线坐标系中，若 q_1 与轴面流线 m 不一致，则 $\vec{w}_1$ 与 $\vec{w}_2$ 两者的合速度为 $\vec{w}_m$，且 $\vec{w}_m\perp\vec{w}_3$。即有：$\vec{w}_m=\vec{w}_1+\vec{w}_2$，$\vec{w}=\vec{w}_m+\vec{w}_3$。

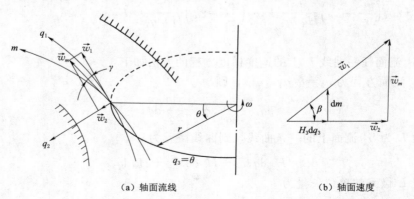

（a）轴面流线　　　　　　　　　　　（b）轴面速度

图 7.11　轴面流线与轴面速度

令轴面流线 m 与 q_1 的夹角为 γ，则

$$\begin{cases}\cos\gamma=\dfrac{H_1\mathrm{d}q_1}{\mathrm{d}m} & \sin\gamma=\dfrac{H_2\mathrm{d}q_2}{\mathrm{d}m} & \tan\beta=\dfrac{\mathrm{d}m}{H_3\mathrm{d}q_3}\\[2mm] w_1=w_m\cos\gamma & w_2=w_m\sin\gamma & w_m=w\sin\beta \quad w_3=w\cos\beta\end{cases} \tag{7.148}$$

将式（7.147）中的 w_m 和 w 保留，w_i 也可用 w_m 和 w 表示，并结合式（7.148），则式（7.147）可进一步写成：

$$\frac{\mathrm{d}w}{\mathrm{d}L}=Aw+B+\frac{C}{w} \tag{7.149}$$

其中

$$\begin{cases}A=\sin^2\beta\sin\gamma\left[\dfrac{1}{H_1H_2}\left(\cos\gamma\dfrac{\overline{\partial}H_1}{\partial q_2}-\sin\gamma\dfrac{\overline{\partial}H_2}{\partial q_1}\right)-\dfrac{\mathrm{d}\gamma}{\mathrm{d}m}\right]\dfrac{H_1\mathrm{d}q_1}{\mathrm{d}L}\\[3mm] \sin^2\beta\cos\gamma\left[\dfrac{1}{H_1H_2}\left(\sin\gamma\dfrac{\overline{\partial}H_2}{\partial q_1}-\cos\gamma\dfrac{\overline{\partial}H_1}{\partial q_2}\right)+\dfrac{\mathrm{d}\gamma}{\mathrm{d}m}\right]\dfrac{H_2\mathrm{d}q_2}{\mathrm{d}L}\\[3mm] +\dfrac{\sin\beta\cos\beta}{r}\left(\cos\gamma\dfrac{\overline{\partial}r}{H_1\partial q_1}+\sin\gamma\dfrac{\overline{\partial}r}{H_2\partial q_2}\right)\dfrac{H_3\mathrm{d}q_3}{\mathrm{d}L}\dfrac{\cos^2\beta}{r}\dfrac{\mathrm{d}r}{\mathrm{d}L}\\[3mm] B=\sin\beta\cos\gamma\dfrac{\mathrm{d}w_m}{\mathrm{d}m}\dfrac{H_1\mathrm{d}q_1}{\mathrm{d}L}+\sin\beta\sin\gamma\dfrac{\mathrm{d}w_m}{\mathrm{d}m}\dfrac{H_2\mathrm{d}q_2}{\mathrm{d}L}\\[3mm] +\sin\beta\left[\dfrac{\mathrm{d}w_3}{\mathrm{d}m}+2\omega\left(\cos\gamma\dfrac{\overline{\partial}r}{H_1\partial q_1}+\sin\gamma\dfrac{\overline{\partial}r}{H_2\partial q_2}\right)\right]\dfrac{H_3\mathrm{d}q_3}{\mathrm{d}L}2\omega\cos\beta\dfrac{\mathrm{d}r}{\mathrm{d}L}\\[3mm] C=\dfrac{\mathrm{d}E_r}{\mathrm{d}L}=\dfrac{\mathrm{d}}{\mathrm{d}L}(E_i-\lambda_i\omega)\end{cases} \tag{7.150}$$

在应用式（7.149）进行 S_2 流面计算时，由于曲线 L 在 S_2 流面上，计算并不方便。为了使计算分析更加直观，设曲线 L 在轴面上的投影为 l，则准正交线与曲线坐标间的几何关系如图 7.12 所示。

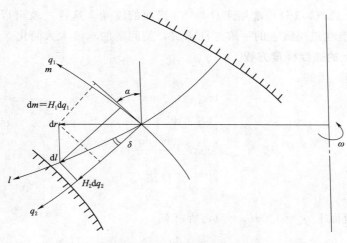

图 7.12　准正交线与曲线坐标间的几何关系

由 $\dfrac{\mathrm{d}}{\mathrm{d}l}=\dfrac{\mathrm{d}}{\mathrm{d}L}\dfrac{\mathrm{d}L}{\mathrm{d}l}$，同时式（7.149）两边也同时乘以 $\dfrac{\mathrm{d}L}{\mathrm{d}l}$，可得投影 l 上的运动方程如下：

$$\frac{\mathrm{d}w}{\mathrm{d}l}=aw+b+\frac{c}{w} \tag{7.151}$$

其中
$$
\begin{cases}
a=A\,\dfrac{\mathrm{d}L}{\mathrm{d}l}=\sin^2\beta\left[\dfrac{1}{H_1H_2}\left(\cos\gamma\,\dfrac{\overline{\partial}H_1}{\partial q_2}-\sin\gamma\,\dfrac{\overline{\partial}H_2}{\partial q_1}\right)-\dfrac{\mathrm{d}\gamma}{\mathrm{d}m}\right]\left(\sin\gamma\,\dfrac{H_1\mathrm{d}q_1}{\mathrm{d}l}-\cos\gamma\,\dfrac{H_2\mathrm{d}q_2}{\mathrm{d}l}\right)\\
\qquad+\dfrac{\sin\beta\cos\beta}{r}\left(\cos\gamma\,\dfrac{\overline{\partial}r}{H_1\partial q_1}+\sin\gamma\,\dfrac{\overline{\partial}r}{H_2\partial q_2}\right)\dfrac{H_3\mathrm{d}q_3}{\mathrm{d}l}-\dfrac{\cos^2\beta}{r}\dfrac{\mathrm{d}r}{\mathrm{d}l}\\[2mm]
b=B\,\dfrac{\mathrm{d}L}{\mathrm{d}l}=\sin\beta\,\dfrac{\mathrm{d}w_m}{\mathrm{d}m}\left(\cos\gamma\,\dfrac{H_1\mathrm{d}q_1}{\mathrm{d}l}+\sin\gamma\,\dfrac{H_2\mathrm{d}q_2}{\mathrm{d}l}\right)\\
\qquad+\sin\beta\left[\dfrac{\mathrm{d}w_3}{\mathrm{d}m}+2\omega\left(\cos\gamma\,\dfrac{\overline{\partial}r}{H_1\partial q_1}+\sin\gamma\,\dfrac{\overline{\partial}r}{H_1\partial q_2}\right)\right]\dfrac{H_3\mathrm{d}q_3}{\mathrm{d}l}-2\omega\cos\beta\,\dfrac{\mathrm{d}r}{\mathrm{d}l}\\[2mm]
c=\dfrac{\mathrm{d}E_r}{\mathrm{d}l}=\dfrac{\mathrm{d}}{\mathrm{d}l}(E_i-\lambda_i\omega)
\end{cases}
\tag{7.152}
$$

式（7.151）即为 S_2 流面上的速度梯度方程，l 通常称为准正交线。速度方程通常采用流线迭代法求解。若取轴面流线 m（S_2 流面上流线的轴面投影）作为坐标线 q_1，则 $\gamma=0°$。此时，式（7.152）可简化为

$$
\begin{cases}
a=-\dfrac{\sin^2\beta}{H_1H_2}\dfrac{\overline{\partial}H_1}{\partial q_2}\dfrac{H_2\mathrm{d}q_2}{\mathrm{d}l}+\dfrac{\sin\beta\cos\beta}{r}\dfrac{\overline{\partial}r}{H_1\partial q_1}\dfrac{H_3\mathrm{d}q_3}{\mathrm{d}l}\dfrac{\cos^2\beta}{r}\dfrac{\mathrm{d}r}{\mathrm{d}l}\\[2mm]
b=\sin\beta\,\dfrac{\mathrm{d}w_m}{\mathrm{d}m}\dfrac{H_1\mathrm{d}q_1}{\mathrm{d}l}+\sin\beta\left(\dfrac{\mathrm{d}w_3}{\mathrm{d}m}+2\omega\,\dfrac{\overline{\partial}r}{H_1\partial q_1}\right)\dfrac{H_3\mathrm{d}q_3}{\mathrm{d}l}2\omega\cos\beta\,\dfrac{\mathrm{d}r}{\mathrm{d}l}\\[2mm]
c=\dfrac{\mathrm{d}}{\mathrm{d}l}(E_i-\lambda_i\omega)
\end{cases}
\tag{7.153}
$$

当 $\gamma=0°$ 时，式（7.151）常用来计算 S_2 流面的流动。这样，就可以把 S_2 流面的二维流动转化为一组准正交线上的一维流动求解，使问题的求解大大简化。

7.4.2　S_1 流面上的速度梯度方程

由式（7.151）可知：

$$
\begin{cases}
w_1=w_m\cos\gamma\\
w_2=w_m\sin\gamma\\
\cos\gamma=\dfrac{H_1\mathrm{d}q_1}{\mathrm{d}m}\\
\sin\gamma=\dfrac{H_2\mathrm{d}q_2}{\mathrm{d}m}
\end{cases}
\tag{7.154}
$$

因为在 S_1 流面上 $q_2=q_2(q_1,\ q_3)$，所以有

$$w_1\,\frac{\overline{\partial}}{H_1\partial q_1}+w_3\,\frac{\overline{\partial}}{H_3\partial q_3}=w_m\,\frac{\overline{\partial}}{H_1\partial q_1}\frac{H_1\mathrm{d}q_1}{\mathrm{d}m}+w_m\,\frac{\overline{\partial}}{H_3\partial q_3}\frac{H_3\mathrm{d}q_3}{\mathrm{d}m}=w_m\,\frac{\mathrm{d}}{\mathrm{d}m} \tag{7.155}$$

又因为 $w^2 = w_1^2 + w_2^2 + w_3^2$，所以有

$$w_1 \frac{\overline{\partial} w_1}{H_3 \partial q_3} + w_2 \frac{\overline{\partial} w_2}{H_3 \partial q_3} = w \frac{\overline{\partial} w}{H_3 \partial q_3} - w_3 \frac{\overline{\partial} w_3}{H_3 \partial q_3} \qquad (7.156)$$

建立 S_1 流面上任一曲线 L 上的速度梯度方程的方法如下：

(1) 取 S_1 流面与 q_1 等于常数的坐标面的交线为 L，则在 L 线上 $dq_1 = 0$。L 的向量形式为

$$d\vec{L} = H_2 dq_2 \vec{e_2} + H_3 dq_3 \vec{e_3} \qquad (7.157)$$

单位向量为

$$\vec{e_L} = \frac{H_2 dq_2}{dL} \vec{e_2} + \frac{H_3 dq_3}{dL} \vec{e_3} \qquad (7.158)$$

(2) S_1 流面方程 $q_2 = q_2(q_1, q_3)$，所以在 L 线上 $dq_2 = \frac{\partial q_2}{\partial q_1} dq_1 + \frac{\partial q_2}{\partial q_3} dq_3$，即

$$\frac{dq_2}{dq_3} = \frac{\partial q_2}{\partial q_3} \text{ 或 } \frac{dq_2}{dL} = \frac{\partial q_2}{\partial q_3} \frac{dq_3}{dL} \qquad (7.159)$$

(3) 由矢量运算法则可知：S_1 流面矢量形式的运动方程乘以 $\vec{e_L}$ 等于运动方程在 L 上的投影。

由于 $\vec{e_L}$ 中 $\vec{e_1}$ 项为 0，所以 S_1 流面运动方程式（7.111）第一式在 L 上的投影为 0。S_1 流面上的运动方程在 L 上的投影为 S_1 流面运动方程式（7.111）第二式两边同时乘以 $\frac{H_2 dq_2}{dL}$，第三式两边同时乘以 $\frac{H_3 dq_3}{dL}$，然后相加。

利用以上各式进行化简，得到 S_1 流面上的运动方程在曲线 L 上的投影方程的左边为

$$\left[w_1 \frac{\overline{\partial} w_2}{H_1 \partial q_1} + w_3 \frac{\overline{\partial} w_2}{H_3 \partial q_3} + \frac{w_2}{H_2} \left(w_1 \frac{\overline{\partial} H_2}{H_1 \partial q_1} + w_3 \frac{\overline{\partial} H_2}{H_3 \partial q_3} \right) - \left(\frac{w_3^2}{r} + 2\omega w_3 + r\omega^2 \right) \frac{\partial r}{H_2 \partial q_2} \right.$$

$$\left. - \frac{1}{H_2} \left(\frac{w_1^2}{H_1} \frac{\partial H_1}{\partial q_2} + \frac{w_2^2}{H_2} \frac{\overline{\partial} H_2}{\overline{\partial} q_2} \right) \right] \frac{H_2 dq_2}{dL} + \left[w_1 \left(\frac{\partial w_3}{H_1 \partial q_1} + \frac{\overline{\partial} w_1}{H_3 \partial q_3} \right) - w_2 \frac{\overline{\partial} w_2}{H_3 \partial q_3} + \left(\frac{w_1 w_3}{r} + 2\omega w_1 \right) \frac{\overline{\partial} r}{H_1 \partial q_1} \right.$$

$$\left. - \frac{1}{H_3} \left(\frac{w_1^2}{H_1} \frac{\overline{\partial} H_1}{\partial q_3} + \frac{w_2^2}{H_2} \frac{\overline{\partial} H_2}{\partial q_3} \right) + \left(\frac{w_3^2}{r} + 2\omega w_3 + r\omega^2 \right) \frac{\partial r}{\partial q_2} \frac{\partial q_2}{H_3 \partial q_3} + \left(\frac{w_1^2}{H_2} \frac{\partial H_1}{\partial q_2} + \frac{w_2^2}{H_2} \frac{\partial H_2}{\partial q_2} \right) \frac{\partial q_2}{H_3 \partial q_3} \right] \frac{H_3 dq_3}{dL}$$

$$(7.160)$$

其中
$$\begin{cases} -\frac{\partial r}{H_2 \partial q_2} \frac{H_2 dq_2}{dL} + \frac{\partial r}{\partial q_2} \frac{\partial q_2}{H_3 \partial q_3} \frac{H_3 dq_3}{dL} = \frac{\partial r}{\partial q_2} \left(-\frac{dq_2}{dL} + \frac{\partial q_2}{\partial q_3} \frac{dq_3}{dL} \right) = 0 \\[4mm] -\frac{1}{H_2} \left(\frac{w_1^2}{H_1} \frac{\partial H_1}{\partial q_2} + \frac{w_2^2}{H_2} \frac{\partial H_2}{\partial q_2} \right) \frac{H_2 dq_2}{dL} + \left[\left(\frac{w_1^2}{H_1} \frac{\partial H_1}{\partial q_2} + \frac{w_2^2}{H_2} \frac{\partial H_2}{\partial q_2} \right) \frac{\partial q_2}{H_3 \partial q_3} \right] \frac{H_3 dq_3}{dL} = 0 \end{cases}$$

$$(7.161)$$

所以投影方程的左边可进一步简化为

$$\left[w_1\frac{\overline{\partial}w_2}{H_1\partial q_1}+w_3\frac{\overline{\partial}w_2}{H_3\partial q_3}+\frac{w_2}{H_2}\left(w_1\frac{\overline{\partial}H_2}{H_1\partial q_1}+w_3\frac{\overline{\partial}H_2}{H_3\partial q_3}\right)\right]\frac{H_2\mathrm{d}q_2}{\mathrm{d}L}+\left[w_1\left(\frac{\overline{\partial}w_3}{H_1\partial q_1}+\frac{\overline{\partial}w_1}{H_3\partial q_3}\right)\right.$$

$$\left.-w_2\frac{\overline{\partial}w_2}{H_3\partial q_3}+\left(\frac{w_1w_3}{r}+2\omega w_1\right)\frac{\overline{\partial}r}{H_1\partial q_1}-\frac{1}{H_3}\left(\frac{w_1^2}{H_1}\frac{\overline{\partial}H_1}{\partial q_3}+\frac{w_2^2}{H_2}\frac{\overline{\partial}H_2}{\partial q_3}\right)\right]\frac{H_3\mathrm{d}q_3}{\mathrm{d}L} \tag{7.162}$$

又由式（7.154）可知：

$$\begin{cases}\left(w_1\dfrac{\overline{\partial}w_2}{H_1\partial q_1}+w_3\dfrac{\overline{\partial}w_2}{H_3\partial q_3}\right)\dfrac{H_2\mathrm{d}q_2}{\mathrm{d}L}=w\sin\beta\left(\sin\gamma\dfrac{\mathrm{d}w_m}{\mathrm{d}m}+w\sin\beta\cos\gamma\dfrac{\mathrm{d}r}{\mathrm{d}m}\right)\dfrac{H_2\mathrm{d}q_2}{\mathrm{d}L}\\[2mm]\left(w_1\dfrac{\overline{\partial}w_3}{H_1\partial q_1}-w_1\dfrac{\overline{\partial}w_1}{H_3\partial q_3}-w_2\dfrac{\overline{\partial}w_2}{H_3\partial q_3}\right)\dfrac{H_3\mathrm{d}q_3}{\mathrm{d}L}=w\left(-\dfrac{\mathrm{d}w}{\mathrm{d}L}+\sin\beta\dfrac{\mathrm{d}w_3}{\mathrm{d}m}\dfrac{H_3\mathrm{d}q_3}{\mathrm{d}L}\right)\\[2mm]\dfrac{w_2}{H_2}\left(w_1\dfrac{\overline{\partial}H_2}{H_1\partial q_1}+w_3\dfrac{\overline{\partial}H_2}{H_3\partial q_3}\right)\dfrac{H_2\mathrm{d}q_2}{\mathrm{d}L}=w^2\sin\beta\sin\gamma\left(\sin\beta\cos\gamma\dfrac{\overline{\partial}H_2}{H_1\partial q_1}+\cos\beta\dfrac{\overline{\partial}H_2}{H_3\partial q_3}\right)\dfrac{\mathrm{d}q_2}{\mathrm{d}L}\\[2mm]\left(\dfrac{w_1w_3}{r}+2\omega w_1\right)\dfrac{\overline{\partial}r}{H_1\partial q_1}\dfrac{H_3\mathrm{d}q_3}{\mathrm{d}L}=(w^2\sin\beta\cos\beta\cos\gamma+2\omega wr\sin\beta\cos\gamma)\dfrac{\overline{\partial}r}{H_1\partial q_1}\dfrac{\mathrm{d}q_3}{\mathrm{d}L}\\[2mm]-\dfrac{1}{H_3}\left(\dfrac{w_1^2}{H_1}\dfrac{\overline{\partial}H_1}{\partial q_3}+\dfrac{w_2^2}{H_2}\dfrac{\overline{\partial}H_2}{\partial q_3}\right)\dfrac{H_3\mathrm{d}q_3}{\mathrm{d}L}=-w^2\sin^2\beta\left(\cos^2\gamma\dfrac{1}{H_1}\dfrac{\overline{\partial}H_1}{\partial q_3}+\sin^2\gamma\dfrac{1}{H_2}\dfrac{\overline{\partial}H_2}{\partial q_3}\right)\dfrac{\mathrm{d}q_3}{\mathrm{d}L}\end{cases} \tag{7.163}$$

将式（7.163）代入式（7.162），则 S_1 流面上的运动方程在 L 上的投影方程的左边可进一步写为

$$-w\frac{\mathrm{d}w}{\mathrm{d}L}+w^2\left[\sin^2\beta\cos\gamma\frac{\mathrm{d}\gamma}{\mathrm{d}m}\frac{H_2\mathrm{d}q_2}{\mathrm{d}L}+\sin\beta\sin\gamma\left(\sin\beta\cos\gamma\frac{\overline{\partial}H_2}{H_1\partial q_1}+\cos\beta\frac{\overline{\partial}H_2}{H_3\mathrm{d}q_3}\right)\frac{\mathrm{d}q_2}{\mathrm{d}L}\right.$$

$$\left.+\sin\beta\cos\beta\cos\gamma\frac{\overline{\partial}r}{H_1\partial q_1}\frac{\mathrm{d}q_3}{\mathrm{d}L}-\sin^2\beta\left(\cos^2\gamma\frac{1}{H_1}\frac{\overline{\partial}H_1}{\partial q_3}+\sin^2\gamma\frac{1}{H_2}\frac{\overline{\partial}H_2}{\partial q_2}\right)\frac{\mathrm{d}q_3}{\mathrm{d}L}\right]$$

$$+w\left(\sin\beta\sin\gamma\frac{\mathrm{d}w_m}{\mathrm{d}m}\frac{H_2\mathrm{d}q_2}{\mathrm{d}L}+\sin\beta\frac{\mathrm{d}w_3}{\mathrm{d}m}\frac{H_3\mathrm{d}q_3}{\mathrm{d}L}+2r\omega\sin\beta\cos r\frac{\overline{\partial}r}{H_1\partial q_1}\frac{\mathrm{d}q_3}{\mathrm{d}L}\right) \tag{7.164}$$

S_1 流面上的运动方程在 L 上的投影方程的右边为

$$\left(F_2-\frac{\partial G}{H_2\partial q_2}\right)\frac{H_2\mathrm{d}q_2}{\mathrm{d}L}+\left(F_3-\frac{\partial E_r}{H_3\partial q_3}+\frac{\partial G}{\partial q_2}\frac{\partial q_2}{H_3\partial q_3}\right)\frac{H_3\mathrm{d}q_3}{\mathrm{d}L} \tag{7.165}$$

结合 $F_2=-\dfrac{1}{\rho}\dfrac{\partial p}{H_2\partial q_2}$，$F_3=\dfrac{1}{\rho}\dfrac{\partial p}{\partial q_2}\dfrac{\partial q_2}{H_3\partial q_3}$，代入式（7.165）并化简，可得

$$\left(-\frac{\partial G}{H_2\partial q_2}\frac{H_2\mathrm{d}q_2}{\mathrm{d}L}+\frac{\partial G}{\partial q_2}\frac{\partial q_2}{H_3\partial q_3}\frac{H_3\mathrm{d}q_3}{\mathrm{d}L}\right)+\left(-\frac{1}{\rho}\frac{\partial p}{H_2\partial q_2}\frac{H_2\mathrm{d}p_2}{\mathrm{d}L}+\frac{1}{\rho}\frac{\partial p}{\partial q_2}\frac{\partial q_2}{H_3\partial q_3}\frac{H_3\mathrm{d}q_3}{\mathrm{d}L}\right)$$

$$-\frac{\overline{\partial}E_r}{H_3\partial q_3}\frac{H_3\mathrm{d}q_3}{\mathrm{d}L}=-\frac{\partial G}{\partial q_2}\left(\frac{\mathrm{d}q_2}{\mathrm{d}L}-\frac{\partial q_2}{\partial q_3}\frac{\mathrm{d}q_3}{\mathrm{d}L}\right)-\frac{1}{\rho}\frac{\partial p}{\partial q_2}\left(\frac{\mathrm{d}q_2}{\mathrm{d}L}-\frac{\partial q_2}{\partial q_3}\frac{\mathrm{d}q_3}{\mathrm{d}L}\right)-\frac{\overline{\partial}E_r}{H_3\partial q_3}\frac{H_3\mathrm{d}q_3}{\mathrm{d}L} \tag{7.166}$$

由式（7.159）可知：

$$\frac{\mathrm{d}q_2}{\mathrm{d}L}-\frac{\partial q_2}{\partial q_3}\frac{\mathrm{d}q_3}{\mathrm{d}L}=0 \tag{7.167}$$

所以式（7.166）的右边可变为

$$右边 = -\frac{\overline{\partial} E_r}{H_3 \partial q_3} \frac{H_3 \mathrm{d}q_3}{\mathrm{d}L} = -\frac{\mathrm{d}E_r}{\mathrm{d}L} \tag{7.168}$$

又由于 $E_r = E_i - \lambda_i \omega$，即右边 $= -\dfrac{\mathrm{d}(E_i - \lambda_i \omega)}{\mathrm{d}L}$，$S_1$ 流面上的运动方程在 L 上的投影方程最终变为

$$\frac{\mathrm{d}w}{\mathrm{d}L} = Aw + B + \frac{C}{w} \tag{7.169}$$

其中

$$\begin{cases} A = \sin^2\beta\cos\gamma \dfrac{\mathrm{d}r}{\mathrm{d}m}\dfrac{H_2 \mathrm{d}q_2}{\mathrm{d}L} + \sin\beta\sin\gamma\left(\sin\beta\cos\gamma \dfrac{\overline{\partial} H_2}{H_1 \partial q_1} + \cos\beta \dfrac{\overline{\partial} H_2}{H_3 \partial q_3}\right)\dfrac{\mathrm{d}q_2}{\mathrm{d}L} \\ \quad + \sin\beta\cos\beta\cos\gamma \dfrac{\overline{\partial} r}{H_1 \partial q_1}\dfrac{\mathrm{d}q_3}{\mathrm{d}L} - \sin^2\beta\left(\cos^2\gamma \dfrac{1}{H_1}\dfrac{\overline{\partial} H_1}{\partial q_3} + \sin^2\gamma \dfrac{1}{H_2}\dfrac{\overline{\partial} H_2}{\partial q_2}\right)\dfrac{\mathrm{d}q_3}{\mathrm{d}L} \\ B = \sin\beta\sin\gamma \dfrac{\mathrm{d}w_m}{\mathrm{d}m}\dfrac{H_2 \mathrm{d}q_2}{\mathrm{d}L} + \sin\beta \dfrac{\mathrm{d}w_3}{\mathrm{d}m}\dfrac{H_3 \mathrm{d}q_3}{\mathrm{d}L} + 2r\omega\sin\beta\cos\gamma \dfrac{\overline{\partial} r}{H_1 \partial q_1}\dfrac{\mathrm{d}q_3}{\mathrm{d}L} \\ C = \dfrac{\mathrm{d}(E_i - \lambda_i \omega)}{\mathrm{d}L} \end{cases}$$

$$\tag{7.170}$$

又因为 $L = L(q_2, q_3)$，所以 $\dfrac{\mathrm{d}}{\mathrm{d}q_3} = \dfrac{\mathrm{d}}{\mathrm{d}L}\dfrac{\mathrm{d}L}{\mathrm{d}q_3}$，对式（7.169）两边同时乘以 $\dfrac{\mathrm{d}L}{\mathrm{d}q_3}$，得

$$\frac{\mathrm{d}w}{\mathrm{d}q_3} = aw + b + \frac{c}{w} \tag{7.171}$$

其中

$$\begin{cases} a = A\dfrac{\mathrm{d}L}{\mathrm{d}q_3} = \left[\sin^2\beta\cos\gamma \dfrac{\mathrm{d}\gamma}{\mathrm{d}m}H_2 + \sin\beta\sin\gamma\left(\sin\beta\cos\gamma \dfrac{\overline{\partial} H_2}{H_1 \partial q_1} + \cos\beta \dfrac{\overline{\partial} H_2}{H_3 \partial q_3}\right)\right]\dfrac{\partial q_2}{\partial q_3} \\ \quad + \sin\beta\cos\beta\cos\gamma \dfrac{\overline{\partial} r}{H_1 \partial q_1} - \sin^2\beta\left(\dfrac{\cos^2\gamma}{H_1}\dfrac{\overline{\partial} H_1}{\partial q_3} + \dfrac{\sin^2\gamma}{H_2}\dfrac{\overline{\partial} H_2}{\partial q_3}\right) \\ b = B\dfrac{\mathrm{d}L}{\mathrm{d}q_3} = \sin\beta\sin\gamma \dfrac{\mathrm{d}w_m}{\mathrm{d}m}H_2 \dfrac{\partial q_2}{\partial q_3} + r\sin\beta \dfrac{\mathrm{d}w_3}{\mathrm{d}m} + 2r\omega\sin\beta\cos\gamma \dfrac{\overline{\partial} r}{H_1 \partial q_1} \\ c = \dfrac{\mathrm{d}}{\mathrm{d}q_3}(E_i - \lambda_i \omega) \end{cases}$$

$$\tag{7.172}$$

式（7.171）即为在 S_1 流面上速度 w 沿 q_3 坐标线的速度梯度方程。

这样，在 q_2 等于常数的坐标面上取一组 q_3 坐标线，便可把 S_1 流面上的二维流动转化为一组 q_3 坐标线上的一维流动，用流线迭代法求解。

下面写出圆柱坐标系中 S_1 流面上的速度梯度方程。

对于轴向和近乎轴向的 S_1 流面（如轴流泵叶轮和轴流式水轮机转轮），其流面方程在圆柱坐标系中为 $r = r(z, \theta)$，此时有 $q_1 = z$，$q_2 = r$，$q_3 = \theta$；$H_1 = 1$，$H_2 = 1$，$H_3 =$

r；$\dfrac{\partial q_2}{\partial q_3}=\dfrac{\partial r}{\partial \theta}$，$\dfrac{\overline{\partial H_1}}{\partial q_1}=0$，$\dfrac{\overline{\partial H_1}}{\partial q_3}=0$，$\dfrac{\overline{\partial H_2}}{\partial q_3}=0$；$\dfrac{\partial r}{\partial q_1}=0$，$\dfrac{\partial r}{\partial q_2}=1$；故而，$\dfrac{\overline{\partial r}}{H_1 \partial q_1}=\dfrac{\partial q_2}{H_1 \partial q_1}$。

于是考虑到 w_1、w_2、w_3、w_m 的表达式（7.148）和在 S_1 流面上 w_2 与 w_1、w_3 的关系式（7.93），可写出：

$$\sin\beta\cos\gamma \dfrac{\overline{\partial r}}{H_1 \partial q_1}+\cos\beta \dfrac{\partial r}{\partial q_2}\dfrac{\partial q_3}{H_3 \partial q_3}=\left(\dfrac{w_1}{w}\dfrac{\partial q_2}{H_1 \partial q_1}+\dfrac{w_3}{w}\dfrac{\partial q_2}{H_3 \partial q_3}\right)=\dfrac{w_2}{w}=\sin\beta\sin\gamma$$

又由于此时 w_1 与 w_m 之间的夹角（图 7.11）等于 w_m 与 z 轴之间的夹角（图 7.12），即 $\gamma=\alpha$，因此式（7.171）可写成：

$$\dfrac{\mathrm{d}w}{\mathrm{d}\theta}=a\omega+b+\dfrac{c}{w} \tag{7.173}$$

其中
$$\begin{cases} a=\left(\sin^2\beta\cos\alpha\ \dfrac{\mathrm{d}\alpha}{\mathrm{d}m}-\dfrac{\cos^2\beta}{r}\right)\dfrac{\partial r}{\partial \theta}+\cos\beta\sin\beta\sin\alpha \\[2mm] b=\left(\sin\beta\sin\alpha\ \dfrac{\mathrm{d}w_m}{\mathrm{d}m}-2\omega\cos\beta\right)\dfrac{\partial r}{\partial \theta}+r\left(\dfrac{\mathrm{d}w_\theta}{\mathrm{d}m}+2\omega\sin\alpha\right)\sin\beta \\[2mm] c=\dfrac{\mathrm{d}}{\mathrm{d}\theta}(E_i-\lambda_i\omega) \end{cases}$$

上式就是当流面方程为 $r=r(z,\theta)$ 时 S_1 流面上的速度梯度方程。

对于径向和近乎径向的 S_1 流面（如低比转速的离心泵叶轮和混流式水轮机转轮），其在圆柱坐标系中的流面方程为 $z=z(r,\theta)$，此时有 $q_1=r$，$q_2=z$，$q_3=\theta$；$H_1=1$，$H_2=1$，$H_3=r$；$\dfrac{\partial q_2}{\partial q_3}=\dfrac{\partial z}{\partial \theta}$，$\dfrac{\overline{\partial H_1}}{\partial q_1}=0$，$\dfrac{\overline{\partial H_1}}{\partial q_3}=0$，$\dfrac{\overline{\partial H_2}}{\partial q_3}=0$；$\dfrac{\partial r}{\partial q_2}=1$；故而，$\dfrac{\overline{\partial r}}{\partial q_1}=\dfrac{\partial r}{\partial q_1}=1$。又由于 w_1 与 w_m 之间的夹角此时等于 w_m 与 r 轴之间的夹角，即 $r=\dfrac{\pi}{2}-\alpha$，因此式（7.171）可写成

$$\dfrac{\mathrm{d}w}{\mathrm{d}\theta}=aw+b+\dfrac{c}{w} \tag{7.174}$$

其中
$$\begin{cases} a=-\sin^2\beta\sin\alpha\ \dfrac{\mathrm{d}\alpha}{\mathrm{d}m}\dfrac{\partial z}{\partial \theta}+\cos\beta\sin\beta\sin\alpha \\[2mm] b=\sin\beta\cos\alpha\ \dfrac{\mathrm{d}w_m}{\mathrm{d}m}\dfrac{\partial z}{\partial \theta}+r\left(\dfrac{\mathrm{d}w_\theta}{\mathrm{d}m}+2\omega\sin\alpha\right)\sin\beta \\[2mm] c=\dfrac{\mathrm{d}}{\mathrm{d}\theta}(E_i-\lambda_i\omega) \end{cases}$$

上式就是当流面方程为 $z=z(r,\theta)$ 时 S_1 流面上的速度梯度方程。

7.5　准三维流动计算的基本方程

在求解 S_2 流面正问题时，S_2 流面的流面方程 $q_3=\theta(q_1,q_2)$ 及流层的周向距离 H_3B 需由 S_1 流面正问题的求解结果来取得；而在求解 S_1 流面正问题时，S_1 流面的流面方程 $q_2=q_2(q_1,q_3)$ 及流层的 q_2 方向距离 H_2B 又需由 S_2 流面正问题的求解结果来确

定。因此，需要在两组两类流面之间交替求解和迭代，才能求得完全的三维解。

然而目前在工程上大量采用的是简化方法。此时，S_2 流面只取一个，例如把相邻两叶片间流量两等分的所谓中心流面，或经平均化处理后的所谓平均流动的 S_2 流面；而 S_1 流面则假设为一组由 S_2 流面上轴面流线形成的回转面。因此迭代将在一个 S_2 流面与一组 S_1 流面之间进行，且 S_1 流面又被假设为回转面。对于此种计算，称之为准三维流动计算或准三元流动计算，所得结果称之为准三维解或准三元解。

显然，准三维流动的计算工作量比完全三维的小，便于在工程实际中应用。

对于中心流面上的流动，其基本方程就是 7.1 节中的基本方程。所不同的只是，因为在准三维计算中只取中心流面一个 S_2 流面，故可取流层的周向角距离等于相邻两叶片之间的周向角距离，即取连续方程式（7.28）中 $B=2\pi\chi$，此处 χ 为排挤系数，按下式计算：

$$\chi = \frac{2\pi - n_B \delta_\theta}{2\pi}$$

式中　n_B——叶片数；

　　　δ_θ——叶片的周向角厚度。

又因为常数因子 2π 对式（7.28）可消去，故进一步可取

$$B = \chi \tag{7.175}$$

这样，在准三维流动计算中，对于中心流面，凡由连续方程式（7.33）得到的公式，如式（7.65）、式（7.67）、式（7.74）、式（7.75）、式（7.77）、式（7.78）、式（7.79）、式（7.85）～式（7.89），它们的 B 都可由 χ 代替。

基于上述情况，下面只需讨论当 S_1 流面为回转面时的基本方程和平均流动 S_2 流面的基本方程。

7.5.1 S_1 流面为回转面时的基本方程

S_1 流面为回转面如图 7.13 所示，设 S_1 流面与轴平面的交线为 m，m 与 z 轴的夹角为 α，则 S_1 流面的翘曲程度可由偏导数 $\partial\alpha/\partial\theta$ 表示。由图 7.13 可得到

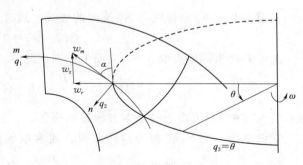

$$\alpha = \arctan \frac{w_r}{w_z}$$

故而有

图 7.13　回转面上的 S_1 流面

$$\frac{\partial \alpha}{\partial \theta} = \frac{1}{w_r^2 + w_z^2}\left(w_z \frac{\partial w_r}{\partial \theta} - w_r \frac{\partial w_z}{\partial \theta}\right)$$

由此可知若流动是轴对称的，此时 $\partial w_r/\partial\theta = 0$、$\partial w_z/\partial\theta = 0$，故 $\partial\alpha/\partial\theta = 0$，$S_1$ 流面为回转面。

由 $w_r = v_r$、$w_z = v_z$ 及 $\mathrm{rot}\vec{v}$ 的表达式（6.27）可得到

$$\begin{cases} \dfrac{\partial w}{\partial \theta} = \dfrac{\partial v_r}{\partial \theta} = \dfrac{\partial (v_\theta r)}{\partial r} - r\,\mathrm{rot}_z v \\[3mm] \dfrac{\partial w_z}{\partial \theta} = \dfrac{\partial v_z}{\partial \theta} = \dfrac{\partial (v_\theta r)}{\partial z} + r\,\mathrm{rot}_r v \end{cases}$$

故而有

$$\frac{\partial \alpha}{\partial \theta} = \frac{1}{w_r^2 = w_z^2}\left[w_z \frac{\partial (v_\theta r)}{\partial r} - w_r \frac{\partial (v_\theta r)}{\partial z} + r(\mathrm{rot}_r v + \mathrm{rot}_z v) \right]$$

对于轴流泵、单吸离心泵、低比转速混流式水轮机，叶轮和转轮的来流可以认为是无旋的，则上式可简化为

$$\frac{\partial \alpha}{\partial \theta} = \frac{1}{w_r^2 + w_z^2}\left[w_z \frac{\partial (v_\theta r)}{\partial r} - w_r \frac{\partial (v_\theta r)}{\partial r} \right]$$

由于轴流泵的 $\partial(v_\theta r)/\partial r$ 和 w_r 及离心泵和低比转速混流式水轮机的 $\partial(v_\theta r)/\partial z$ 和 w_z 都很小，因此可知 $\partial\alpha/\partial\theta$ 不大，它们的 S_1 流面很接近于回转面。

对于轴流式水轮机和高比转速混流式水轮机，导叶出口的水流因受导叶和轴面流道转弯的作用将是有旋的，也就是说转轮的来流是有旋的，此时 S_1 流面的翘曲将会大些。但因转轮的上冠下环型面都是回转面，而受上冠下环型面的控制，可知 S_1 流面的翘曲不会太大。因此，实用上假设 S_1 流面为回转面。

当 S_1 流面为回转面时，S_1 流面与轴平面的交线 m 将是轴面流线，于是取轴面流线 m 为正交曲线坐标系的 q_1 坐标线，此时在 S_1 流面上有

$$q_2 = \mathrm{const} \quad \frac{\partial q_2}{\partial q_1} = 0 \quad \frac{\partial q_2}{\partial q_3} = 0$$

因而沿 S_1 流面的偏导数等于沿坐标线的偏导数，即

$$\frac{\bar{\partial}}{\partial q_1} = \frac{\partial}{\partial q_1} \quad \frac{\bar{\partial}}{\partial q_3} = \frac{\partial}{\partial q_3}$$

又因为此时 q_1 坐标线是 S_1 流面的法线，故有

$$w_2 = w_n = 0$$

同时若把坐标原点取在 S_1 流面上，则在此 S_1 流面上有

$$H_1 = 0 \quad \frac{\partial H_1}{\partial q_i} = 0 \quad (i = 1,2,3)$$

这些特点将使 S_1 流面上的基本方程显著简化。

顺便指出，当 S_1 流面为回转面时，通常取轴面流线长度 m 和角坐标 θ 为独立自变量，故用 $\dfrac{\partial}{\partial m}$、$\dfrac{\partial}{r\partial \theta}$ 分别代替 $\dfrac{\partial}{H_1\partial q_1}$、$\dfrac{\partial}{H_3\partial q_3}$，用 w_m、w_θ 分别代替 w_1、w_3，用 $\dfrac{\partial}{\partial n}$ 代替 $\dfrac{\partial}{H_2\partial q_2}$。

1. 连续方程

由式（7.101）可得

$$\frac{\bar{\partial}(w_1 \tau r)}{\partial q_1} + \frac{\bar{\partial}(w_3 \tau)}{\partial q_3} = 0 \tag{7.176}$$

或
$$\frac{\partial(w_m\tau r)}{\partial m}+\frac{\partial(w_\theta\tau)}{\partial\theta}=0 \tag{7.177}$$

式中 τ——相邻两个 S_1 流面间的法向厚度，其值由求解 S_2 流面正问题来确定。

2. 运动方程

由式（7.110）可知，此时由 q_2 方向压强梯度引起的单位质量力 $\vec{F}$ 的三个分量分别为
$$F_m=0 \quad F_n=-\frac{1}{\rho}\frac{\partial p}{\partial n} \quad F_\theta=0 \tag{7.178}$$

故由式（7.111）可得兰姆型运动方程如下：
$$\begin{cases} w_\theta\left(\dfrac{\partial w_m}{r\partial\theta}-\dfrac{\partial w_\theta}{\partial m}\right)-\left(\dfrac{w_\theta^2}{r}+2\omega w_\theta\right)\dfrac{\partial r}{\partial m}=-\dfrac{\partial E_r}{\partial m} \\[3mm] -w_m^2\dfrac{\mathrm{d}\alpha}{\mathrm{d}m}-\left(\dfrac{w_\theta^2}{r}+2\omega w_\theta+\omega^2 r\right)\dfrac{\partial r}{\partial n}=F_n \\[3mm] w_m\left(\dfrac{\partial w_\theta}{\partial m}-\dfrac{\partial w_m}{r\partial\theta}\right)+\left(\dfrac{w_\theta}{r}+2\omega\right)w_m\dfrac{\partial r}{\partial m}=-\dfrac{\partial E_r}{r\partial\theta} \end{cases} \tag{7.179}$$

由式（7.112）可得欧拉型运动方程如下：
$$\begin{cases} w_m\dfrac{\partial w_m}{\partial m}+w_\theta\dfrac{\partial w_m}{r\partial\theta}-\left(\dfrac{w_\theta^2}{r}+2\omega w_\theta+\omega^2 r\right)\dfrac{\partial r}{\partial m}=-\dfrac{1}{\rho}\dfrac{\partial p}{\partial m} \\[3mm] -w_m^2\dfrac{\mathrm{d}\alpha}{\mathrm{d}m}-\left(\dfrac{w_\theta^2}{r}+2\omega w_\theta+\omega^2 r\right)\dfrac{\partial r}{\partial n}=F_n \\[3mm] w_m\dfrac{\partial w_\theta}{\partial m}+w_\theta\dfrac{\partial w_\theta}{r\partial\theta}+\left(\dfrac{w_\theta}{r}+2\omega\right)w_m\dfrac{\partial r}{\partial m}=-\dfrac{1}{\rho}\dfrac{\partial p}{r\partial\theta} \end{cases} \tag{7.180}$$

3. 流函数方程

因为由式（7.105）可知 $H_2B=\tau$，所以由式（7.120）可得
$$w_m=\frac{1}{\tau}\frac{\overline{\partial}\psi}{r\partial\theta} \quad w_\theta=-\frac{1}{\tau}\frac{\overline{\partial}\psi}{\partial m} \tag{7.181}$$

式中 τ——流层的法向厚度。

由式（7.121）可得流函数方程如下：
$$\frac{\overline{\partial}}{\partial m}\left(\frac{1}{\tau}\frac{\overline{\partial}\psi}{\partial m}\right)+\frac{\overline{\partial}}{r\partial\theta}\left(\frac{1}{\tau}\frac{\overline{\partial}\psi}{r\partial\theta}\right)=\left(2\omega-\frac{1}{r\tau}\frac{\overline{\partial}\psi}{\partial m}\right)\frac{\overline{\partial}r}{\partial m}+\frac{1}{\frac{1}{\tau}\frac{\overline{\partial}\psi}{\partial\theta}}\frac{\overline{\partial}}{\partial\theta}(E_i-\omega\lambda_i) \tag{7.182}$$

式（7.182）的求解域和定解条件与式（7.122）相同。

对于轴流式转轮或叶轮，其回转面为圆柱面，此时 $\mathrm{d}m=\mathrm{d}z$、$\partial r/\partial m=0$、$r=\mathrm{const}$、$\tau=\mathrm{const}$，考虑到 $H_3=r$、$\partial H_1/\partial q_3=\partial H_2/\partial q_3=\partial H_3/\partial q_3=0$，则式（7.181）、式（7.182），可分别写成
$$w_z=\frac{\overline{\partial}\psi}{r\partial\theta} \quad w_\theta=-\frac{\partial\psi}{\partial z} \tag{7.183}$$

$$\frac{\overline{\partial^2 \psi}}{\partial z^2} + \frac{1}{r^2}\frac{\overline{\partial^2 \psi}}{\partial \theta^2} = \frac{1}{\frac{\overline{\partial \psi}}{\partial \theta}}\frac{\overline{\partial}}{\partial \theta}(E_i - \omega\lambda_i) \tag{7.184}$$

若来流均匀，即 $E_i = \mathrm{const}$、$\lambda_i = \mathrm{const}$，则式（7.184）可转化为平面直列叶栅为有势绝对运动水流绕流时的流函数方程：

$$\frac{\partial^2 \psi}{\partial z^2} + \frac{1}{r^2}\frac{\partial^2 \psi}{\partial \theta^2} = 0 \tag{7.185}$$

若回转面是垂直于 z 轴的平面，此时 $\mathrm{d}m = \mathrm{d}r$、$\partial r/\partial m = 1$、$\tau = \mathrm{const}$ 且取 $\tau = 1$，则式（7.181）、式（7.182）可分别写成

$$w_r = \frac{\overline{\partial \psi}}{r\partial \theta} \quad w_\theta = -\frac{\overline{\partial \psi}}{\partial r} \tag{7.186}$$

$$\frac{\overline{\partial^2 \psi}}{\partial r^2} + \frac{1}{r^2}\frac{\overline{\partial^2 \psi}}{\partial \theta^2} = \left(2\omega - \frac{1}{r}\frac{\overline{\partial \psi}}{\partial r}\right) + \frac{1}{\frac{\overline{\partial \psi}}{\partial \theta}}\frac{\overline{\partial}}{\partial \theta}(E_i - \omega\lambda_i) \tag{7.187}$$

若来流均匀，即 $E_i = \mathrm{const}$、$\lambda_i = \mathrm{const}$，则式（7.187）可写成

$$\frac{\overline{\partial^2 \psi}}{\partial r^2} + \frac{1}{r}\frac{\overline{\partial \psi}}{\partial r} + \frac{1}{r^2}\frac{\overline{\partial^2 \psi}}{\partial \theta^2} = 2\omega \tag{7.188}$$

式（7.188）就是以角速度 ω 旋转的平面圆列叶栅为绝对运动有势的水流绕流时的流函数方程。

若 $\omega = 0$，则式（7.188）可写成

$$\frac{\overline{\partial^2 \psi}}{\partial r^2} + \frac{1}{r}\frac{\overline{\partial \psi}}{\partial r} + \frac{1}{r^2}\frac{\overline{\partial^2 \psi}}{\partial \theta^2} = 0 \tag{7.189}$$

式（7.189）就是通常所见的平面圆列叶栅为势流绕流时的流函数方程。

式（7.188）为泊松方程，而式（7.185）、式（7.189）为拉普拉斯方程。

4. 速度梯度方程

当轴面流线 m 与 q_1 坐标线重合时，由图 7.11 可知 $\gamma = 0$，由图 7.13 可知 $\partial r/\partial m = \sin\alpha$。故由式（7.171）得 S_1 流面为回转面时的速度梯度方程如下：

$$\frac{\mathrm{d}w}{\mathrm{d}\theta} = aw + b + \frac{c}{w} \tag{7.190}$$

其中
$$\begin{cases} a = \sin\beta\cos\beta\sin\alpha \\ b = r\left(\dfrac{\mathrm{d}w_\theta}{\mathrm{d}m} + 2\omega\sin\alpha\right)\sin\beta \\ c = \mathrm{d}(E_i - \lambda_i\omega)/\mathrm{d}\theta \end{cases}$$

7.5.2　平均流动 S_2 流面的基本方程

三维流动的流动参数在圆周上是不均匀分布的。如果把流动参数在相邻两叶片之间的圆周上进行平均化处理，则此种沿圆周的不均匀性将消除。

对于此种经平均化处理后的流动，称之为平均流动。显然，平均流动是轴对称的。

1. 标量函数、矢量函数和标量函数偏导数的平均值表达式

设叶片压力面和吸力面的方程分别为

$$q_{3p}=\theta_p(q_1,q_2) \qquad q_{3s}=\theta_s(q_1,q_2) \tag{7.191}$$

此处下角标 p 表示压力面、s 表示吸力面。对于三维空间中的标量函数 $f(q_1,q_2,q_3)$，定义其在相邻两叶片之间圆周上的平均值 $\overline{f}$ 为

$$\overline{f}(q_1,q_2)=\frac{1}{\Theta}\int_{\theta_s}^{\theta_p}f(q_1,q_2,q_3)\mathrm{d}q_3 \tag{7.192}$$

其中

$$\Theta=\theta_p(q_1,q_2)-\theta_s(q_1,q_2) \tag{7.193}$$

式中 Θ——同一圆周上相邻两叶片之间的角距离。

以 f' 表示函数 f 与其平均值 $\overline{f}$ 之差，称之为 f 的脉动值。显然，f' 在一般情况下也是三元函数。这样，标量函数 f 可表示如下：

$$f(q_1,q_2,q_3)=\overline{f}(q_1,q_2)+f'(q_1,q_2,q_3) \tag{7.194}$$

由式（7.192）和式（7.194）可得标量函数平均化的规则如下：

$$\begin{cases} \overline{f'}=0 \\ \dfrac{\partial \overline{f}}{\partial q_3}=0 \\ \overline{f_1+f_2}=\overline{f_1}+\overline{f_2} \\ \overline{f_1 f_2}=\overline{f_1}\,\overline{f_2}+\overline{f'_1 f'_2} \end{cases} \tag{7.195}$$

由此还可得两个矢量函数 f_1、f_2 的标量积和矢量积的平均值的表达式如下：

$$\begin{cases} \overline{f_1 \cdot f_2}=\overline{f_1}\cdot\overline{f_2}+\overline{f'_1 \cdot f'_2} \\ \overline{f_1 \times f_2}=\overline{f_2}\times\overline{f_2}+\overline{f'_1 \times f'_2} \end{cases} \tag{7.196}$$

为求偏导数 $\partial f/\partial q_i$ 的平均值 $\overline{(\partial f/\partial q_i)}$，先求 $\partial\overline{f}/\partial q_i$，并取 $i=1,2$。由式（7.192）可写出

$$\frac{\partial\overline{f}}{\partial q_i}\left[\frac{\partial\left(\frac{1}{\Theta}\right)}{\partial q_i}\right]\int_{\theta_s}^{\theta_p}f\mathrm{d}q_3+\frac{1}{\Theta}\frac{\partial}{\partial q_i}\left(\int_{\theta_s}^{\theta_p}f\mathrm{d}q_3\right)=-\frac{1}{\Theta}\overline{f}\frac{\partial\Theta}{\partial q_i}+\frac{1}{\Theta}\frac{\partial}{\partial q_i}\left(\int_{\theta_s}^{\theta_p}f\mathrm{d}q_3\right)$$

根据积分号下求导数的法则，可写出

$$\frac{\partial}{\partial q_i}\left(\int_{\theta_s}^{\theta_p}f\mathrm{d}q_3\right)=\int_{\theta_s}^{\theta_p}\frac{\partial f}{\partial q_i}\mathrm{d}q_3+f(q_1,q_2,\theta_p)\frac{\partial\theta_p}{\partial q_i}-f(q_1,q_2,\theta_s)\frac{\partial\theta_s}{\partial q_i}$$

由于平均值的定义如下：

$$\overline{\frac{\partial f}{\partial q_i}}=\frac{1}{\Theta}\int_{\theta_s}^{\theta_p}\frac{\partial f}{\partial q_i}\mathrm{d}q_3$$

因此，可得

$$\overline{\frac{\partial f}{\partial q_i}}=\frac{1}{\Theta}\frac{\partial(\overline{\Theta f})}{\partial q_i}-\frac{1}{\Theta}\Delta\left(f\frac{\partial\theta}{\partial q_i}\right) \quad (i=1,2) \tag{7.197}$$

式（7.197）中，符号 Δ 表示同一圆周上压力面处的函数值与吸力面处的函数值之差，即

$$\Delta\left(f\,\frac{\partial\theta}{\partial q_i}\right)=f(q_1,q_2,\theta_p)\frac{\partial\theta_p}{\partial q_i}-f(q_1,q_2,\theta_s)\frac{\partial\theta_s}{\partial q_i}$$

设 n_p、n_s 为叶片压力面和吸力面的法线矢量（注意：不是单位法线矢量），此时式 (7.3) 的头两个等号仍有效，故可写出

$$\frac{\partial\theta_p}{\partial q_i}=-\frac{H_i n_{ip}}{H_3 n_{3p}}\quad\frac{\partial\theta_s}{\partial q_i}=-\frac{H_i n_{is}}{H_3 n_{3s}}$$

因为 n_p、n_s 不是单位法线矢量，可取 $n_{3p}=n_{3s}=n_3$，故上式可写成

$$\frac{\partial\rho_p}{\partial q_i}=-\frac{H_i n_{ip}}{H_3 n_3}\quad\frac{\partial\theta_s}{d q_i}=-\frac{H_i n_{is}}{h_3 n_3}\tag{7.198}$$

于是可得

$$\Delta\left(f\,\frac{\partial\theta}{\partial q_i}\right)=-f(q_1,q_2,\theta_p)\frac{H_i n_{ip}}{H_3 n_3}+f(q_1,q_2,\theta_s)\frac{H_i n_{is}}{H_3 n_3}=-\frac{H_i}{H_3 n_3}\Delta(f n_i)$$

代入式 (7.197) 得

$$\overline{\frac{\partial f}{\partial q_i}}=\frac{1}{\Theta}\frac{\partial(\Theta\overline{f})}{\partial q_i}+\frac{H_i}{\Theta H_3 n_3}\Delta(f n_i)\quad(i=1,2)$$

由式 (7.192) 可直接写出 $\partial f/\partial q_3$ 的平均值：

$$\overline{\frac{\partial f}{\partial q_3}}=\frac{1}{\Theta}\int_{\theta_s}^{\theta_p}\frac{\partial f}{\partial q_3}\mathrm{d}q_3=\frac{1}{\Theta}\Delta(f)$$

由于 $\dfrac{\partial(\Theta\overline{f})}{\partial q_3}=0$，因此可得标量函数偏导数平均值表达式的最后形式如下：

$$\overline{\frac{\partial f}{\partial q_i}}=\frac{1}{\Theta}\frac{\partial(\Theta\overline{f})}{\partial q_i}+\frac{H_i}{\Theta H_3 n_3}\Delta(f n_i)\quad(i=1,2,3)\tag{7.199}$$

2. 平均流动的连续方程

相对运动的连续方程为 $\nabla\cdot\vec{w}=0$，进行如下平均化处理：

$$\overline{\nabla\cdot\vec{w}}=0\tag{7.200}$$

即可得到平均流动的连续方程。

由 $\nabla\cdot\vec{w}$ 的表达式 (6.84) 可写出

$$\overline{\nabla\cdot\vec{w}}=\frac{1}{H_1 H_2 H_3}\left[\overline{\frac{\partial(w_1 H_2 H_3)}{\partial q_1}}+\overline{\frac{\partial(w_2 H_3 H_1)}{\partial q_2}}+\overline{\frac{\partial(w_3 H_1 H_2)}{\partial q_3}}\right]$$

对括号内各项应用式 (7.199) 处理：

$$\overline{\frac{\partial(w_1 H_2 H_3)}{\partial q_1}}=\frac{1}{\Theta}\frac{\partial}{\partial q_1}(\Theta\overline{w}_1 H_2 H_3)+\frac{H_1}{\Theta H_3 n_3}\Delta(H_2 H_3 w_1 n_1)$$

$$\overline{\frac{\partial(w_2 H_3 H_1)}{\partial q_2}}=\frac{1}{\Theta}\frac{\partial}{\partial q_2}(\Theta\overline{w}_2 H_3 H_1)+\frac{H_2}{\Theta H_3 n_3}\Delta(H_3 H_1 w_2 n_2)$$

$$\overline{\frac{\partial(w_3 H_1 H_2)}{\partial q_3}}=\frac{1}{\Theta}\frac{\partial}{\partial q_3}(\Theta\overline{w}_3 H_1 H_2)+\frac{H_3}{\Theta H_3 n_3}\Delta(H_1 H_2 w_3 n_3)$$

代入后，考虑到在同一圆周上 H_1、H_2、H_3 为常数，且不论是压力面还是吸力面，在叶片表面都有 $w_1 n_1+w_2 n_2+w_3 n_3=\vec{w}\cdot\vec{n}=0$，故得

$$\overline{\nabla \cdot \vec{w}} = \frac{1}{\Theta} \nabla \cdot (\Theta \overline{\vec{w}})$$

因此，由式（7.200）可得以矢量形式表示的平均流动的连续方程如下：

$$\nabla \cdot (\Theta \overline{\vec{w}}) = 0 \tag{7.201}$$

式中　$\overline{\vec{w}}$——平均流动的相对速度矢量，$\overline{\vec{w}} = \overline{w}_1 n_1 + \overline{w}_2 n_2 + \overline{w}_3 n_3$。

考虑到 $\partial(\Theta \overline{w}_3 H_1 H_2)/\partial q_3 = 0$，故而散度 $\nabla \cdot (\Theta \overline{\vec{w}})$ 的表达式为

$$\nabla \cdot (\Theta \overline{\vec{w}}) = \frac{1}{H_1 H_2 H_3} \left[\frac{\partial(\Theta \overline{w}_1 H_2 H_3)}{\partial q_1} + \frac{\partial(\Theta \overline{w}_2 H_3 H_1)}{\partial q_2} \right] \tag{7.202}$$

其实，Θ 就是相邻两叶片之间的角距离，引入式 $\chi = \dfrac{2\pi - n_B \delta_\theta}{2\pi}$ 中的排挤系数 χ，有 $\Theta = 2\pi\chi$，故以标量形式表示的连续方程如下：

$$\frac{\partial(\chi \overline{w}_1 H_2 H_3)}{\partial q_1} + \frac{\partial(\chi \overline{w}_2 H_3 H_1)}{\partial q_2} = 0 \tag{7.203}$$

3. 平均流动的运动方程

定常相对运动的兰姆型运动方程为 $\vec{w} \times (\nabla \times \vec{v}) = \nabla E_r$，进行平均化处理，按照矢量积平均值表达式（7.196），可写出

$$\overline{\vec{w} \times (\nabla \times \vec{v})} + \overline{\vec{w} \times (\nabla \times \vec{v})'} = \overline{\nabla E_r}$$

计算表明，脉动量矢量积 $\overline{\vec{w}' \times (\nabla \times \vec{v})'}$ 是小量，可以略去，于是得

$$\overline{\vec{w}} \times \overline{(\nabla \times \vec{v})} = \overline{\nabla E_r} \tag{7.204}$$

下面分别求 $\overline{\vec{w}} \times \overline{(\nabla \times \vec{v})}$ 和 $\overline{\nabla E_r}$。

由旋度 $\nabla \times \vec{v}$ 的三个分量的表达式可写出

$$\overline{\nabla \times \vec{v}} = \frac{1}{H_2 H_3} \left[\frac{\overline{\partial(v_3 H_3)}}{\partial q_2} - \frac{\overline{\partial(v_2 H_2)}}{\partial q_3} \right] e_1 + \frac{1}{H_3 H_1} \left[\frac{\overline{\partial(v_1 H_1)}}{\partial q_3} - \frac{\overline{\partial(v_3 H_3)}}{\partial q_1} \right] e_2 +$$

$$\frac{1}{H_1 H_2} \left[\frac{\overline{\partial(v_2 H_2)}}{\partial q_1} - \frac{\overline{\partial(v_1 H_1)}}{\partial q_2} \right] e_3$$

对方括号中各项应用式（7.199），代入得

$$\overline{\nabla \times \vec{v}} = \frac{1}{\Theta} \nabla \times (\Theta \overline{\vec{v}}) + \frac{1}{\Theta H_3 n_3} \Delta(\vec{n} \times \overline{\vec{v}}) \tag{7.205}$$

由算子 ∇ 的运算规则可写出

$$\nabla \times (\Theta \overline{\vec{v}}) = \nabla \Theta \times \overline{\vec{v}} + \Theta \nabla \times \overline{\vec{v}}$$

由式（7.198）可得

$$\nabla \Theta = -\frac{1}{H_3 n_3}(n_p - n_s) = -\frac{1}{H_3 n_3} \Delta(\vec{n})$$

故而有

$$\nabla \times (\Theta \overline{\vec{v}}) = \nabla \Theta \times \overline{\vec{v}} - \frac{1}{H_3 n_3} \Delta(n \times \overline{\vec{v}})$$

代入式（7.205）得

$$\overline{\nabla \times \vec{v}} = \nabla \times \overline{\vec{v}} + \frac{1}{\Theta H_3 n_3} \Delta(\vec{n} \times \vec{v}') \tag{7.206}$$

式中 $\vec{v}'$——绝对速度的脉动量，$\vec{v}' = \vec{v} = \overline{\vec{v}}$。

$\nabla \vec{E}_r$ 的表达式为

$$\nabla \vec{E}_r = \frac{\partial E_r}{H_1 \partial q_1} \vec{e}_1 + \frac{\partial E_r}{H_2 \partial q_2} \vec{e}_2 + \frac{\partial E_r}{H_3 \partial q_3} \vec{e}_3$$

应用式（7.199）可得

$$\overline{\nabla E_r} = \frac{1}{\Theta} \nabla(\Theta \overline{E}_r) + \frac{1}{\Theta H_3 n_3} \Delta(E_r \vec{n})$$

又由于

$$\nabla(\Theta \overline{E}_r) = \Theta \nabla \overline{E}_r - \frac{1}{H_3 n_3} \Delta(\overline{E}_r \vec{n})$$

故而有

$$\overline{\nabla E_r} = \nabla \overline{E}_r + \frac{1}{\Theta H_3 n_3} \Delta[(E_r - \overline{E}_r)\vec{n}]$$

如果认为压力面和吸力面的对应点在同一 S_1 流面上，则两点的相对运动伯努利积分值相等，即 $E_{rp} = E_{rs}$，故 $\Delta[(E_r - \overline{E}_r)\vec{n}] = 0$。在这种情况下，有

$$\overline{\nabla E_r} = \nabla \overline{E}_r \tag{7.207}$$

把式（7.206）、式（7.207）代入式（7.204），得

$$-\overline{\vec{w}} \times (\nabla \times \overline{\vec{v}}) = \vec{F} - \nabla \overline{E}_r \tag{7.208}$$

其中

$$\vec{F} = \overline{\vec{w}} \times \frac{1}{\Theta H_3 n_3} \Delta(\vec{n} \times \vec{v}') \tag{7.209}$$

式（7.208）就是以矢量形式表示的平均流动的运动方程，式中矢量 $\vec{F}$ 相当于在圆周上均匀分布的单位质量力，是由于对三维流动进行平均化处理而产生的，它代表叶片对平均流动的作用。

由式（7.208）可知：$\overline{E}_r$ 沿平均流动的流线保持常数。

由于平均流动有轴对称性，可写出旋度 $\nabla \times \overline{\vec{v}}$ 的三个分量的表达式：

$$\begin{cases} \text{rot}_1 \overline{v} = \dfrac{1}{H_2 H_3} \dfrac{\partial(\overline{v}_3 H_3)}{\partial q_2} \\[3mm] \text{rot}_2 \overline{v} = -\dfrac{1}{H_3 H_1} \dfrac{\partial(\overline{v}_3 H_3)}{\partial q_1} \\[3mm] \text{rot}_3 \overline{v} = \dfrac{1}{H_1 H_2} \left[\dfrac{\partial(\overline{v}_2 H_2)}{\partial q_1} - \dfrac{\partial(\overline{v}_1 H_1)}{\partial q_2} \right] \end{cases}$$

于是，由式（7.208）可得到以标量形式表示的运动方程如下：

$$\begin{cases} -\dfrac{\overline{w}_3}{H_3 H_1}\dfrac{\partial(\overline{v}_3 H_3)}{\partial q_1} - \dfrac{\overline{w}_2}{H_1 H_2}\left[\dfrac{\partial(\overline{v}_2 H_2)}{\partial q_1} - \dfrac{\partial(\overline{v}_1 H_1)}{\partial q_2}\right] = F_1 - \dfrac{\partial \overline{E}_r}{H_1 \partial q_1} \\[2mm] \dfrac{\overline{w}_1}{H_1 H_2}\left[\dfrac{\partial(\overline{v}_2 H_2)}{\partial q_1} - \dfrac{\partial(\overline{v}_1 H_1)}{\partial q_2}\right] - \dfrac{\overline{w}_3}{H_2 H_3}\dfrac{\partial(\overline{v}_3 H_3)}{\partial q_2} = F_2 - \dfrac{\partial \overline{E}_r}{H_2 \partial q_2} \\[2mm] \dfrac{\overline{w}_2}{H_2 H_3}\dfrac{\partial(\overline{v}_3 H_3)}{\partial q_2} + \dfrac{\overline{w}_1}{H_1 H_3}\dfrac{\partial(\overline{v}_3 H_3)}{\partial q_1} = F_3 \end{cases} \tag{7.210}$$

式 (7.210) 中 F_1、F_2、F_3 为矢量 $\vec{F}$ 的分量，由式 (7.209) 可得

$$\begin{cases} F_1 = \dfrac{1}{\Theta H_3 n_3}\Delta[n_1(\overrightarrow{\overline{w}} \cdot \vec{v}') - v_1'(\overrightarrow{\overline{w}} \cdot \vec{n})] \\[2mm] F_2 = \dfrac{1}{\Theta H_3 n_3}\Delta[n_2(\overrightarrow{\overline{w}} \cdot \vec{v}') - v_2'(\overrightarrow{\overline{w}} \cdot \vec{n})] \\[2mm] F_3 = \dfrac{1}{\Theta H_3 n_3}\Delta[n_3(\overrightarrow{\overline{w}} \cdot \vec{v}') - v_3'(\overrightarrow{\overline{w}} \cdot \vec{n})] \end{cases} \tag{7.211}$$

4. 平均流动 S_2 流面与叶片压力面、吸力面的几何关系

设平均流动 S_2 流面为

$$q_3 = \theta_m(q_1, q_2) \tag{7.212}$$

其法线矢量为 $\vec{n}_m = n_{m1}\vec{e}_1 + n_{m2}\vec{e}_2 + n_{m3}\vec{e}_3$，由 $\nabla\theta_m \times \vec{n}_m = 0$ 可得到

$$\frac{n_{m1}}{-\dfrac{\partial\theta_m}{H_1 \partial q_1}} = \frac{m_{m2}}{-\dfrac{\partial\theta_m}{H_2 \partial q_2}} = \frac{n_{m3}}{\dfrac{1}{H_3}}$$

或

$$\frac{H_3 \partial\theta_m}{H_1 \partial q_1} = -\frac{n_{m1}}{n_{m3}} \quad \frac{H_3 \partial\theta_m}{H_2 \partial q_2} = -\frac{n_{m2}}{n_{m3}}$$

又由式 (7.209) 可知矢量 $\vec{F}$ 与 $\overrightarrow{\overline{w}}$ 正交，故与 $\vec{n}_m$ 共线，因此有

$$\frac{F_1}{F_3} = \frac{n_{m1}}{n_{m3}} \quad \frac{F_2}{F_3} = \frac{n_{m2}}{n_{m3}}$$

于是可写出

$$\frac{H_3 \partial\theta_m}{H_1 \partial q_1} = -\frac{F_1}{F_3} \quad \frac{H_3 \partial\theta_m}{H_2 \partial q_2} = -\frac{F_2}{F_3}$$

把 F_1、F_2、F_3 的表达式 (7.211) 代入上式，得

$$\begin{cases} \dfrac{H_3 \partial\theta_m}{H_1 \partial q_1} = -\dfrac{\Delta[n_1(\overrightarrow{\overline{w}} \cdot \vec{v}') - v_1'(\overrightarrow{\overline{w}} \cdot \vec{n})]}{\Delta[n_3(\overrightarrow{\overline{w}} \cdot \vec{v}') - v_3'(\overrightarrow{\overline{w}} \cdot \vec{n})]} \\[3mm] \dfrac{H_3 \partial\theta_m}{H_2 \partial q_2} = -\dfrac{\Delta[n_2(\overrightarrow{\overline{w}} \cdot \vec{v}') - v_2'(\overrightarrow{\overline{w}} \cdot \vec{n})]}{\Delta[n_3(\overrightarrow{\overline{w}} \cdot \vec{v}') - v_3'(\overrightarrow{\overline{w}} \cdot \vec{n})]} \end{cases} \tag{7.213}$$

式 (7.213) 右侧的 $\vec{n}$、n_1、n_2、n_3 应是叶片压力面和吸力面的法线矢量及其分量，它们决定于压力面和吸力面的方程，故该式反映了平均流动 S_2 流面与叶片压力面、吸力面的几何关系。

如果假设三维流动的 S_1 流面为回转面，则式 (7.213) 可有显著简化。通常当 S_1 流

面为回转面时取正交曲线坐标系的 q_1 轴线与轴面流线 m 重合（图 7.13），此时 $w_2 = v_2 = v'_2 = 0$，因此把式（7.213）中的数量积展开，式（7.213）可化简成

$$
\begin{cases}
\dfrac{H_3 \partial \theta_m}{H_1 \partial q_1} = -\dfrac{\overline{w}_3}{\overline{w}_1} = \dfrac{\overline{v}_3 - \omega r}{\overline{v}_1} \\[3mm]
\dfrac{H_3 \partial \theta_m}{H_2 \partial q_2} = -\dfrac{\Delta\left[\left(v'_1 + v'_3 \dfrac{H_3 \partial \theta_m}{H_1 \partial q_1}\right)\dfrac{H_3 \partial \theta}{H_2 \partial q_2}\right]}{\Delta\left(v'_1 + v'_3 \dfrac{H_3 \partial \theta}{H_1 \partial q_1}\right)}
\end{cases}
\tag{7.214}
$$

式（7.213）、式（7.214）中的各速度分量需由求解 S_1 流面的正问题来确定，因此求解平均流动 S_2 流面上的流动仍需与求解 S_1 流面上的流动相互迭代和交替进行。

比较连续方程式（7.32）与式（7.203）、运动方程式（7.49）与式（7.210）可知，求解中心流面的基本方程与求解平均流动 S_2 流面的基本方程在形式上并无区别，所不同的主要是两者流面几何参数的确定：对于中心流面，它由各 S_1 流面上两等分流量的流线组成，按各 S_1 流面上两等分流量的流线所组成的曲面确定几何参数；对于平均流动的 S_2 流面，其几何参数根据 S_1 流面的计算结果按式（7.213）或式（7.214）来确定。

7.6　水力机械计算中的三维势函数方程

对于水轮机的蜗壳和低比转速转轮，以及离心泵、混流泵、轴流泵的叶轮和大型混流泵、轴流泵的弯形吸水管，根据来流条件可以认为绝对运动是无旋的，即

$$
\nabla \times \vec{v} = 0
$$

于是由式（6.27）可写出

$$
\begin{cases}
\mathrm{rot}_r v = \dfrac{\partial v_z}{r \partial \theta} - \dfrac{\partial v_\theta}{\partial z} = 0 \\[3mm]
\mathrm{rot}_\theta v = \dfrac{\partial v_r}{\partial z} - \dfrac{\partial v_z}{\partial r} = 0 \\[3mm]
\mathrm{rot}_z v = \dfrac{\partial (v_\theta r)}{r \partial r} - \dfrac{\partial v_r}{r \partial \theta} = 0
\end{cases}
$$

由此可知存在三维的势函数 φ：

$$
v_r = \frac{\partial \varphi}{\partial r} \quad v_\theta = \frac{\partial \varphi}{r \partial \theta} \quad v_z = \frac{\partial \varphi}{\partial z}
\tag{7.215}
$$

考虑到 $w_r = v_r$，$w_\theta = v_\theta - \omega r$，$w_z = v_z$，则由上式可写出

$$
w_r = \frac{\partial \varphi}{\partial r} \quad w_\theta = \frac{\partial \varphi}{r \partial \theta} - \omega r \quad w_z = \frac{\partial \varphi}{\partial z}
\tag{7.216}
$$

把式（7.215）、式（7.216）分别代入绝对运动连续方程式（6.24）和相对运动连续方程式（6.60），可得相同的方程如下：

$$\frac{\partial^2 \varphi}{\partial r^2} + \frac{\partial^2 \varphi}{r^2 \partial \theta^2} + \frac{\partial^2 \varphi}{\partial z^2} + \frac{\partial \varphi}{r \partial r} = 0 \qquad (7.217)$$

式（7.217）就是水力机械中的三维势函数方程。

这样，求解三维流动就归结为求解式（7.217）中的势函数 φ。该式为拉普拉斯方程，由变分原理，给以适当的定解条件，可用有限元法求解。

第 8 章 求解沿 S_2 流面流动的方法

根据第 7 章已经推导出的公式，S_2 流面上流动的求解（包括正问题和反问题）方法可归纳为四种，即流函数法、速度梯度法、流线迭代法和特征线法，下面逐一进行介绍。

8.1 流 函 数 法

流函数基本方程为第 7 章中的式（7.67），将 $H_3 = r$ 代入就得到了流体机械常用正交曲线坐标系中的流函数方程：

$$\frac{\bar{\partial}}{\partial q_1}\left(\frac{H_2}{H_3 B B_1}\frac{\bar{\partial}\psi}{\partial q_1}\right) + \frac{\bar{\partial}}{\partial q_2}\left(\frac{H_1}{H_3 B H_2}\frac{\bar{\partial}\psi}{\partial q_2}\right) = -\Omega$$

令 $H_3 = r$，则上式变为

$$\frac{\bar{\partial}}{\partial q_1}\left(\frac{H_2}{rB H_1}\frac{\bar{\partial}\psi}{\partial q_1}\right) + \frac{\bar{\partial}}{\partial q_2}\left(\frac{H_1}{rB H_2}\frac{\bar{\partial}\psi}{\partial q_2}\right) = -\Omega \tag{8.1}$$

其中

$$\Omega = \left[\frac{\bar{\partial}(rv_3)}{\partial q_1} + \frac{w_2 H_1}{w_1}\frac{\bar{\partial}(rv_3)}{H_2 \partial q_2}\right]\frac{\partial\theta}{\partial q_2} - \frac{H_1(rv_3 - r^2\omega)}{r^2 w_1}\frac{\bar{\partial}(rv_3)}{\partial q_2} + \frac{H_1}{w_1}\frac{\bar{\partial}(E_i - \lambda_i\omega)}{\partial q_2} \tag{8.2}$$

根据流函数的定义，可直接得到

$$\begin{cases} w_1 = \dfrac{1}{rB H_2}\dfrac{\bar{\partial}\psi}{\partial q_2} \\[3mm] w_2 = -\dfrac{1}{rB H_1}\dfrac{\bar{\partial}\psi}{\partial q_1} \end{cases} \tag{8.3}$$

将 $v_3 = w_3 + \omega r$ 代入 S_2 流面上的流线方程可得

$$rv_3 = r^2\left(w_1\frac{\bar{\partial}\theta}{H_1 \partial q_1} + w_2\frac{\bar{\partial}\theta}{H_2 \partial q_2} + \omega\right) \tag{8.4}$$

对于正问题，$q_3 = \theta(q_1, q_2)$ 为已知函数，其求解过程为令 $\Omega = 0$，由式（8.1）得出 ψ，由式（8.3）求解出 w_1 和 w_2；再由式（8.4）求解出 rv_3，利用 rv_3 由式（8.2）得到新的 Ω；重复以上过程直至得到所要求的收敛解。

对于反问题，考虑式（7.52），由式（8.4）可得到

$$rv_3 = r^2\left(w_1\frac{\bar{\partial}\theta}{H_1 \partial q_1} + w_2\frac{\bar{\partial}\theta}{H_2 \partial q_2}\right) + r^2\omega = r^2 w_m\frac{\mathrm{d}\theta}{\mathrm{d}m} + r^2\omega \tag{8.5}$$

由式（8.5）可得

$$\frac{\mathrm{d}\theta}{\mathrm{d}m} = \frac{rv_3 - r^2\omega}{r^2 w_m} \tag{8.6}$$

对于反问题，$q_3 = \theta(q_1, q_2)$ 为未知函数，一般需要给定 rv_3 的分布为补充条件。这样，反问题的求解过程就为：先令 $\Omega = 0$，由式（8.1）求解出 ψ，由式（8.3）求解出 w_1 和 w_2；再由式（7.52）求解出 w_m，根据 w_m 和 rv_3 分布这个补充条件求解出 θ，利用 θ 和 rv_3 根据 Ω 的定义得到新的 Ω；重复以上过程直至得到所要求的收敛解。

8.2 速 度 梯 度 法

速度梯度法采用的基本方程是 7.4.1 节中式（7.138），此时坐标线 q_1 为轴面流线 m，S_2 流面上准正交线如图 7.12 所示。

由前面内容可知，S_2 流面的速度梯度方程为

$$\frac{\mathrm{d}w}{\mathrm{d}l} = aw + b + \frac{c}{w} \tag{8.7}$$

当 q_1 与流线夹角为 0° 时，求得 a、b、c 如下：

$$\begin{cases} a = \sin^2\beta\cos\delta \, \dfrac{\mathrm{d}\alpha}{\mathrm{d}m} + \sin\beta\cos\beta \, \dfrac{\mathrm{d}\theta}{\mathrm{d}l} - \dfrac{1}{r}\cos^2\beta\cos(\alpha - \delta) \\[2mm] b = \sin\beta\sin\delta \, \dfrac{\mathrm{d}w_m}{\mathrm{d}m} + \sin\beta\left(\dfrac{\mathrm{d}w_3}{\mathrm{d}m} + 2\omega\sin\alpha\right)\dfrac{r\,\mathrm{d}\theta}{\mathrm{d}l} - 2\omega\cos\beta\cos(\alpha - \delta) \\[2mm] c = \dfrac{\mathrm{d}}{\mathrm{d}l}(E_i - \lambda_i\omega) \end{cases} \tag{8.8}$$

对于正问题，$q_3 = \theta(q_1, q_2)$ 已知，由式（8.7）求解出 w，从而可得到

$$\begin{cases} w_1 = w_m = w\sin\beta \\ w_2 = 0 \\ w_3 = w\cos\beta \end{cases} \tag{8.9}$$

对于反问题，$q_3 = \theta(q_1, q_2)$ 未知，同理可给定 rv_3 的分布为补充条件，由式（8.6）积分求 $q_3 = \theta(q_1, q_2)$。

又由式（8.6）及 $v_3 = w_3 + r\omega$ 可知：

$$\frac{\mathrm{d}\theta}{\mathrm{d}m} = \frac{rv_3 - r^2\omega}{r^2 w_m} = \frac{r(w_3 + r\omega) - r^2\omega}{r^2 w_m} = \frac{rw_3}{r^2 w_m} = \frac{w_3}{rw_m} = \frac{1}{r\tan\beta} \tag{8.10}$$

求解可得

$$\tan\beta = \frac{1}{r(\mathrm{d}\theta/\mathrm{d}m)}$$

8.3 流 线 迭 代 法

本节将讨论流线迭代法求解 S_2 流面的正反问题。如图 7.12 所示，取 q_1 为轴面流线 m 的方向，则 $\mathrm{d}m = H_1\mathrm{d}q_1$、$w_1 = w_m$、$w_2 = 0$、$H_3 = r$，此时 S_2 流面的基本方程有连续方程、运动方程和法线方程。

1. 连续方程

由 S_2 流面上的连续方程：

$$\frac{\overline{\partial}(w_1 H_2 H_3 B)}{\partial q_1} + \frac{\overline{\partial}(w_2 H_1 H_3 B)}{\partial q_2} = 0$$

可得到

$$\frac{\overline{\partial}(w_1 H_2 r B)}{\partial q_1} = 0 \tag{8.11}$$

2. 运动方程

由通过 q_1 和 q_2 方向方程的叠加得到的 S_2 流面上的运动方程以及 $dm = H_1 dq_1$、$w_1 = w_m$、$w_2 = 0$、$H_3 = r$，可得到

$$-\frac{\overline{\partial}(w_1 H_1)}{\partial q_2} = \frac{H_1}{r}\frac{w_3}{w_1}\frac{\overline{\partial}(rv_3)}{\partial q_2} - \frac{\overline{\partial}(rv_3)}{\partial q_1}\frac{\partial \theta}{\partial q_2} - \frac{H_1}{w_1}\frac{\overline{\partial}}{\partial q_2}(E_i - \lambda_i \omega) \tag{8.12}$$

又因为

$$\frac{w_3}{w_1} = \frac{1}{\tan\beta} = \frac{r\,d\theta}{dm} \tag{8.13}$$

而 $\dfrac{d\theta}{dm} = \dfrac{\partial \theta}{\partial q_1}\dfrac{\partial q_1}{\partial m} + \dfrac{\partial \theta}{\partial q_1}\dfrac{\partial q_2}{\partial m} = \dfrac{\partial \theta}{H_1 \partial q_1}$，代入式（8.13）可设：

$$\frac{w_3}{w_1} = \frac{r}{H_1}\frac{\partial \theta}{\partial q_1} \tag{8.14}$$

代入式（8.12）并两边同时除以 $H_1 H_2$，则

$$\frac{\overline{\partial}(rv_3)}{H_2 \partial q_2}\frac{\partial \theta}{H_1 \partial q_1} - \frac{\overline{\partial}(rv_3)}{H_1 \partial q_1}\frac{\partial \theta}{H_2 \partial q_2} + \frac{1}{H_1}\frac{\overline{\partial}(w_1 H_1)}{H_2 \partial q_2} - \frac{1}{w_1}\frac{\overline{\partial}}{H_2 \partial q_2}(E_i - \lambda_i \omega) = 0 \tag{8.15}$$

3. 流线方程

由式（8.6）及 $\dfrac{d\theta}{dm} = \dfrac{\partial \theta}{H_1 \partial q_1}$ 可得

$$\frac{1}{H_1}\frac{\partial \theta}{\partial q_1} = \frac{rv_3 - r^2 \omega}{r^2 w_1} \tag{8.16}$$

式（8.11）、式（8.15）和式（8.16）便是以下各节讨论的基本方程。

8.3.1　S_2 流面速度梯度方程

速度梯度方程是用流线迭代法求解流动时的主方程。在第 7 章中已经得到了以 w 为变量的速度梯度方程，式中参数 b 含有 $\dfrac{dw_m}{dm}$ 和 $\dfrac{dw_3}{dm}$，有时会导致迭代计算发散。下面将由另一种途径得出以 w_1（或 w_m）为变量的速度梯度方程。

S_2 流面上流动的准正交线如图 8.1 所示，则 q_1 坐标线的曲率为

$$K_1 = \frac{\partial \alpha}{H_1 \partial q_1} = -\frac{1}{H_1}\frac{1}{H_2}\frac{\partial H_1}{\partial q_2}$$

q_2 坐标线的曲率为

$$K_2 = \frac{\partial \alpha}{H_2 \partial q_2} = \frac{1}{H_2} \frac{\partial H_2}{H_1 \partial q_1}$$

又

$$\begin{cases} \dfrac{1}{H_1} \dfrac{\overline{\partial} H_1}{H_2 \partial q_2} = \dfrac{1}{H_1} \dfrac{\partial H_1}{H_2 \partial q_2} \\[3mm] \dfrac{1}{H_2} \dfrac{\overline{\partial} H_2}{H_1 \partial q_1} = \dfrac{1}{H_2} \dfrac{\overline{\partial} H_2}{H_1 \partial Q_1} \end{cases}$$

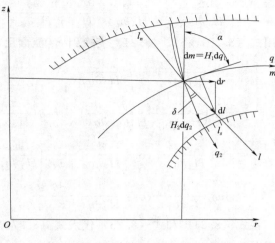

因此

$$\begin{cases} \dfrac{1}{H_1} \dfrac{\overline{\partial} H_1}{H_2 \partial q_2} = -\dfrac{\partial \alpha}{H_1 \partial q_1} \\[3mm] \dfrac{1}{H_2} \dfrac{\overline{\partial} H_2}{H_1 \partial q_1} = \dfrac{\partial \alpha}{H_2 \partial q_2} \end{cases} \qquad (8.17)$$

图 8.1 S_2 流面上流动的准正交线

又因为

$$\frac{\overline{\partial} r}{H_1 \partial q_1} = \frac{\partial r}{H_1 \partial q_1} + \frac{\partial r}{\partial q_3} \frac{\partial \theta}{H_1 \partial q_1} = \frac{\partial r}{H_1 \partial q_1} = \sin\alpha \qquad (8.18)$$

$$\frac{\mathrm{d} r}{\mathrm{d} l} = \cos(\alpha - \delta) \qquad (8.19)$$

$$\begin{cases} \sin\delta = \dfrac{H_1 \mathrm{d} q_1}{\mathrm{d} l} \\[3mm] \cos\delta = \dfrac{H_2 \mathrm{d} q_2}{\mathrm{d} l} \end{cases} \qquad (8.20)$$

所以有

$$\frac{\mathrm{d}}{\mathrm{d} l} = \frac{\partial}{H_1 \partial q_1} \frac{H_1 \mathrm{d} q_1}{\mathrm{d} l} + \frac{\partial}{H_2 \partial q_2} \frac{H_2 \mathrm{d} q_2}{\mathrm{d} l} = \sin\delta \frac{\partial}{H_1 \partial q_1} + \cos\delta \frac{\partial}{H_2 \partial q_2} \qquad (8.21)$$

将连续方程式（8.11）展开为

$$\frac{\overline{\partial} (w_1 H_2 rB)}{\partial q_1} = H_2 rB \frac{\overline{\partial} w_1}{\partial q_1} + w_1 rB \frac{\overline{\partial} H_2}{\partial q_1} + w_1 BH_2 \frac{\overline{\partial} r}{\partial q_1} + w_1 H_2 r \frac{\overline{\partial} B}{\partial q_1} = 0 \quad (8.22)$$

两边同时除以 $H_1 H_2 rB$，得

$$\frac{\overline{\partial} w_1}{H_1 \partial q_1} + w_1 \left(\frac{1}{H_2} \frac{\overline{\partial} H_2}{H_1 \partial q_1} + \frac{1}{r} \frac{\overline{\partial} r}{H_1 \partial q_1} + \frac{\overline{\partial} \ln B}{H_1 \partial q_1} \right) = 0 \qquad (8.23)$$

将式（8.17）的第二式和式（8.18）代入式（8.23），得

$$\frac{\overline{\partial} w_1}{H_1 \partial q_1} = -w_1 \left(\frac{\partial \alpha}{H_2 \partial q_2} + \frac{\sin\alpha}{r} + \frac{\overline{\partial} \ln B}{H_1 \partial q_1} \right) \qquad (8.24)$$

将运动方程（8.15）展开（展开左边第三项）得

$$\frac{\overline{\partial} (rv_3)}{H_2 \partial q_2} \frac{\partial \theta}{H_1 \partial q_1} - \frac{\overline{\partial} (rv_3)}{H_1 \partial q_1} \frac{\partial \theta}{H_2 \partial q_2} + \frac{\overline{\partial} w_1}{H_2 \partial q_2} + w_1 \frac{1}{H_1} \frac{\overline{\partial} H_1}{H_2 \partial q_2} - \frac{1}{w_1} \frac{\overline{\partial}}{H_2 \partial q_2} (E_i - \lambda_i \omega) = 0$$

$$(8.25)$$

将式（8.17）第一式代入式（8.25），得

257

$$\frac{\overline{\partial}w_1}{H_2\partial q_2}=w_1\frac{\partial\alpha}{H_1\partial q_1}-\frac{\overline{\partial}(rv_3)}{H_2\partial q_2}\frac{\partial\theta}{H_1\partial q_1}+\frac{\overline{\partial}(rv_3)}{H_1\partial q_1}\frac{\partial\theta}{H_2\partial q_2}+\frac{1}{w_1}\frac{\overline{\partial}(E_i-\lambda_i\omega)}{H_2\partial q_2} \tag{8.26}$$

利用式（8.20）将式（8.21）变换到 S_2 流面上，可得

$$\frac{\mathrm{d}}{\mathrm{d}l}=\sin\delta\frac{\partial}{H_1\partial q_2}+\cos\delta\frac{\partial}{H_2\partial q_2}$$

$$=\sin\delta\left(\frac{\overline{\partial}}{H_1\partial q_1}-\frac{\partial\theta}{H_1\partial q_1}\frac{\partial}{\partial q_3}\right)+\cos\delta\left(\frac{\overline{\partial}}{H_2\partial q_2}-\frac{\partial\theta}{H_2\partial q_2}\frac{\partial}{\partial q_3}\right)$$

$$=\sin\delta\frac{\overline{\partial}}{H_1\partial q_1}+\cos\delta\frac{\overline{\partial}}{H_2\partial q_2}-\frac{\partial}{\partial q_3}\left(\frac{\partial\theta}{H_1\partial q_1}\sin\delta+\frac{\partial\theta}{H_2\partial q_2}\cos\delta\right)$$

$$=\sin\delta\frac{\overline{\partial}}{H_1\partial q_1}+\cos\delta\frac{\overline{\partial}}{H_2\partial q_2}-\frac{\mathrm{d}\theta}{\mathrm{d}l}\frac{\partial}{\partial q_3} \tag{8.27}$$

将式（8.24）和式（8.26）代入式（8.27）可得

$$\frac{\mathrm{d}w_1}{\mathrm{d}l}=\sin\delta\frac{\overline{\partial}w_1}{H_1\partial q_1}+\cos\delta\frac{\overline{\partial}w_1}{H_2\partial q_2}-\frac{\partial w_1}{\partial q_3}\frac{\mathrm{d}\theta}{\mathrm{d}l}$$

$$=w_1\left[\cos\delta\frac{\partial\alpha}{H_1\partial q_1}-\sin\delta\left(\frac{\partial\alpha}{H_2\partial q_2}+\frac{\sin\alpha}{r}+\frac{\overline{\partial}\ln B}{H_1\partial q_1}\right)\right]$$

$$+\left[\frac{\overline{\partial}(rv_3)}{H_1\partial q_1}\frac{\partial\theta}{H_2\partial q_2}-\frac{\overline{\partial}(rv_3)}{H_2\partial q_2}\frac{\partial\theta}{H_1\partial q_1}\right]\cos\delta+\frac{\cos\delta}{w_1}\frac{\overline{\partial}(E_i-\lambda_i\omega)}{H_2\partial q_2}-\frac{\partial w_1}{\partial q_3}\frac{\mathrm{d}\theta}{\mathrm{d}l} \tag{8.28}$$

由式（8.21）和式（8.27）可知，在式（8.28）中有

$$\begin{cases}\left[\dfrac{\overline{\partial}(rv_3)}{H_1\partial q_1}\dfrac{\partial\theta}{H_2\partial q_2}-\dfrac{\overline{\partial}(rv_3)}{H_1\partial q_2}\dfrac{\partial\theta}{H_1\partial q_1}\right]\cos\delta=\dfrac{\partial(rv_3)}{H_1\partial q_1}\dfrac{\mathrm{d}\theta}{\mathrm{d}l}-\dfrac{\mathrm{d}(rv_3)}{\mathrm{d}l}\dfrac{\partial\theta}{H_1\partial q_1}\\[3mm]\dfrac{\partial\alpha}{H_2\partial q_2}=\left(\dfrac{\mathrm{d}\alpha}{\mathrm{d}l}-\dfrac{\partial\alpha}{H_1\partial q_1}\sin\delta\right)\dfrac{1}{\cos\delta}\\[3mm]\dfrac{\cos\delta}{w_1}\dfrac{\overline{\partial}(E_i-\lambda_i\omega)}{H_2\partial q_2}=\dfrac{1}{w_1}\left[\dfrac{\mathrm{d}(E_i-\lambda_i\omega)}{\mathrm{d}l}+\dfrac{\partial(E_i-\lambda_i\omega)}{\partial q_3}\dfrac{\partial\theta}{H_2\partial q_2}\cos\delta\right]\end{cases} \tag{8.29}$$

则式（8.28）变为

$$\frac{\mathrm{d}w_1}{\mathrm{d}l}=w_1\left[\frac{1}{\cos\delta}\frac{\partial\alpha}{H_1\partial q_1}-\sin\delta\left(\frac{1}{\cos\delta}\frac{\mathrm{d}\alpha}{\mathrm{d}l}-\frac{\partial\alpha}{H_1\partial q_1}\tan\delta+\frac{\sin\alpha}{r}+\frac{\partial\ln B}{H_1\partial q_1}\right)\right]+\frac{\overline{\partial}(rv_3)}{H_1\partial q_1}\frac{\mathrm{d}\theta}{\mathrm{d}l}$$

$$-\frac{\mathrm{d}(rv_3)}{\mathrm{d}l}\frac{\partial\theta}{H_1\partial q_1}+\frac{1}{w_1}\left[\frac{\mathrm{d}(E_i-\lambda_i\omega)}{\mathrm{d}l}+\frac{\partial(E_i-\lambda_i\omega)}{\partial q_3}\frac{\partial\theta}{H_2\partial q_2}\cos\delta\right]-\frac{\partial w_1}{\partial q_3}\frac{\mathrm{d}\theta}{\mathrm{d}l} \tag{8.30}$$

在轴对称的假设下，$\dfrac{\partial}{\partial q_3}=0$、$\dfrac{\overline{\partial}\ln B}{H_1\partial q_1}=\dfrac{\partial\ln B}{H_1\partial q_1}$。又因为 $\mathrm{d}m=H_1\mathrm{d}q_1$、$w_m=w_1$，再利用式（8.16）对式（8.30）进一步化简得

$$\frac{\mathrm{d}w_m}{\mathrm{d}l}=w_m\left[\frac{1}{\cos\delta}\frac{\partial\alpha}{\partial m}-\sin\delta\left(\frac{1}{\cos\delta}\frac{\mathrm{d}\alpha}{\mathrm{d}l}-\frac{\partial\alpha}{\partial m}\tan\delta+\frac{\sin\alpha}{r}+\frac{\partial\ln B}{\partial m}\right)\right]$$

$$+\frac{\partial(rv_3)}{\partial m}\frac{\mathrm{d}\theta}{\mathrm{d}l}-\frac{rv_3-r^2\omega}{r^2w_m}\frac{\mathrm{d}(rv_3)}{\mathrm{d}l}+\frac{1}{w_m}\frac{\mathrm{d}}{\mathrm{d}l}(E_i-\lambda_i\omega) \tag{8.31}$$

式（8.31）就是 S_2 流面上速度梯度方程的基本形式，其一般形式为

$$\frac{\mathrm{d}w_m}{\mathrm{d}l} = aw_m + b + \frac{c}{w_m} \tag{8.32}$$

其中
$$\begin{cases} a = \dfrac{1}{\cos\delta}\dfrac{\partial\alpha}{\partial m} - \sin\delta\left(\dfrac{1}{\cos\delta}\dfrac{\mathrm{d}\alpha}{\mathrm{d}l} - \dfrac{\partial\alpha}{\partial m}\tan\delta + \dfrac{\sin\alpha}{r} + \dfrac{\partial\ln B}{\partial m}\right) \\[2mm] b = \dfrac{\partial(rv_3)}{\partial m}\dfrac{\mathrm{d}\theta}{\mathrm{d}l} \\[2mm] c = -\dfrac{rv_3 - r^2\omega}{r^2}\dfrac{\mathrm{d}(rv_3)}{\mathrm{d}l} + \dfrac{\mathrm{d}}{\mathrm{d}l}(E_i - \lambda_i\omega) \end{cases} \tag{8.33}$$

8.3.2　无叶片区的速度梯度方程

转轮前和转轮后的流动区域是无叶片的，通常认为这些区域的流动是轴对称的，则沿流动方向速度矩不会发生变化，因此可得到

$$\begin{cases} \dfrac{\partial(rv_3)}{\partial m} = 0 \\[2mm] \dfrac{\partial\ln B}{\partial m} = 0 \end{cases} \tag{8.34}$$

代入式（8.38），得

$$\frac{\mathrm{d}w_m}{\mathrm{d}l} = aw_m + b + \frac{c}{w_m} \tag{8.35}$$

其中
$$\begin{cases} a = \dfrac{1}{\cos\delta}\dfrac{\partial\alpha}{\partial m} - \sin\delta\left(\dfrac{1}{\cos\delta}\dfrac{\mathrm{d}\alpha}{\mathrm{d}l} - \dfrac{\partial\alpha}{\partial m}\tan\delta + \dfrac{\sin\alpha}{r}\right) \\[2mm] b = 0 \\[2mm] c = -\dfrac{rv_3 - r^2\omega}{r^2}\dfrac{\mathrm{d}(rv_3)}{\mathrm{d}l} + \dfrac{\mathrm{d}}{\mathrm{d}l}(E_i - \lambda_i\omega) \end{cases} \tag{8.36}$$

式（8.35）即为无叶片区域的速度梯度方程。

8.4　轴 面 流 场 计 算

在第 7 章中已经讨论了 S_2 流面上方程组的封闭问题，指出对于反问题求解，为使方程组封闭，需要引入一个由设计者确定的补充条件，对于以流函数方程式（8.1）为基础或以速度梯度方程式（8.32）为基础的方法，这个补充条件就是给定速度矩 rv_3 的分布，但此补充条件用得不多。在流体机械叶片设计中普遍采用的补充条件是给定轴面速度 w_m 的分布，与此相对应的求解 S_2 流面上反问题的方法是特征线法。本节先讨论轴面流场即轴面速度的计算，下节再讨论特征线法。在各种计算轴面流场的方法中，都假设流动是轴对称的。

8.4.1　给定轴面速度分布规律的轴面流场计算

在转轮设计中采用的轴面流场可分为有旋的和有势的两类，其中有旋的轴面流场又可分为轴面速度沿过水断面均匀分布和按给定规律分布两种，有势的轴面流场主要用于水轮机转轮的水力设计。轴面速度沿过水断面均匀分布的轴面流场主要用于泵叶轮的水力设计；至于轴面速度按给定规律分布的轴面流场，目前用得并不多。对于这些轴面流场，因

为使用时没有同转轮前的来流联系起来，而是硬性给定，故统称为给定轴面速度分布规律的轴面流场。

给定轴面速度分布规律的轴面流场，可用流线迭代法求解。下面推导求解它们的速度梯度方程。对于轴对称流动，可取 $B=\chi$，由式（8.24）和式（8.21）可得

$$\frac{\partial w_1}{H_1 \partial q_1} = -w_1 \left[\left(\frac{\mathrm{d}\alpha}{\mathrm{d}l} - \frac{\partial \alpha}{H_1 \partial q_1} \sin\delta \right) \frac{1}{\cos\delta} + \frac{\sin\delta}{r} + \frac{\partial \ln\chi}{H_1 \partial q_1} \right] \tag{8.37}$$

用函数 $K(q_1, q_2)$ 表示轴面速度沿过水断面的分布规律，令

$$K(q_1, q_2) = \frac{\partial w_1}{H_2 \partial q_2} \tag{8.38}$$

根据式（8.21）得

$$\frac{\mathrm{d}w_m}{\mathrm{d}l} + P(l) w_m = K \cos\delta \tag{8.39}$$

其中

$$P(l) = \left[\left(\frac{\mathrm{d}\alpha}{\mathrm{d}l} - \frac{\partial \alpha}{\partial m} \sin\delta \right) \frac{1}{\cos\delta} + \frac{\sin\delta}{r} + \frac{\partial \ln\chi}{H_1 \partial q_1} \right] \sin\delta \tag{8.40}$$

其通解为

$$w_m = N(l) + w_{mh} M(l) \tag{8.41}$$

其中

$$\begin{cases} M(l) = \exp\left[-\int_{l_h}^{l} P(l) \mathrm{d}l \right] \\ N(l) = M(l) \int_{l_h}^{l} \frac{K \cos\delta}{M(l)} \mathrm{d}l \end{cases} \tag{8.42}$$

w_{mh} 为转轮上冠或叶轮后盖板处的轴面速度，$w_{mh} = w_m(l_h)$，若流量为 Q，则其值可按下式进行计算：

$$w_{mh} = \frac{Q}{\displaystyle\int_{l_h}^{l_s} 2\pi r\chi M(l) \cos\delta \mathrm{d}l} - \frac{\displaystyle\int_{l_h}^{l_s} r\chi N(l) \cos\delta \mathrm{d}l}{\displaystyle\int_{l_h}^{l_s} r\chi M(l) \cos\delta \mathrm{d}l} \tag{8.43}$$

这样，只要给定函数 $K(q_1, q_2)$，便可用流线迭代法求解轴面流场。

（1）取 $K(q_1, q_2) = 0$，即轴面速度沿过水断面均匀分布，则式（8.41）可简化为

$$w_m = w_{mh} M(l) \tag{8.44}$$

其中

$$w_{mh} = \frac{Q}{\displaystyle\int_{l_h}^{l_s} 2\pi r\chi M(l) \cos\delta \mathrm{d}l} \tag{8.45}$$

（2）当 $v_2 = 0$（$w_2 = 0$）时，根据旋度定义的表达式直接得到 $\Omega = \mathrm{rot}v$，再利用式（8.17）就可以得到

$$K = \frac{\partial \alpha}{H_1 \partial q_1} w_1 - \Omega \tag{8.46}$$

将式（8.46）代入式（8.39）得

$$\frac{\mathrm{d}w_m}{\mathrm{d}l} + L(l) w_m = -\Omega \cos\delta \tag{8.47}$$

其中

$$L(l) = \left(\frac{\mathrm{d}\alpha}{\mathrm{d}l} \sin\delta - \frac{\partial \alpha}{\partial m} \right) \frac{1}{\cos\delta} + \left(\frac{\sin\alpha}{r} + \frac{\partial \ln\chi}{\partial m} \right) \sin\delta \tag{8.48}$$

其通解为
$$w_m(l) = T(l) + w_{mh}R(l) \tag{8.49}$$

其中
$$\begin{cases} R(l) = \exp\left[-\int_{l_h}^{l} L(l)\,\mathrm{d}l\right] \\[2mm] T(l) = -R(l)\int_{l_h}^{l} \dfrac{\Omega\cos\delta}{R(l)}\,\mathrm{d}l \\[2mm] w_{mh} = \dfrac{Q}{\displaystyle\int_{l_h}^{l_s} 2\pi r\chi R(l)\cos\delta\,\mathrm{d}l} - \dfrac{\displaystyle\int_{l_h}^{l_s} rXT(l)\cos\delta\,\mathrm{d}l}{\displaystyle\int_{l_h}^{l_s} rXR(l)\cos\delta\,\mathrm{d}l} \end{cases} \tag{8.50}$$

(3) 若轴面流场有势，则 $\Omega=0$，式（8.49）可简化为
$$w_m(l) = w_{mh}R(l) \tag{8.51}$$

其中
$$w_{mh} = \dfrac{Q}{\displaystyle\int_{l_h}^{l_s} 2\pi r\chi R(l)\cos\delta\,\mathrm{d}l} \tag{8.52}$$

由此可知，w_m 在 l 上按指数函数分布。

式（8.44）、式（8.49）、式（8.51）为用流线迭代法求解给定轴面速度分布规律的轴面流场提供了主方程。

8.4.2 有导叶时的轴面流场计算

对于水轮机，由于转轮前有导水机构，水流受导叶和轴面流道的作用，因此应当对转轮前的流动进行正问题计算，为转轮轴面流场的水力计算提供依据。

对于导叶区的流动，$\omega=0$，$E_i=\text{const}$，$\lambda_i=\text{const}$，若取准正交线 l 与 z 轴平行（图 8.2），则 $\mathrm{d}\theta/\mathrm{d}l=0$，$\mathrm{d}(E_i-\omega\lambda_i)/\mathrm{d}l=0$，由式（8.32）可得速度梯度方程如下：

$$\frac{\mathrm{d}w_m}{\mathrm{d}l} = aw_m \tag{8.53}$$

其中
$$a = \frac{1}{1+\left(\dfrac{r\partial\theta}{\partial m}\right)^2}\left[\frac{\partial\alpha}{\partial m}\frac{1}{\cos\delta} - \left(\frac{\mathrm{d}\alpha}{\mathrm{d}l}\frac{1}{\cos\delta} + \frac{\sin\alpha}{r} + \frac{\partial\ln\chi}{\partial m}\right)\sin\delta\right] \tag{8.54}$$

由式（8.54）可知，当轴面流线垂直于 z 轴时，$\alpha=90°$，$\partial\alpha/\partial m=0$，$\delta=0°$。此时 $a=0$，w_m 沿导叶高度均匀分布；否则 $a\neq0$，w_m 将沿导叶高度不均匀分布。

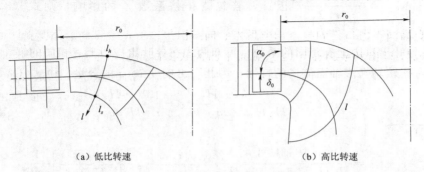

(a) 低比转速   (b) 高比转速

图 8.2 混流式水轮机的轴面流道

l—准正交线；l_s—准正交线与下环的交点；l_h—准正交线与上冠的交点

事实上 $\partial\alpha/\partial m$ 是轴面流线的曲率，反映了水流在弯道中运动所受的离心力，而正是此离心力导致压力分布不均匀，从而导致速度分布也不均匀。

对于导叶后的水流，令 $\omega=0$、$E_i=$ const，由式（8.35）可得速度梯度方程如下：

$$\frac{\mathrm{d}w_m}{\mathrm{d}l}=aw_m+\frac{c}{w_m} \tag{8.55}$$

其中

$$\begin{cases} a=\dfrac{1}{\cos\delta}\dfrac{\partial\alpha}{\partial m}-\sin\delta\left(\dfrac{1}{\cos\delta}\dfrac{\mathrm{d}\alpha}{\mathrm{d}l}-\dfrac{\partial\alpha}{\partial m}\tan\delta+\dfrac{\sin\alpha}{r}\right) \\[2mm] c=-\dfrac{1}{2r^2}\dfrac{\mathrm{d}(rv_3)^2}{\mathrm{d}l} \end{cases} \tag{8.56}$$

由式（8.34）可知，速度矩 rv_3 在导叶出口边至转轮进口边之间的区间上保持为常数。设导叶出口边的水流方向角为 ε_0，则由图 8.3 可得

$$r_0v_{30}=r_0v_{m0}\cot\varepsilon_0 \tag{8.57}$$

忽略 ε_0 沿导叶高度的变化，可得

$$\frac{\mathrm{d}(rv_3)^2}{\mathrm{d}l}=2r_0^2v_{m0}\cot^2\varepsilon_0\frac{\mathrm{d}v_{m0}}{\mathrm{d}l} \tag{8.58}$$

因此，式（8.55）可写成

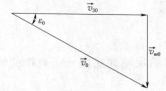

图 8.3　导叶出口边速度三角形

$$\frac{\mathrm{d}w_m}{\mathrm{d}l}=aw_m+\frac{c}{w_m} \tag{8.59}$$

其中

$$\begin{cases} a=\dfrac{1}{\cos\delta}\dfrac{\partial\alpha}{\partial m}-\sin\delta\left(\dfrac{1}{\cos\delta}\dfrac{\mathrm{d}\alpha}{\mathrm{d}l}-\dfrac{\partial\alpha}{\partial m}\tan\delta+\dfrac{\sin\alpha}{r}\right) \\[2mm] c=-v_{m0}\left(\dfrac{r_0}{r}\right)^2\cot^2\varepsilon_0\dfrac{\mathrm{d}v_{m0}}{\mathrm{d}l} \end{cases} \tag{8.60}$$

速度梯度方程式（8.53）和式（8.59）为求解有导叶的轴面流场的主方程。

在导叶出口边上，有 $r=r_0$、$w_m=w_{m0}$，代入式（8.59）得

$$\frac{\mathrm{d}w_{m0}}{\mathrm{d}l}=aw_{m0} \tag{8.61}$$

其中

$$a=\left[\frac{1}{\cos\delta_0}\left(\frac{\partial\alpha}{\partial m}\right)_0-\sin\delta_0\left(\frac{1}{\cos\delta_0}\frac{\mathrm{d}\alpha_0}{\mathrm{d}l}-\left(\frac{\partial\alpha}{\partial m}\right)_0\tan\delta_0+\frac{\sin\alpha_0}{r}\right)\right]\sin^2\varepsilon_0 \tag{8.62}$$

由于 $\sin^2\varepsilon_0=\dfrac{1}{1+\left(\dfrac{r\partial\theta}{\partial m}\right)_0^2}$，因此，若忽略排挤系数 χ 的影响，则式（8.34）和式

（8.43）在导叶出口边上有相同的系数，可知两式在导叶出口边上有相同的解。

下面考察转轮来流轴面流场的特性，为此写出旋度 rot$v$ 的分量。由式（8.34）可得

$$\mathrm{rot}_2v=-\frac{1}{H_3H_1}\frac{\partial(v_3H_3)}{\partial q_1}=-\frac{1}{r}\frac{\partial(v_3H_3)}{H_1\partial q_1}=0 \tag{8.63}$$

由式（8.21）得

$$\mathrm{rot}_1v=\frac{1}{H_2H_3}\frac{\partial(v_3H_3)}{\partial q_2}=\frac{1}{H_3}\left[\frac{\mathrm{d}(v_3H_3)}{\mathrm{d}l}-\sin\delta\frac{\partial(v_3H_3)}{H_1\partial q_1}\right]\frac{1}{\cos\delta} \tag{8.64}$$

考虑到式（8.34）和式（8.58），得

$$\text{rot}_1 v = \frac{w_{m0} r_0^2}{v_3 r^2} \frac{1}{\cos\delta} \cot^2\varepsilon_0 \frac{\mathrm{d}w_{m0}}{\mathrm{d}l} \qquad (8.65)$$

当 $E_i = \text{const}$ 时，由定常理想流动绝对运动方程的分量式 $v_3\Omega_1 - v_1\Omega_3 = \dfrac{1}{H_2}\dfrac{\partial E}{\partial q_2}$ 得

$$\text{rot}_3 v = \frac{v_3}{w_1} \text{rot}_1 v \qquad (8.66)$$

于是可以得出下列结论：

（1）当来流为法向进口时，或者说当导叶处于径向位置时，水流方向角 $\varepsilon_0 = 90°$，则 $\text{rot}_1 v = 0$、$\text{rot}_2 v = 0$、$\text{rot}_3 v = 0$，所以 $\text{rot}v = 0$，由此看出这种情况不仅轴面流动有势，而且是三维势流。这种情况出现在泵叶轮的来流，但对水轮机则无实际意义。

（2）对于低比转速混流式水轮机［图 8.2（a）］，轴面流线垂直于导叶出口边，即 $\alpha = 90°$、$\delta = 0°$，由速度梯度方程式（8.53）可知 $\mathrm{d}w_{m0}/\mathrm{d}l = 0$，轴面速度沿导叶出口边均匀分布，此时 $\text{rot}v = 0$，转轮来流也是三维势流。

（3）对于高比转速混流式转轮［图 8.2（b）］，以及轴流式转轮，$\partial\alpha/\partial m > 0$，$\mathrm{d}\alpha/\mathrm{d}l > 0$，$\delta < 0$，由式（8.53）可知 $\mathrm{d}w_{m0}/\mathrm{d}l > 0$，故此时 $\text{rot}_3 v > 0$，即来流轴面流场有旋。

（4）对于有势轴面流场，$\Omega = \text{rot}_3 v = 0$，由式（8.47）可写出此时的速度梯度方程如下：

$$\frac{\mathrm{d}w_m}{\mathrm{d}l} = \left[\frac{1}{\cos\delta}\frac{\partial\alpha}{\partial m} - \sin\delta\left(\frac{1}{\cos\delta}\frac{\mathrm{d}\alpha}{\mathrm{d}l} - \frac{\partial\alpha}{\partial m}\tan\delta + \frac{\sin\alpha}{r} \right) \right] w_m \qquad (8.67)$$

其相当于式（8.55）中 $c = 0$ 时的情形，而对于高比转速转轮，因为 $\mathrm{d}(v_3 r)/\mathrm{d}l > 0$，所以 $c < 0$，可知有势时的轴面速度梯度大于有旋时的，因此有势时转轮下环处的轴面速度大于有旋时的，而转轮上冠处的轴面速度则小于有旋时的。

（5）当轴面速度沿导叶出口边分布不均匀时，由式（8.57）可知导叶出口的速度矩分布也不均匀，因此转轮叶片进口边的速度矩需由式（8.57）计算确定。

8.5 特 征 线 法

当轴面流场按 8.2 节所述方法计算确定后，在运动方程式（8.15）和流线方程式（8.16）中只有 θ 和 rv_3 两个未知量，所以这是一个封闭的方程组，可用来求解 $c < 0$ 流面上的反问题。

8.5.1 叶片微分方程及类型

由式（8.16）得

$$\begin{cases} \dfrac{\overline{\partial}(rv_3)}{\partial q_1} = \dfrac{r^2 w_1}{H_1}\left[\dfrac{\partial^2\theta}{\partial q_1^2} + \dfrac{\partial}{\partial q_3}\left(\dfrac{\partial\theta}{\partial q_1} \right)\dfrac{\partial q_3}{\partial q_1} \right] + \dfrac{\partial\theta}{\partial q_1}\dfrac{\overline{\partial}}{\partial q_1}\left(\dfrac{r^2 w_1}{H_1} \right) + 2\omega r\dfrac{\overline{\partial} r}{\partial q_1} \\[4mm] \dfrac{\overline{\partial}(rv_3)}{\partial q_2} = \dfrac{r^2 w_1}{H_1}\left[\dfrac{\partial^2\theta}{\partial q_1 \partial q_2} + \dfrac{\partial}{\partial q_3}\left(\dfrac{\partial\theta}{\partial q_1} \right)\dfrac{\partial q_3}{\partial q_2} \right] + \dfrac{\partial\theta}{\partial q_1}\dfrac{\overline{\partial}}{\partial q_2}\left(\dfrac{r^2 w_1}{H_1} \right) + 2\omega r\dfrac{\overline{\partial} r}{\partial q_2} \end{cases} \qquad (8.68)$$

对于轴面流场 $\partial/\partial q_3 = 0$，代入式（8.15），即得到叶片微分方程如下：

$$\frac{\partial \theta}{H_2 H_1 \partial q_1}\left[\frac{r^2 w_1}{H_1}\frac{\partial^2 \theta}{\partial q_1 \partial q_2}+\frac{\partial \theta}{\partial q_1}\frac{\overline{\partial}}{\partial q_2}\left(\frac{r^2 w_1}{H_1}\right)+2\omega r\,\frac{\overline{\partial} r}{\partial q_2}\right]-\frac{\partial \theta}{H_1 H_2 \partial q_2}\left[\frac{r^2 w_1}{H_1}\frac{\partial^2 \theta}{\partial q_1^2}+\frac{\partial \theta}{\partial q_1}\frac{\overline{\partial}}{\partial q_1}\left(\frac{r^2 w_1}{H_1}\right)\right.$$

$$\left.+2\omega r\,\frac{\overline{\partial} r}{\partial q_1}\right]+\frac{1}{H_1}\frac{\overline{\partial}(H_1 w_1)}{H_2 \partial q_2}-\frac{1}{w_1}\frac{\overline{\partial}(E_i-\lambda_i \omega)}{H_2 \partial q_2}=0 \tag{8.69}$$

整理得

$$a_{11}\frac{\partial^2 \theta}{\partial q_1^2}+2a_{12}\frac{\partial^2 \theta}{\partial q_1 \partial q_2}=f \tag{8.70}$$

其中

$$\begin{cases}a_{11}=\dfrac{\partial \theta}{\partial q_2}\\[2mm]a_{12}=-\dfrac{1}{2}\dfrac{\partial \theta}{\partial q_1}\\[2mm]f=\dfrac{H_1}{r^2 w_1}\left[\left(\dfrac{\partial \theta}{\partial q_1}\right)^2\dfrac{\overline{\partial}}{\partial q_2}\left(\dfrac{r^2 w_1}{H_1}\right)-\dfrac{\partial \theta}{\partial q_1}\dfrac{\partial \theta}{\partial q_2}\dfrac{\overline{\partial}}{\partial q_1}\left(\dfrac{r^2 w_1}{H_1}\right)+2\omega r\left(\dfrac{\overline{\partial} r}{\partial q_2}\dfrac{\partial \theta}{\partial q_1}\dfrac{\overline{\partial} r}{\partial q_1}\dfrac{\partial \theta}{\partial q_2}\right)\right.\\[4mm]\qquad\left.+\dfrac{\overline{\partial}(w_1 H_1)}{\partial q_2}+\dfrac{H_1}{w_1}\dfrac{\overline{\partial}}{\partial q_2}(E_i-\lambda_i \omega)\right]\end{cases}$$

$$\tag{8.71}$$

叶片微分方程式 (7.33) 是一个准线性的二阶偏微分方程，根据关于变量 z 的二阶偏微分方程 $a_{11}\dfrac{\partial^2 z}{\partial x^2}+2a_{12}\dfrac{\partial^2 z}{\partial x \partial y}+a_{22}\dfrac{\partial^2 z}{\partial y^2}=f$ 的判别式

$$\Delta=a_{12}^2-a_{11}a_{22}=\frac{1}{4}\left(\frac{\partial \theta}{\partial q_1}\right)^2>0 \tag{8.72}$$

可知，当 $\dfrac{\partial \theta}{\partial q_1}\neq 0$ 时，方程式 (8.70) 为双曲型。关于双曲型方程，它有如下两组实特征方程：

$$\begin{cases}\mathrm{d}y-\lambda_1 \mathrm{d}x=0\\ \mathrm{d}y-\lambda_2 \mathrm{d}x=0\end{cases} \tag{8.73}$$

其中

$$\begin{cases}\lambda_1=\dfrac{\alpha_{12}+\sqrt{\Delta}}{\alpha_{11}}\\[3mm]\lambda_2=\dfrac{\alpha_{12}-\sqrt{\Delta}}{\alpha_{11}}\end{cases} \tag{8.74}$$

应用方程式 (8.70) 可得

$$\begin{cases}\lambda_1=0\\[2mm]\lambda_2=-\dfrac{\partial \theta/\partial q_1}{\partial \theta/\partial q_2}\end{cases} \tag{8.75}$$

因此，方程式 (8.70) 的两组特征线如下：

(1) $\mathrm{d}q_2=0$，其对应的特征线为 $q_2=\mathrm{const}$，即轴面流线。

(2) 由 $\mathrm{d}q_2+\dfrac{\partial \theta/\partial q_1}{\partial \theta/\partial q_2}\mathrm{d}q_1=0$ 得 $\mathrm{d}\theta=\dfrac{\partial \theta}{\partial q_1}\mathrm{d}q_1+\dfrac{\partial \theta}{\partial q_2}\mathrm{d}q_2=0$，其特征线为 $\theta=\mathrm{const}$，即叶片的轴截线。

轴面流线已在计算轴面流场时得到，所以只需求得 $\theta=\mathrm{const}$ 的特征线，叶片的几何

曲面 $\theta(q_1, q_2)$ 便确定了，这就是用特征线法求解 S_2 流面上反问题的根据。

8.5.2 求解的基本公式

对于式（8.15）和式（8.16），因为

$$\frac{\partial \theta}{H_2 \partial q_2} = \frac{\mathrm{d} \theta}{H_2 \mathrm{d} q_2} - \frac{\partial \theta}{H_1 \partial q_1} \frac{H_1 \mathrm{d} q_1}{H_2 \mathrm{d} q_2} \tag{8.76}$$

又因为

$$\frac{\overline{\partial}(rv_3)}{H_2 \partial q_2} = \frac{\partial(rv_3)}{H_2 \partial q_2} + \frac{\partial(rv_3)}{\partial q_3} \frac{\partial \theta}{H_2 \partial q_2} = \frac{\mathrm{d}(rv_3)}{H_2 \mathrm{d} q_2} - \frac{\partial(rv_3)}{H_1 \partial q_1} \frac{H_1 \mathrm{d} q_1}{H_2 \mathrm{d} q_2} + \frac{\partial(rv_3)}{\partial q_3} \frac{\partial \theta}{H_2 \partial q_2} \tag{8.77}$$

$$\frac{\overline{\partial}(rv_3)}{H_1 \partial q_1} = \frac{\partial(rv_3)}{H_1 \partial q_1} + \frac{\partial(rv_3)}{\partial q_3} \frac{\partial \theta}{H_1 \partial q_1} \tag{8.78}$$

所以

$$\frac{\overline{\partial}(rv_3)}{H_2 \partial q_2} \frac{\partial \theta}{H_1 \partial q_1} - \frac{\overline{\partial}(rv_3)}{H_1 \partial q_1} \frac{\partial \theta}{H_2 \partial q_2} = \frac{\mathrm{d}(rv_3)}{H_2 \mathrm{d} q_2} \frac{\partial \theta}{H_1 \partial q_1} - \frac{\partial(rv_3)}{H_1 \partial q_1} \frac{\mathrm{d} \theta}{H_2 \mathrm{d} q_2} \tag{8.79}$$

将式（8.79）代入运动方程式（8.15），得

$$\frac{\mathrm{d}(rv_3)}{\mathrm{d} q_2} \frac{\partial \theta}{H_1 \partial q_1} = \frac{\partial(rv_3)}{H_1 \partial q_1} \frac{\mathrm{d} \theta}{\mathrm{d} q_2} - H_2 \left[\frac{\overline{\partial}(H_1 w_1)}{H_1 H_2 \partial q_2} - \frac{1}{w_1} \frac{\overline{\partial}(E_i - \omega \lambda_i)}{H_2 \partial q_2} \right] \tag{8.80}$$

在 $\theta = \mathrm{const}$ 的特征线上有 $\mathrm{d} \theta = 0$，则利用式（8.16）可将式（8.80）写成

$$\frac{\mathrm{d}(rv_3)}{\mathrm{d} q_2} = F(q_1, q_2) \frac{w_1 r^2}{rv_3 - r^2 \omega} \tag{8.81}$$

其中

$$F(q_1, q_2) = -H_2 \left[\frac{\overline{\partial}(H_1 w_1)}{H_1 H_2 \partial q_2} - \frac{1}{w_1} \frac{\overline{\partial}(E_i - \omega \lambda_i)}{H_2 \partial q_2} \right] \tag{8.82}$$

式（8.81）是在 $\mathrm{d} \theta = 0$ 的情况下导出的，所以它只适用于 $\theta = \mathrm{const}$ 的特征线，即式（8.81）就是 $\theta = \mathrm{const}$ 的特征线，也就是叶片的轴截线。

对于有势的轴面流场，$\overline{\partial}(H_1 w_1) / (H_1 H_2 \partial q_2) = 0$，同时 $E_i = \mathrm{const}$、$\lambda_i = \mathrm{const}$，故 $F(q_1, q_2) = 0$，因此由式（8.81）可知，此时叶片的轴截线 $\theta = \mathrm{const}$ 与等速度矩线 $rv_3 = \mathrm{const}$ 重合，即求得了等速度矩线也就求得了轴截线。

在 $q_2 = \mathrm{const}$ 的特征线上 $\mathrm{d} q_2 = 0$，由式（8.6）得

$$\frac{\mathrm{d} \theta}{\mathrm{d} m} = \frac{rv_3 - r^2 \omega}{r^2 w_m} \tag{8.83}$$

式（8.81）和式（8.83）就是用特征线法求解 S_2 流面上反问题的基本公式。

8.5.3 函数 $F(q_1, q_2)$ 的计算

函数 $F(q_1, q_2)$ 取决于轴面流场，对于有势的轴面流场，$F(q_1, q_2) = 0$。下面推导 $F(q_1, q_2)$ 的实用计算式。

对于轴对称流动，利用式（8.17）可以写出：

$$\begin{cases} \dfrac{\overline{\partial}(H_1 w_1)}{H_1 H_2 \partial q_2} = \dfrac{\partial(H_1 w_1)}{H_1 H_2 \partial q_2} = -w_1 \dfrac{\partial \alpha}{H_1 \partial q_1} + \dfrac{\partial w_1}{H_2 \partial q_2} \\[4mm] \dfrac{\overline{\partial}(E_i - \omega \lambda_i)}{\partial q_2} = \dfrac{\mathrm{d}(E_i - \omega \lambda_i)}{\mathrm{d} q_2} \end{cases} \tag{8.84}$$

将式（8.84）代入式（8.82）可得

$$F(q_1,q_2)=H_2\left[w_1\frac{\partial\alpha}{H_1\partial q_1}-\frac{\partial w_1}{H_2\partial q_2}+\frac{1}{w_1}\frac{\mathrm{d}(E_i-\omega\lambda_i)}{H_2\mathrm{d}q_2}\right] \tag{8.85}$$

对于轴对称流动，取 $B=\chi$，由式（8.24）可得

$$\frac{\partial w_1}{\partial q_1}=-w_1\left(\frac{\partial\alpha}{H_2\partial q_2}+\frac{\sin\alpha}{r}+\frac{\partial\ln\chi}{H_1\partial q_1}\right)H_1 \tag{8.86}$$

因此

$$\frac{\partial w_1}{\partial q_2}=\frac{\mathrm{d}w_1}{\mathrm{d}q_2}-\frac{\partial w_1}{\partial q_2}\frac{\mathrm{d}q_1}{\mathrm{d}q_2}=\frac{\mathrm{d}w_1}{\mathrm{d}q_2}+w_1\left(\frac{\partial\alpha}{H_2\partial q_2}+\frac{\sin\alpha}{2}+\frac{\partial\ln\chi}{H_1\partial q_1}\right)\frac{H_1\mathrm{d}q_1}{\mathrm{d}q_2} \tag{8.87}$$

将式（8.87）代入式（8.85）可得

$$F(q_1,q_2)=H_2\left[\frac{w_1\partial\alpha}{H_1\partial q_1}-\frac{\partial w_1}{H_2\partial q_2}-w_1\left(\frac{\partial\alpha}{H_2\partial q_2}+\frac{\sin\alpha}{r}+\frac{\partial\ln\chi}{H_1\partial q_1}\right)\frac{H_1\mathrm{d}q_1}{H_2\mathrm{d}q_2}+\frac{1}{w_1}\frac{\mathrm{d}(E_i-\omega\lambda_i)}{H_2\mathrm{d}q_2}\right]$$

$$\tag{8.88}$$

由式（8.21），可得到

$$\frac{\partial\alpha}{H_2\partial q_2}=\left(\frac{\mathrm{d}\alpha}{\mathrm{d}l}-\frac{\partial\alpha}{H_1\partial q_1}\sin\delta\right)\frac{1}{\cos\delta} \tag{8.89}$$

利用式（8.20），可将式（8.88）写为

$$F(q_1,q_2)=\left\{w_1\left[\frac{\partial\alpha}{H_1\partial q_1}\frac{1}{\cos\delta}-\left(\frac{\mathrm{d}\alpha}{\mathrm{d}l}\frac{1}{\cos\delta}+\frac{\sin\alpha}{r}+\frac{\partial\ln\chi}{H_1\partial q_1}\right)\sin\delta\right]-\frac{\mathrm{d}w_1}{\mathrm{d}l}+\frac{1}{w_1}\frac{\mathrm{d}(E_i-\omega\lambda_i)}{\mathrm{d}l}\right\}\frac{\mathrm{d}l}{\mathrm{d}q_2}$$

$$\tag{8.90}$$

由于 $w_1=w_m$，因此式（8.88）也可写为

$$F(q_1,q_2)=\left\{w_m\left[\frac{\partial\alpha}{\partial m}\frac{1}{\cos\delta}-\left(\frac{\mathrm{d}\alpha}{\mathrm{d}l}\frac{1}{\cos\delta}+\frac{\sin\alpha}{r}+\frac{\partial\ln\chi}{\partial m}\right)\sin\delta\right]=\frac{\mathrm{d}w_m}{\mathrm{d}l}+\frac{1}{w_m}\frac{\mathrm{d}(E_i-\omega\lambda_i)}{\mathrm{d}l}\right\}\frac{\mathrm{d}l}{\mathrm{d}q_2}$$

$$\tag{8.91}$$

此时，式（8.81）可写成

$$\frac{\mathrm{d}(rv_3)}{\mathrm{d}q_2}=F(q_1,q_2)\frac{w_m r^2}{rv_3-r^2\omega} \tag{8.92}$$

这样，在求解轴面流场后，可按式（8.91）计算函数 $F(q_1,q_2)$ 的值，然后按式（8.92）进行 rv_3 的计算，再利用式（8.83）求解 S_2 流面上的反问题。

8.5.4　轴面截线的数值求解

对于流体机械，在设计时，通常应考虑以下两点：

（1）叶片低压边（水轮机转轮的出口边或泵叶轮的进口边）上的速度矩是给定的，而且低压边在 $\theta=\mathrm{const}$ 的轴面上是一条特征线，一般令 $\theta=0$。

（2）在进行反问题计算时，作为补充条件，还需给定上冠型线（后盖板型线）或下环型线（前盖板型线）的速度矩分布。因此，在求解反问题时，未知量 rv_3 和 θ 在一条 $\theta=\mathrm{const}$ 的特征线（图 8.4 中的 AB）和一条 $q_2=\mathrm{const}$ 的特征线（图 8.4 中的 AC）上是给定的。

对于双曲型偏微分方程，在其求解域的两条特征线上给定了初值，它是一个古尔沙定

解问题，可用特征线法求解，为便于计算，令

$$\begin{cases} A = \dfrac{rv_3 - r^2\omega}{w_m r^2} \\[3mm] B = \dfrac{F_1(q_1, q_2)}{A} \end{cases} \tag{8.93}$$

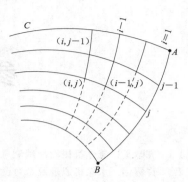

于是式（8.92）、式（8.83）可写成差商：

$$\frac{(rv_3)_{i,j} - (rv_3)_{i,j-1}}{(q_2)_j - (q_2)_{j=1}} = \frac{1}{2}(B_{i,j} + B_{i,j-1}) \tag{8.94}$$

$$\frac{\theta_i - \theta_{i-1}}{m_{i,j} - m_{i-1,j}} = \frac{1}{2}(A_{i,j} + A_{i-1,j}) \tag{8.95}$$

图 8.4 用特征线法求叶片
轴截线简图

由式（8.93）可写出：

$$\begin{cases} (rv_3)_{i,j} = A_{i,j}(w_m r^2)_{i,j} + (r^2\omega)_{i,j} \\[3mm] B_{i,j} = \dfrac{F_{i,j}}{A_{i,j}} \end{cases} \tag{8.96}$$

把以上结果代入式（8.94），可解得

$$A_{i,j} = \frac{b + \sqrt{b^2 + 2[(q_2)_j - (q_2)_{j-1}](w_m r^2)_{i,j} F_{i,j}}}{2(w_m r^2)_{i,j}} \tag{8.97}$$

其中

$$b = (rv_3)_{i,j-1} + \frac{1}{2}[(q_2)_j - (q_2)_{j-1}]B_{i,j-1} - (r^2\omega)_{i,j} \tag{8.98}$$

假设第 $i-1$ 条轴截线上的点 $(i-1, j)$ 和第 i 条轴截线上的点 $(i, j-1)$ 已经确定，现在来求第 i 条轴截线上的点 (i, j)。此时在式（8.95）、式（8.97）中，θ_i、θ_{i-1}、$m_{i-1,j}$、$A_{i-1,j}$、$(q_2)_j$、$(q_2)_{j-1}$、$B_{i,j-1}$、$(rv_3)_{i,j-1}$ 都是已知量，而根据轴面流场计算结果，$(v_m r^2)_{i,j}$、$F_{i,j}$、$(r^2\omega)_{i,j}$ 只取决于 $m_{i,j}$，所以在式（8.95）和式（8.97）中只有 $m_{i,j}$ 和 $A_{i,j}$ 两个未知量，它们是封闭的方程组，可以用迭代法求解。

计算时先由点 $(2, 1)$、$(1, 2)$ 推进至点 $(2, 2)$，再由点 $(3, 1)$、$(2, 2)$ 沿 $j=2$ 的轴面流线推进至点 $(3, 2)$，最后根据流体机械基本方程要求的速度矩值确定高压边上的点，结束 $j=2$ 轴面流线上的计算。这样 $j=3$、4、5、$\cdots$ 轴面流线依次进行同样的计算，便可得出全部的轴截线。

可以看出，当 $F(q_1, q_2) = 0$ 时，上述计算过程就是轴面流场有势的二元理论叶片水力设计过程。

参 考 文 献

［１］　齐学义．流体机械设计理论与方法［Ｍ］．北京：中国水利水电出版社，2008．

［２］　许耀铭．水轮机原理及水力设计［Ｍ］．北京：机械工业出版社，1965．

［３］　查森．叶片泵原理及水力设计［Ｍ］．北京：机械工业出版社，1988．

［４］　高建铭，姚志民．水轮机的水力计算［Ｍ］．北京：电力工业出版社，1982．

［５］　林汝长．水力机械流动理论［Ｍ］．北京：机械工业出版社，1995．

［６］　李文广．水力机械流动理论［Ｍ］．北京：中国石化出版社，2000．

［７］　沈天耀．离心叶轮的内流理论基础［Ｍ］．杭州：浙江大学出版社，1986．

［８］　张永学，张金亚，周鑫．叶片泵流动理论［Ｍ］．北京：石油工业出版社，2013．

［９］　关醒凡．现代泵理论与设计［Ｍ］．北京：中国宇航出版社，2011．

［10］　史广泰，文海罡，吕文娟．机翼与叶栅理论基础［Ｍ］．北京：机械工业出版社，2021．

［11］　丁成伟．离心泵与轴流泵原理及水力设计［Ｍ］．北京：机械工业出版社，1986．

［12］　袁寿其，施卫东，刘厚林．泵理论与技术［Ｍ］．北京：机械工业出版社，2014．

［13］　克里斯托弗·厄尔斯·布伦南．泵流体力学［Ｍ］．潘中永，译．镇江：江苏大学出版社，2012．

［14］　A．T．特罗斯科兰斯基，S．拉扎尔基维茨．叶片泵计算与结构［Ｍ］．耿惠彬，译．北京：机械
工业出版社，1981．

［15］　赫尔姆特·舒尔茨．泵：原理、计算与结构［Ｍ］．13版．吴达人，周达孝，译．北京：机械工
业出版社，1991．

［16］　关醒凡．斜流泵与轴流泵［Ｍ］．北京：中国宇航出版社，2009．

［17］　关醒凡．新系列轴流泵模型试验研究成果报告［Ｊ］．排灌机械，2005，23（4）：1－5．

［18］　宋文武，符杰．水力机械结构设计及强度计算［Ｍ］．北京：科学出版社，2016．

［19］　郑源，陈德新．水轮机［Ｍ］．北京：中国水利水电出版社，2011．

［20］　何小可．流体机械设计理论与数值模拟仿真技术研究［Ｍ］．北京：中国水利水电出版社，2020．

［21］　张德胜．叶片泵设计数值模拟基础与应用［Ｍ］．北京：机械工业出版社，2016．

［22］　宋文武．水力机械及工程设计［Ｍ］．重庆：重庆大学出版社，2005．

［23］　裴吉．叶片泵先进优化理论与技术［Ｍ］．北京：科学出版社，2019．

［24］　张楚华．流体机械内流理论与计算［Ｍ］．北京：机械工业出版社，2016．

［25］　宋文武．水力机械空蚀与泥沙磨损［Ｍ］．北京：科学出版社，2020．

［26］　袁寿其，施卫东．泵理论与技术［Ｍ］．北京：机械工业出版社，2014．

［27］　袁俊森，万晓丹．水轮机［Ｍ］．郑州：黄河水利出版社，2017．

［28］　哈尔滨大电机研究所．水轮机设计手册［Ｍ］．北京：机械工业出版社，1976．

［29］　罗兴绮．水力机械转轮现代设计理论及应用［Ｍ］．西安：西安交通大学出版社，1997．

［30］　张金凤，袁寿其，金实斌．低比转速离心泵内流特性与水力设计［Ｍ］．镇江：江苏大学出版
社，2021．